Edition Harri Deutsch

Handferngläser

Funktion, Leistung, Auswahl

von

Holger Merlitz

2. Auflage

VERLAG EUROPA-LEHRMITTEL · Nourney, Vollmer GmbH & Co. KG
Düsselberger Straße 23 · 42781 Haan-Gruiten

Europa-Nr.: 57747

Autor:
Holger Merlitz arbeitet als Physiker an einem deutschen Forschungsinstitut.

Er beschäftigt sich nebenberuflich mit dem Testen von Ferngläsern im Feldeinsatz, als Berater von Optikherstellern und – wenn das Wetter mitspielt – als Amateurastronom.

Eine langjährige aktive Teilnahme an verschiedenen Internet-Diskussionsforen hat ihm die Fragen vor Augen geführt, die er in diesem Buch zu beantworten sucht.

2. Auflage 2019, unveränderter Nachdruck 2020

Druck 5 4 3 2

ISBN 978-3-8085-5775-4

Umschlaggestaltung: braunwerbeagentur, 42477 Radevormwald;
Hintergrundbild © mbolina – stock.adobe.com, Fernglasbild © Leica Camera AG
Druck: Totem, 88-100 Inowroclaw, Polen

Vorwort zur 2. Auflage

Nachdem die erste Auflage auf so viel positive Resonanz gestoßen ist, liegt hiermit die stark erweiterte Neuauflage der *Handferngläser* vor. Anregungen und kritische Kommentare zahlreicher Leser haben zu diesem vollständig überarbeiteten und aktualisierten Buch beigetragen, wofür der Autor zu tiefem Dank verpflichtet ist.

Auf vielfachen Wunsch wurde ein neues, einführendes Kapitel aufgenommen, um den Einsteiger mit der Terminologie und der Funktion des Fernglases vertraut zu machen. Es trägt dazu bei, die *Handferngläser* zu einem eigenständigen Werk zu machen, das auch ohne Zuhilfenahme weiterer Literatur genutzt werden kann.

Die technischen Kapitel wurden an vielen Stellen überarbeitet, dabei Darstellungen vereinfacht und Inhalte homogenisiert. Wichtige Stichworte und mathematische Formeln sind nun optisch hervorgehoben, um dem Leser beim Blättern eine schnelle Orientierung zu ermöglichen.

Ein zentrales Anliegen bleibt weiterhin, die enge Verknüpfung von Fernglastechnik und visueller Wahrnehmung herzustellen und so zu einer soliden Grundlage der visuellen Beobachtung zu gelangen, die es erlaubt, quantitative Aussagen zur Leistungsfähigkeit eines fernoptischen Instruments zu treffen. Der nächste Schritt ist dann, aus diesen Erkenntnissen Kapital zu schlagen und zu verstehen, welches Fernglas für welchen Einsatzzweck und Beobachter die ideale Lösung sein könnte.

In diese Auflage wurde ein reich illustrierter Praxisbericht von Gerhard Eller über seinen Fernglaseigenbau aufgenommen, der bei vielen Lesern auf Resonanz stoßen dürfte. Was Letztere – im Gegensatz zum Autor – leider nicht erleben können, ist die erstaunliche Leistungsfähigkeit dieses Selbstbaus im praktischen Einsatz. Kaum eines der kommerziell vertriebenen Instrumente dürfte ähnlich nahtlos mit dem Auge des Beobachters harmonieren und dabei diese perfekte Illusion vermitteln, direkt in das Motiv einsteigen zu können.

In den vergangenen fünf Jahren gab es einiges an Bewegung auf dem Fernglasmarkt, das in dieser aktualisierten Auflage berücksichtigt ist. Unverändert bleibt der Anspruch der *Handferngläser*, auch einen kritischen Blick auf das Marktgeschehen zu werfen und zu analysieren, welche Trends den Bedürfnissen des anspruchsvollen Beobachters entgegenkommen und welche wohl vornehmlich von kommerziellen Interessen getrieben sind. Die Suche nach dem optimalen Fernglas der Zukunft hält an und wird auch nie enden; das Marketing allein wird jedoch nicht dazu befähigt sein, die entscheidenden Akzente zu setzen, die erforderlich sind, um sich diesem Ziel zu nähern.

Holger Merlitz, Dresden, im Oktober 2018

Vorwort zur 1. Auflage

Heute sind Ferngläser Allgemeingut – dabei erinnere ich mich noch an die Zeit, als nach dem zweiten Weltkrieg der Besitz eines Fernglases von den Besatzungsmächten dem Waffenbesitz gleich unter hohe Strafe gestellt war. Das Wissen um ihre Konstruktion ist inzwischen allgemein verfügbar.

Ferngläser sind Gebrauchsgegenstände.

Sie sind notwendige Ausrüstungsgegenstände für Militär, Seefahrer und Jäger, die, auf den Beobachtungsergebnissen basierend, lebensentscheidende Entschlüsse treffen. Hier bedarf es deshalb bei der Beschaffung einer sorgfältigen Auswahl nach Verwendungszweck und -ziel. Nur das Beste ist gut genug, um der Verantwortung des Nutzers gerecht werden zu können.

Ferngläser können auch nützliche Werkzeuge zur Erbauung an schönen Landschaften (Wanderer), Tieren (Birdwatcher, Safariteilnehmer), oder zur Himmelsbeobachtung (Astronom) sein. Sie machen Freude.

Ferngläser dienen auch der Eitelkeit, sie sind gesellschaftlich als den Träger auszeichnende Prestigeobjekte wirksam. Dagegen hilft kein Buch, auch dieses nicht, leider.

Die Vielfalt an Lösungsmöglichkeiten für verschiedene Aufgabenstellungen wie Vergrößerung, die eigentlich »Entfernungsverkleinerung« oder »Heranholfaktor« heißen sollte, Helligkeit, Handlichkeit (Gewicht, Balance, Form, materialbedingte Haptik) ist schier unendlich. Untereinander beeinflussen sie sich, sind häufig kontraproduktiv. Daraus folgt: Technische Lösungen sind immer Kompromisse. Zum Glück gibt es auch sehr gute.

Darüber hinaus haben Ferngläser noch viele andere Eigenschaften, die uns dieses Buch näher bringen wird. Beispiel: Die an in einer Entfernungsebene liegenden Objekten erkennbare Randunschärfe wird von Marketingleuten gegeißelt, statt als Gleitsichtbrilleneffekt für das Nahscharfsehen positiv dargestellt zu werden. Der Kunden-Nutzen wird einem Verkaufsargument geopfert: Nur der Sterngucker braucht ein geebnetes Bildfeld!

Dieses Buch, von einem Sachverständigen verfasst, erklärt verständlich die komplexen Zusammenhänge der Funktion einzelner Elemente eines Fernglases und macht seinen Leser so zum Kundigen. Es kann damit Kaufentscheidungen in die dem Verwendungszweck entsprechende Richtung lenken und Enttäuschungen durch Fehlinvestitionen vermeiden helfen. Damit richtet sich dieses Buch nicht nur an Verbraucher, sondern ebenso an den Handel (Kaufberater) als auch an die Industrie (Entwicklung, Marketing). Es ist von einem von der Ferngläser herstellenden Industrie unabhängigen Wissenschaftler geschrieben, der die Globalisierung sehr persönlich nimmt: er lehrt an einer chinesischen Universität. Das spricht für seine markenunabhängige Neutralität.

Börries von Breitenbuch, Fernglasexperte und Sammler, Wennigsen, 30. 12. 2012

Danksagung

Dieses Buch ist nicht im Alleingang entstanden. Weite Teile des Inhalts sind das Resultat zahlloser Diskussionen des Autors mit anderen Fernglasfreunden und -fachleuten. Insbesondere hat das Internet mit seinen Diskussionsgruppen die Kommunikation zwischen Menschen unterschiedlichster Herkunft möglich gemacht. Der Autor ist daher den Betreibern und Teilnehmern diverser Diskussionsforen, insbesondere auf `www.juelich-bonn.com`, `forum.astronomie.de`, `www.cloudynights.com` und `www.birdforum.net`, zu tiefem Dank verpflichtet.

Für hilfreiche Beiträge zu diesem Buch möchte der Autor den folgenden Personen seinen besonderen Dank aussprechen: Peter Abrahams, Jochen Balla, Walter Besenmatter, Martin Birkmaier, Dominique Blach, Börries von Breitenbuch, Dick Buchroeder, Bill Cook, Jan van Daalen, Gerhard Eller, Graham Ellsbury, Stefan Emsel, Beat Fankhauser, Dale Forbes, Odo Genser, Gijs van Ginkel, Erich Grahmann, Stephen Green, M. Kanowski, Beat Kohler, Albrecht Köhler, Stefan Korth, Henry Link, Tobias Mennle, Stefan Merklein, Mathias Metz, Bernd Müller, Klaus Müscher, David W.J. Norton, Hermann Oldenburg, Arek Olech, Manfred Peperkorn, Andreas Perger, ferner dem »Rezensenten«, Daniel Rotter, John Russel, Frank Schäfer, Reinhard Schauerte, Clemens Schmidt, Hans Seeger, Berry Simon, Fan Tao, Volker Tautz, Andreas Walkling, Hans Weigum, Andreas Werner, Heiko Wilkens, Ed Zarenski und Christophe Zumstein.

Ein ganz besonderer Dank geht jedoch an Klaus Horn vom Verlag Europa-Lehrmittel, ohne dessen geduldige Mitarbeit dieses Buch nicht existieren würde.

Inhaltsverzeichnis

Abbildungsverzeichnis

1 Einleitung

Dieses Buch befasst sich mit der Technik, dem Leistungsvermögen und dem praktischen Einsatz von Handferngläsern. Dabei wird der Versuch unternommen, eine Brücke zu schlagen zwischen unterschiedlichen Fachbereichen wie der technischen Optik, der Physiologie des Auges und der Wahrnehmungspsychologie – die Fernglasbeobachtung ist ja nichts anderes als ein technisch unterstützter Wahrnehmungsvorgang, der als eine Mensch-Maschine-Wechselwirkung interpretiert werden kann.

Handferngläser umspannen den Vergrößerungsbereich zwischen 2x und 20x, sowie Objektivdurchmesser zwischen 15 – 70 mm (Abbildung 1.1). Begrenzende Faktoren sind dabei der Durchmesser der Augenpupille, der zwischen 2 mm am Tage und 7 mm in der Nacht variiert, und die Muskulatur, die das sinnvoll nutzbare Gewicht einer freihändig gehaltenen Optik auf etwa 2.5 kg limitiert. Ferner verhindert die Handunruhe Vergrößerungen jenseits des 12-fachen, sofern nicht bildstabilisierte Optiken eingesetzt werden. In Kapitel 11 werden die Anwendungsprofile unterschiedlichster Handferngläser im Detail diskutiert.

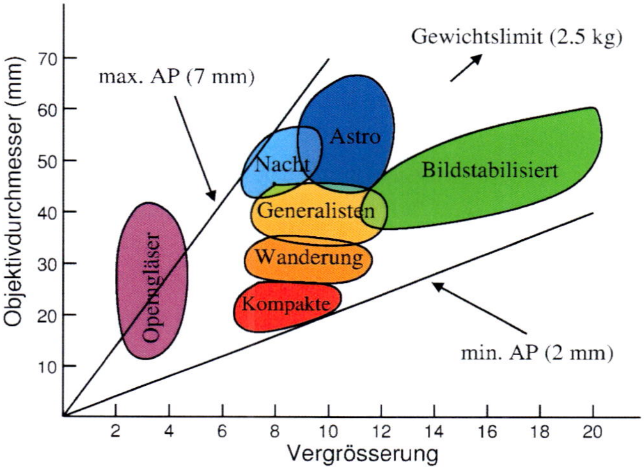

1.1

Übersicht der Handferngläser und ihre Anwendungsbereiche. AP steht für die Austrittspupille.

Dieses Buch beginnt mit einem Übersichtskapitel, das der erfahrene Fernglasanwender überspringen kann. Der Abschnitt dient dem Anfänger als Einstieg in die Thematik und als Vorbereitung auf die technisch anspruchsvolleren Texte.

Diese beginnen mit Kapitel 3, in dem ein grundlegendes Verständnis zur Physik und Technik der optischen Abbildung vermittelt wird. Auf eine allzu formale Begriffsbildung soll hier zugunsten eines intuitiven Verständnisses des Abbildungsvorgangs verzichtet wird. In den folgenden beiden Kapiteln zur Funktion des Teleskops und der Umkehrsysteme werden die Einzelkomponenten, die ein Fernglas ausmachen, in allen Details diskutiert. Dabei werden auch Fragestellungen angesprochen, die in anderen Büchern zum Thema Fernglas meist zu kurz kommen, wie etwa die Schärfentiefe oder die Phasenkorrektur der Dachkantprismen. Auch die Eigenschaften des kürzlich entwickelten Perger-Umkehrsystems sowie der neuen HT-Gläser von Schott sollen hier erstmals vorgestellt werden. Schließlich liefert das Kapitel 6 zur Anatomie des Fernglases die Synthese der technischen Kapitel, indem es das Zusammenspiel aller Komponenten miteinander analysiert.

Eine wohlverdiente Verschnaufpause und einen Blick in die Eingeweide eines Fernglases bietet der in Kapitel 7 reproduzierte Praxisbericht von Gastautor Gerhard Eller über seinen Fernglaseigenbau.

Der zweite Teil des Buches befasst sich mit der visuellen Wahrnehmung, wobei zunächst die Funktionsweise des Auges als optisches Instrument, und anschließend die Retina in ihren Eigenschaften als Sensor sowie als erste Instanz der Informationsverarbeitung behandelt werden. Das folgende Kapitel 9 diskutiert wichtige Grundlagen zur visuellen Wahrnehmung, die von Wahrnehmungspsychologen seit Jahrzehnten in mühevollen Veruchsreihen zusammengetragen werden. Dabei wird das Wahrnehmungsgesetz von Max Berek, das sich mit den Sichtungsschwellen von Objekten befasst, ebenso diskutiert wie jüngere Erkenntnisse zum visuellen Bildaufbau, zum optischen Fluss und zur Verzeichnung des visuellen Raumes. Das Kapitel 10 behandelt schließlich die Kombination aus Fernglas und Beobachter: Die Mensch-Maschine. Es werden quantitative Ergebnisse zur Nutzleistung von Ferngläsern unter diversen Einsatzbedingungen, Formeln zur Schärfentiefe sowie zur stereoskopischen Tiefenauflösung hergeleitet. Erstmals wird auch eine Beschreibung des Globuseffekts vorgestellt, die quantitative Aussagen zur Wahl der optimalen Verzeichnung eines Handfernglases unter Berücksichtigung seines Einsatzbereiches erlaubt.

Der letzte Teil dieses Buches ist der Fernglaspraxis gewidmet. Anwendungsprofile, Test und Kauf eines geeigneten Fernglases werden diskutiert, wobei die Erkenntnisse aus früheren Kapiteln wertvolle Entscheidungshilfen liefern werden.

Dieses Buch richtet sich an den neugierigen Fernglasanwender, der sein Instrument besser zu verstehen sucht – etwa, um dessen Leistungsreserven voll ausschöpfen zu können, oder auch, um sich optimal auf eine anstehende Neuanschaffung vorzubereiten. Wer Ferngläser verkauft, wird hier eine reiche Auswahl an Informationen und Argumenten finden, die es ihm erlauben, seinem Kunden das richtige Instrument zu empfehlen. Selbst mancher Spezialist, der einen Blick über den Tellerrand seiner Profession wagen möchte, dürfte in diesem Buch fündig werden: Der Konstrukteur, der mehr darüber erfahren möchte, was mit dem Strahlenbündel jenseits der Austrittspupille noch passiert, oder der Wahrnehmungspsychologe, der nach ernsthaften Anwendungsmöglichkeiten seiner Modelle in der Beobachtungspraxis Ausschau hält.

Quantitative Aussagen wären ohne die Sprache der Mathematik nicht möglich. Aus diesem Grunde wird in den folgenden Kapiteln, wann immer nötig, auch auf mathematische Formulierungen zurückgegriffen. Diese bewegen sich jedoch auf dem Niveau elementarer Funktionen, während auf höhere Mathematik konsequent verzichtet werden kann. Zudem wird auch derjenige Leser, der sich mit Formeln grundsätzlich nicht anzufreunden vermag, auf seine Kosten kommen: Sämtliche Ergebnisse werden analysiert und diskutiert, wichtige Formeln werden in zahlreichen Abbildungen grafisch dargestellt, sodass die entscheidenden Schlussfolgerungen auch nach dem Überspringen mathematischer Herleitungen zugänglich bleiben.

Zum Schluss bleibt die Hoffnung des Autors, dass es ihm gelungen sei, das Fernglas aus einer ungewohnten Perspektive darzustellen, und dass der Leser sein Verständnis um die technischen Zusammenhänge des Fernglases und des Fernglassehens auf unterhaltsame, manchmal auch anspruchsvolle Weise vertiefen mag.

2 Ferngläser – der Einstieg

In diesem Abschnitt wird das Fernglas als optisches Instrument und als Gebrauchsgegenstand vorgestellt. Der Buchmarkt hat durchaus brauchbare Einführungen in die Fernglaskunde zu bieten – als empfehlenswert seien die im Literaturverzeichnis aufgeführten Bücher *Fern-Seher* von Lambert Spix und die (inzwischen leider nicht mehr verlegten) *Himmelsbeobachtungen* von Brandt, Müller und Splittgerber genannt. Der Leser, der über entsprechendes Grundwissen verfügt oder bereits ein erfahrener Fernglasanwender ist, mag dieses Kapitel getrost überspringen und direkt zu den technischen Teilen des Buches übergehen. Dem Einsteiger jedoch soll dieser Abschnitt als Brücke dienen, über die er ohne Umwege seinen eigenen Zugang zu den anspruchsvolleren Kapiteln finden wird.

2.1

Carl Zeiss (Jena) 8x40 Delactis: Entwickelt in den 1920er Jahren als eines der ersten Weitwinkel-Prismengläser der Geschichte, mit 70° subjektivem Sehwinkel und 154 m/1000 m Sehfeld – ein Meilenstein der Fernglastechnik.

2.1 Das Prismenfernglas: Ursprung und Wandlung

Das Fernglas ist ein optisches Beobachtungsinstrument, das – im Gegensatz zum Teleskop – aus zwei optischen Tuben besteht und somit ein binokulares (beide Augen einbeziehendes) Beobachten erlaubt. Die Vorteile des beidäugigen Sehens liegen einerseits in der Stereoskopie, also der räumlichen Wahrnehmung (Abschnitt 9.3), andererseits in der komplementären Bildverarbeitung: Das Sehvermögen der meisten Menschen ist nicht perfekt. Eine Fehlsichtigkeit, insbesondere aufgrund asymmetrischer Abbildungsfehler wie Astigmatismus, kann durch das Gehirn teilweise kompensiert werden, indem es die Einzelbilder beider Augen zu einem Gesamtbild verarbeitet. Dieser Vorgang ist in unserer Alltagserfahrung derart automatisiert, dass das Fernglas einen natürlicheren und präziseren Seheindruck zu vermitteln scheint als die einäugige Beobachtung durch ein Teleskop.

Ferngläser wurden erstmals in der ersten Hälfte des 17ten Jahrhunderts gebaut, wenige Jahre nach der Erfindung des Teleskops um 1608 durch den Holländer Lippershey[1]. Sie wurden zunächst in der Seefahrt und natürlich auch von den Feldherren zu Land eingesetzt. Die militärische Nutzung dominierte deren technische Entwicklung und Anwendung bis zur Mitte des vergangenen Jahrhunderts, auch wenn zu dieser Zeit bereits andere Interessengruppen – etwa die der Jäger oder der Amateurastronomen – von den Fortschritten im Fernglasbau profitieren konnten.

[1] Hans Lippershey, 1570-1619

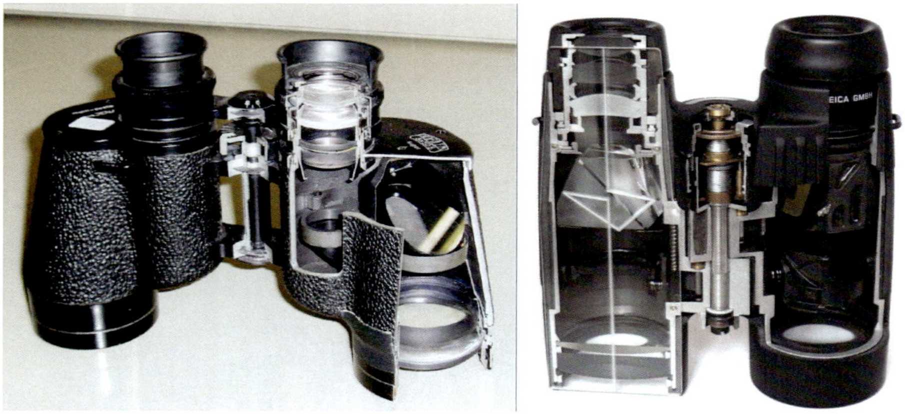

2.2

Aufbau eines Porro- und eines Dachkantfernglases. Links ein Schnittmodell des Zeiss Jena 8x50 Nobilem Super, rechts des Leica 7x42 Trinovid BN.

Seine volle Leistungsfähigkeit entfaltete das Fernglas gegen Ende des 19ten Jahrhunderts mit der Integration des Umkehrprismas (Kapitel 5) durch die Firma Zeiss. Das Prisma erlaubte es erstmals, die vorteilhaften Eigenschaften des Keplerschen Fernrohres (Abschnitt 4.1), das zwar weitere Sehfelder zuließ als konkurrierende Bauweisen, jedoch ein auf dem Kopf stehendes und seitenverkehrtes Bild erzeugte (und daher auf Anwendungen in der Astronomie beschränkt blieb), auf binokulare Fernoptiken für den Alltagsgebrauch anzuwenden. Das somit eingeführte Prismenfernglas war daher seinen Vorgängern in Bezug auf Sehfeld und Einblickverhalten weit überlegen.

Heute sind fast alle Ferngläser, mit Ausnahme der kleinen Operngläser und einigen großen, montierten astronomischen Geräten, Prismenferngläser. Während der Jahre zwischen den Weltkriegen wurde die Technologie der Militärferngläser in völlig neue Dimensionen gehoben, maßgeblich von Zeiss und einigen ehrgeizigen Wettbewerbern[2)].

Seit Mitte des 20sten Jahrhunderts begann sich erstmals wieder ein nennenswerter Markt für Ferngläser zu etablieren, die auf zivile Anwendungen optimiert wurden. Die Geräte wurden fortan auch auf Reisen, Sportveranstaltungen und anderen Freizeitaktivitäten eingesetzt. Seit den 1980er Jahren kam insbesondere die Ornithologie, heutzutage weltweit betrieben von Professionellen wie auch engagierten Amateuren, als wichtiger Marktsektor hinzu. Im Zuge der Neuausrichtung des Marktes auf die Bedürfnisse der Freizeitindustrie haben auch die technischen Anforderungen an das Fernglas eine Wandlung erfahren: Brillentauglichkeit (Abschnitt 10.12), geringes Gewicht, die Fähigkeit, auch auf Objekte im Nahbereich fokussieren zu können (Abschnitt 6.3.2) und nicht zuletzt ein kompaktes und formschönes Design gehören heute zu wichtigen (wenn auch nicht immer zielführenden) Auswahlkriterien, die das klassische Militärfernglas noch nicht zu erfüllen hatte. In Kapitel 11 wird die Vielfalt der Fernglasmodelle und deren spezifische Anwendungsspektren im Detail behandelt.

2.2 Porro- und Dachkantfernglas

Welches sind die wichtigsten Merkmale, in denen sich Prismenferngläser voneinander unterscheiden? Abbildung 2.2 zeigt zwei Beispiele mit unterschiedlichen Umkehrsystemen. Im unteren Bildabschnitt befinden sich jeweils die Objektive – Linsengrup-

[2)] Wer sich für historische und technische Details zu diesem Thema interessiert, der sei an das Buch von Hans Seeger verwiesen: *Zeiss-Feldstecher, Handferngläser von 1919 bis 1946, Modelle – Merkmale – Mythos*, 2015.

pen, die dem Objekt zugewand sind, durch die das Licht in das Instrument einfällt (Abschnitt 6.1). Im oberen Bildabschnitt treten die Lichtbündel wieder aus – hier befinden sich die Okulare[3], durch die das Bild mit dem Auge betrachtet wird (Abschnitt 6.2). Zwischen Objektiv und Okular befindet sich das Prismenumkehrsystem, das beim Fernglas in der linken Abbildung aus einem Porro-Prisma (Typ I, Abschnitt 5.1.2) und in der rechten Abbildung aus einem Dachkantprisma (vom Typ Schmidt-Pechan, Abschnitt 5.2.1) besteht. Im Volksmund spricht man schlicht von einem Porro-Fernglas oder einem Dachkantfernglas, auch wenn es, wie in Kapitel 5 dargelegt werden wird, jeweils diverse weitere Untergruppen zu jedem dieser Prismensysteme gibt.

Das Porro-Fernglas besitzt aufgrund seiner charakteristischen Prismenanordnung weit auseinanderstehende Objektive. Man spricht hier von einem Achsversatz, der das räumliche Sehen begünstigt, die Beobachtung von Objekten in kurzer Entfernung (unterhalb etwa 4 m) jedoch erschwert, weil in diesem Fall die Bilder beider Tuben seitlich zueinander versetzt sind und durch unsere Wahrnehmung nicht mehr ohne Mühe deckungsgleich aufeinandergelegt werden können. Das Dachkantfernglas besitzt hingegen keinen (oder einen sehr geringen) Achsversatz, sodass es gelegentlich auch als Geradsichtfernglas bezeichnet wird. Ein solches Fernglas ist recht kompakt, von schlanker Bauform, und kann ohne nennenswerte Einschränkungen auch im Nahbereich bis etwa 2 m eingesetzt werden.

Da sich die Hersteller hochwertiger Optiken in den vergangenen Jahrzehnten vornehmlich der Weiterentwicklung der populären Dachkantferngläser gewidmet haben, ist das Porro-Design inzwischen nicht selten als antiquiert und technisch veraltet verschrien – eine Sichtweise, die jedoch zu kurz greift und nicht zuletzt auch marketingtechnische Ursachen hat. Schließlich kann ein Porro-Fernglas moderner Herstellung nicht nur mit seinen hervorragenden Abbildungseigenschaften brillieren, sondern dazu auch noch preisgünstiger gefertigt werden als ein Dachkantglas vergleichbarer Güte (Abschnitt 5.2.1).

[3] der Begriff Okular stammt aus dem lateinischen oculus = Auge

2.3 Vergrößerung

2.3

Kennzahlen am Fokussierknopf eines Nikon 8x32 EDG.

Die wichtigsten technischen Daten eines Fernglases sind in der Regel auf dessen Gehäuse gedruckt. Am Beispiel des in Abbildung 2.3 gezeigten Nikon liefert der Fokussierknopf die Information 8x32, wobei die erste Zahl für die Vergrößerung des Instruments (8x oder 8-fach) steht, und die zweite für dessen Objektivdurchmesser in Millimeter, also 32 mm. Dies sind die beiden Hauptkennzahlen eines Fernglases, denn einerseits handelt es sich bei der Vergrößerung um gerade diejenige Leistung, die der Anwender von einem fernoptischen Instrument erwartet, und der Objektivdurchmesser bestimmt, wieviel Licht das Gerät zu sammeln vermag, damit das vergrößerte Bild dann auch eine hinreichende Helligkeit aufweist.

Die Eigenheiten jenes Vorgangs, der als »Vergrößerung« bezeichnet wird, bedürfen einer genaueren Betrachtung: Das Fernglas bildet, in Kombination mit dem Auge, ein entferntes Objekt in ein sogenanntes virtuelles Bild ab – letzteres ist das Abbild des Objekts, das der Beobachter beim Blick durch das Okular wahrnimmt. Nun besitzt ja jedes Objekt eine bestimmte Ausdehnung, und aus der Entfernung betrachtet erscheint es unter einem vorgegebenen (objektiven) Winkel. Ein vergrößertes Abbild dieses Objekts zu erzeugen, bedeutet, diesen Winkel im virtuellen Bild des Instruments zu spreizen. Die Abbildung 2.4 stellt diesen Vorgang schematisch dar: Die Lichtstrahlen des Objekts (blau) treten unter dem (objektiven) Winkel in das Objektiv des Fernglases ein, und unter einem steileren (subjektiven) Winkel aus dem Okular wieder aus (rot). Das Auge des Beobachters befindet sich am Ort der Austrittspupille des Okulars und nimmt ein Bild wahr, in dem das Objekt aufgrund des stark aufgefächerten Strahlbündels um den Faktor 8 vergrößert erscheint.

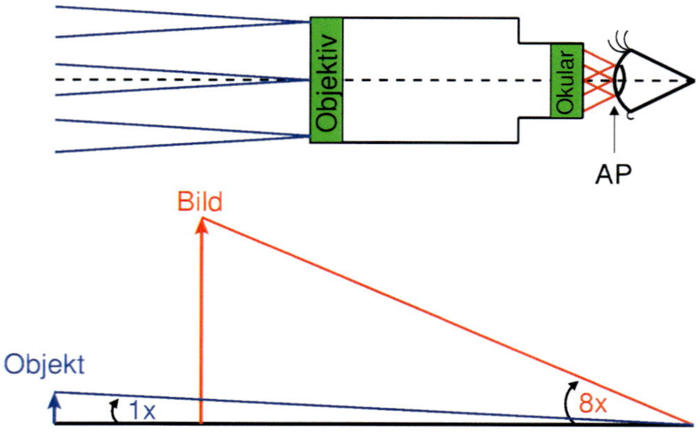

2.4

Vergrößerung: Der Winkel, unter dem das Objekt (blau) durch das Instrument erscheint, wird in diesem Beispiel um das 8-fache gespreizt (rot). AP steht für die Austrittspupille, die während des Beobachtens an die Augenpupille geführt wird.

Man beachte, dass Austrittspupille und virtuelles Bild verschiedene Dinge sind: Die Austrittspupille ist der Ort, an dem das aus dem Okular austretende Lichtbündel seine schmalste Stelle (»Taille«) hat. Hier tritt das Bündel in die Augenpupille ein. Erst das Auge erzeugt dann das virtuelle Bild, das dem Beobachter weit entfernt in Beobachtungsrichtung erscheint, das jedoch physikalisch betrachtet – wie jedes wahrgenommene Bild – als Projektion auf der Netzhaut des Auges existiert.

Die optische Anordnung der Linsen sorgt also dafür, dass jeder Winkel, unter dem zwei beliebige Bildpunkte des Motivs erscheinen, gespreizt wird. Eine 8-fache Vergrößerung bedeutet, dass jede Winkeldifferenz zweier Motivpunkte durch das Fernglas um den Faktor 8 erweitert erscheint[4]. In der Abbildung 2.4 ist diese Spreizung am Beispiel der Winkeldifferenz zwischen Fuß und Spitze des (blau dargestellten) Pfeiles gezeigt. Man lasse sich nicht durch die Entfernung des virtuellen Pfeiles (rot) vom Beobachter beeindrucken: Sie spielt hier keine Rolle, denn die (Akkommodations-)Entfernung des virtuellen Bildes lässt sich über die Fokussierung spielend leicht zwischen wenigen Dezimetern und Unendlich variieren. Für den Eindruck der Vergrößerung sind ausschließlich die angesprochenen Winkeländerungen relevant.

Es sollte damit auch klar sein, dass jedes vergrößernde Instrument die Perspektive eines realen Objekts falsch darstellt: Der Beobachter befindet sich an einem festen Standort, und das Fernrohr behandelt alle dort eintreffenden Lichtstrahlen gleich. Verschiebungen der Perspektiven, die bei einer physischen Annäherung an ein Motiv auftreten würden, werden nicht berücksichtigt, die umgebende Landschaft in diesem Vergrößerungsprozess so behandelt, als wäre

[4] Diese in der technischen Optik als Angularvergrößerung bezeichnete Größe stimmt für kleine Winkel hinreichend genau mit dem konventionellen Vergrößerungswert überein. Details dazu finden sich in Abschnitt 4.1.3.

2.5

Landschaftsmotiv in den Vergrößerungen 1-fach (links, Blick mit dem freien Auge), 8-fach und 12-fach. Während einzelne Objekte an Größe und Detail gewinnen, nimmt gleichzeitig das Sehfeld ab. Fotos: Stefan Emsel.

sie ohne jede Tiefenstaffelung auf einem Poster abgebildet. Je nach Auslegung der Verzeichnung einer Optik erscheint dieses Poster flach (verzeichnungsfrei), oder, im Falle der sogenannten Winkelbedingung, auf die Innenseite einer virtuellen Hohlkugel projiziert. Verschiedene Auslegungen bei der Wahl der Verzeichnung haben dabei ihre eigenen Vor- und Nachteile, zudem einen maßgeblichen Einfluss auf den Bildeindruck, der beim Schwenken des Fernglases entsteht (Abschnitte 10.10 – 10.11).

Anders als im Falle des Teleskops kollidiert bei der binokularen Fernglasbeobachtung die unnatürliche Poster-Perspektive des vergrößerten Bildes mit dem stereoskopischen Eindruck, der die Objekte in der Tiefe gestaffelt erscheinen lässt. Die beiden einander widersprechenden visuellen Informationen beantwortet unsere Wahrnehmung mit einer optischen Täuschung, die als Liliputismus oder Kulisseneffekt bekannt ist und in Abschnitt 10.9 behandelt wird.

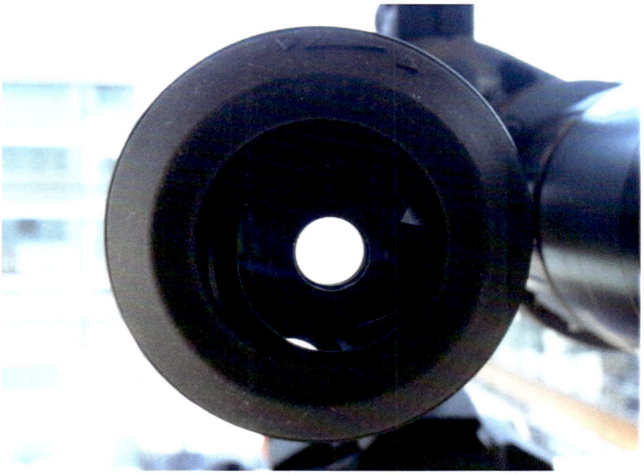

2.6

Austrittspupille: Die helle Scheibe – Abbild der Eintrittspupille – in die das aus dem Okular austretende Licht gebündelt wird.

2.4 Objektivdurchmesser und Austrittspupille

Der Objektivdurchmesser beeinflusst die Helligkeit des Bildes – aber wie? Die Antwort auf diese Frage liefert die Austrittspupille. In der technischen Optik wird die Austrittspupille als das reale Abbild der Eintrittspupille bezeichnet – wobei die Eintrittspupille meist identisch mit der Objektivöffnung ist. Die Austrittspupille liegt nicht etwa, wie es die Abbildung 2.6 suggeriert, auf der

Okularlinse. Sie schwebt, wie in Abb. 2.4 angedeutet, hinter der letzten Okularlinse in einem Abstand, der als Austrittspupillen-Längsabstand oder Austrittspupillen-Schnittweite (im Volksmund gelegentlich auch fälschlich als »Augenabstand«) bezeichnet wird. Ein Austrittspupillen-Längsabstand von etwa 12 mm ist eine notwendige Voraussetzung für einen bequemen Einblick, denn die Pupille des Beobachters sollte möglichst präzise mit der Lage der Austrittspupille übereinstimmen, damit das aus dem Okular austretende Strahlbündel optimal genutzt werden kann. Brillenträger benötigen einen noch größeren Austrittspupillen-Längsabstand (Abschnitt 10.12), und zwar – je nach Brillenmodell und Glasstärke – zwischen 15 mm und 20 mm.

Der Durchmesser der Austrittspupille berechnet sich aus dem Quotienten aus Objektivdurchmesser und Vergrößerung, sodass etwa ein 8x32 Fernglas eine Austrittspupille von $32\,\text{mm}/8 = 4\,\text{mm}$ Durchmesser aufweist. Ist dieser geringer als der Pupillendurchmesser des Beobachters, so verliert das Bild an Helligkeit und Kontrast. Man definiert daher den effektiven Austrittspupillendurchmesser als den kleineren der beiden Durchmesser (Austrittspupille oder Augenpupille). Der Lichtstrom, der schließlich auf die Netzhaut gelangt, ist dann proportional zur Fläche der effektiven Austrittspupille. Damit ist klar, dass die Leistung eines Fernglases kritisch von den Lichtverhältnissen abhängt: Im hellen Tageslicht sind die Augenpupillen eines Beobachters meist derart verengt, dass sie kleiner sind als die Austrittspupillen des verwendeten Fernglases. Dessen Bild wirkt dann hell und kontrastreich. In der Abenddämmerung lässt die Umgebungshelligkeit nach, die Pupillen erweitern sich im Zuge der Adaption auf Werte jenseits des Austrittspupillendurchmessers, und das Fernglas verliert seine Eigenschaft, ein helles Bild zu liefern. Für diesen Fall gibt es jedoch eigens entwickelte Dämmerungs- und Nachtgläser mit extra weiten Austrittspupillen, die auch unter schlechten Lichtverhältnissen noch einen maximal möglichen Lichtstrom in das Auge führen (Abschnitte 11.3 und 11.4). Da diese bei vorgegebener Vergrößerung entsprechend dimensionierte Objektive und Prismen benötigen, sind sie relativ schwer und nicht immer ideal für den Alltagsgebrauch geeignet.

Eine interessante Konsequenz der physikalischen Zusammenhänge von Objektivöffnung, Austrittspupille und Lichtstrom ist, dass ein Fernglas keinesfalls ein helleres Abbild einer Landschaft liefern kann als das unbewaffnete Auge: Es vergrößert zwar einen Ausschnitt des Motivs, verstärkt jedoch nicht dessen Oberflächenhelligkeit. Eine Ausnahme von dieser Regel existiert dennoch, falls ein Objekt hoher Leuchtdichte (etwa: ein Fixstern) eine derart geringe Winkelausdehnung besitzt, dass dessen Abbild trotz des Vergrößerungsfaktors nicht als ausgedehntes Motiv erscheint. In diesem Fall kann das Bild durch das Instrument heller erscheinen als das Objekt dem unbewaffneten Auge. In den Abschnitten 10.1 bis 10.5 werden wir in vielen Details auf die wichtigen und keineswegs immer trivialen Zusammenhänge zwischen Augenpupille, Austrittspupille und Leistungsvermögen eines Fernglases eingehen.

2.5 Sehwinkel und Sehfeld

Das in Abbildung 2.3 gezeigte Fernglas liefert auch eine Angabe zu dessen Sehwinkel: 7.8° bezieht sich auf dessen objektiven oder realen Sehwinkel. Hier handelt es sich um die Winkeldifferenz zweier Punkte, die durch das Fernglas eben noch gleichzeitig abgebildet werden können. In vielen Fällen wird anstelle des objektiven Sehwinkels das Sehfeld in Meter auf tausend Meter Entfernung angegeben, das in diesem Beispiel $136\,\text{m}/1000\,\text{m}$ ergibt. Es dürfte nicht überraschen, dass eine hohe Vergrößerung des Fernglases in der Regel mit einem kleinen Sehfeld einhergeht – und umgekehrt ein Übersichtsglas, das zum Absuchen weiter Areale eingesetzt werden soll, mit niedrigen Vergrößerungswerten ausgestattet ist.

2.7

Scheinbare Sehwinkel (schematisch): Mit 50° ist ein Panoramablick nicht möglich, jenseits der 70° ist auf dem Fernglasmarkt meist Schluss.

Der subjektive oder scheinbare Sehwinkel bestimmt den Durchmesser des Bildkreises, wie ihn das Auge durch das Okular wahrnimmt. Es handelt sich hierbei um die Winkelausdehnung des virtuellen Bildes; sie entspricht näherungsweise dem Produkt aus objektivem Sehwinkel und Vergrößerung, im Beispiel des Nikon also etwa $8 \times 7.8^\circ \approx 62^\circ$. Es soll nicht unerwähnt bleiben, dass auch die Herstellerangaben der subjektiven Sehwinkel oft nur aus genäherten Rechenvorschriften wie dieser hervorgehen, dass sogar unterschiedliche Formeln Verwendung finden, die einen Vergleich der Katalogwerte verschiedener Hersteller erschwert. Ist dieser Winkel klein, so wirkt das Fernglas engsichtig und der Beobachter erhält den Eindruck eines »Tunnelblicks«. Überschreitet der subjektive Sehwinkel einen Wert von 60°, so spricht man nach europäischer Norm von einem Weitwinkelfernglas (in Japan werden dafür mindestens 65° verlangt). Für eine präzise Berechnung des subjektiven Sehwinkels muss die Verzeichnung des Fernglases bekannt sein. Genaue Umrechnungsformeln zwischen den Sehwinkeln und dem Sehfeld werden in Abschnitt 4.1.4 vorgestellt.

Die Abbildung 2.7 soll einen Eindruck vermitteln, wie sich unterschiedliche Sehwinkel auf den sichtbaren Bildausschnitt auswirken. Der subjektive Eindruck, den das Fernglasbild durch das Okular bietet, variiert jedoch viel stärker mit dem scheinbaren Sehwinkel, als es diese Abbildung suggeriert: Ein Fernglas mit einem Sehwinkel von 70° beeindruckt durch sein weites, den Beobachter in das Geschehen ziehendes Panorama, während ein Winkel von 60° noch angenehm, aber kaum beeindruckend ist, und ein Winkel von 50° bereits das Gefühl vermittelt, dass man etwas Wichtiges verpassen könnte, weil der Bildausschnitt zu sehr eingeschränkt erscheint. Die Ursache für diese subjektiven Bewertungen der scheinbaren Sehwinkel ist in der Wahrnehmungspsychologie zu finden: Das nackte Auge hat einen subjektiven Sehwinkel (hier als Gesichtsfeld bezeichnet) von etwa 100° (Abschnitt 8.2). Das Gehirn verschafft sich mithilfe von Sakkaden einen schnellen Überblick über die sich im Bild vorhandene Motivauswahl (Abschnitt 9.4) und registriert natürlich jene Einschränkungen, die durch Optiken mit kleinen subjektiven Sehwinkeln entstehen.

Es liegt somit auf der Hand, dass ein möglichst natürlicher Bildeindruck nach einem scheinbaren Sehwinkel verlangt, der sich im Rahmen des Gesichtsfelds des unbewaffneten Auges bewegt. Entsprechende »Superweitwinkel«-Ferngläser mit Sehwinkeln ab 75° gibt es jedoch in hinreichender Qualität kaum mehr zu kaufen. Es scheint keinen Markt für solche Instrumente zu geben, die mit ihren weiten Strahlbündeln konstruktionsbedingt größer und auch schwerer ausfallen als Ferngläser, die es »von der Stange« zu kaufen gibt. Wer jedoch einmal mit solch einem Fernglas beobachtet hat, der wird den Eindruck nicht vergessen, den ein weites, grenzenloses Sehfeld erzeugt: Anstatt aus der Distanz durch ein Instrument auf ein Motiv zu blicken, wirkt es so, als stünde man als Beteiligter mitten drin in der Szene. Nach dieser Erfahrung kehrt man nur schweren Herzens wieder zu seinem Standardgerät mit 60° Sehwinkel zurück. Kapitel 7 zeigt als praktisches Beispiel den Selbstbau eines Hochleistungsfernglases mit 74° Sehwinkel.

2.6 Zur Handhabung von Ferngläsern

2.8

Ein antikes Leitz 8x30 Binuxit aus den 1950er Jahren (Sehfeld: 145 m/1000 m). An der Knickbrücke befindet sich eine Skala, die die Augenweite (den Abstand zwischen beiden Okularen) in Millimetern anzeigt.

Bevor mit der Beobachtung begonnen werden kann, muss ein Fernglas zunächst individuell eingestellt werden. Dieser Vorgang beansprucht mit etwas Übung nicht mehr als 10-20 Sekunden, er führt zudem mit zunehmender Erfahrung zu hinreichend präzisen und reproduzierbaren Einstellungen, die es erlauben, die volle Leistung der Optik abzugreifen.

Im ersten Schritt wird der Abstand beider Okulare auf die Augenweite des Anwenders eingestellt, sodass beide Austrittspupillen möglichst konzentrisch auf den Augenpupillen liegen. Ungenauigkeiten führen hier nicht nur zu irritierenden Abschattungen während der Beobachtung, sondern auch zu Farbsäumen an kontrastreichen Motiven. Die Abbildung 2.8 zeigt ein Fernglas, das an seiner Knickbrücke eine Skala für den Okularabstand aufweist. Wer seine Augenweite kennt, der kann hier bereits eine Voreinstellung vornehmen, ohne dass das Fernglas ans Auge gesetzt werden muss. Leider sind diese Abstandsanzeigen in den vergangenen Jahren aus der Mode gekommen und daher an modernen Ferngläsern meist nicht mehr vorhanden. Der typische Einstellbereich umfasst Augenweiten zwischen etwa 56 mm und 74 mm. Kinder benötigen nicht selten noch engere Einstellungen – hier muss dann in den Herstellerkatalogen gezielt nach geeigneten Kandidaten Ausschau gehalten werden.

Es folgt die Fokussierung auf das zu beobachtende Objekt, die aus zwei Phasen besteht: Aus der Entfernungseinstellung und der Dioptrieneinstellung. Letztere ist erforderlich, falls ein Anwender, dessen Augen unterschiedliche »Stärken« (Dioptrienwerte) aufweisen, ohne seine Sehhilfe (Brille oder Kontaktlinsen) beobachten möchte.

Die Fokussierung erfolgt heute meist über einen zentralen Mitteltrieb, wie am Beispiel des Fernglases aus Abbildung 2.9 gezeigt. Antike Instrumente, jedoch auch moderne Militärferngläser, bieten anstelle des Mitteltriebs oft eine Einzelokulareinstellung, wie am Beispiel des Delactis in Abbildung 2.1 zu sehen. Hier muss jedes Okular separat fokussiert werden, dafür entfällt dann die anschließende Dioptrieneinstellung. Verschiedene technische Ausführungen der Fokussierung werden in Abschnitt 6.3 diskutiert.

Bei Ferngläsern mit zentralem Mitteltrieb gilt die Konvention, dass die Dioptrieneinstellung nur die Fokuslage des rechten Tubus modifiziert. Der Beobachter fokussiert also zunächst den linken Tubus mit der Fokussierwalze, und anschließend den rechten Tubus mithilfe der Dioptrieneinstellung. Ist letztere einmal erledigt, so kann im weiteren Verlauf der Beobachtung auf eine weitere Verstellung verzichtet

2.9

Dieses Meopta 10x50 Meostar (Sehfeld: 110 m/1000 m) besitzt einen zweiteiligen Mitteltrieb: Die breite Walze ist für den Fokus zuständig. Die vorgeschaltete, drehbare Scheibe dient der Dioptrieneinstellung, wobei die weiße Markierung die Nullstellung anzeigt. Die Augenmuscheln sind hier in den jeweiligen Extremstellungen gezeigt.

werden, weil ja ein Drehen an der Fokussierwalze die Dioptriendifferenz beider Tuben nicht antastet. Es existieren verschiedene Ausführungen der Dioptrieneinstellung, über die im Zweifel die Bedienungsanleitung Auskunft erteilt. Abbildung 2.9 zeigt das Beispiel eines zweiteiligen Mitteltriebs, bestehend aus der breiten Fokussierwalze und einer aufgesetzten Einstellscheibe zur Dioptrienkorrektur. Letztere bleibt beim Bedienen der Fokussierwalze unverändert. Bei dem in Abbildung 2.8 gezeigten Leitz Binuxit hingegen erfolgt die Dioptrienverstellung direkt am rechten Okular, das mittels eines Gewindes hinein- oder herausgedreht wird.

Die Fokussierung sollte stets vom Nahbereich her erfolgen, aus der Richtung also, in der sich die Fokuslage vom Vordergrund her auf das zu fokussierende Objekt zubewegt. Das virtuelle Bild des Objekts bewegt sich dabei von einer Stellung »jenseits Unendlich« auf den Beobachter zu. Sobald das Bild dann scharf wird, beobachtet das Auge in einem entspannten Zustand, da eine mittlere Entfernung anstatt auf den Nahbereich akkommodiert, wobei es weniger schnell ermüdet.

In einem letzten Schritt müssen eventuell noch die Augenmuscheln auf einen passenden Abstand eingestellt werden. Dies ist insbesondere dann nötig, wenn das Fernglas Brillenträgerokulare hat, also Okulare mit weiten Austrittspupillen-Längsabständen. Moderne Ferngläser weisen meist drehbare Augenmuscheln auf, die in verschiedenen vorgegebenen Abständen einrasten. Nicht-Brillenträger werden dann die voll ausgefahrenen Augenmuscheln verwenden, während der Brillenträger diese je nach Bedarf mal mehr, mal weniger weit hineindreht. In der optimalen Stellung sollte das komplette Sehfeld des Fernglases bequem zu überblicken sein. Ist dies nicht der Fall, so müssen die Augenmuscheln ein wenig tiefer gestellt werden. Kommt es dagegen zu geisterhaften Abschattungen (auf Neudeutsch auch »kidney-beaning« genannt) beim Blick über das Sehfeld, oder während des Schwenkens, dann ist das Auge vermutlich zu nah am Okular und die Augenmuscheln sollten ein Stück weit herausgefahren werden.

Nicht immer gelingt es auf diese Weise, einen optimalen Einblick zu erzielen. Das Einblickverhalten eines Fernglases ist in Abschnitt 12.3.6 diskutiert und von diversen Faktoren abhängig, die nicht von den individuellen Eigenschaften und Vorlieben des jeweiligen Anwenders getrennt werden können. Das optimale Fernglas zu finden ist somit ein Vorhaben, bei dem Erfahrung, Geduld, und auch ein wenig Glück erforderlich sind. Nicht zuletzt soll es Aufgabe dieses Buches sein, den kurvenreichen und steinigen Weg zum Traumfernglas ein wenig zu begradigen.

2.7 Jedes Fernglas ist ein Kompromiss

2.10

Das »Standard-Fernglas«, das allen Anforderungen gerecht wird, gibt es nicht.

Es ist leider nicht möglich, das ultimative »Superfernglas« zu bauen, das alles besser kann als seine Konkurrenten. Schon auf den ersten Blick sollte klar sein, dass auf Reisen und bei der Tagesbeobachtung ein kleines, handliches Gerät besser geeignet ist als ein großes, klobiges Nachtfernglas, und dass umgekehrt ein Kompaktfernglas für die Nachtbeobachtung völlig unbrauchbar ist. Es existieren jedoch noch andere, subtilere Zusammenhänge, die darauf hinauslaufen, dass jedes Fernglas durch die Gesetze der Optik und die Grenzen der Mechanik Einschränkungen unterworfen ist, und dass der Konstrukteur bei jedem Neuentwurf darüber nachzudenken hat, welche dieser Einschränkungen angesichts der Vorgaben seines Auftraggebers weniger ins Gewicht fallen sollen.

Als Beispiel sei eine hohe Randschärfe der Abbildung genannt, die ohne Zweifel erstrebenswert und auch gut zu vermarkten ist. Um jedoch eine hohe Abbildungsleistung über ein hinreichend weites Sehfeld zu erreichen, muss der optische Designer auf zusätzliche Linsen zurückgreifen. Jedes optische Bauteil in einem Strahlengang stellt dabei immer auch einen Störfaktor dar: Es kommt im Glas zu einer Absorption von Licht, sowie zu Verlusten durch Reflexion und kleinsten Unebenheiten auf den Oberflächen. In der Astronomie sind daher die Planetenokulare, die auf maximalen Kontrast optimiert werden, von einfachster Bauart, aus nur wenigen Linsen bestehend, und mit kleinen Sehwinkeln ausgestattet. Je mehr Einzelteile der optische Aufbau enthält, desto höher auch die Gefahr, dass eines davon die im Design vorgesehenen Toleranzvorgaben nicht erfüllt und damit die Güte der Gesamtabbildung herabsetzt.

Ein weiteres Beispiel betrifft den Fokussierbereich des Fernglases: Ein Nahpunkt von nur 2 m macht das Fernglas tauglich etwa für die Insektenbeobachtung und liefert somit ein attraktives Verkaufsargument. Der Konstrukteur steht dann jedoch vor dem Problem, eine Optik entwickeln zu müssen, die sowohl im Fernbereich als auch im extremen Nahbereich noch hinreichend scharf abbildet. »Alles gleich gut« ist dabei praktisch unmöglich, und erneut hat er sich mit manchem Kompromiss abzufinden. Erschwerend kommt hinzu, dass ja der gesamte Fokussierbereich hinreichend schnell abgefahren werden soll, die Fokussiermechanik des Mitteltriebs also gröber übersetzt werden muss, während der Nahpunkt im Rahmen des Designs herangezogen wird. Dadurch kann die Präzision der Fokussiereinheit beeinträchtigt werden, ganz abgesehen von dem höheren Wartungsaufwand, mit dem bei intensiver Nutzung des nun schneller übersetzten Getriebes zu rechnen ist.

Kompromisse im Fernglasbau werden sich wie ein roter Faden durch den Rest dieses Buches ziehen. In den Werbeabteilungen der Fernglashersteller sind solche Diskussionen nicht gern gesehen – schließlich möchte doch jeder Produzent seinem Kunden das »perfekte Produkt« anbieten, das keinerlei Wünsche mehr offen lässt. Der Leser dieses Buches darf sich darauf verlassen, dass ihm keinesfalls einzelne Fakten, die in Dissonanz mit manch blumigen Versprechen aus den Hochglanzkatalogen geraten könnten, vorenthalten werden. Stattdessen wird er die Gelegenheit dazu bekommen, die Kompromisse und Grenzen einer Fernoptik zu verstehen, um dann, mit diesem Wissen ausgestattet, systematisch zu seinem persönlichen Traumglas zu finden.

Teil I

Grundlagen zur Fernglastechnik

3 Die optische Abbildung

In diesem Kapitel werden die Grundlagen zur optischen Abbildung erarbeitet. Selbstverständlich hegt es keinen Anspruch, ein Lehrbuch zur technischen Optik zu ersetzen – wer einen umfassenden Überblick zu diesem Thema sucht, der möge zusätzlich ein entsprechendes Fachbuch konsultieren [1]. Der in diesem Kapitel gebotene Stoffumfang ist so gewählt, dass er fundamentale und wichtige Grundlagen zur optischen Abbildung, soweit sie das Fernglas betreffen, vermittelt. Der hierfür gewählte Zugang ist ein naiver, und soll eher didaktisch als lexikografisch sein: Wir beginnen damit, zu analysieren, was mit einem Lichtstrahl beim Passieren einer Glasplatte geschieht. Später wird der kompliziertere Fall einer plankonvexen Linse behandelt. Es werden explizite Rechnungen an einfachen Fallbeispielen vorgeführt, und der interessierte Leser wird dazu ermutigt, selber Hand anzulegen, wann immer im Verlauf der Herleitungen aus Platzgründen einzelne Zwischenschritte ausgelassen werden müssen. Die Eigenschaften der Abbildung inklusive der Abbildungsfehler fallen uns dabei gewissermaßen in den Schoß, wodurch die in der Literatur oft anzutreffenden, unmotivierten und ermüdenden Auflistungen diverser Abbildungsfehler vermieden werden. Die Berechnungen sind keineswegs eine Voraussetzung für ein qualitatives Verständnis der Fakten, doch sollen sie dazu beitragen, Zusammenhänge tief an ihren Wurzeln zu erfassen, und dabei die Fähigkeit vermitteln, selbstständig und unabhängig über den gebotenen Stoff hinaus zu denken.

[1] Empfehlenswert ist z. B. das Buch *Technische Optik* von G. Schröder und H. Treiber, Vogel Verlag, Würzburg.

3.1 Licht im Vakuum

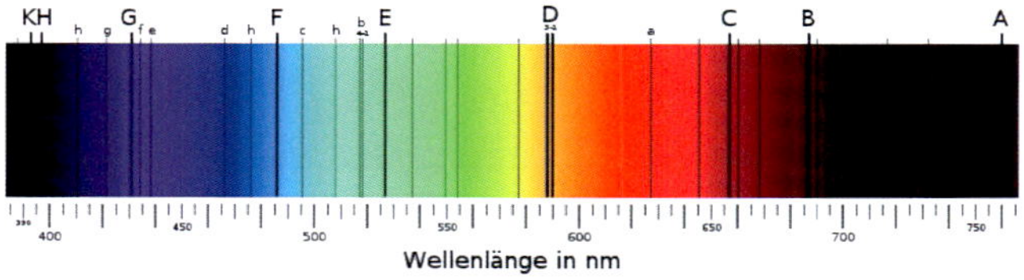

3.1

Farbspektrum des sichtbaren Lichts mit Fraunhoferlinien.

Als Licht bezeichnet man elektromagnetische Strahlung im Wellenlängenbereich zwischen etwa 400 nm und 700 nm. Dieser sichtbare Bereich ist in Wirklichkeit nur ein sehr kleiner Teil eines viel breiteren elektromagnetischen Spektrums, das sich im kurzwelligen Sektor über das UV (Ultraviolett) in den Röntgenbereich bis hin zur Gamma-Strahlung, und im langwelligen über das IR (Infrarot), den Mikrowellen bis hin zu den Radiowellen fortsetzt. Die klassische Theorie der elektromagnetischen Strahlung wurde 1864 von Maxwell in Gestalt der nach ihm benannten Gleichungen aufgestellt, und deren moderne Inkarnation, die Quantenelektrodynamik, stammt aus den späten 1940er-Jahren.

Beiden Ansätzen zufolge erfährt das Licht im Vakuum keinerlei Dispersion, d. h. die Wellenlänge λ ist mit der Frequenz ν über eine Konstante c verknüpft,

$$\lambda \cdot \nu = c\,, \tag{3.1}$$

die als Lichtgeschwindigkeit im Vakuum, $c = 2.997\,924\,58 \times 10^{8}\,\mathrm{m\,s^{-1}}$, definiert ist.

Das sichtbare Spektrum umfasst den Farbbereich zwischen dem kurzwelligen Violett bis hin zum langwelligen Rot. Zur Definition einzelner Wellenlängen benutzt man traditionell die Fraunhoferlinien, die der Optiker Fraunhofer[2] bei der Spektralzerlegung des Sonnenlichts erstmals um 1814 gesichtet hatte, von Wollaston[3] jedoch bereits 1802 beschrieben worden waren. Diese Absorptionslinien entstehen durch chemische Elemente, die in Spuren in den Atmosphären der Sonne und der Erde vorkommen. Passiert das Licht auf seinem Weg von der Sonne zur Erde diese Atmosphären, so werden die Elemente bei ganz spezifischen Frequenzen angeregt, in denen die Intensität des Lichts dann geschwächt erscheint: Die angeregten Ionen re-emittieren zwar Licht derselben Wellenlängen, aber in zufällige Richtungen, woraus die Abdunklung in Blickrichtung der Sonne resultiert. Da sich viele dieser Linien sehr einfach im Labor erzeugen lassen, eignen sie sich hervorragend zu Messzwecken und zur Kalibration von Instrumenten. Die wichtigsten Linien sind mit Buchstaben benannt, etwa die G-Linie des Eisens (430.790 nm), die D-Doppellinie des Natriums (588.997 nm und 589.594 nm) oder die C-Linie des Wasserstoffs (656.281 nm).

3.2 Brechungsgesetz

Die geometrische Optik ist ein Fachgebiet, das sich mit dem Verhalten von Licht in unterschiedlichen Medien beschäftigt. Man spricht deshalb von geometrisch, weil man hier von der Annahme ausgeht, das Licht als einen Strahl betrachten zu können, dessen Verlauf bestimmten geometrischen Gesetzen genügt. Dies ist bemerkenswert, denn Licht ist ja eine sehr komplexe elektromagnetische Schwingungserscheinung, deren Eigenschaften unter Verwendung der sehr viel komplizierteren Maxwellschen Feldgleichungen berechnet werden müssen. Die geometrische Optik funktioniert dennoch erstaunlich gut, was damit zu tun hat, dass die Wellenlängen des sichtbaren Lichts sehr viel kleiner sind als die optischen Bauelemente, mit denen wir im Alltag hantieren.

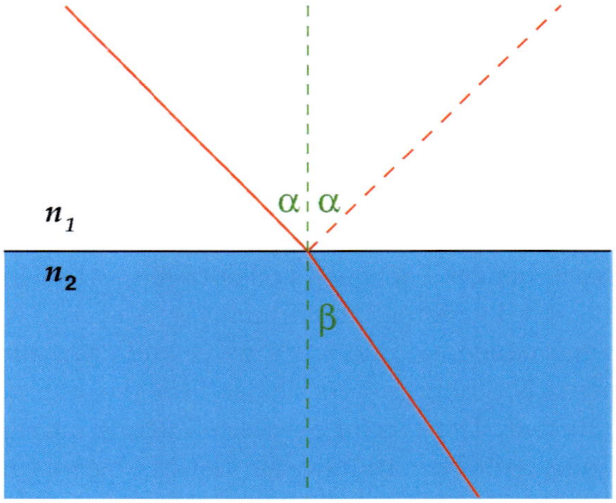

3.2

Ein Lichtstrahl (rot) beim Übergang zwischen Medien unterschiedlicher optischer Dichten. Es findet eine Brechung statt (durchgezogene Linie) sowie eine Reflexion (gestrichelte Linie).

Den Kern der geometrischen Optik bildet das Brechungsgesetz, das in Europa durch Arbeiten des Holländers Willebrord van Roijen Snell im frühen 17. Jahrhundert bekannt wurde und daher bis heute Snelliussches Brechungsgesetz genannt wird[4]. Es liefert das Verhältnis zwischen Einfalls- und Austrittswinkel der Lichtstrahlen an der Grenzfläche zweier Medien mit unterschiedlichen Brechzahlen n_1 und n_2. Auf die Abbildung 3.2 bezogen erhält man

$$\frac{\sin\alpha}{\sin\beta} = \frac{n_2}{n_1} \tag{3.2}$$

wobei die Winkel zum Lot (d. h. zur Oberflächennormalen der Grenzschicht) genommen werden. Die

[2] Joseph von Fraunhofer, 1787 – 1826
[3] William Hyde Wollaston, 1766 – 1828

[4] Das Gesetz war im persischen Raum bereits im 10. Jahrhundert bekannt, wie ein handschriftlicher Text von Abu Sad al-Ala ibn Sahl (um 940 – 1000) belegt.

Brechzahl (in der physikalischen Literatur meist Brechungsindex genannt) des Vakuums ist exakt $n = 1$, und die der Luft unter Normalbedingungen etwa $n = 1.0003$, also praktisch identisch mit der des Vakuums. Da optische Gläser weit höhere Brechzahlen aufweisen, werden wir im Folgenden die Brechzahl der Luft auf $n = 1$ setzen können, ohne dabei nennenswerte Fehler in Kauf nehmen zu müssen.

Für die Spiegelung gilt dann noch das Reflexionsgesetz: Einfallswinkel = Austrittswinkel. Damit ist alles gesagt – ausgehend vom Brechungsgesetz und Reflexionsgesetz ist man in der Lage, den Strahlenverlauf durch komplizierteste optische Systeme zu berechnen, indem die Winkelverhältnisse der ein- und ausfallenden Strahlen an jedem einzelnen Übergang zweier Medien analysiert werden. Dieses Verfahren wird als Raytracing (etwa: Strahlverfolgung, in älteren deutschsprachigen Lehrbüchern auch Strahldurchrechnung) bezeichnet und wurde bis in die 1940er-Jahre weitgehend per Hand durchgeführt. Die optischen Rechenbüros beschäftigten damals Mitarbeiter, deren mühsame Aufgabe darin bestand, Strahlenbündel mit Bleistift und Handrechenmaschine durch optische Anordnungen zu fädeln. Nach dem zweiten Weltkrieg wurden zunehmend programmgesteuerte Rechenanlagen (Computer) für das Raytracing eingespannt, und die Leitz AG stellte dafür bereits 1953 eine Zuse Z5 in Betrieb, den ersten in Deutschland gebauten Großrechner der Nachkriegszeit[5]. Bei Zeiss (Jena) wurde ab 1955 der im eigenen Werk von Wilhelm Kämmerer entwickelte Relaisrechner OPREMA für die Optikrechnung eingesetzt, und Zeiss (Oberkochen) folgte 1956 mit der Anschaffung einer Zuse Z11[6].

[5] http://www.horst-zuse.homepage.t-online.de/z5.html

[6] Hartmut Thiele, *Die ersten Computer für Optikrechnung*, in *Legenden und Geschichten der Photoindustrie*, Privatdruck München 2006.

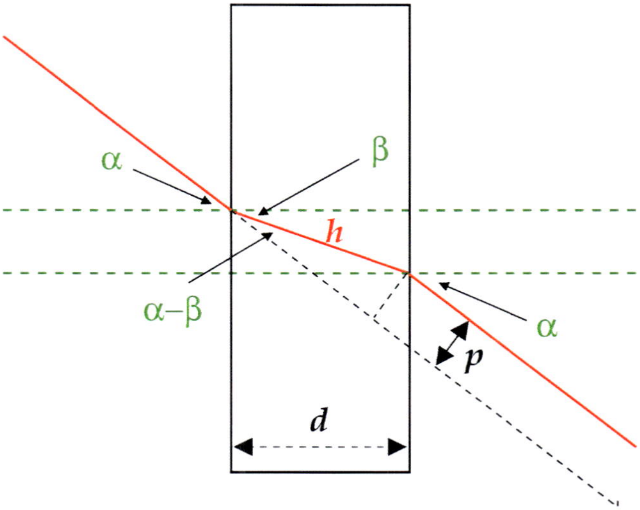

3.3

Eine Glasplatte der Dicke d wird von einem Lichtstrahl durchlaufen. Der Einfallswinkel zum Lot (grün) ist α, der Parallelversatz des austretenden Strahles ist p.

Zur Illustration berechnen wir den Verlauf eines Lichtstrahls durch eine planparallele Glasplatte – ein denkbar einfacher Fall eines Raytracing, der bereits manche typischen Eigenschaften eines optischen Elements erkennen lässt (Abbildung 3.3). Die Glasplatte habe die Brechzahl n und eine Dicke d, und der Lichtstrahl (rote Linie) falle mit einem Winkel α zum Lot (grüne Linie) ein. Der Brechungswinkel in dem optisch dichteren Glas ergibt sich dann aus dem Brechungsgesetz zu

$$\beta = \operatorname{asin}\left(\frac{\sin\alpha}{n}\right) . \tag{3.3}$$

Innerhalb der Glasplatte legt der Lichtstrahl eine Strecke von $h = d/\cos\beta$ zurück. Wenn der Strahl anschließend die Glasplatte verlässt, tritt er dabei vom optisch dichten in das optisch dünnere Medium über, und der Austrittswinkel ist wieder exakt derjenige (α), mit dem er vorher auf die Platte getroffen war. Jenseits der Glasplatte setzen Lichtstrahlen sich also in derselben Richtung fort wie vor der Platte, sind jedoch um einen bestimmten Betrag verschoben. Dieser Parallelversatz p lässt sich leicht aus dem Dreieck berechnen, das den Differenzwinkel $\alpha-\beta$ einschließt, und dessen Hypotenuse h der Lichtweg im Glas $(d/\cos\beta)$ ist, denn $\sin(\alpha-\beta) = p/h$. Daraus folgt sofort:

$$p = h\sin(\alpha-\beta) = d\,\frac{\sin(\alpha-\beta)}{\cos\beta}\,. \qquad (3.4)$$

Sei also die Dicke der Glasplatte 5 cm, der Einfallswinkel 30°, und die Brechzahl $n = 1.57$, was einem BaK4 Glas entspricht, das sehr häufig in Umkehrprismen Verwendung findet. Mit diesen Eingangsdaten erhalten wir dann einen Winkel $\beta = 18.57°$ und damit den Parallelversatz zu $p \approx 1.05$ cm.

Nun ist es in der technischen Optik üblich, Näherungen für die Winkelfunktionen zu verwenden, um die resultierenden Formeln zu vereinfachen. Es lassen sich diese Funktionen bekanntlich in Potenzreihen entwickeln, so etwa der Sinus

$$\sin x = x - \frac{x^3}{3!} + \frac{x^5}{5!} - \ldots\,, \qquad (3.5)$$

oder der Kosinus

$$\cos x = 1 - \frac{x^2}{2!} + \frac{x^4}{4!} - \ldots\,, \qquad (3.6)$$

wobei der Winkel hier im Bogenmaß eingegeben werden muss, also der in Grad ausgedrückte Winkel, multipliziert mit der Kreiszahl π und dividiert durch 180. In der Tat berechnet jeder Taschenrechner seine eingebauten Winkelfunktionen nach diesen Reihenentwicklungen, die im Prinzip zwar unendlich viele Terme haben, in der Praxis aber nach wenigen Termen abgebrochen werden können, weil die dann noch folgenden Beiträge vernachlässigbar klein werden. Gauß[7] hatte für seine Berechnungen von Strahlen mit kleinen Bündelöffnungen nur die ersten Terme der Entwicklungen mitgenommen, also $\sin x \approx x$ und $\cos x \approx 1$ verwendet. Bei dieser Näherung, die nur für sehr kleine Winkel brauchbar ist, spricht man daher von der Gauß'schen Optik.

In dieser Näherung vereinfacht sich das Brechungsgesetz zu $\beta = \alpha/n$, und der Parallelversatz zu

$$p \approx d\,\alpha\left(1-\frac{1}{n}\right)\,, \qquad (3.7)$$

was für unser Beispiel ($d = 5$ cm, $\alpha = 30°$ und $n = 1.57$) das Ergebnis 0.95 cm liefert, also recht weit entfernt vom genaueren Ergebnis von 1.05 cm, wobei allerdings der Einfallswinkel auch nicht gerade klein war. Wiederholen wir die Rechnung mit einem für Ferngläser realistischen Einfallswinkel von 4°, so erhalten wir den Parallelversatz zu 0.1269 cm (exakte Rechnung) und zu 0.1267 cm (Gauß-Näherung), was nahezu identisch ist.

Werden in Gleichung (3.4) alle Terme bis zur dritten Potenz des Winkels α berücksichtigt, so erhöht sich die Genauigkeit der Näherung auf ein Niveau, das in der technischen Optik als Seidelsche Bildfehlertheorie bekannt ist. Wie der Name es bereits vermuten lässt, erlaubt die Seidelsche Näherung eine eingehende Analyse der Abbildungsfehler höherer Ordnung, die in der stark vereinfachten Gauß'schen Näherung nicht berücksichtigt werden können.

3.3 Brechzahl und Dispersion

Die oben erwähnte Brechzahl n ist eine Materialeigenschaft des Glases. Licht ist eine elektromagnetische Welle, die die zahllosen Atome des Glases zu Schwingungen anregt – genauer gesagt sind es die Atomhüllen, geformt von den Elektronenwolken, die im Feld des Lichts schwingen. Dabei werden die Elektronen nicht angeregt, also auf höhere Zustände gehoben, denn bei einem solchen Vorgang würde das Licht ja absorbiert und das Glas wäre nicht durchsichtig. Nun ist es aber so, dass die Elektronenhüllen

[7] Carl Friedrich Gauß, 1777 – 1855

ihre eigenen, bevorzugten Schwingungsfrequenzen besitzen, Eigenfrequenzen genannt, und daher nicht exakt in Phase mit dem Licht schwingen können. Durch ihre Schwingungen erzeugen sie selbst ein elektromagnetisches Feld, das sich dem des einfallenden Lichts überlagert, und auf diese Weise entsteht ein neues Gesamtfeld, das mit einer veränderten Phasengeschwindigkeit fortschreitet. Licht verändert im Medium also seine Phasengeschwindigkeit, und dies führt zur Brechzahl und zu den Ablenkungen, wie sie das Snelliussche Gesetz in guter Näherung beschreibt.

Aus dem Gesagten wird verständlich, warum der genaue Wert der Brechzahl nicht nur vom Material, sondern auch von der Frequenz des Lichts abhängt: Die Phasenverschiebungen hängen von dem Verhältnis von Eigenfrequenz und Lichtfrequenz ab, und erstere ist eine Materialkonstante, letztere von der (Vakuum-) Wellenlänge des Lichts abhängig. Die Abhängigkeit der Brechzahl von der Wellenlänge wird Dispersion genannt. In den meisten Fällen ist die Brechzahl für höhere Frequenzen (also kürzere Wellenlängen) größer als für niedrigere. Ausnahmen gibt es in der Nähe der Eigenfrequenz: Hier kommt es zu Resonanzen, und nahe einer Resonanz fällt die Brechzahl mit steigender Frequenz wieder ab, ein Phänomen, das anomale Dispersion genannt wird und für die Korrektur der Farbfehler einer Optik von großer Bedeutung ist.

Wie genau hängt also die Brechzahl von der Wellenlänge λ des Lichts ab? Dieser Zusammenhang ist spezifisch für jede Glassorte, im Detail aber so kompliziert, dass es dafür keine physikalisch motivierte Näherungsformel gibt (anders gesagt: es ist noch nicht völlig verstanden). Aus diesem Grund ist man in der technischen Optik auf Reihenentwicklungen der Form

$$n^2(\lambda) = A_0 + A_1\lambda^2 + A_2\lambda^{-2} + A_3\lambda^{-4} + A_4\lambda^{-6} + A_5\lambda^{-8} \quad (3.8)$$

angewiesen. Diese Formel wird durch eine geeignete Wahl der Koeffizienten $A_0 \ldots A_5$ möglichst akkurat an die gemessene Dispersionskurve angepasst und die resultierenden Werte dann in den Glaskatalogen der Hersteller aufgelistet.

3.4 Optische Gläser

Wenn also die Brechzahl von der Wellenlänge abhängt, wie kann sie dann für jede einzelne Glassorte angeben werden? Dazu wurde festgelegt, die gelbe d-Linie des Heliums ($\lambda_d = 587.6\,\text{nm}$) als Basis des so genannten d-Systems zu verwenden. Deren Brechzahl n_d wird als Hauptbrechzahl bezeichnet[8]. Als Hauptdispersion bezeichnet man ferner die Differenzen der Brechzahlen im blauen und im roten Spektralbereich, speziell der F-Linie (n_F, $\lambda_F = 486.1\,\text{nm}$) und der C-Linie ($n_C$, $\lambda_C = 656.3\,\text{nm}$). Schließlich hat Abbe[9] den Quotienten

$$v = \frac{n_d - 1}{n_F - n_C} \quad (3.9)$$

Abbesche Zahl genannt, eingeführt. Gläser mit geringer Dispersion (ED-Gläser) weisen eine hohe Abbesche Zahl auf. In den Glaskatalogen der Hersteller werden die verschiedenen Glassorten in zweidimensionalen Diagrammen dargestellt, deren Achsen die Abbesche Zahl und die Hauptdispersion bilden (Abbildung 3.4).

Neben diesen Angaben enthalten die Kataloge noch weitere, qualitätsbezogene Klassifikationen. Dazu sollte man sich ins Gedächtnis rufen, dass ja kein Glasblock perfekt sein kann, sondern Inhomogenitäten, Schlieren, Einschlüsse und mechanische Spannungen aufweist. Gläser sind nach unterschiedlichen Brechzahlhomogenitäten klassifiziert, nach

[8] Es existiert noch eine zweite Konvention, die auf der e-Linie des Quecksilbers ($\lambda_e = 546.1\,\text{nm}$) basiert, und folgerichtig e-System genannt wird.

[9] Ernst Karl Abbe, 1840 – 1905

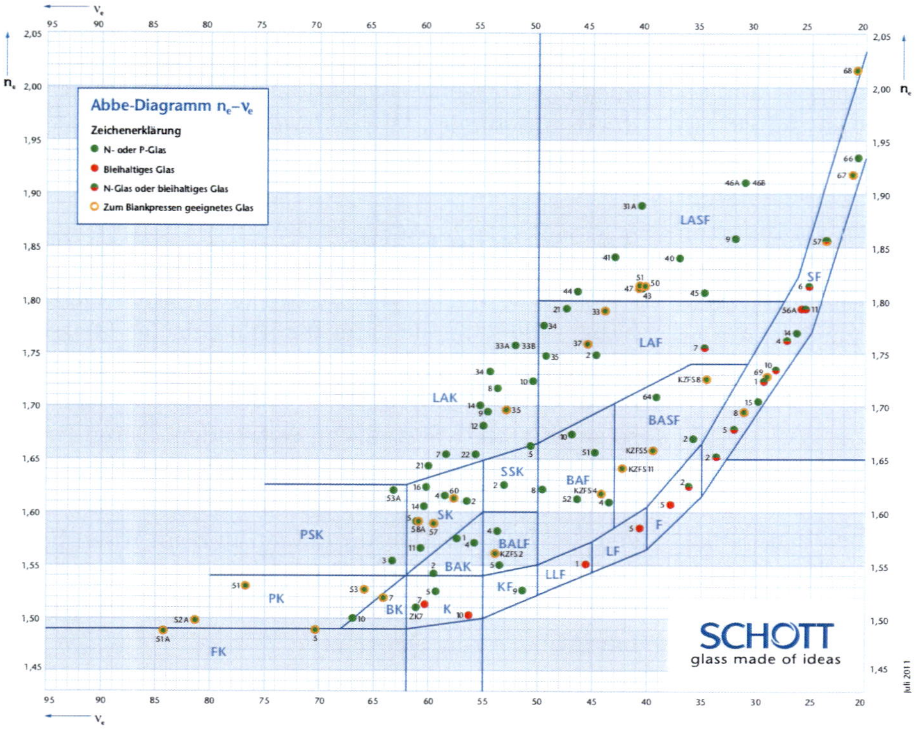

3.4

Optische Gläser aus dem Schott-Katalog, aufgetragen nach Hauptbrechzahl und Abbesche Zahl.

Abweichungen von der Normbrechzahl oder nach Spannungsdoppelbrechung. Man beachte, dass die Kataloge auch Angaben der Reintransmission enthalten: Diese bezieht sich auf den Anteil des Lichts, der die Glasprobe verlässt, bezogen auf den Anteil, der in die Probe eintritt; Reflexionsverluste an den Grenzflächen bei Ein- und Austritt des Strahls sind nicht berücksichtigt. Allerdings bezieht sich diese tabellierte Angabe meist auf die violette 400 nm Linie – für eine Bewertung der Transmission im Visuellen ist diese Angabe denkbar ungeeignet, weil das Auge hier kaum noch empfindlich ist. Stattdessen wird, unabhängig vom Glastyp, nochmals unter diversen visuellen Transmissionsklassen unterschieden, die – bezogen auf 10 cm Glasweg – eine über das sichtbare Spektrum gemittelte Reintransmission garantieren (Tabelle 3.1)[10].

Klasse	τ_{iv}
9	≤ 0.859
8	0.860
7	0.880
6	0.900
5	0.920
4	0.940
3	0.960
2	0.980

Tabelle 3.1

Transmissionsklassen beliebiger Glassorten: Garantierte Reintransmission τ_{iv} im visuellen Bereich bei 100 mm Glasdicke

Es wäre daher falsch, anzunehmen, jede Glassorte weise eine für sie spezifische visuelle Transmission auf. Der Käufer eines Glasrohlings hat die Wahl

[10] Dank an Albrecht Köhler für diese Daten.

zwischen den hier aufgeführten Qualitätsklassen, wobei die Klasse 4 als Standard, die Klasse 3 als hochwertig gilt, und Gläser der Transmissionsklasse 2 aus sorgfältig ausgewählten Schmelzen stammen, entsprechend teuer und nicht immer lieferbar sind. Hohe Transmissionswerte sind gerade für Ferngläser von besonderer Relevanz, da diese ja Umkehrprismen mit typischen Glasweglängen von mehr als 10 cm enthalten.

Auf diesem Gebiet werden auch heute noch Fortschritte erzielt, wie die neuen HT-Gläser (HT für high transmission) von Schott beweisen, die Zeiss 2012 für seine Victory-HT Reihe einführte. Die Abbildung 3.5 zeigt einen Vergleich der Reintransmissionen konventioneller BK7 und BaK4 Gläser mit den entsprechenden HT Varianten. Dargestellt sind die Ergebnisse für die jeweils höchste standardmäßig verfügbare Transmissionsklasse, üblicherweise die Klasse 3 für die Mehrzahl der konventionellen Glassorten. Innerhalb des Intervalls von 400 nm bis 700 nm erhält man für das BK7 HT, das in Abbe-König Prismen (Abschnitt 5.2.2) eingesetzt werden kann, einen gemittelten Vorteil über das BK7 von immerhin 1.2 % auf 10 cm Glasweg. Das BaK4, das als ein Glas hoher Brechzahl in den meisten Umkehrsystemen Verwendung findet, fällt mit seiner Transmission im blauen Spektralbereich etwas ab – die neue HT Variante führt hier, zwischen 400 – 500 nm, zu Verbesserungen, bietet für den Rest des sichtbaren Spektrums jedoch keine Vorteile. Immerhin dürfte die jetzt flachere Transmissionskurve eine noch etwas farbneutralere Abbildung erlauben, als es beim herkömmlichen BaK4 der Fall ist. Ob sich jedoch die Investition in teure HT-Gläser in der Praxis lohnt, gilt es dann im Einzelfall zu prüfen.

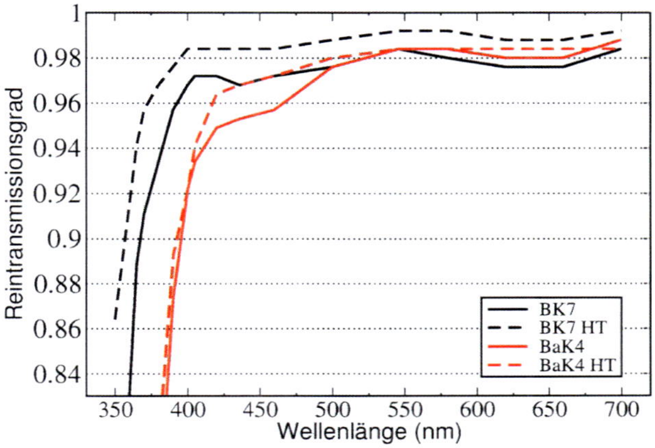

3.5

Reintransmission: Herkömmliche BK7 und BaK4 Gläser und die neuen HT-Varianten, umgerechnet auf 10 cm Glasweg (sichtbares Licht: 400 – 700 nm; Daten mit freundlicher Genehmigung der SCHOTT AG, Advanced Optics).

Im Fernglasbau war der Einsatz optischer Sondergläser, insbesondere bei Militäroptiken, keine Seltenheit. Dazu gehörten Gläser, die durch den Zusatz von Blei eine sehr hohe Brechzahl erlangten und in Umkehrprismen von Weitwinkeloptiken Verwendung fanden (Abschnitt 5.1.1), oder durch Zusatz von Ceroxiden eine Resistenz gegen radioaktive Strahlung aufwiesen (Abschnitt 11.5). Viele der in früheren Zeiten verwendeten, nicht selten toxischen Sondergläser sind inzwischen durch umweltfreundliche Gläser ersetzt worden. Von besonderer Relevanz für den Objektivbau war jedoch der seit den 1980er-Jahren allmählich erfolgte Ersatz der Fluorit-Kristalle (CaF_2), die mechanisch schwer zu bearbeiten (weil brüchig) waren, empfindlich auf Luftfeuchtigkeit reagierten und nur unter hohem Aufwand vergütet werden konnten, durch die mit Fluoridionen versetzten Spezialgläser (»ED-Optiken«, Abschnitt 6.1) mit ähnlichen optischen, aber praxistauglicheren mechanischen Eigenschaften.

Leider trägt das Marketing mancher Firmen zur Verwirrung unter den Fachbegriffen bei. So werben manche Hersteller etwa mit der Verwendung von »HD-Gläsern«, wobei »HD« für »high definiton« steht. Solche Glassorten gibt es nicht – eine gute Bilddefinition entsteht erst durch die Kombination eines guten optischen Designs und einer präzisen Fertigung.

3.5 Raytracing einer Linse

Nachdem in Abschnitt 3.2 das Raytracing durch eine Glasplatte behandelt wurde, werden wir jetzt mutiger und wenden dieselbe Technik auf eine Linse an. Die Standardlehrbücher zur technischen Optik bieten hier oft nur Ergebnisse in Gauß'scher Näherung an, aber wir interessieren uns auch für die Abbildungsfehler der Linse und rechnen daher zunächst einmal exakt. Dabei benötigen wir nicht mehr als die üblichen Dreiecksätze, mit deren Hilfe wir den Lichtstrahl von einem Luft-Glas Übergang zum nächsten weiterverfolgen.

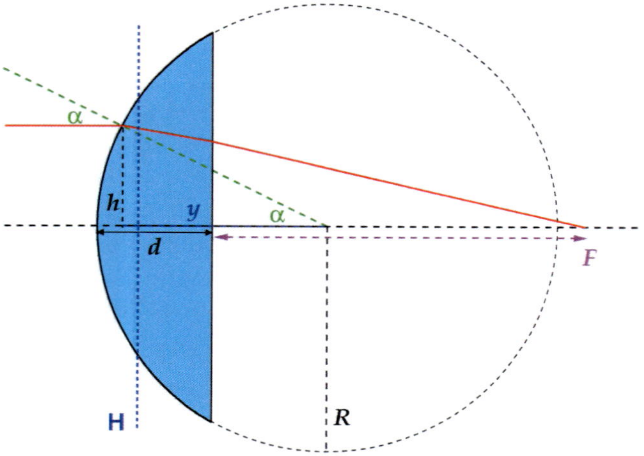

3.6

Plankonvexlinse, eine Kalotte der Dicke d, abgeschnitten von einer Glaskugel mit Radius R. Gesucht ist die Bildschnittweite, d. h. die Distanz zwischen der planaren Linsenfläche und dem Brennpunkt F.

Die Linse konstruieren wir, wie es in Abbildung 3.6 angedeutet ist: Wir nehmen eine Kugel aus Glas mit Radius R und schneiden eine Kalotte der Dicke d ab. Auch wenn die Abbildung zur Illustration eine komplette Kugel zeigt, nehmen wir also an, dass nur die Kugelkalotte auf der linken Seite aus Glas besteht. Diese liefert uns eine Plankonvexlinse, deren eine Fläche planar und die andere sphärisch gekrümmt ist, und zwar nach außen (konvex). Nahezu alle in der Fernglastechnik verwendeten Linsen haben sphärische Oberflächen, weil diese fertigungstechnisch einfach und mit hoher Genauigkeit geschliffen werden können. Andere, asphärische Linsenformen sind möglich, aber technisch aufwendig und teuer (falls aus Glas) oder von begrenzter Qualität (falls aus Plastik gepresst). Als Hauptachse oder optische Achse bezeichnet man die Gerade, die von links nach rechts durch den Linsenscheitel und den Kugelmittelpunkt (auch Krümmungsmittelpunkt genannt) verläuft.

Wir nehmen an, dass alle Lichtstrahlen von links parallel zueinander und zur Hauptachse einfallen, wie es bei einem Fernglas der Fall wäre, das ein weit entferntes punktförmiges Objekt (etwa einen Stern) in seiner Bildmitte anvisiert. Ein solches, parallel zur Hauptachse einfallendes Strahlenbündel bezeichnet man als Hauptstrahl. Diejenigen Anteile des Hauptstrahls, die sehr nahe an der Hauptachse verlaufen (und für welche die Gauß'sche Näherung gültig ist), heißen paraxial.

Als Beispiel zeigt die Abbildung 3.6 einen einzigen Lichtstrahl (rot), der auf einer Höhe h oberhalb der Hauptachse auf die Linse trifft. Hier wird er nach den Regeln des Brechungsgesetzes abgelenkt, durchläuft die Linse und tritt an der planaren Oberfläche wieder aus, an der er abermals abgelenkt wird. Uns interessiert, in welcher Entfernung F von der planaren Linsenfläche er die Hauptachse schneidet und somit seinen Brennpunkt hat[11].

[11] In der technischen Optik wird der Abstand zwischen dem Linsenscheitel und dem Brennpunkt als Bildschnittweite bezeichnet.

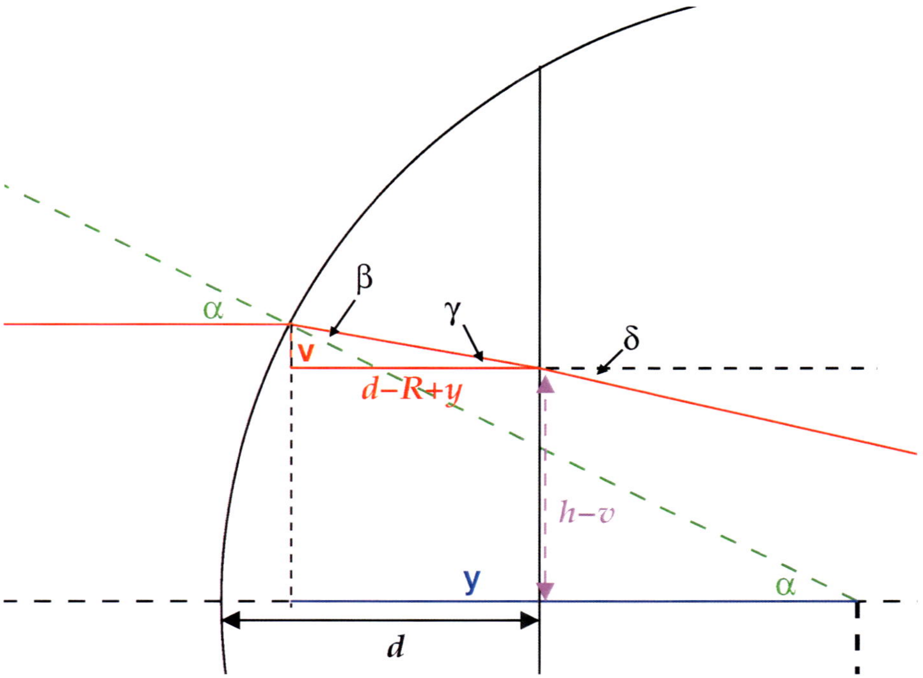

3.7

Der Verlauf des Lichtstrahles innerhalb der Linse.

Zunächst benötigen wir den Einfallswinkel zum Lot (also zu der Oberflächennormalen an der Eintrittsstelle) – letzteres läuft entlang der Radialen durch das Zentrum der Kugel (grün gestrichelte Linie), und wir erhalten ohne Mühe aus der Trigonometrie

$$\alpha = \operatorname{asin}\left(\frac{h}{R}\right) . \tag{3.10}$$

Bei der Gelegenheit berechnen wir auch gleich die blaue Dreieckseite y (siehe Abb. 3.7 für eine Detailansicht) zu $y = R\cos\alpha$. Im Glas wird der Lichtstrahl dann in Richtung zum Lot abgelenkt, und nach dem Brechungsgesetz gilt mit der Brechzahl n für den neuen Winkel

$$\beta = \operatorname{asin}\left(\frac{\sin\alpha}{n}\right) \tag{3.11}$$

(wiederum bezogen auf das Lot). Während der Lichtstrahl durch die Linse läuft, entsteht ein vertikaler Versatz, den wir mithilfe des roten Dreiecks berechnen: Der spitze Winkel γ ist gleich der Differenz $\alpha - \beta$, und die Ankathete zu γ (die untere Dreieckseite) hat die Länge $d - (R - y)$, folglich ist der Versatz

$$v = (d - R + y)\tan(\alpha - \beta) . \tag{3.12}$$

An dieser Stelle tritt der Lichtstrahl wieder aus dem Glas aus, und wir benötigen den Austrittswinkel δ, weshalb wir abermals das Brechungsgesetz anwenden, sodass

$$\delta = \operatorname{asin}[n\sin\gamma] = \operatorname{asin}[n\sin(\alpha - \beta)] . \tag{3.13}$$

Jetzt ist es fast geschafft: Wir benötigen nur noch die horizontale Entfernung F, in der unser Lichtstrahl die Hauptachse schneidet, der vertikale Versatz also identisch h wird. Da der Versatz v an dieser Stelle bereits erreicht wurde, ist die verbliebene vertikale Strecke also zu $h - v$ bestimmt und wir erhalten sofort

$$F = \frac{h - v}{\tan\delta} . \tag{3.14}$$

Setzen wir noch die bereits erhaltenen Größen ein, so haben wir

$$F = \frac{h - [d - R(1 - \cos\alpha)]\tan(\alpha - \beta)}{\tan\{\operatorname{asin}[n\sin(\alpha - \beta)]\}}\ , \quad (3.15)$$

wobei α in Gleichung (3.10) und β in Gleichung (3.11) bestimmt sind. Damit haben wir einen Wert für den Brennpunkt eines Strahles in Abhängigkeit von der Einfallshöhe h berechnet.

Da diese Gleichung ein wenig kompliziert aussieht, nehmen wir uns zunächst die Gauß-Näherung für paraxiale Strahlen vor – hier ist die Einfallshöhe klein, und somit auch alle folgenden Winkel. Es werden daher alle Winkelfunktionen, den Potenzreihen (3.5) und (3.6) Folge leistend, nach dem ersten Term abgebrochen, und auch bei der inversen Sinusfunktion nur der erste, lineare Anteil akzeptiert ($\operatorname{asin} x \approx x$). Man erhält nach kurzer Rechnung[12] die Gauß-Näherung

$$F \approx \frac{R}{n-1} - \frac{d}{n}\ , \quad (3.16)$$

in der die Einfallshöhe gar nicht mehr auftaucht. Mit anderen Worten: Für paraxiale Strahlen hängt der Brennpunkt nicht von der Einfallshöhe des Strahles ab. Der zweite Term dieser Näherung enthält noch die Dicke d der Linse. Gauß hatte aus diesem Grund (sowie aus anderen Gründen) vorgeschlagen, die Brennweite der Linse nicht von der planaren Linsenoberfläche aus zu definieren, sondern als Abstand des Brennpunkts zu einer imaginären Ebene, die um den Betrag d/n nach links verschoben ist. Auf diese Weise wird die Brennweite der Linse unabhängig von der Linsendicke. Dieser Vorschlag war in der Tat sehr sinnvoll, die neue, verschobene Bezugsebene wird als Hauptebene H (siehe Abbildung 3.6) der Linse bezeichnet, und unter Verwendung der Hauptebenen wird das Raytracing komplizierter optischer Systeme in der Gauß-Näherung nochmals deutlich vereinfacht.

[12] die der interessierte Leser zur Übung selber ausführen möge

3.6 Abbildungsgleichung

Wir berechnen nun den achsenparallelen Strahlengang der plankonvexen Linse in umgekehrter Richtung (Abbildung 3.8): Der Lichtstrahl (rot) tritt in der Höhe h auf die planare Fläche, an der er, weil parallel zum Lot, nicht gebrochen wird, um schließlich nach Austritt aus der Linse am Brennpunkt F die Hauptachse zu schneiden. Die Details der Rechnung seien dem Leser überlassen, sie führen auf

$$F = \frac{h}{\tan(\beta - \alpha)} - R(1 - \cos\alpha)\ , \quad (3.17)$$

und in der paraxialen Näherung zu

$$F \approx \frac{R}{n-1}\ , \quad (3.18)$$

was identisch ist mit dem Ergebnis aus Gleichung (3.16), nachdem dort die Hauptebene als Bezugssystem gewählt wurde. Was wir aus dieser Übung gelernt haben: Die Hauptebene fällt in umgekehrter Strahlrichtung genau auf den Linsenscheitel – man hat es daher bei jeder Linse mit zwei Hauptebenen zu tun, deren Abstände sich je nach Eigenschaft der Linse voneinander unterscheiden. In Bezug auf die jeweilige Hauptebene sind die Brennweiten der Linse in beide Richtungen identisch. Dies gilt immer dann, wenn die Linse auf beiden Seiten von demselben Medium (in diesem Falle: Luft) umgeben ist.

Entscheidend ist jedoch, dass sich mithilfe der Hauptebenen der Strahlengang in optischen Systemen so weit vereinfachen lässt, dass die genaue Beschaffenheit der Linse oder einer Linsengruppe in dieser paraxialen Näherung keine Rolle mehr spielt: Es reicht bereits aus, die Lagen der Hauptebenen und die Brennweite zu kennen, um den Strahlengang konstruieren zu können. Abbildung 3.9 zeigt das Prinzip: Gegeben sei eine Linse oder Linsengruppe mit den beiden Hauptebenen H (objektseitig) und

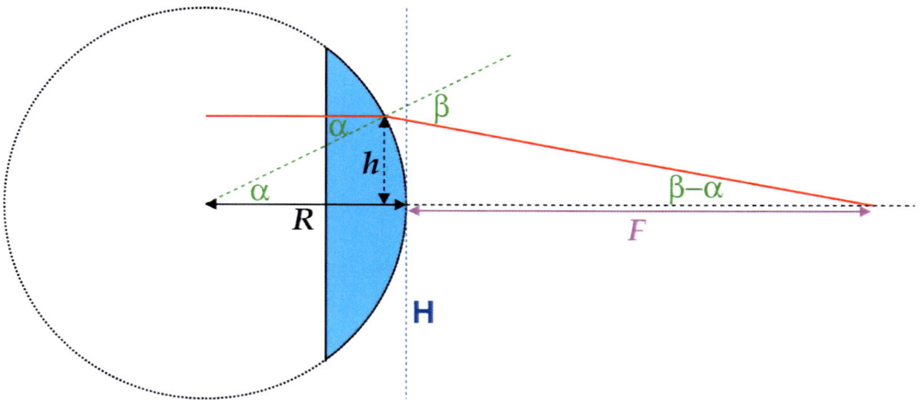

3.8

Plankonvexlinse, bei der ein achsenparalleler Lichtstrahl auf die planare Fläche trifft. In diesem Fall liegt die Hauptebene H auf dem Linsenscheitel.

H' (bildseitig), ferner die entsprechenden Brennpunkte F_p und F'_p. Die objektseitige Brennweite F ist der Abstand zwischen H und F_p, identisch vom Betrag mit F' und der Konvention gemäß negativ, sodass $F' = -F$ gilt. Ein Objekt befinde sich im Abstand z (Objektweite genannt und ebenfalls negativ) von der Hauptebene H und habe die Objekthöhe y. Den Abstand zwischen Objekt und Brennpunkt bezeichnet man als brennpunktbezogene Objektweite, $z_\mathrm{F} = z - F$.

Das Bild wird mit zwei Strahlen wie folgt konstruiert: Ein achsenparallel von links einfallender Strahl muss an der bildseitigen Hauptebene H' so gebrochen werden, dass er durch den bildseitigen Brennpunkt läuft. Ein zweiter Strahl, der genau durch den objektseitigen Brennpunkt F_p läuft, wird an der objektseitigen Hauptebene derart gebrochen, dass er anschließend achsenparallel verläuft – das ist eine zwingende Folge der Tatsache, dass der Strahlengang auch vom Bild aus zum Objekt hin konstruiert werden könnte. Dieser Sachverhalt wird Reziprozität genannt, die Umkehrbarkeit von Strahlenverläufen, die in der geometrischen Optik (nicht jedoch in der Wellenoptik) streng erfüllt ist. Man beachte ferner, dass die Konstruktionsstrahlen zwischen den Hauptebenen stets parallel verlaufen.

Nun folgt auf der Objektseite wegen der Ähnlichkeit der Dreiecke 1 und 2 sofort $y/y' = z_\mathrm{F}/F$, und auf

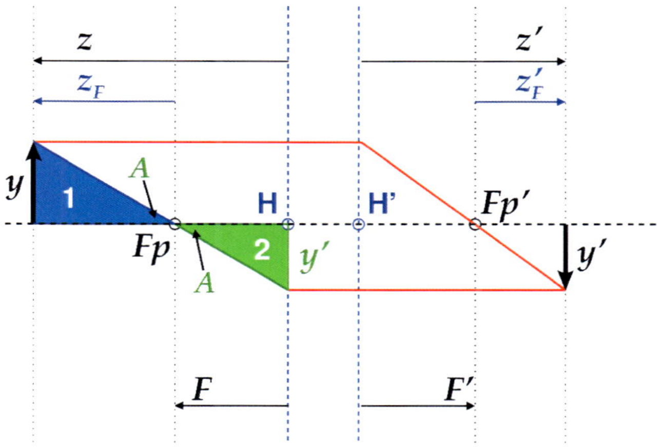

3.9

Konstruktion des Strahlenganges mit zwei Konstruktionsstrahlen: Die Pfeilspitze des Objekts (links) und deren Bildpunkt (rechts).

der Bildseite gilt entsprechend $y'/y = z'_\mathrm{F}/F'$, also

$$\frac{F}{z-F} = \frac{z'-F'}{F'} = \frac{z'}{F'} - 1\,, \tag{3.19}$$

was wir zu

$$\frac{F'}{z'} = \frac{1}{1+\frac{F}{z-F}} = 1 - \frac{F}{z} \tag{3.20}$$

umformen. Mit $F = -F'$ (Objekt und Bild befinden sich im gleichen optischen Medium) erhalten wir dann die paraxiale Abbildungsgleichung

$$\frac{1}{z'} - \frac{1}{z} = \frac{1}{F'} \tag{3.21}$$

die den Bezug zwischen der Objektweite z, der Bildweite z' und der Brennweite F' herstellt. Diese Gleichung ist ausgesprochen nützlich, wenn es darum geht, sich einen groben Überblick über den Strahlenverlauf, aber auch die mechanischen Dimensionen eines optischen Aufbaus zu verschaffen. Man beachte, dass im Falle weit entfernter Objekte (und das sind in der Fernglaspraxis bereits Objekte jenseits 100 m Entfernung) der Faktor $1/z$ gegen Null geht und wir $z' = F'$ erhalten, das Abbild also genau in der Brennebene der Linse liegt.

Unter Zuhilfenahme der brennpunktbezogenen Objekt- und Bildweiten ergibt sich aus der Gleichung (3.19)

$$\frac{F}{z_\mathrm{F}} = \frac{z'_\mathrm{F}}{F'} , \tag{3.22}$$

woraus die Newtonsche Abbildungsgleichung[13)]

$$z_\mathrm{F}\, z'_\mathrm{F} = F F' \tag{3.23}$$

folgt, die sich mit $F = -F'$ zu

$$z_\mathrm{F}\, z'_\mathrm{F} = -F^2 \tag{3.24}$$

vereinfacht.

In unserem Beispiel (Abbildung 3.9) haben wir uns an einer Sammellinse orientiert, die ein Objekt, das sich jenseits des Brennpunkts F_p befindet, in ein reelles Bild auf der gegenüberliegenden Seite der Linse abbildet. Befindet sich das Objekt näher an der Linse als F_p, so ist eine reelle Abbildung nicht mehr möglich, weil die Lichtstrahlen nach Passieren der Linse divergieren. In diesem Fall verlängert man die Konstruktionsstrahlen rückwärtig Richtung Objektraum (nach links) und ermittelt den Punkt, an dem sie sich schneiden. Nun spricht man von einer virtuellen Abbildung und einem virtuellen Bild. Die Abbildungsgleichungen (3.21) und (3.24) gelten auch für diesen Fall, sofern die Vorzeichenkonvention eingehalten wird und Abstände links der Linse negativ gerechnet werden. Ferner gibt es Zerstreuungslinsen, die ausschließlich virtuelle Bilder erzeugen. Deren Brennweiten ermittelt man über parallel einfallende Konstruktionsstrahlen, die wiederum rückwärtig in den Objektraum verlängert werden, bis sie sich schneiden. Zerstreuungslinsen haben gemäß der Vorzeichenkonvention negative Brennweiten und werden daher auch kurz als Negativlinsen bezeichnet. Auch hier behalten die Abbildungsgleichungen ihre Gültigkeit.

Als erste Anwendung der Abbildungsgleichung wollen wir die Objektivbrennweite eines Fernglases mit Okularfokussierung (siehe auch Abschnitt 6.3) messen. Dazu fokussieren wir zunächst auf ein nahes Objekt der Entfernung z_1 und messen möglichst genau den Abstand des Okulars von irgendeinem markanten Punkt am Fernglaskörper. Wir notieren uns den Wert, x_1. Jetzt wiederholen wir den Versuch mit einem weit entfernten Objekt (dessen Entfernung z_2 wir auf unendlich setzen können) und messen erneut den Okularhub, mit dem Ergebnis x_2. Dessen Differenz, $x_1 - x_2 = \Delta x$ entspricht dem Abstand $z'_1 - z'_2$ der beiden Bildebenen. Mit ein wenig Algebra erhalten wir aus der Abbildungsgleichung (3.21) die Brennweite

$$F' = \sqrt{\frac{(\Delta x)^2}{4} - z_1 \Delta x} - \frac{\Delta x}{2} , \tag{3.25}$$

die wir ohne Verlust an Genauigkeit zu

$$F' \approx \sqrt{-z_1 \Delta x} - \frac{\Delta x}{2} \tag{3.26}$$

13) Sir Isaac Newton, 1643–1727

vereinfachen können. Für ein Opticron 8x30 Fernglas wurde bei Fokussierung auf ein 3 m entferntes Objekt ($z_1 = -300\,\text{cm}$) die Distanz des Okulars zu $x_1 = 7.124\,\text{cm}$ gemessen, bei Fokussierung auf unendlich $x_2 = 6.688\,\text{cm}$, was einen Fokussierhub von $\Delta x \approx 0.436\,\text{cm}$ und eine Brennweite von $F' \approx 11.2\,\text{cm}$ ergibt.

Bei all diesen Berechnungen müssen wir uns allerdings in Erinnerung rufen, dass wir mit der Abbildungsgleichung (3.21) in der Gauß'schen (paraxialen) Näherung operieren, in der die geometrischen Verhältnisse stark vereinfacht sind. Die Analyse der Abbildungsfehler erfordert jedoch eine genauere Beschreibung des Abbildungsvorgangs.

3.7 Abbildungsfehler

3.7.1 Longitudinale chromatische Aberration

Die Bildschnittweite in der Gauß-Näherung enthält die Brechzahl n, und da jedes Glas eine Dispersion aufweist, befinden sich die Brennpunkte unterschiedlicher Wellenlängen an unterschiedlichen Stellen. Nehmen wir als Beispiel ein Standardglas, das SF2 Flintglas aus dem Schott Katalog. Die Brechzahl der roten C-Linie (656.281 nm) ist angegeben als $n_\text{C} = 1.642\,10$, und für die violette h-Linie (410.175 nm) gilt $n_\text{h} = 1.682\,33$. Wenden wir also die Gleichung (3.18) an, unter Annahme eines Krümmungsradius von $R = 10\,\text{cm}$, dann erhalten paraxiale Strahlen der roten C-Linie eine Bildschnittweite von $F_\text{C} = 15.58\,\text{cm}$ und die der violetten h-Linie eine Bildschnittweite von $F_\text{h} = 14.66\,\text{cm}$, also eine beträchtliche Differenz von gut 9 mm. Diese Differenz in der Brennweite paraxialer Strahlen wird als longitudinale chromatische Aberration oder Farblängsfehler bezeichnet. Das dabei erzeugte Farbspektrum wird auch primäres Spektrum des Objektivs genannt, und es führt zu Farbrändern an Objekten im zentralen Bereich des Sehfeldes.

Nehmen wir alternativ das FK56 aus dem selben Katalog, ein Fluor-Kronglas besonders geringer Dispersion, so finden wir für dieses Glas $n_\text{C} = 1.432\,85$ und $n_\text{h} = 1.441\,85$, und folglich $F_\text{C} = 23.10\,\text{cm}$ und $F_\text{h} = 22.63\,\text{cm}$, allerdings bei einer deutlich längeren Brennweite – eine Konsequenz der verringerten Brechzahl. Im allgemeinen ist die Brennweite eines Objektivs bei dessen Design vorgegeben, und um erneut eine Brennweite um 15 cm zu erhalten, muss der Krümmungsradius der Linse auf etwa $R = 6.7\,\text{cm}$ verringert werden. Mit diesen Vorgaben erhalten wir $F_\text{C} = 15.48\,\text{cm}$ und $F_\text{h} = 15.16\,\text{cm}$, d.h. eine Brennweitendifferenz von gut 3 mm. Auch dieser Wert wäre noch viel zu hoch, um über einen weiten Wellenlängenbereich ein brauchbares Bild garantieren zu können. Erschwerend kommt hinzu, dass mit dem nun kleineren Krümmungsradius der FK56-Linse die anderen Aberrationen deutlich ansteigen würden. In der Praxis kommt man daher nicht umhin, eine Sammel- und eine Zerstreuungslinse aus unterschiedlichen Glassorten zu einem zweigliedrigen Objektiv zu kombinieren, wobei sich bei geeigneter Wahl der Parameter die chromatischen Aberrationen beider Linsen weitgehend gegeneinander aufheben können. Solche achromatischen Objektive gehören zum Standard eines jeden Fernglases und werden im Detail in Abschnitt 6.1 behandelt werden.

3.7.2 Sphärische Aberration

Wie bereits erwähnt, hängt die Bildschnittweite in der Gauß-Näherung (3.16) nicht von der Einfallshöhe h ab – in der exakten Formel (3.15) aber durchaus. Damit ist klar, dass mit der Gauß-Näherung wichtige Informationen zur den Abbildungsfehlern einer Linse verloren gehen, und dass bei der Beurteilung der Bildgüte unbedingt über diese Näherung hinaus gegangen werden muss. Die nächsthöhere Näherung ist diejenige von Seidel, bei der Terme bis zur dritten Potenz der Winkel mit in die Gleichungen eingehen. Wir kürzen diese Prozedur jedoch ab und greifen

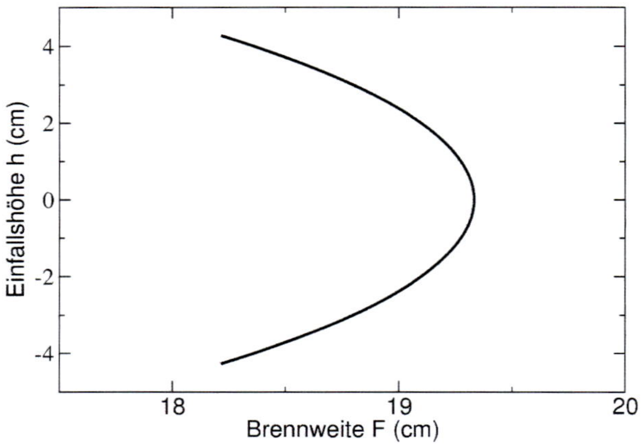

3.10

Sphärische Aberration: Die Brennpunktlage F als Funktion der Einfallshöhe h (siehe auch Abbildung 3.6).

direkt auf die Formel (3.15) zurück, die sich heutzutage bequem mit dem Computer auswerten lässt. In Abbildung 3.10 ist die Bildschnittweite F als Funktion der Einfallshöhe h gezeigt, für einen parallel zur Hauptachse einfallenden monochromatischen Lichtstrahl, bei einer Brechzahl $n = 1.5$, Krümmungsradius $R = 10\,\text{cm}$ und Linsendicke $d = 1\,\text{cm}$. Man erkennt, dass die Brennpunktlage sich mit der Einfallshöhe h ändert, ein Abbildungsfehler, den man als sphärische Aberration oder Öffnungsfehler bezeichnet. Ein Objekt in der Sehfeldmitte zeigt in diesem Fall einen unscharfen Halo, auch Zerstreuungskreis genannt, ein Effekt, der durch Abblenden der Linse verringert werden kann. Jede spärische Linsenoberfläche erzeugt solch eine Verschiebung der Brennpunktlagen – daher lässt sich der Fehler durch eine geeignete Modifikation der Linsenkurve beheben (asphärische Linse). Die Fertigung einer solchen asphärischen Linse ist jedoch vergleichsweise aufwendig, und da eine Kombination mehrerer sphärischer Linsen zu demselben Ergebnis führt, werden asphärische Oberflächen nur in Ausnahmefällen eingesetzt.

Übrigens konnte schon Gauß beweisen, dass eine Kombination zweier sphärischer Linsen, die durch einen Luftspalt getrennt sind, auf sphärische Aberration korrigiert werden kann: Biegt man beide Linsen derart durch, dass sie zu Meniskuslinsen werden, so kann das resultierende Objektiv sogar für zwei Wellenlängen gleichzeitig von der sphärischen Aberration befreit werden. Zwar hat sich Gauß's Lösung für die Konstruktion großer Teleskopobjektive als unpraktisch erwiesen, jedoch lebt sie weiter in Form zahlloser Fotoobjektive, deren Design auf dem sog. Doppelgauß-Design beruht, bei dem zwei Gauß'sche Objektive symmetrisch zueinander platziert werden. Da jedes Teleskopobjektiv nur an seinen Rändern unterstützt wird, kann es bei größeren Linsendurchmessern aufgrund des hohen Eigengewichts zu einer sphärischen Aberration infolge der gravitativen Linsendurchbiegung kommen. Aus diesem Grund ist der maximale Durchmesser von Objektiven astronomischer Refraktoren auf etwa 1 m begrenzt.

3.7.3 Bildfeldwölbung

Bis jetzt haben wir ein achsenparallel einfallendes Strahlenbündel behandelt – dieses könnte etwa von einem Stern stammen, der sich im Sehfeldzentrum befindet. Nun hat jedes Fernglas ein vorgegebenes Sehfeld, und einen entsprechenden (realen) Sehwinkel, sodass die Objekte nicht nur im Zentrum, sondern auch in einem weiten Bereich bis hin zum Sehfeldrand abgebildet werden müssen. Beträgt der objektive Sehwinkel eines Fernglases typischerweise 8°, so befindet sich ein Stern am Sehfeldrand genau 4° außerhalb der Sehfeldmitte. Das bedeutet, dass das einfallende Strahlenbündel zwar noch immer aus parallelen Strahlen besteht (der Stern ist ja weit entfernt), als Ganzes jedoch um 4° zur Hauptachse geneigt ist. Nennen wir diesen Einfallswinkel zur Hauptachse ϵ. Wir sind daran interessiert, an welchem Ort zwei solcher um den Winkel ϵ zur Hauptachse einfallenden Lichtstrahlen hinter der Achse

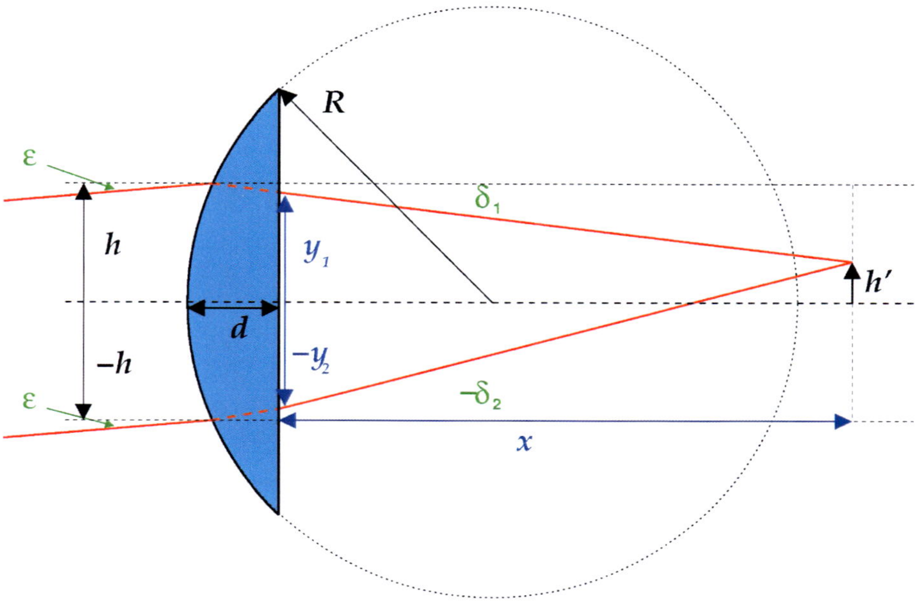

3.11

Die Lichtstrahlen treffen mit einem Winkel ϵ zur Hauptachse auf die Linse, sodass das Bild nicht auf der Achse, sondern auf der Bildhöhe h' zustande kommt.

zusammentreffen (siehe Abbildung 3.11). Dies wird nicht auf der Hauptachse passieren, denn das Abbild des Sterns befindet sich ja nicht in der Sehfeldmitte, sondern um die Bildhöhe h' verschoben.

Zur Berechnung des Bildpunktes nehmen wir an, dass die beiden einfallenden Strahlen in den Höhen h (oberhalb der optischen Achse) und $-h$ (unterhalb der optischen Achse) auf die Linse treffen, nach Durchlaufen der Linse in den Höhen y_1 und y_2 unter den Winkeln δ_1 und δ_2 zur Achse wieder austreten, um sich schließlich bei der Bildschnittweite x und der Bildhöhe h' zu schneiden. Bei der folgenden Rechnung ist zu beachten, dass sowohl y_2 als auch δ_2 negativ werden, da die Ordinate des einfallenden Strahles $(-h)$ ebenfalls negativ ist. Dies ergibt für die Bildschnittweite

$$x = \frac{y_1 - y_2}{\tan\delta_1 - \tan\delta_2} \,, \tag{3.27}$$

sowie für die Bildhöhe

$$h' = y_1 - x\tan\delta_1 \,, \tag{3.28}$$

mit

$$y_i = h_i - [d - R(1-\cos\alpha_i)]\tan(\alpha_i - \beta_i) \tag{3.29}$$

für die beiden Indizes $i \in \{1, 2\}$, und den Winkeln

$$\alpha_i = \operatorname{asin}\left(\frac{h_i}{R}\right) \,, \tag{3.30}$$

sowie

$$\beta_i = \operatorname{asin}\left(\frac{\sin(\alpha_i + \epsilon)}{n}\right) \,, \tag{3.31}$$

und

$$\delta_i = \operatorname{asin}\left[n\sin(\alpha_i - \beta_i)\right] \,. \tag{3.32}$$

Abbildung 3.12 zeigt eine Linie von Bildpunkten, die sich ergibt, wenn der Einfallswinkel ϵ in kleinen Schritten von $+4°$ nach $-4°$ variiert wird. Man möge sich vorstellen, dass es sich hier um einen Stern handelt, der langsam von einem Sehfeldrand durch die Mitte des Sehfeldes zum gegenüberliegenden Rand geschwenkt wird. Dabei wurde ein

Krümmungsradius von $R = 10$ angenommen, eine Linsendicke von $d = 1$, und die Einfallshöhen der beiden Konstruktionsstrahlen auf $h_1 = 2$ und $h_2 = -2$ festgelegt. Die Abbilder des Sterns liegen nicht auf einer Ebene, sondern auf einer Bildschale, auch Petzvalschale genannt[14]. Dieses Phänomen wird als Bildfeldwölbung bezeichnet, und falls diese Aberration nicht ausreichend korrigiert ist, lassen sich nicht alle Bereiche des Bildes gleichzeitig scharf stellen. Fokussiert man etwa auf einen Stern nahe der Bildfeldmitte, so bleiben die Randsterne unscharf, und bringt man letztere in den Fokus, so wird die Mitte unscharf.

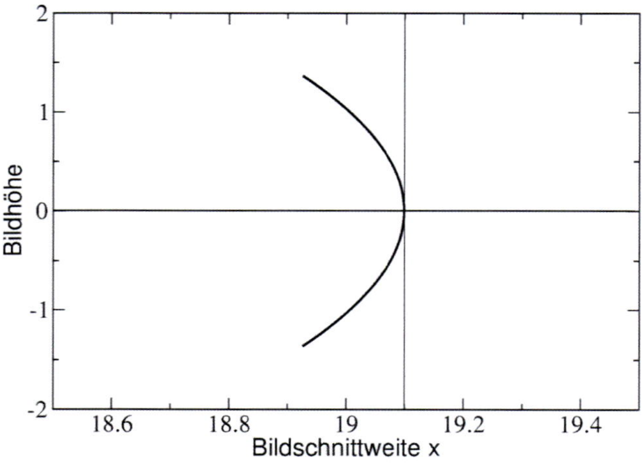

3.12

Bildfeldwölbung: Variiert man den Einfallswinkel ϵ (Abbildung 3.11) von $+4°$ nach $-4°$, so wandert der Bildpunkt entlang einer Bildschale.

Die Bildfeldwölbung ist dann beseitigt, wenn der Krümmungsradius r_p der Petzvalschale unendlich groß wird. Letzterer kann über die Petzvalsumme

$$\frac{1}{r_p} = \sum_{i=1}^{k} \frac{1}{n_i f_i'} \tag{3.33}$$

[14] Nach Josef Maximilian Petzval, 1807 – 1891

berechnet werden, die über alle optischen Elemente des Systems mit den Brechzahlen n_i und den bildseitigen Brennweiten f_i' läuft. Gelingt es dem Konstrukteur, diese Petzvalsumme zu annullieren, dann liegt das fertige Bild auf einer Ebene. In der Fernglasoptik wird zu diesem Zweck eine so genannte Bildebnungslinse, auch Smyth-Linse genannt, vor der Feldlinse des Okulars platziert (siehe auch Abbildung 6.10). Es handelt sich hier um eine eigens korrigierte Linse mit negativer Brennweite, die dazu beiträgt, die Petzvalsumme des Gesamtsystems zu reduzieren.

Bei all diesen Betrachtungen wurde allerdings geschummelt, weil wir die Einfallshöhen h_i fest vorgegeben haben. In Wirklichkeit variieren diese natürlich über die gesamte Eintrittsöffnung, und dabei überlagert sich die Bildfeldwölbung noch mit der bereits angesprochenen sphärischen Aberration. Doch selbst wenn diese Überlagerung berücksichtigt wird, ist die Beschreibung der Aberrationen ohne eine Diskussion des Astigmatismus und der Koma noch nicht komplett.

3.7.4 Astigmatismus

Im vorigen Abschnitt hatten wir stillschweigend einige Vereinfachungen vorgenommen: Die Abbildung 3.11 zeigt lediglich einen Querschnitt der Linse und des Strahlengangs, während das Strahlenbündel in Wirklichkeit eine dreidimensionale Ausdehnung hat, und auf eine in alle Richtungen gekrümmte Oberfläche fällt. Während die Abbildung 3.11 einen Einfallswinkel ϵ zeigt, der die Neigung des Strahlenbündels von »oben« nach »unten« variiert und Meridionalwinkel genannt wird, existiert gleichzeitig ein zweiter Winkel, der senkrecht zur Papierebene von »vorn« nach »hinten« variiert, und Sagittalwinkel genannt wird. Ein Strahl kann selbstverständlich Neigungen in beiden Winkeln gleichzeitig aufweisen. Explizite Rechnungen dazu würden recht kompliziert, und wir ersparen uns daher weitere Details.

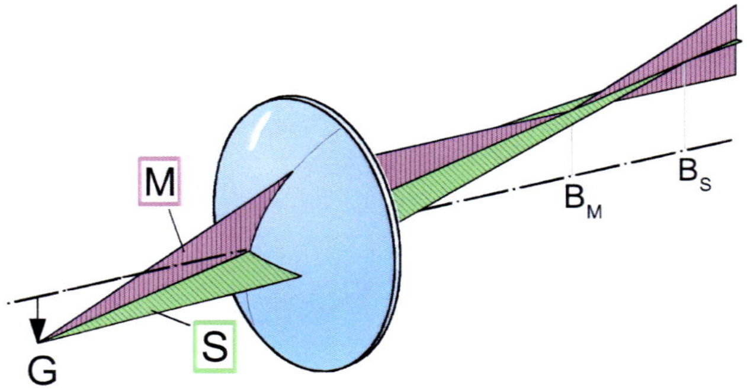

3.13

Astigmatismus (schematisch): Das Lichtbündel fällt in meridionaler (rot) und sagittaler Richtung (grün) auf die Linse. Die Bildweiten (B_M, B_S) beider Bündelquerschnitte liegen in unterschiedlichen Entfernungen von der Linse (die Hauptachse ist schwarz dargestellt). Quelle: Michael Schmid auf Wikimedia Commons unter CC BY-SA 3.0

Das Ergebnis ist, dass durch Änderungen der Sagittalwinkel Bildschalen entstehen, die nicht auf denselben Bildschalen liegen, die durch Änderungen der Meridionalwinkel erzeugt werden. Als Resultat wird ein Objektpunkt fernab der Bildfeldmitte überhaupt nicht mehr auf einen einzigen Bildpunkt abgebildet, sondern auf eine komplizierte dreidimensionale Figur. Dieser Fehler wird als Astigmatismus bezeichnet, und in schlecht korrigierten Ferngläsern führt er nahe des Bildfeldrandes zu stark verformten (zu »Schwalben« auseinandergezogenen) Sternabbildungen. Tatsächlich enthält die in Abbildung 3.12 dargestellte Bildschale bereits einen Anteil, der von dem meridionalen Anteil des Astigmatismus unserer Linse her stammt, und nicht von der Petzvalwölbung getrennt werden kann.

3.7.5 Koma

Die Koma ist ein weiterer Abbildungsfehler, der bei schräg und insbesondere weitab der optischen Achse einfallenden Strahlen problematisch wird. Dazu betrachten wir noch einmal die Abbildung 3.11: Die Strahlen treten hier unter einem Winkel ϵ und einem Abstand h zur Hauptachse auf die Linse. Um die Bildfeldwölbung zu erhalten (Abschnitt 3.7.3), hatten wir den Abstand h festgehalten und den Einfallswinkel ϵ variiert, dann mit den Gleichungen (3.27) und (3.28) die jeweiligen Bildschnittweiten und -höhen erhalten, die auf der Petzvalschale lagen. Nun halten wir den Einfallswinkel fest, während dessen wir die Einfallshöhen der Strahlen verschieben.

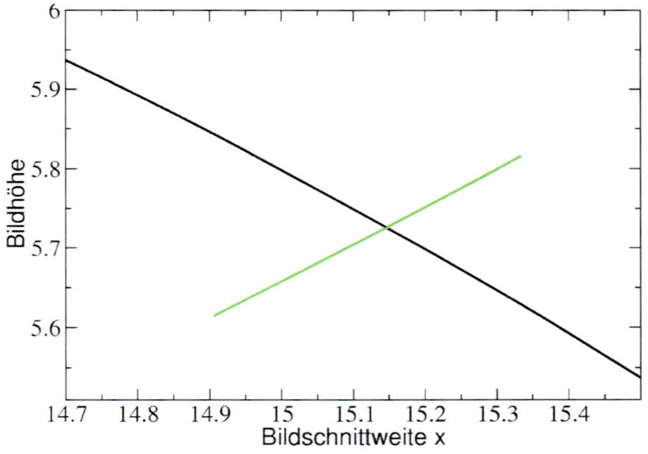

3.14

Koma: Variiert man die Einfallshöhen h bei konstantem Winkel (hier: $\epsilon = 20°$, vergleiche Abbildung 3.11), so wandert der Bildpunkt entlang einer Geraden (grün), welche die Petzvalschale (schwarz) schneidet.

Die Abbildung 3.14 zeigt das Ergebnis: Die entsprechenden Bildpunkte wandern jetzt entlang einer Geraden (grün), die die Petzvalschale schneidet (ein Ausschnitt dieser Schale ist als schwarze Kurve erkennbar). Was hier passiert, ist in Wirklichkeit eine Überlagerung zweier Bildfehler, der sphärischen Aberration und der Koma. Wir erinnern uns, dass die Hauptstrahlen bei Variation der Einfallshöhen ihre Bildschnittweiten ändern (Abbildung 3.10), was einer Verschiebung des Fokus entlang der Hauptachse entspricht. Nun kommt jedoch noch der schräge Einfallswinkel $\epsilon = 20°$ hinzu, der dazu führt, dass die Bildpunkte zusätzlich ein Stück weit entlang der Petzvalschale wandern. Die Überlagerung beider Effekte – eine horizontale Verschiebung aufgrund der sphärischen Aberration plus einer Wanderung entlang der Petzvalschale aufgrund der Koma – erzeugt jene grüne Linie, die in Abbildung 3.14 dargestellt ist.

Infolge der Koma werden Sterne nahe des Bildfeldrandes zu einer Tropfenform verzerrt, oder sie entwickeln gar einen kometenähnlichen Schweif, da das Abbild des Sterns aus einer Überlagerung mehrerer Zerstreuungskreise besteht, die nicht exakt aufeinanderfallen. Conrady bezeichnete die Koma als die unangenehmste aller Aberrationen, da sie unsymmetrisch ist und daher die präzise Bestimmung der Lage eines Bildpunktes vereitelt. Der Beseitigung der Koma muss beim optischen Design höchste Priorität eingeräumt werden[15].

Ernst Abbe war es 1873 gelungen, eine Bedingungen zu formulieren, die – nach vorheriger Korrektur der sphärischen Aberration – auch die Koma eliminiert. Diese Abbesche Sinusbedingung lautet

$$\boxed{\frac{h}{\sin\delta} = C} \tag{3.34}$$

wo h die Einfallshöhe des Strahls, δ der Winkel des Strahls zur optischen Achse auf dem Weg zum Brennpunkt, und C eine konstante Zahl ist.

Abbildung 3.15 skizziert die von der Sinusbedingung geforderten Verhältnisse: Das rechtwinklige Dreieck (grün) soll gemäß (3.34) für jeden Winkel δ eine Hypotenuse konstanter Länge C aufweisen.

[15] A.E. Conrady, *Applied optics and optical design*, Vol. 1, Dover Publications, p. 367 (2011, reprint).

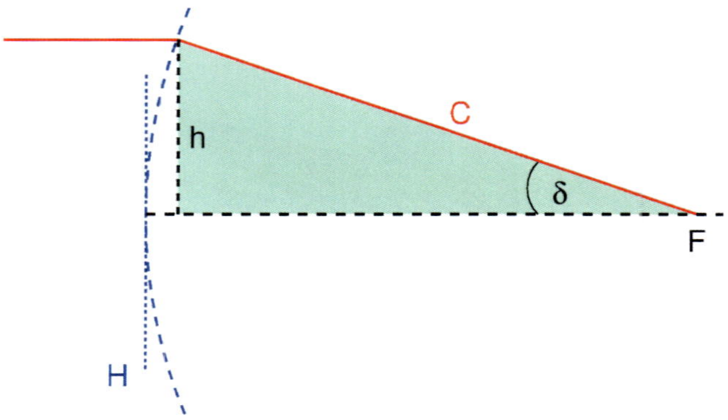

3.15

Abbesche Sinusbedingung: Für jeden Winkel δ des Lichtstrahls (rot) zur optischen Achse ist die Distanz zwischen der imaginären Kugelschale (blau, gestrichelt) und dem Brennpunkt F eine Konstante C. Dies ist die Fortsetzung des Konzepts der Gaußschen Hauptebene H zu großen Einfallshöhen h.

Das bedeutet jedoch, dass der (gedachte) Punkt, an dem der einfallende Lichtstrahl gebrochen wird, auf einer Kugelschale des Mittelpunkts F liegen muss. Hier handelt es sich um eine Verallgemeinerung des von Gauß vorgestellten Konzepts der Hauptebene auf größere Einfallshöhen h: Nach Gauss lässt sich die brechende Wirkung jeder Linsengruppe paraxial (d.h. für kleine Einfallshöhen) als Brechung an einer (gedachten) Ebene H darstellen. Abbe zeigte nun, dass eine solche Vereinfachung in Systemen, die von sphärischer Aberration und Koma befreit sind, auch für große Einfallshöhen existiert, mit dem Unterschied, dass es sich nicht mehr um eine Ebene, sondern um eine Kugelschale handeln muss.

Objektive, die diese Bedingung erfüllen, wurden von Abbe als als Aplanate bezeichnet. Eine Kombination mindestens zweier sphärischer Linsen, die durch einen Luftspalt voneinander getrennt sind, ist erforderlich, um ein aplanatisches Objektiv hinreichender Qualität zu bauen.

3.7.6 Laterale chromatische Aberration

Die Bildhöhe h', die wir in Gleichung (3.28) am Beispiel der Plankonvexlinse berechnet hatten, enthält diverse Winkel, die ihrerseits von der Brechzahl n abhängen. Letztere ist aufgrund der Dispersion aber eine Funktion der Wellenlänge, und daher kann man davon ausgehen, dass auch die Bildhöhe selbst abhängig von der Wellenlänge ist. Ein solches Phänomen nennt man laterale chromatische Aberration oder Farbquerfehler. Dieser Fehler erzeugt Farbsäume in den Abbildern von Objekten fernab der Sehfeldmitte.

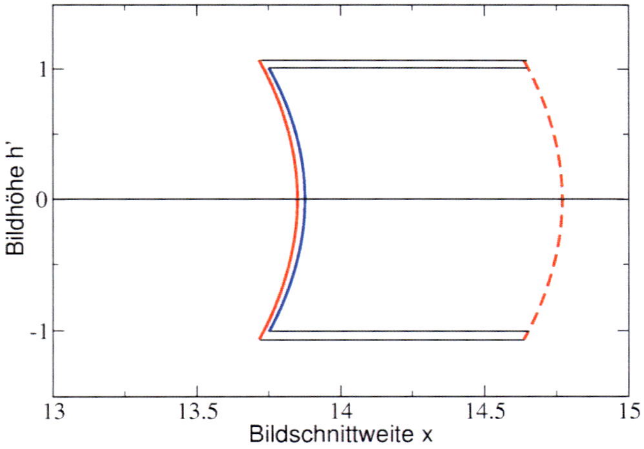

3.16

Laterale chromatische Aberration: Bildschalen für zwei unterschiedliche Wellenlängen (im roten und blauen Bereich), mit Größenvergleich.

Zur Illustration wiederholen wir die Berechnungen, die zu Abbildung 3.12 geführt haben, aber diesmal mit zwei verschiedenen Wellenlängen. Dazu nehmen wir analog zu Abschnitt 3.7.1 noch einmal an, dass wir es mit einem SF2 Flintglas aus dem Schott Katalog zu tun haben, die Brechzahl der roten C-Linie $n_C = 1.642\,10$ beträgt, und die der violetten h-Linie $n_h = 1.682\,33$. Abbildung 3.16 zeigt eine blaue Bildschale und eine (gestrichelte) rote, sodass wir zwei weit gegeneinander verschobene Bildschalen erhalten – das ist eine Konsequenz der in Abschnitt 3.7.1 bereits diskutierten longitudinalen chromatischen Aberration, die bei dieser Linse offenbar wesentlich stärker ausfällt als die Bildfeldwölbung. Schiebt man beide Bildschalen übereinander, so fällt auf, dass diejenige des roten Lichts (jetzt durchgezogen dargestellt) zudem einen etwas größeren Radius aufweist als die des violetten, und ein einzelner Objektpunkt daher auf Bildpunkte mit je nach Wellenlänge unterschiedlichen Bildhöhen abgebildet wird, als ob jede einzelne Farbe eine geringfügig unterschiedliche Vergrößerung hätte. Dies führt zu den bereits erwähnten Farbsäumen an Kanten, die den Randbereich des Sehfeldes schneiden. Man beachte, dass diese laterale chromatische Aberration auch dann nicht verschwindet, wenn die longitudinale chromatische Aberration bereits korrigiert wurde, die Bildschalen im paraxialen Bereich also übereinander liegen.

3.8 Optisches Design

Die vorangegangenen Abschnitte haben einen groben Überblick über die grundsätzlichen Eigenschaften der unterschiedlichen Aberrationen vermittelt [16]. Ziel des optischen Designs ist es, mit einer hinreichenden Vielfalt von Freiheitsgraden, unterschiedlichen Glassorten, Krümmungsradien und Abständen der einzelnen Linsen, all die Aberrationen auf ein erträgliches Maß zu reduzieren. Jedes optische Design ist das Resultat eines Kompromisses, einer feinfühligen Balance verschiedener Abbildungsfehler, die niemals komplett eliminiert, sondern lediglich minimiert werden können.

Es sei darauf aufmerksam gemacht, dass die Abbildungsfehler eines Objektivs und eines Okulars unterschiedliche Charakteristiken aufweisen: Bei einem

[16] Es fehlt noch die Verzeichnung, die wir in den Abschnitten 4.1.3 und 10.10 im Detail diskutieren werden.

Fernglas- oder gar Teleskopobjektiv treten in der Regel Strahlen auf, die nur geringe Winkel zur Hauptachse aufweisen. Man wird hier zunächst versuchen, durch geeignete Glaswahl den Farblängsfehler zu minimieren, ferner die sphärische Aberration und Koma weitgehend zu beseitigen, d.h. ein achromatisches und aplanatisches Objektiv zu konstruieren. In der Praxis reicht dazu ein zweilinsiges System mit Luftspalt, das aus sorgfältig ausgewählten Glassorten besteht. Astigmatismus und Bildfeldwölbung können in diesem Fall nicht korrigiert werden, bleiben jedoch meist in einem erträglichen Rahmen, während Farbquerfehler und Verzeichnung ohnehin vernachlässigbar bleiben[17)].

Beim Okular hat es der Designer dagegen mit einem auf über 30° aufgefächerten Strahlenbündel zu tun. Hier können Astigmatismus, Farbquerfehler, Bildfeldwölbung und Verzeichnung zu erheblichen Problemen führen. Gut korrigierte Okulare erfordern daher eine höhere Anzahl von Linsenelementen als die Objektive, um auch bei weiten subjektiven Sehwinkeln eine zufriedenstellende Korrektur aller störenden Aberrationen gewährleisten zu können. Selbst einfachste Okulare bestehen daher aus drei, Weitwinkelokulare aus fünf oder mehr Linsenelementen.

Das Raytracing wird vom Designer mit Unterstützung leistungsfähiger Software durchgeführt. Er beginnt meist mit einer existierenden Konfiguration aus der Programmdatenbank, die der zu entwerfenden Optik ähnlich ist. Wichtige Parameter wie Öffnungsverhältnis und Vergrößerung werden vorgegeben, sowie Grenzwerte für die noch zu tolerierenden Abbildungsfehler. Letztere werden im Computer zu einer Merit-Funktion (etwa: Gütefunktion oder Bewertungsfunktion) zusammengefasst, die derart konstruiert ist, dass all die Aberrationen mit geeigneten Gewichtungen zu einer einzelnen Zahl verarbeitet werden, die durch abwechselndes Variieren der Linsenparameter und dem darauf folgenden Raytracing automatisch optimiert wird. Führt die Optimierung nicht zu dem gewünschten Resultat, so greift der Designer ein, indem er etwa eine ausgewählte Linse in ein Doublet aus geeigneten Glassorten aufspaltet und dann den gesamten Optimierungsprozess wiederholt. Erfahrung ist erforderlich, um dabei den optischen Aufbau so einfach wie möglich zu belassen, und gleichzeitig die Fertigungstoleranzen im Auge zu behalten, die für eine Serienfertigung nicht zu klein ausfallen dürfen.

Zusätzlich ist auf Materialeigenschaften zu achten – die Wärmeausdehnungskoeffizienten der Glassorten müssen aufeinander abgestimmt sein, weil andernfalls bei Temperaturänderungen mechanische Spannungen und somit neue Aberrationen auftreten können. Weitere Randbedingungen wie Gewicht oder Bruchfestigkeit (d.h. die resultierende Dicke der Linse), Baulänge (Lage der Hauptebenen), Bearbeitungsaufwand (Schleifen spröder Glassorten und Vergütung), Kosten und Verfügbarkeit der optischen Gläser auf dem Weltmarkt sowie Umweltverträglichkeit (Zusätze von Schwermetallen in den Gläsern) können beim optischen Design ebenfalls eine Rolle spielen.

[17)] H. Rutten und M. Venrooij, *Telescope Optics*, Willmann-Bell (2002)

4 Das Teleskop

Der Zwischenschritt von der Linse zum Fernglas erfolgt über das Teleskop – nicht nur aus historischer, sondern auch aus technischer Sicht. Das Teleskop ermöglicht es, entfernte Gegenstände vergrößert, scheinbar aus nächster Nähe, zu betrachten. Es handelt sich damit um ein optisches Instrument, das einen enormen Einfluss auf Wissenschaft und Militärtechnik ausgeübt hat.

4.1 Fernrohr Keplerscher Bauweise

4.1.1 Funktionsprinzip

Eine Sammellinse erzeugt das Abbild eines Objekts, und zwar im Idealfall in einer Bildebene, falls die Bildfeldwölbung vernachlässigt werden kann. Dieses Bild könnte auf einen Schirm projiziert werden, oder, im Falle einer Kamera, auf einen fotografischen Film oder digitalen Sensor. Wird der Schirm weggelassen und stattdessen das Bild visuell durch eine Art Lupe betrachtet, so entsteht ein Keplersches Fernrohr[1), wobei die Lupe als Okular bezeichnet wird.

Abbildung 4.1 zeigt das Prinzip: Es existiert ein Objektiv und ein Okular. In dieser schematischen Skizze werden die Konstruktionsdetails beider Baugruppen nicht dargestellt, sondern nur die Lagen der Hauptebenen (blau, siehe auch Abschnitt 3.5) gezeigt. Abbildungsfehler werden ebenfalls vernachlässigt, sodass alle Abbilder entfernter Objekte auf einer Bildebene liegen, und zwar in einem Abstand F von der Hauptebene des Objektivs – Abbilder naher Objekte wären dagegen nach rechts verschoben, wie es die Abbildungsgleichung (3.21) vorschreibt.

1) Benannt nach Johannes Kepler, 1571 – 1630

Gezeigt werden die von drei separaten Objekten, etwa drei Sternen, einfallenden Lichtstrahlen. Das Strahlenbündel wird durch die Öffnungsblende (auch Aperturblende genannt) begrenzt – die Begrenzung kann dabei durch das Objektiv selbst, dessen Fassung, oder auch durch eine nachgeschaltete ringförmige Blende erfolgen. Nahe der Brennebene befindet sich ferner die Feldblende, die auch Teil des Okulars sein kann. Beim Keplerschen Teleskop wird das vom Objektiv erzeugte reelle Abbild auch als Zwischenbild bezeichnet, weil es sich zwischen Objektiv und Okular befindet. In einem Abstand f vom Zwischenbild befindet sich das Okular. Ist f identisch mit der Brennweite des Okulars, so treten die Strahlenbündel eines jeden Bildpunktes anschließend wieder parallel zueinander aus. Für das Auge des Betrachters scheint das virtuelle Bild des Objekts daher wieder im Unendlichen zu liegen – es liegt somit eine afokale Abbildung vor. In der Praxis werden Teleskope oder Ferngläser jedoch selten in dieser afokalen Stellung verwendet: Der Beobachter stellt den Fokus des Okulars meist derart ein, dass sich das virtuelle Bild in einem für die Akkommodation des Auges bequemen Beobachtungsabstand von wenigen Metern befindet.

Die Abbildung 4.1 zeigt drei separate Konstruktionsstrahlen in rot (Stern in der Bildfeldmitte), grün (oberer Sehfeldrand) und magenta (unterer Sehfeldrand). Die beiden letzteren Bündel treten unter dem Winkel $\Phi/2$ zur Hauptachse geneigt auf das Objektiv, wobei Φ als der reale oder auch objektive Sehwinkel des Fernrohrs bezeichnet wird. Dieselben Strahlen verlassen das Okular unter dem Winkel $\phi/2$ zur Hauptachse – der scheinbare oder subjektive Sehwinkel des Teleskops beträgt somit ϕ. Hinter dem Okular schneiden sich alle Strahlenbündel an

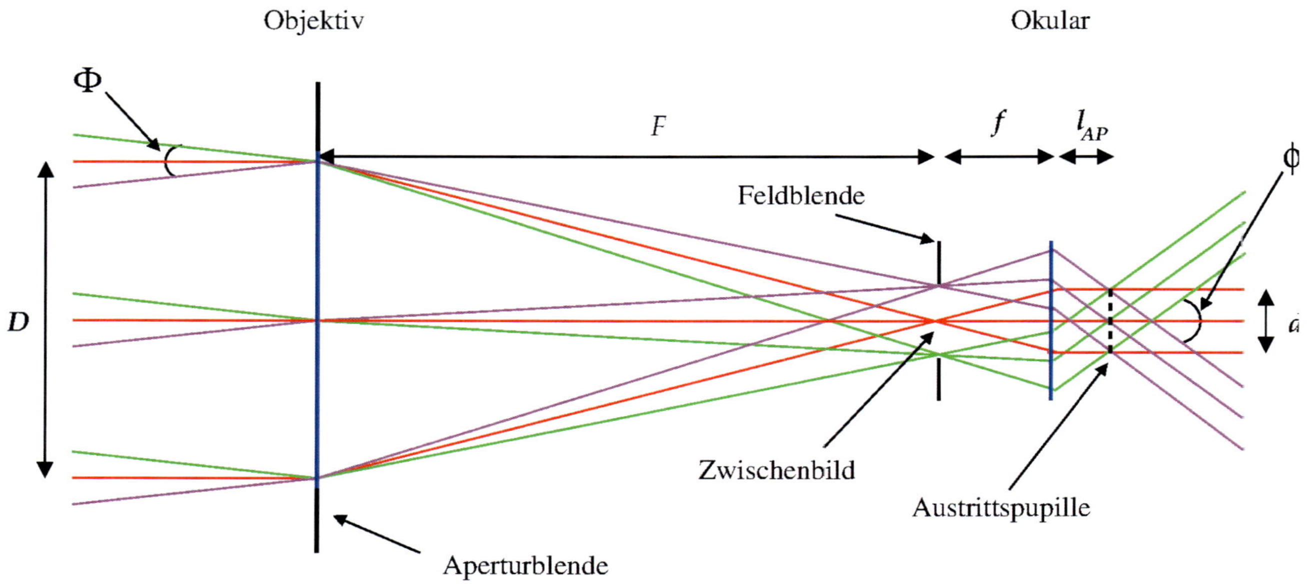

4.1

Keplersches Fernrohr: Rote Strahlen stammen von einem Stern in der Sehfeldmitte, grüne und magentafarbene Strahlen von einem Stern am oberen bzw. unteren Sehfeldrand. l_{AP} steht für den Austrittspupillen-Längsabstand.

der Austrittspupille (AP), die idealerweise auf einer Ebene senkrecht zur Hauptachse liegt[2]. Bei der Austrittspupille handelt es sich, technisch betrachtet, um das reelle Abbild der Eintrittspupille, also der Aperturblende. Die Feldblende ist die kreisrunde Sehfeldbegrenzung, die der Beobachter durch sein Instrument wahrnimmt. Sie legt den Durchmesser des Zwischenbildes fest, und somit auch den realen sowie den scheinbaren Sehwinkel des Instruments.

Die Distanz zwischen dem Linsenscheitel der Augenlinse (das ist die dem Auge zugewandte Linse des Okulars) und der Austrittspupille wird Austrittspupillen-Längsabstand oder Austrittspupillen-Schnittweite genannt. Man beachte, dass die Skizze in Abbildung 4.1 insofern ungenau ist, als dass die eigentliche Augenlinse gar nicht explizit gezeichnet ist, sondern lediglich die Hauptebene des Okulars, und der Abstand l_{AP} korrekterweise vom Linsenscheitel aus definiert werden müsste.

[2] Falls das Okular bei seiner Abbildung der Eintrittspupille in die Austrittspupille seinerseits Aberrationen erzeugt, spricht man von einer Pupillenaberration. So kann eine sphärische Pupillenaberration mit dem rollenden Auge zu unerwünschten Abschattungen einzelner Bildsegmente, im Englischen bekannt unter der Bezeichnung kidney-beaning, führen.

4.1.2 Öffnungsverhältnis

Wenn der Durchmesser der Eintrittspupille D beträgt, was ist dann der Durchmesser der Austrittspupille, d? Man erhält aus den Dreiecken 1 und 2 in Abbildung 3.9 die Beziehungen

$$\tan A = \frac{D/2}{F} = \frac{d/2}{f} , \qquad (4.1)$$

wobei A derjenige Winkel ist, um den der rote Konstruktionsstrahl vom Objektiv abgelenkt wird. Daraus folgt sofort

$$d = D\frac{f}{F} = \frac{D}{m} \tag{4.2}$$

mit der Vergrößerung m, auf die wir im nächsten Abschnitt genauer eingehen. Die Austrittspupille ist also gleich der Eintrittspupille multipliziert mit dem Verhältnis aus Okular- und Objektivbrennweite. Man beachte, dass der Durchmesser der Austrittspupille nichts mit der Feldblende (also: dem Sehfeld) zu tun hat.

Eine wichtige Kennzahl des Teleskops ist dessen Öffnungsverhältnis

$$O = \frac{D}{F} \tag{4.3}$$

das Verhältnis von Eintrittspupille zu Brennweite, oder, dessen reziproker Wert, die Blendenzahl[3)]

$$N = \frac{F}{D} \,. \tag{4.4}$$

In Anlehnung an die Fotografie spricht man von einem schnellen Öffnungsverhältnis, wenn die Blendenzahl klein (das Öffnungsverhältnis also groß) ist. In diesem Fall bildet das einfallende Strahlenbündel einen schnell konvergierenden, stumpfen Kegel, wodurch relativ große Einfallswinkel auf die nachfolgenden optischen Komponenten entstehen, was sich negativ auf die Aberrationen auswirkt. Teleskope mit langsamen Öffnungsverhältnissen sind dagegen einfacher zu korrigieren und auch toleranter gegenüber Fehlern in der Justage. Beim Fernglasdesign führen die hohen Anforderungen an die Kompaktheit des Gehäuses meist zu Blendenzahlen zwischen 3.5 und 5, weshalb bei dessen Abbildung meist erhebliche Restaberrationen ins Spiel kommen.

[3)] In der englischsprachigen Literatur wird meist die Blendenzahl (focal ratio, oder f-number) anstelle des Öffnungsverhältnisses angegeben.

4.1.3 Vergrößerung und Verzeichnung

Die Vergrößerung des Teleskops hängt mit dem Verhältnis aus Objektwinkel A und Bildwinkel a zusammen, genauer gesagt: Mit dem Verhältnis des Tangens beider Winkel. Wie ist das zu verstehen? Wir erinnern uns, dass für den Strahlengang in einem optischen System das Prinzip der Reziprozität gilt: Wird die Strahlrichtung in Abbildung 4.1 umgekehrt, so tritt das Licht durch das Okular ein, erzeugt ein Zwischenbild im Abstand f vom Okular, das durch das Objektiv aus einem Abstand F betrachtet wird. Nun kehren wir nochmals zurück zur Abbildungsgleichung einer Linse, wie sie in Abbildung 3.9 skizziert war: Von links fällt der Lichtstrahl mit dem Objektwinkel A ein. Aus der Skizze wird klar, dass sich aus dem Dreieck 2 die Beziehung $\tan A = y'/F$ ergibt. Mit dem Okular der Brennweite f wird aber eben dieses Zwischenbild der Höhe y' betrachtet; hier gilt somit völlig analog $\tan a = y'/f$, so dass wir y' eliminieren können, und

$$\frac{F}{f} = \frac{\tan a}{\tan A} = \frac{D}{d} = m \tag{4.5}$$

erhalten, wobei das zweite Gleichheitszeichen aus Gleichung (4.2) folgt. Dies ist gleichzeitig die Definition der Vergrößerung m des Teleskops. Diese Definition erscheint sinnvoll, da die Objekthöhe, gemessen von der Sehfeldmitte, dem Tangens des Objektwinkels bezogen auf die Blickrichtung entspricht, und das wäre $\tan A$ (mit dem freien Auge) oder $\tan a$ (beim Blick durch das Okular).

Streng genommen gilt die Beziehung

$$m \tan A = \tan a \,, \tag{4.6}$$

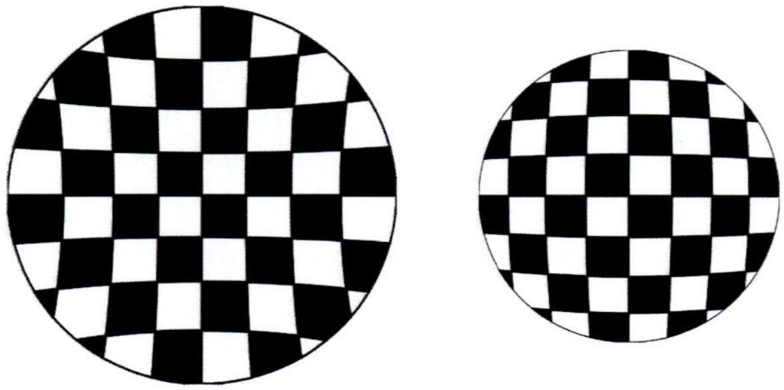

4.2

Verzeichnung: Schachbrettmuster bei kissenförmiger (links) und tonnenförmiger (rechts) Verzeichnung. Man beachte, dass sich der Durchmesser der Abbildung (d. h.: der scheinbare Sehwinkel) mit der Verzeichnung ändert (siehe auch Gleichung (4.11)).

die so genannte Tangensbedingung, nur für verzeichnungsfreie Optiken. Teleskope weisen jedoch, ebenso wie Ferngläser, in vielen Fällen eine Verzeichnung auf. Hinzu kommt, dass weitere Bildfehler, wie die chromatische Vergrößerungsdifferenz, dazu führen, dass die über den Quotienten $\tan a/\tan A$ ermittelte Vergrößerung frequenzabhängig wird. Schließlich ist es auch messtechnisch wesentlich einfacher, die Vergrößerung über die Beziehung $m = D/d$ zu bestimmen, wobei Masken benutzt werden, um die Eintrittsöffnung abzublenden und damit zu verhindern, dass eine eventuell im Innern des Gerätes verborgene Blende die Messung verfälscht[4].

Aus den genannten Gründen ist es also sinnvoll, die Fernrohrvergrößerung, die eine sehr wichtige Kennzahl darstellt, paraxial zu definieren (über $m = F/f = D/d$) und von den Bildfehlern zu separieren, indem die Abweichung des Quotienten $\tan a/\tan A$ von m der Definition der Verzeichnung vorbehalten wird. So definiert man die relative Verzeichnung wie folgt:

$$V_\mathrm{r} = \frac{\dfrac{\tan a}{\tan A} - m}{m} \,. \tag{4.7}$$

Ist diese relative Verzeichnung als Funktion des Winkels a monoton steigend, so biegen sich gerade Linien, die das Sehfeld im peripheren Bereich schneiden, nach innen durch und man spricht von einer kissenförmigen Verzeichnung. Ist sie hingegen monoton fallend, so hat man es mit einer tonnenförmigen Verzeichnung zu tun (siehe Abbildung 4.2). Bei Handferngläsern wird meist eine leichte kissenförmige Verzeichnung implementiert, um das Schwenkverhalten des Bildes zu verbessern. Wir werden in Abschnitt 10.10 auf diesen Punkt zurückkommen.

4.1.4 Sehwinkel und Sehfeld

Traditionsgemäß wird in Europa ein Okular, dessen virtuelles Bild einen subjektiven Sehwinkel von mindestens $\phi = 60°$ aufweist, als Weitwinkelokular bezeichnet, und entsprechende Ferngläser als Weitwinkelferngläser. In Japan wurde in den 1960er-Jahren ein schärferes Weitwinkel-Kriterium eingeführt, das einen Winkel von mindestens 65° erfordert. In der Werbelyrik werden Optiken mit mehr als 70° gelegentlich auch als »Superweitwinkel« betitelt, wobei es sich jedoch um keine internationale Norm handelt.

Ist der subjektive Sehwinkel bekannt, so ergibt sich der objektive Sehwinkel Φ in Abwesenheit einer Verzeichnung,

$$\boxed{\Phi = 2\,\mathrm{atan}\left[\frac{\tan(\phi/2)}{m}\right]} \tag{4.8}$$

[4] Siehe `www.akoehler.de`: Vergrößerung

oder – umgekehrt – der subjektive Sehwinkel aus dem objektiven Sehwinkel,

$$\phi = 2\,\mathrm{atan}\left[m \tan(\Phi/2)\right] \tag{4.9}$$

Diese Gleichung entspricht der so genannten ISO 14132-1:2002 Norm zur Berechnung des scheinbaren Sehwinkels, die Nikon in jüngerer Zeit für seine Fernglaskataloge verwendet. Man beachte, dass diese Formel nur dann korrekte Resultate liefert, wenn das Fernglas verzeichnungsfrei ist. Die Mehrzahl der Handferngläser weist stattdessen eine kissenförmige Verzeichnung auf, die hinreichend stark ausfällt, sodass die Winkelbedingung

$$\phi = m\Phi \tag{4.10}$$

das Verhältnis zwischen dem scheinbaren und dem realen Sehwinkel genauer beschreibt als die Tangensbedingung. In diesem Fall ist die Vergrößerung für alle Winkel identisch mit dem Verhältnis $m = \phi/\Phi$, das als Angularvergrößerung bezeichnet wird. Es sei angemerkt, dass der Winkelbedingung in visuell genutzten optischen Instrumenten eine besondere Bedeutung zukommt: Die Winkelverhälnisse zwischen Objekten bleiben hier stets unverändert, unabhängig davon, ob das Auge in die Sehfeldmitte blickt oder sich Richtung Sehfeldrand orientiert. Man könnte hier also ebenfalls von einer unverzeichneten Optik sprechen – verzeichnungsfrei im Winkelraum – auch wenn der Begriff der Winkelverzeichnung in der technischen Optik nicht definiert zu sein scheint[5]. Es war der Zeiss Mitarbeiter August Sonnefeld, der als erster die Bedeutung der Winkelbedingung für visuell genutzte Instrumente erkannte[6]. In Abschnitt 10.11 werden wir die Wechselwirkungen zwischen instrumenteller Verzeichnung und optischer Wahrnehmung im Detail besprechen.

Eine präzise Berechnung des subjektiven Sehwinkels aus dem objektiven Sehwinkel erfordert die Kenntnis des Betrags der relativen Verzeichnung am Sehfeldrand, $V_r(\Phi/2)$, mit dessen Hilfe

$$\phi = 2\,\mathrm{atan}\left[m\,(V_r(\Phi/2)+1)\tan(\Phi/2)\right] \tag{4.11}$$

ermittelt wird. Leider wird der genaue Wert der Verzeichnung von den Herstellern meist verschwiegen, und lediglich der objektive Sehwinkel oder das Sehfeld angegeben, sodass man bei der Berechnung des subjektiven Sehwinkels auf einen Schätzwert angewiesen ist, der meist zwischen der Tangens- und der Winkelbedingung liegt.

Das Sehfeld SF wird in Metern pro Kilometer angegeben und hängt mit dem objektiven Sehwinkel Φ über die Dreiecksgleichung

$$SF(\text{in m}) = 2000 \cdot \tan(\Phi/2) \tag{4.12}$$

zusammen, oder, umgekehrt,

$$\Phi = 2 \cdot \mathrm{atan}\left[\frac{SF(\text{in m})}{2000}\right] \tag{4.13}$$

Die letzten beiden Relationen sind exakt und nicht von der Verzeichnung abhängig.

4.2 Fernrohr Galileischer Bauweise

Ein zweiter Blick auf die Abbildung 4.1 zeigt, dass das Fernrohr Keplerscher Bauweise das Bild umkehrt: Das Licht eines Sterns oberhalb der Blickrichtung (grünes Strahlenbündel) scheint im Okular von

5) In der englischsprachigen Literatur findet sich dagegen der Begriff angular magnification distortion (AMD), der eine Abweichung der Abbildung von der Winkelbedingung charakterisiert.

6) A. Sonnefeld, *Über die Verzeichnung bei optischen Instrumenten, die in Verbindung mit dem blickenden Auge gebraucht werden*, Deutsche Optische Wochenschrift **13**, S. 97 (1949).

unten her zu kommen, das Abbild des Sterns liegt also am unteren Sehfeldrand. In der Astronomie spielt das keine gewichtige Rolle, aber bei der Tagesbeobachtung kann auf ein aufrechtes und seitenrichtiges Bild nicht verzichtet werden. Zur Abhilfe bestünde zwar die Möglichkeit, eine weitere Sammellinse in den Strahlengang zu legen, die ein zweites, nochmals umgekehrtes Zwischenbild erzeugt und damit die Bildumkehr der ersten Sammellinse rückgängig macht. Dieses Prinzip des terrestrischen Fernrohres findet in den Piratenfernrohren Verwendung, ist für den Fernglasbau jedoch wegen der damit verbundenen langen Bauweise der Tuben unpraktikabel. Hier werden stattdessen Umkehrprismen zur Bildaufrichtung eingesetzt. Bevor wir uns diesem Lösungsansatz im Detail widmen werden, betrachten wir noch kurz eine alternative Bauweise, die für den Fernglasbau zwar keine tragende Rolle mehr spielt, in einigen Spezialgeräten (Operngläsern) jedoch noch immer Verwendung findet.

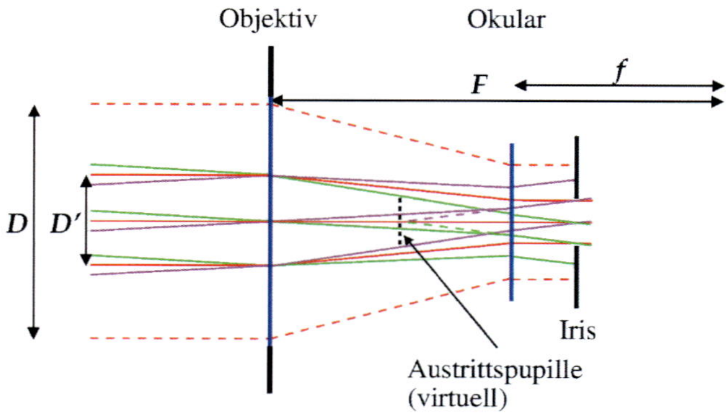

4.3

Galileisches Fernrohr: Die in das Objektiv einfallenden, parallelen Strahlenbündel treten aus dem Okular negativer Brennweite parallel wieder aus, ohne dass dabei ein Zwischenbild entsteht.

Beim Galileischen Fernrohr[7)] wird das Erzeugen eines Zwischenbildes dadurch vermieden, dass das Okular in Form einer Negativlinse in den Strahlengang noch vor der Brennebene des Objektivs platziert wird (Abbildung 4.3). Es handelt sich, wie beim Kepler-Fernrohr, um einen afokalen Aufbau – parallel einfallende Strahlenbündel treten parallel wieder aus, jedoch steht das resultierende Bild in diesem Fall aufrecht. Ein weiterer Vorteil dieses Systems liegt in dessen kurzer Bauweise: Die Baulänge entspricht nicht, wie beim Kepler-Fernrohr, näherungsweise der Summe der Brennweiten von Objektiv und Okular, $F+f$, sondern deren Differenz, $F-f$. Die Vergrößerung berechnet sich unverändert zu $m = F/f$.

Das Galilei-Fernrohr besitzt jedoch auch gravierende Nachteile: Die Austrittspupille befindet sich im Innern des Fernglases und ist virtuell (es handelt sich ja um das virtuelle Abbild der Eintrittspupille). Es ist daher unmöglich, das Auge auf Höhe der Austrittspupille zu platzieren, um das Strahlenbündel optimal zu nutzen. Infolge dessen nimmt der subjektive Sehwinkel in diesem Fernrohr schnell mit dessen Vergrößerung ab, sodass das Galilei-Fernrohr heute ausschließlich mit niedrigen Vergrößerungen gebaut wird, bei denen der Durchmesser der Austrittspupille denjenigen der Augenpupille meist übertrifft.

In Abbildung 4.3 ist das Schema eines solchen Aufbaus inklusive der Position des Auges schematisch angedeutet: Die Iris blendet einen Teil des austretenden Hauptstrahlbündels ab und übernimmt daher die Funktion einer Aperturblende, die die freie Öffnung der Optik auf D' begrenzt. In der Abbildung ist auch erkennbar, dass schräg einfallende Strahlen von Objekten im Randbereich des Sehfeldes (hier in grün und magenta) teilweise von der Iris ausgeblendet werden. Da der Strahlenfächer jenseits der Okularlinse divergiert, ist dieses abblenden (auch Vignettierung genannt) umso stärker ausgeprägt, je weiter das Auge von der Okularlinse entfernt ist. Die Pupillenlage des Auges beeinflusst daher das nutzbare Sehfeld. Ferner können schräg einfallende Nebenstrahlen sogar noch außerhalb der

7) Galileo Galilei, 1564 – 1642

effektiven Eintrittspupille zur Abbildung beitragen, weshalb – anders als beim Kepler-Fernrohr – der Objektivdurchmesser den maximalen Sehwinkel des Instruments beschränken kann.

Das sich dem Auge bietende Bild erscheint aufgrund der Abwesenheit einer Feldblende zum Rande hin nicht scharf begrenzt, sondern durch die mit dem Sehwinkel zunehmender Vignettierung von einem diffusen Rand umgeben. Das Einblickverhalten einer solchen Optik ist daher unbefriedigend, und der Beobachter neigt dazu, mit dem Auge möglichst nah an die Okularlinse heranzurücken. Dabei bleibt der subjektive Sehwinkel wegen der unvermeidbaren Distanz zur Austrittspupille meist enttäuschend klein, ein Weitwinkeleindruck ist auf diese Weise kaum erreichbar. Ferngläser der Galilei-Bauart finden heute nur noch in Operngläsern Verwendung; in Abschnitt 11.9 wird ein Beispiel für solch ein Fernglas vorgestellt.

4.3 Das virtuelle Bild, Schärfentiefe

Im Folgenden wenden wir uns wieder dem Fernrohr Keplerscher Bauart zu, wobei die daraus resultierenden Erkenntnisse auch für das Galilei-Fernrohr ihre Gültigkeit behalten.

Zunächst soll der Abstand des virtuellen Bildes, unter dem es dem Auge durch das Okular erscheint, berechnet werden. Dazu zeigt die Abbildung 4.4 das Abbildungsprinzip in einer vereinfachten Skizze: Ein Objekt mit (großer) Objektweite z_F, das auf der optischen Achse liegt, erzeugt ein parallel einfallendes Lichtbündel, welches das Okular genau dann parallel wieder verlässt, wenn das Fernrohr auf Unendlich fokussiert ist (roter Konstruktionsstrahl). Dies ist das bereits erwähnte Prinzip der afokalen Abbildung. Das virtuelle Bild des Objekts liegt dann ebenfalls im Unendlichen, denn die Strahlen treten ja parallel aus dem Okular auf das Auge, genau so, wie es bei einem weit entfernten Objekt der Fall wäre.

Befindet sich ein weiteres Objekt im Vordergrund, so ändert sich die Situation (grüner Konstruktionsstrahl): Das Strahlenbündel trifft jetzt divergent auf das Objektiv, das Zwischenbild entsteht daher um einen bestimmten Betrag z'_F nach rechts verschoben, sodass es jetzt nicht mehr im Fokus des Okulars liegt (die Fokussierung des Instruments bleibt unverändert auf Unendlich). Da das Zwischenbild des Objekts näher am Okular liegt als dessen Brennweite f, verlässt das Strahlenbündel das Okular ebenfalls divergent. Die Entfernung des virtuellen Bildes ermittelt man durch eine rückwärtige Verlängerung der aus dem Okular austretenden Strahlen (grün, gestrichelt), als denjenigen Abstand, an dem diese Verlängerung die optische Achse schneidet (im Abstand z'_f von der Austrittspupille).

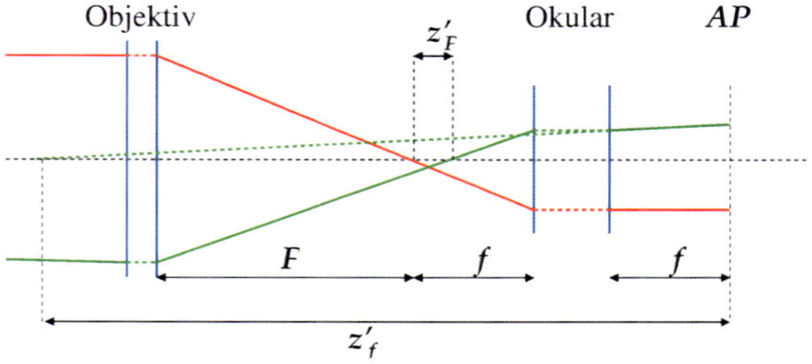

4.4

Ein Objekt in großer Entfernung erzeugt einen afokalen Strahlenverlauf, wenn das Fernrohr auf Unendlich fokussiert ist (roter Strahl) – das virtuelle Bild liegt im Unendlichen. Ein Objekt im Nahbereich wird im Abstand z'_f vor der Austrittspupille (AP) abgebildet (grüner Strahl).

Wir berechnen jetzt z'_f unter Verwendung der Newtonschen Abbildungsgleichung (3.24). Dies geschieht in zwei Stufen: Zunächst wird das Objekt (Entfernung z_F) vom Objektiv der Brennweite F in das Zwischenbild abgebildet, das einen Abstand z'_F von der Fokalebene des Objektivs aufweist,

$$z'_{\mathrm{F}}\, z_{\mathrm{F}} = -F^2 \;, \tag{4.14}$$

woraus wir

$$z'_{\mathrm{F}} = -\frac{F^2}{z_{\mathrm{F}}} \tag{4.15}$$

erhalten. Dieses Zwischenbild dient nun als Objekt für den zweiten Abbildungsvorgang, in diesem Falle durch das Okular. Der Versatz des Zwischenbildes zur Fokalebene des Objektivs, z'_{F}, ist identisch mit dessen Versatz vom Fokus des Okulars, z_{f}, denn das Fernrohr bleibt ja unverändert in seiner Unendlich-Stellung. Also gilt $z_{\mathrm{f}} = z'_{\mathrm{F}}$, und für die zweite Abbildung

$$z'_{\mathrm{f}}\, z_{\mathrm{f}} = -f^2 \;, \tag{4.16}$$

womit wir

$$z'_{\mathrm{f}} = -\frac{f^2}{z_{\mathrm{f}}} = \frac{f^2 z'_{\mathrm{F}}}{F^2} \;, \tag{4.17}$$

oder, unter Verwendung der Vergrößerung $m = F/f$,

$$z'_{\mathrm{f}} = \frac{z'_{\mathrm{F}}}{m^2} \tag{4.18}$$

erhalten. Das virtuelle Bild eines Gegenstands der Entfernung z'_{F} befindet sich daher in der Entfernung z'_{F}/m^2.

Nehmen wir als Beispiel ein Fernrohr der Vergrößerung $m = 10$, das auf Unendlich fokussiert ist, und durch das ein Gegenstand der Entfernung 30 m betrachtet wird, dann befindet sich das virtuelle Bild im Abstand $30\,\mathrm{m}/100 = 30\,\mathrm{cm}$. Man beachte den enormen Einfluss der Vergrößerung, die quadratisch in die Gleichung eingeht. Diese Verringerung des Akkommodationsabstands um das Quadrat der Vergrößerung wird auch als Tiefenmaßstab bezeichnet und ist nicht zu verwechseln mit dem Einfluss der Vergrößerung auf die radiale Ausdehnung des Objekts: Die Vergrößerung ist der Faktor, mit dem die (paraxiale) lineare Ausdehnung des Objekts multipliziert wird, und sie beträgt m. Da jedoch der Tieffenmaßstab mit dem Quadrat m^2 skaliert, und ebenso die Tiefenausdehnung eines jeden Objekts (von der Vorderseite bis zu seiner Rückseite), erscheint das Motiv in seiner Tiefe um den Faktor m verkürzt. Diese Stauchung ist eine unvermeidbare Folge der Perspektive, die durch die Vergrößerung des Fernrohres ja nicht verändert werden kann, da die Position des Beobachters unveränderlich ist.

Offensichtlich hat die Gleichung (4.18) etwas mit der Schärfentiefe des Teleskops zu tun, also mit dem Entfernungsbereich, in dem das Auge des Betrachters auf ein Objekt akkommodieren kann. Es existiert eine minimale Entfernung des Objekts, bei der gerade noch auf dessen virtuelles Bild akkommodiert werden kann – darunter wäre das Bild so nah, dass das Auge nur noch unscharf sieht. Wir werden in Abschnitt 8.4, in dem es um die Akkommodationsbreite des Auges geht, auf diesen Punkt zurückkommen, können an dieser Stelle aber bereits festhalten, dass die Schärfentiefe mit dem reziproken Quadrat der Vergrößerung skaliert[8)]. Aus diesem Grunde nimmt diese Schärfentiefe sehr schnell mit der Vergrößerung ab, sodass etwa ein Fernglas mit 7x Vergrößerung eine um den Faktor $(10/7)^2 = 2.0$ größere Schärfentiefe aufweist als ein Fernglas der Vergrößerung 10x.

Es ist in den Internet-Foren wiederholt die Behauptung aufgestellt worden, die Schärfentiefe des Fernglases könne durch seine optische Konstruktion beeinflusst oder optimiert werden. Das ist nicht der Fall: Eine Modifikation der Objektivbrennweite erfordert eine entsprechende Modifikation der Okularbrennweite, um die angestrebte Vergrößerung zu erzielen, und die Gleichung (4.18) bleibt dabei unverändert. Besteht stattdessen vielleicht die

---

8) Später werden wir als weiteren Faktor die effektive Pupillenöffnung erhalten, also die Weite des in das Auge eintretenden Lichtbündels.

Möglichkeit einer besonderen Objektiv- oder Okularkonstruktion, mit der die Schärfentiefe modifiziert werden könnte? Auch das nicht: Die Abbildung 4.4 enthält die genauen Positionen der jeweiligen Hauptebenen (blau), die von dem spezifischen Design der jeweiligen Baugruppen abhängen. Eine Variation der Konstruktion von Okular oder Objektiv würde die Lagen dieser Hauptebenen verändern – letztere gehen in die Gleichung (4.18) jedoch gar nicht ein und haben daher auch keinen Einfluss auf die Lage des virtuellen Bildes[9].

In der Beobachtungspraxis kann die Bildfeldwölbung (Abschnitt 3.7.3) unter Umständen eine vergrößerte Schärfentiefe suggerieren, weil Bildpunkte von Objekten im Nahbereich, die im Bildfeldzentrum bereits unscharf wären, im unteren Randbereich des Sehfeldes noch auf der Bildschale und daher scharf erscheinen. Unter günstigen Bedingungen kann ein solcher durch die Bildfeldwölbung hervorgerufener Gleitsichtbrillen-Effekt[10] durchaus seinen Nutzen haben, ist jedoch als Nebeneffekt eines Abbildungsfehlers und nicht als echte Schärfentiefe zu interpretieren.

Offen bleibt die Frage, welcher Entfernungsbereich scharf erscheint, falls das Fernrohr auf eine endliche Entfernung fokussiert wird. Diesem Problem werden wir uns in Abschnitt 10.8 zuwenden.

4.4 Wellenoptik

4.4.1 Huygenssches Prinzip

Alle bisherigen Herleitungen zu den Abbildungseigenschaften optischer Systeme basierten auf der Näherung der geometrischen Optik, in der die Welleneigenschaften des Lichts vernachlässigt wurden und daher der Strahlenverlauf über das Brechungsgesetz berechnet werden konnte. Diese Näherung ist nicht immer gerechtfertigt: Wird das Licht einer punktförmigen Lichtquelle durch das Objektiv in seinem Brennpunkt gebündelt, und dieses Abbild anschließend durch das Okular allzu stark vergrößert, so treten die Welleneigenschaften des Lichts in Form seiner Beugung an der Öffnungsblende zu Tage. Der Fachbereich der Optik, der sich mit den physikalischen Eigenschaften des Lichts jenseits der geometrischen Optik beschäftigt, wird auch als physikalische Optik oder Wellenoptik bezeichnet. Beugung ist eine solche klassische Welleneigenschaft, die auf dem Huygensschen Prinzip basiert[11]: Jeder einzelne Punkt eines angeleuchteten Gegenstands verhält sich wie eine eigene Lichtquelle, die ihrerseits Wellen in alle Richtungen aussendet, welche sich dann zu einer neuen Wellenfront vereinigen.

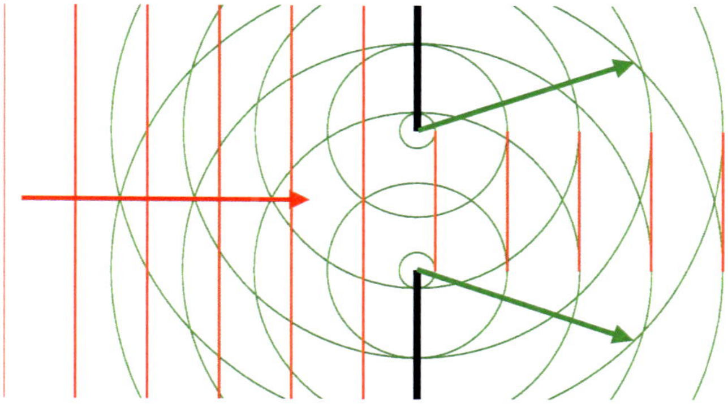

4.5

Huygenssches Prinzip: Eine ebene Wellenfront trifft von links auf einen Spalt. Zusätzlich zu dem Anteil, der den Spalt direkt passiert (rot), entstehen auch sphärische Komponenten (grün), die sich der ebenen Welle überlagern.

Zur Illustration betrachte man die Abbildung 4.5: Die von links einfallende, ebene Wellenfront erzeugt an einem Spalt zusätzliche, sphärische Wellen, die auch den abgeschatteten Bereich hinter dem Spalt erreichen und diesen teilweise beleuchten. Dies ge-

[9] Der Autor bedankt sich bei Herrn Volker Tautz für diese Beweisführung.

[10] Nach Vorschlag von Börries v. Breitenbuch

[11] Christiaan Huygens, 1629 – 1695

schieht jedoch nicht völlig gleichmäßig: Da es sich um Wellen handelt, können in bestimmten Richtungen die Wellenberge der einen Wellenfront auf Wellenberge anderer Wellenfronten treffen und sich verstärken. Dieser Effekt ist als konstruktive Interferenz bekannt. In anderen Bereichen treffen Wellenberge auf Wellentäler und es kann zu einer teilweisen oder vollständigen Auslöschung kommen, die als destruktive Interferenz bezeichnet wird.

4.4.2 Beugungsbedingte Auflösungsgrenze

Ein vollkommen analoges Phänomen entsteht bei der Punktabbildung einer Optik: Die Öffnungsblende ist ebenfalls als ein Spalt zu betrachten, an dem es zu Interferenzeffekten kommt. Infolge dessen wird eine punktförmige Lichtquelle selbst mit einer perfekten Optik nicht als Punkt abgebildet, sondern in Form eines charakteristischen Beugungsbildes, das als Airy-Scheibchen bekannt ist[12]. Abbildung 4.6 zeigt eine solche Punktabbildung (links): Zu sehen ist ein zentrales Beugungsscheibchen (das Hauptmaximum), umgeben von ringförmigen Beugungsminima und -maxima. Die mathematische Beschreibung dieser Intensitätsverteilung erfolgt durch eine sphärische Besselfunktion $J_1(x)$,

$$I(\Theta) = I_0 \left(\frac{2J_1(x)}{x}\right)^2 , \qquad (4.19)$$

wobei I_0 die Intensität im Zentrum (Maximum) des Scheibchens darstellt, Θ der Winkel (zur Hauptachse) des gedachten Strahles, der das Zentrum der Eintrittsöffnung mit dem Bildpunkt in der Brennebene verbindet, D der Durchmesser der Öffnungsblende, λ die Wellenlänge und $x = (\pi D \sin\Theta)/\lambda$.

Ohne auf weitere Details eingehen zu müssen, reicht es, den Winkelabstand vom Zentrum dieses Scheibchens bis zum ersten Beugungsminimum zu kennen,

[12] Sir George Biddell Airy, 1801 – 1892

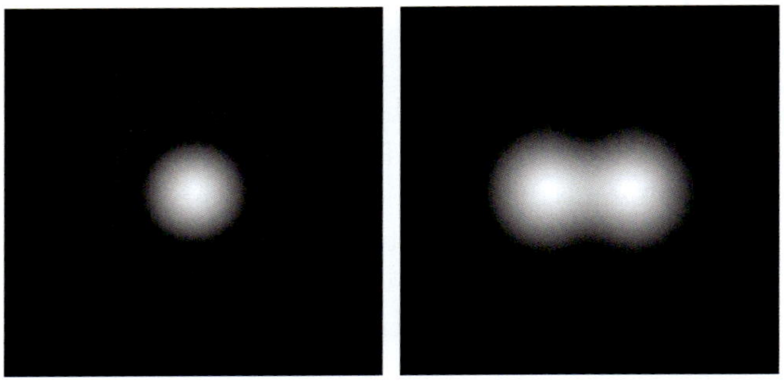

4.6

Links: Airy Scheibchen, die perfekte, beugungsbegrenzte Abbildung einer punktförmigen Lichtquelle. Rechts: Rayleigh-Kriterium: Zwei eben noch trennbare punktförmige Lichtquellen.

der näherungsweise

$$\Theta \approx 1.22\frac{\lambda}{D} \qquad (4.20)$$

beträgt. Nach dem (empirisch gefundenen) Rayleigh-Kriterium [13] entspricht diese Winkeldistanz dem minimalen Abstand, in dem zwei punktförmige Objekte sich eben noch voneinander unterscheiden lassen. Diese Faustformel zum Trennungsvermögen punktförmiger Objekte gilt ausschließlich für eine perfekt abbildende Optik, bei der alle anderen Aberrationen innerhalb des zentralen Beugungsmaximums verbleiben. Der Grenzwinkel ist proportional zum reziproken Wert des Durchmessers D der Optik und proportional zur Wellenlänge des Lichts. Für visuell genutzte Instrumente wird er meist mit der genormten Wellenlänge $\lambda = 550\,\mathrm{nm}$ ausgewertet, und das Ergebnis in Bogensekunden angegeben, wie in Gleichung (12.1) dargestellt.

Für lineare, periodische Muster (siehe etwa Abbildung 10.5) gilt die obige Grenzauflösung nach Ent-

[13] Benannt nach John William Strutt, 3. Baron Rayleigh, 1842 – 1919

fernen des Vorfaktors 1.22, d.h. lineare Strukturen lassen sich auch dann (gerade) noch trennen, wenn punktförmige Objekte bereits ununterscheidbar sind. In der Praxis spielt dieses Grenzauflösungsvermögen u.a. bei der Trennung enger Doppelsterne mit astronomischen Teleskopen eine Rolle, wobei unter sehr hohen Vergrößerungen jenseits der Maximalvergrößerung beobachtet wird (siehe auch Abschnitt 10.1). Im Falle eines Handfernglases ist die hier gezeigte Grenzauflösung aufgrund der geringen Vergrößerung und der begrenzten Auflösung des Auges nur selten von Relevanz (siehe Abschnitt 8.5): Das gesunde Auge erreicht lediglich im hellen Tageslicht bei Augenpupillenweiten unterhalb von 2 mm eine beugungsbegrenzte Auflösung. Die Austrittspupillen der Ferngläser sind jedoch meist weiter als 2 mm. In diesem Falle wird das Fernglas mit der Vergrößerung m auf eine effektive Eintrittspupille von $D' = m \cdot (2\,\mathrm{mm})$ abgeblendet. Eine solche, abgeblendete Optik sollte daher das Rayleigh-Kriterium erfüllen, während bei voller Öffnung durchaus weitere Abbildungsfehler vorhanden sein dürfen, die in der Praxis unterhalb der Wahrnehmungsschwelle bleiben.

4.4.3 Reflexmindernde Vergütungen

Ein weiterer Effekt der Welleneigenschaft des Lichts lässt sich gezielt anwenden, um störende Reflexionen an den Glasoberflächen zu reduzieren. In Abschnitt 3.2 waren wir im Zusammenhang mit dem Brechungsgesetz nur kurz auf das Reflexionsgesetz eingegangen: Jeder Lichtstrahl wird beim Übergang zweier Medien unterschiedlicher optischer Dichten teilweise reflektiert, und zwar derart, dass Einfallswinkel und Austrittswinkel, gemessen zum Lot, identisch sind. Aber wie groß ist der Anteil des reflektierten Lichts? Dieser so genannte Reflexionsgrad ρ lässt sich über die Fresnel'sche Gleichung berechnen, die, bezogen auf die Winkel in Abbildung 3.2 (Snelliussches Brechungsgesetz) folgendermaßen aussieht[14]:

$$\rho = \frac{1}{2}\left[\frac{\sin^2(\alpha-\beta)}{\sin^2(\alpha+\beta)} + \frac{\tan^2(\alpha-\beta)}{\tan^2(\alpha+\beta)}\right] . \quad (4.21)$$

Zeichnet man diese Formel als Funktion des Einfallswinkels α auf, so erkennt man, dass sie für kleine Winkel bis etwa 45° nahezu konstant bleibt. Verwenden wir zunächst also die bereits diskutierten Näherungen der trigonometrischen Funktionen für kleine Winkel, $\sin x \approx x$, $\tan x \approx x$, ferner die Gauß-Näherung des Brechungsgesetzes, $n_1\alpha \approx n_2\beta$, so vereinfacht sich die Formel zu

$$\rho \approx \left[\frac{n_2 - n_1}{n_2 + n_1}\right]^2 , \quad (4.22)$$

oder, beim Übergang von Luft zu Glas ($n_1 = 1$),

$$\rho \approx \left[\frac{n_2 - 1}{n_2 + 1}\right]^2 . \quad (4.23)$$

Für ein Flintglas mit Hauptbrechzahl $n = 1.7$ erhalten wir damit einen Reflexionsgrad von $\rho = 0.067$, also beinahe 7 %, und ein BaK4 Glas mit $n = 1.57$ liefert $\rho = 0.049$, etwa 5 %. Selbstverständlich hängen auch diese Werte aufgrund der Dispersion, die die Brechzahl zu einer Funktion $n_2(\lambda)$ werden lässt, von der Wellenlänge ab. Bei der Berechnung von Reflexionsverlusten in Okularen ist die Näherung kleiner Winkel allerdings nicht mehr gültig, weil hier, insbesondere bei Weitwinkelokularen, erheblich schrägere Einfallswinkel auftreten und daher die allgemeinere Gleichung (4.21) erforderlich wird.

Die hier diskutierten Reflexionen werden in komplexen optischen Systemen mit einer hohen Anzahl von Luft-Glas Übergängen, an denen die Verluste wegen der großen Differenz $n_2 - 1$ besonders hoch sind, zu einem ernsthaften Problem. Als Lösung bedient man sich einer einer Technik, die die Welleneigenschaft

[14] Benannt nach Augustin Jean Fresnel, 1788 – 1827. Die hier diskutierte Gleichung gilt für unpolarisiertes Licht.

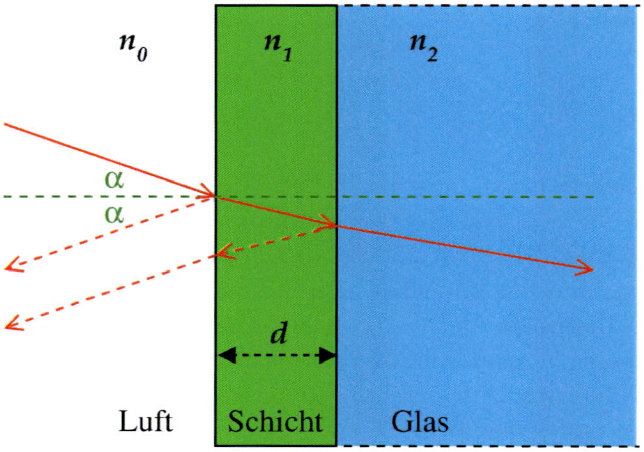

4.7

Reflexminderung: An den Übergängen Luft-Beschichtung und Beschichtung-Glas entstehen reflektierte Teilstrahlen (rot, gestrichelt), die bei geeigneter Wahl der Schichtdicke d destruktiv miteinander interferieren.

des Lichts nutzt und erstmals 1935 von Alexander Smakula (Zeiss Jena) patentiert wurde:

Nach Aufdampfen einer dünnen, transparenten Schicht (einer so genannten Vergütung oder reflexmindernden Schicht) mit der Brechzahl n_1 auf eine Glasoberfläche mit der Brechzahl n_2 entstehen anstelle eines einzelnen Bündels reflektierter Teilstrahlen zwei solcher Bündel. Nun wird die Dicke der Schicht derart gewählt, dass beide reflektierten Strahlen möglichst exakt um eine halbe Wellenlänge (oder ein ungeradzahliges Vielfaches davon) phasenverschoben sind, sodass Wellenberg auf Wellental trifft und eine destruktive Interferenz auftritt. Während das reflektierte Licht auf diese Weise unterdrückt wird, steigt die Transmission entsprechend an, denn aufgrund der Energieerhaltung kann die Feldenergie des Lichts nicht verloren gehen, und damit hat die reflexmindernde Beschichtung ihre Aufgabe erfüllt.

Die ideale Schichtdicke d, bei der sich die optischen Weglängen beider reflektierter Teilstrahlen gerade um $\lambda/2$ unterscheiden, beträgt bei senkrechtem Einfall exakt $k\lambda/4n_1$ mit ungeradzahligen Werten für k, und bei schrägem Einfall erhalten wir diese mit dem Brechungsgesetz 3.2 zu[15]

$$d = \frac{k\lambda}{4\sqrt{n_1^2 - n_0^2 \sin^2 \alpha}} , \tag{4.24}$$

wobei für Luft wieder $n_0 = 1$ verwendet wurde. Da die Schichtdicke vom Einfallswinkel α und der Wellenlänge λ abhängt, ist es unmöglich, eine optimal wirksame Vergütung für ein konvergentes (oder divergentes) Strahlenbündel, das dazu auch noch Wellenlängen aus dem gesamten sichtbaren Spektrum enthält, zu konstruieren. Die Reflexminderung kann daher immer nur partiell erfolgen, weshalb die meisten Oberflächenvergütungen ihren Farbton ändern, wenn sie von unterschiedlichen Winkeln aus betrachtet werden.

Die Gesamtreflektivität eines einzelnen optischen Elements berechnet sich bei optimaler Schichtdicke und kleinem Einfallswinkel α, infolge der destruktiven Interferenz, aus dem Quadrat der Amplitudendifferenz beider Teilstrahlen, das gemäß der Fresnel'schen Gleichung (4.22)

$$\rho \approx \left[\frac{n_1 - n_0}{n_1 + n_0} - \frac{n_2 - n_1}{n_2 + n_1}\right]^2 \tag{4.25}$$

ergibt. Hier steht der erste Term für den reflektierten Teilstrahl am Luft-Beschichtung Übergang und der zweite für den Teilstrahl am Beschichtung-Glas Übergang. Würde die ideale Schichtdicke nur um $\lambda/4n_1$ verfehlt, so käme es zu einer konstruktiven Interferenz und beide Amplituden würden addiert,

[15] Siehe auch H. Gabler, *Optische Hilfsmittel und Geräte zur Verbesserung der Schiffsführungsoptik*, Deutsche Hydrografische Zeitschrift, Band 5, Heft 1, S. 32 (1952).

es stünde dann also ein "+" zwischen beiden Termen. Als Beispiel wählen wir wieder das BaK4 Glas ($n_2 = 1.57$) und eine Magnesiumfluorid (MgF_2) Beschichtung ($n_1 = 1.38$), die in der Fernglasoptik über Jahrzehnte hinweg als klassische Einfachvergütung eingesetzt wurde. Mit $n_0 = 1$ für Luft erhalten wir $\rho = 0.009$, also weniger als 1 %, eine erhebliche Verbesserung gegenüber jenen 5 %, die wir für das unbeschichtete Glas ermittelt hatten.

Es sei nochmals daran erinnert, dass diese Rechnung vereinfacht ist, weil wir eine ideale Schichtdicke angenommen haben, die im praktischen Einsatz mit polychromatischem Licht nicht realisierbar ist. In der Praxis erreicht man für die Gesamtreflektivität einer solchen Einfachvergütung eher gemittelte 1.5 %, was noch immer eine wesentliche Verbesserung gegenüber unbeschichteten Gläsern darstellt. Mit mehrschichtigen Belägen, die unter dem Begriff Mehrfachvergütung bekannt sind, lassen sich die Reflexionsverluste jedoch abermals verringern. Dazu werden, ausgehend von der Glasoberfläche, mehrere Schichten aufgedampft, deren Brechzahlen nach außen hin einem präzise ermittelten Schema folgend abnehmen. Mit modernsten Mehrfachvergütungen gelingt es inzwischen, die Reflektivität über das gesamte sichtbare Spektrum hinweg auf weniger als 0.3 % zu senken. Fernglashersteller verwenden ihre eigenen, streng geheimen Rezepturen für ihre Mehrfachvergütungen, die heute aus 5 – 8 Lagen bestehen[16], und versehen diese nicht selten mit werbewirksamen Fantasienamen, auch wenn die jeweiligen Schichtabfolgen für jede verwendete Glassorte unterschiedlich ausfallen können.

Der Beitrag einer hochwertigen Vergütung zur Gesamtleistung eines Fernglases ist kaum zu überschätzen, da eine Minderung der Reflexe nicht nur die Helligkeit, sondern auch den Kontrast des Bildes beeinflusst – schließlich kann das an einer Glasfläche reflektierte Licht ja über eine zweite Reflexion wieder in den Strahlengang gelangen und damit zum Streulicht beitragen. Optische Instrumente mit hochwertigen Vergütungen bestechen daher auch mit ihren kontrastreichen Bildern, wodurch, unabhängig von der Auflösung der Optik, der subjektive Eindruck von Schärfe entsteht.

[16] Persönliche Mitteilung, Daniel Rotter

5 Umkehrsysteme

Ein Fernglas besteht aus zwei Fernrohren, die über eine Knickbrücke miteinander verbunden sind. Auch wenn es auf den ersten Blick so einfach erscheint, kommt zumindest bei den Handferngläsern (nicht unbedingt bei astronomisch genutzten Großferngläsern) eine weitere Komplikation ins Spiel: Das Bild muss aufrecht sein, aber das Fernrohr Galileischer Bauweise, das diese Bedingung erfüllt, ist leistungsschwach, während das terrestrische Fernrohr (»Piratenfernrohr«) zu unhandlich wäre. Einzig das Fernrohr Keplerscher Bauweise verspricht, ein leistungsfähiges und gleichzeitig kompaktes Fernglas zu ergeben, nur liefert es ein seitenverkehrtes und auf dem Kopf stehendes Bild. Abhilfe schafft ein integriertes Prismenumkehrsystem, und die resultierenden Optiken wurden aus diesem Grunde traditionell auch als Prismenferngläser bezeichnet.

In diesem Kapitel wird eine Auswahl der im Rahmen der Fernglastechnik wichtigsten Umkehrsysteme vorgestellt. Dabei ist zu beachten, dass Prismen auch in unterschiedlichen Varianten, die sich in Form und Gewicht voneinander unterscheiden, eingesetzt werden. Die hier dargestellten Beispiele sind daher jeweils als Repräsentanten einer weit allgemeiner definierten Prismenklasse aufzufassen.

5.1 Porro-Systeme

5.1.1 Totalreflexion

Aus dem Snelliusschen Brechungsgesetz (Abbildung 3.2) folgt, dass ein Lichtstrahl beim Übergang von einem optisch dichteren (n_2) zu einem optisch dünneren Medium (n_1) vom Einfallslot weg gebrochen wird. Damit ist klar, dass es einen kritischen Winkel geben muss, an dem der Austrittswinkel 90° überschreitet und der Strahl somit in das optisch dichtere Medium zurückgeworfen wird. An diesem kritischen Grenzwinkel α_c beträgt der Sinus des Austrittswinkels exakt Eins, sodass wir seinen Wert sofort zu

$$\alpha_c = \operatorname{asin}\left(\frac{n_1}{n_2}\right) \tag{5.1}$$

berechnen können. Nehmen wir als optisch dichteres Medium ein BK7-Glas mit $n_2 = 1.517$, und einen Übergang zu Luft ($n_1 = 1$), so beträgt dieser Grenzwinkel $\alpha_c = 41.2°$. Wird dieser Winkel überschritten, so erfolgt eine Totalreflexion des Lichtstrahls zurück in das Glasmedium, und kein Anteil des Strahls tritt in das optisch dünnere Medium über. Eine solche Glasoberfläche verhält sich also wie ein perfekter Spiegel.

Diesen Effekt macht man sich in einem Umlenkprisma zunutze (Abbildung 5.1): Ein Lichtstrahl (rot) tritt in das Prisma (mit zwei 45° Winkeln, auch Porro-Prisma genannt [1]) ein, wird an beiden Flanken totalreflektiert und tritt in entgegengesetzter Richtung wieder aus. Dies funktioniert allerdings nur, solange der Einfallswinkel zum Lot (grün gestrichelte Linie) den kritischen Winkel überschreitet. Wir nehmen an, dass der Lichtstrahl senkrecht zur Prismenbasis einfällt, dann also unter einem Winkel von 45° auf die Flanke trifft. Besteht das Prisma aus BK7-Glas, so liegt dieser Eintrittswinkel also über dem kritischen Wert von 41.2° und der Strahl wird in der Tat umgelenkt.

Wir können jetzt berechnen, welches der kritische Grenzwinkel α_g ist, diesmal in Bezug auf das Lot zur Prismenbasis, unter dem das von Luft umgebene

[1] Benannt nach Ignazio Porro, 1801 – 1875

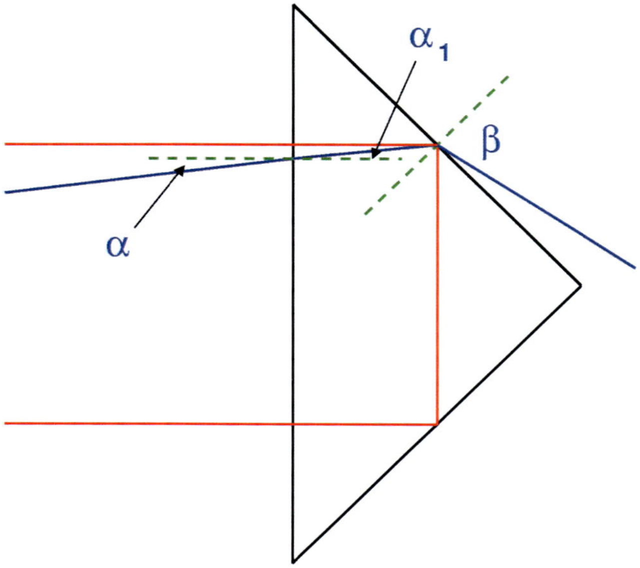

5.1

Totalreflexion: Ein Lichtstrahl (rot) tritt parallel zum Lot in das Prisma und wird umgelenkt, während ein anderer (blau) das Prisma vorzeitig verlässt.

Prisma diesen Strahl noch umlenken kann. Bedingung ist wieder, dass der Austrittswinkel β einen Wert von 90° erreicht (siehe blauer Strahl in Abbildung 5.1), oder $\sin\beta$ den Wert Eins. Die Rechnung ist denkbar einfach: Der unter dem Winkel α zum Lot einfallende Strahl wird nach dem Brechungsgesetz zum Lot hin gebrochen und setzt seinen Weg im Prisma unter dem Winkel $\alpha_1 = \operatorname{asin}(n^{-1}\sin\alpha)$ fort, und an der Flanke ist der Einfallswinkel dann $45° - \alpha_1$, woraufhin die zweite Brechung erfolgt. Wir erhalten dann für den Sinus des Austrittswinkels

$$\sin\beta = n\sin\left[45° - \operatorname{asin}\left(\frac{\sin\alpha}{n}\right)\right] , \qquad (5.2)$$

und der wird auf Eins gesetzt, um den kritischen Eintrittswinkel zu erhalten, mit dem Resultat

$$\alpha_g = \operatorname{asin}\left\{n\sin\left[45° - \operatorname{asin}\left(\frac{1}{n}\right)\right]\right\} . \qquad (5.3)$$

Für BK7-Glas ($n = 1.517$) erhalten wir einen kritischen Winkel von $\alpha_g = 5.7°$. Der blaue Strahl in Abbildung 5.1 hat einen Einfallswinkel von 6.6° und würde daher, wie abgebildet, das Prisma ohne Totalreflexion passieren. Ersetzten wir jedoch das BK7 durch ein Glas mit höherer Brechzahl, etwa BaK4-Glas ($n = 1.57$), so wird $\alpha_g = 8.6°$, und unter diesen Umständen würde auch dieser Strahl noch durch das Prisma umgelenkt.

Dies ist auch der Grund dafür, dass in der Werbelyrik der Hersteller gern auf die Verwendung von BaK4 als Prismenmaterial anstelle von BK7 hingewiesen wird: Der Winkel von 5.7° wird in dem konvergenten Lichtkegel eines Fernglases mit schnellem Öffnungsverhältnis leicht überschritten. Dann kommt es zu den bekannten »abgenagten« Austrittspupillen, die durch Lichtverluste eine quadratische Form aufweisen. Das grenzwertige Öffnungsverhältnis O_g lässt sich leicht als Funktion der Brechzahl n der Prismen berechnen, wenn man bedenkt, dass der einfallende Hauptstrahlkegel einen halben Öffnungswinkel von

$$\alpha = \operatorname{atan}\left(\frac{D}{2F}\right) = \operatorname{atan}\left(\frac{O}{2}\right) \qquad (5.4)$$

aufweist, wo D für den Objektivdurchmesser, F für die Brennweite und $O = D/F$ für das Öffnungsverhältnis steht. Dieser Winkel wird gleichgesetzt mit dem Grenzwinkel aus Gleichung (5.3), und wir erhalten somit

$$O_g = 2\tan\left\{\operatorname{asin}\left[n\sin\left(45° - \operatorname{asin}\left[\frac{1}{n}\right]\right)\right]\right\} \qquad (5.5)$$

BK7 führt dann zu $O_g = 1/5.0$, und da die meisten Ferngläser schnellere Öffnungsverhältnisse aufweisen, wäre eine solche Glaswahl für Porro-Prismen ungeeignet. Mit BaK4 erreichen wir $O_g = 1/3.3$, womit nahezu alle existierenden Fernglaskonstruktionen abgedeckt sind. Für extreme Fälle, wie sie in manchen Weitwinkel-Militärferngläsern auftraten, stand noch das (allerdings bleihaltige) F2-Glas als Prismenmaterial zur Verfügung, das eine Hauptbrechzahl von $n = 1.62$ aufweist und ein kritisches Öffnungsverhältnis von $O_g = 1/2.5$ ergibt. Es ist dabei jedoch zu bedenken, dass optische Gläser hoher Brechzahlen meist relativ hart und spröde sind, sodass deren Verarbeitung aufwendig ist und besondere Maßnahmen zum Schutz vor Muschelbrüchen erfordert.

5.1.2 Porro I

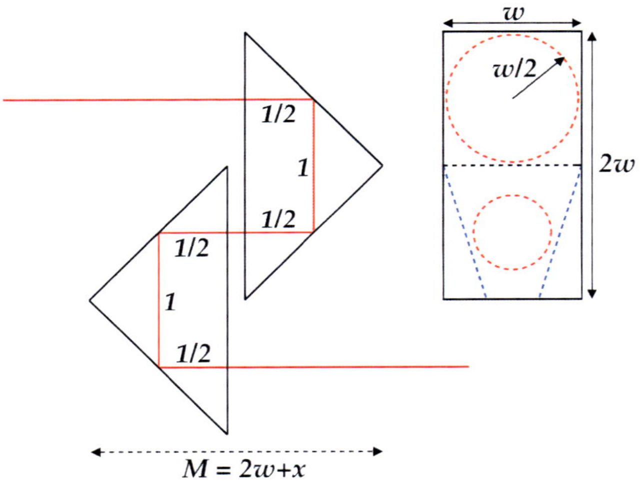

5.2

Vereinfachte Projektion eines Porro I-Umkehrsystems: Gezeigt ist der Hauptachsenstrahl beim Durchgang durch das Prismenpaar (links). Im Fernglas hat man es mit einem konvergenten Strahlenbündel zu tun, das mit einem Durchmesser w ein- und einem reduzierten Querschnitt wieder austritt (rechts).

Ein Porro-Prisma hat die Form eines gleichschenkligen Dreiecks mit einem 90° Winkel, und zwei sich gegenüberstehende Porro-Prismen bilden ein Porro I-Umkehrsystem. Die Abbildung 5.2 ist zur besseren Übersicht etwas vereinfacht: In Wirklichkeit sind beide Prismen nochmals um 90° gegeneinander

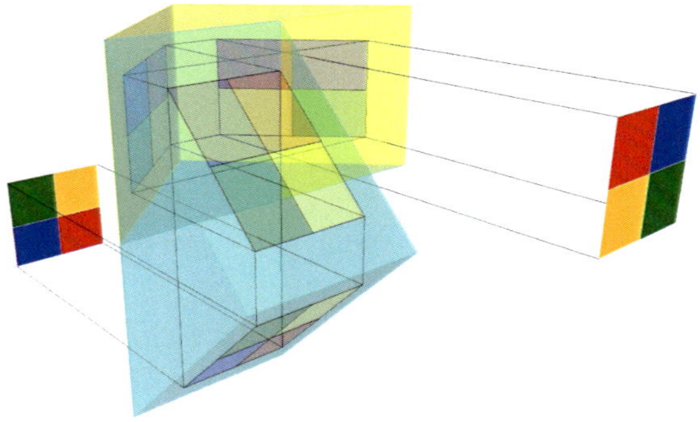

5.3

Räumliche Darstellung des Strahlenverlaufs in einem Porro I-System (mit freundlicher Genehmigung: Stefan Emsel).

verdreht, sodass das untere Prisma aus der Papierebene herausragt (siehe räumliche Darstellung in Abbildung 5.3). Gezeigt ist nur der Strahl entlang der Hauptachse, wobei in der Praxis fast immer ein konvergentes Strahlenbündel auftritt, dessen Durchmesser am Prismeneingang idealerweise mit der lichten Prismenweite w übereinstimmt. Diese Prismenweite liefert eine Längenskala, mit der sich alle weiteren Dimensionen des Prismas bequem skalieren lassen. So berechnet sich die Glasweglänge des Hauptachsenstrahls zu $L = 4w$, wie man Abbildung 5.2 entnehmen kann (die Zahlen entlang der Teilstrecken sind in Einheiten von w angegeben). Wir wollen diese Beziehung verallgemeinern und definieren daher die geometrische Glasweglänge

$$L = \kappa w \tag{5.6}$$

mit dem geometrischen Glaswegfaktor κ, der für jeden Prismentyp einen eigenen Wert annimmt, im vorliegenden Fall den Wert $\kappa = 4$. Die mechanische Baulänge des Prismenblocks beträgt $M = 2w + x$, wobei x die Breite des Luftspalts zwischen beiden

Prismen angibt. Diese kann Null betragen, falls beide Prismen miteinander verkittet sind, was auch die Reflexionsverluste an den Luft-Glas Übergängen verringert.

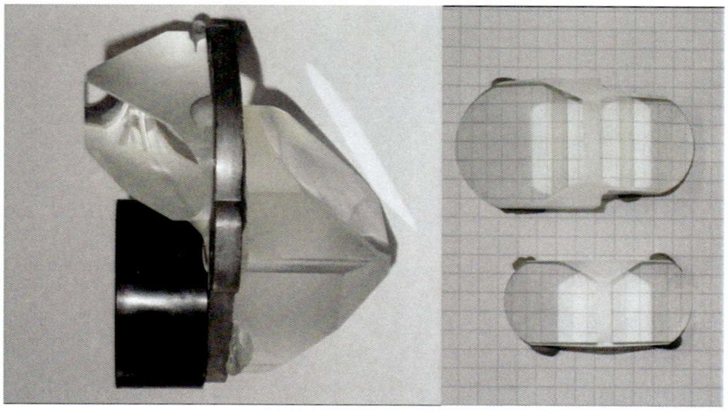

5.4

Asymmetrischer Prismenblock: Am Prismeneingang (unten links, Weite: 33 mm) ist eine schwarze Streulichtblende aus Kunststoff montiert. Das erste Prisma ist aus zwei Teilprismen verkittet, das Paar wiegt nur 60 % eines symmetrischen Porro-Systems.

Werden zwei identische Prismen verwendet, so berechnet sich das Glasvolumen des Prismenblocks zu $V = 2w^3$, und dessen Gewicht nach Multiplikation dieses Volumens mit der spezifischen Dichte des Glases. Bei Weitwinkelferngläsern macht man nicht selten von der Tatsache Gebrauch, dass das Strahlenbündel sich verjüngt (siehe Abbildung 5.2, rechts, sowie 6.26), und das zweite Prisma daher kleiner ausfallen darf, wie bei dem in Abbildung 5.4 gezeigten Beispiel eines asymmetrischen Porro-Prismas: Die Prismeneingangsweite von $w = 33$ mm ergäbe mit einem symmetrischen Porro-System ein Volumen von 71.8 cm^3, und mit der spezifischen Dichte von BaK4 Glas, 3.05 g/cm^3, eine Masse von 219 g. Das asymmetrische System ist jedoch modifiziert, indem das größere der beiden Prismen aus zwei Teilprismen verkittet wurde, sodass es nur noch noch 89.6 g wiegt, während das zweite, kleinere Prisma aus einem Stück besteht und 41.9 g wiegt. Zusammengenommen erhalten wir also 131.5 g, was lediglich 60 % des symmetrischen Porro-Paares entspricht.

5.5

Das 10x50 Zeiss (Oberkochen, Sehfeld: 130 m/1000 m), von Zeiss wegen seiner Kombination aus weitem Sehfeld und Kompaktheit als »Jahrhundertglas« betitelt, in klassischer Porro I-Bauweise.

Ein symmetrisches Porro I-System verursacht einen Versatz des Hauptstrahls, der auch als Achsversatz bezeichnet wird, von $\sqrt{2}w$. Dieser lässt sich nutzen, um den Objektivabstand zu erweitern. Vorteile sind die erhöhte stereoskopische Basis und die damit verbundene Verbesserung des dreidimensionalen Seheindrucks, sowie die Möglichkeit, größere Objektivdurchmesser verwenden zu können, ohne Kompromisse beim minimalen Augenabstand der Okulare in Kauf nehmen zu müssen. Nachteilig sind Abstriche beim Einblickverhalten im Nahbereich (der Beobachter muss wegen der weiten Separation der Objektive stärker schielen) und vergrößerte Gehäusebreiten, die sich ungünstig auf das Gesamtgewicht auswirken. Bei manchen Kompaktferngläsern wird der Achsversatz umgekehrt und somit zur Verringerung des Objektivabstands genutzt (Reverse-Porro-Bauweise), was zu einer Gewichtsreduktion und zu einer Verkürzung der nutzbaren Naheinstellung führt (siehe auch das Beispiel in Abb. 6.16).

Der Einsatz des neuen BaK4 HT Glases (Abbildung 3.5) dürfte im Falle eines Porro-Prismas nur geringe Vorteile bieten. Aufgrund der höheren Transmission unterhalb von 500 nm ist mit einer leicht verbesserten Dämmerungstauglichkeit zu rechnen. Ferner dürfte ein Bak4 HT Prisma infolge der flacheren Transmissionskurve ein besonders farbneutrales Bild liefern, während konventionelle BaK4 Gläser durchaus einen leichten Warmton beitragen können.

5.1.3 Porro II

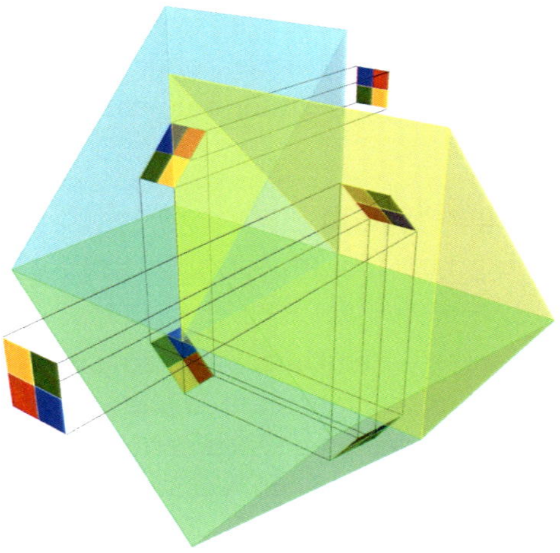

5.6

Funktionsweise des Porro II-Prismas (mit freundlicher Genehmigung: Stefan Emsel).

Man nehme ein Porro I-Umkehrsystem, schneide eines der Prismen in der Mitte durch und klebe die beiden Reiterprismen in entgegengesetzter Orientierung auf das Basisprisma (siehe Abbildung 5.6). Auf diese Weise erhält man ein Porro II-Umkehrsystem, das Ernst Abbe als Modifikation des Porro I-Systems entwarf. Gewicht und Glasweg sind mit dem Porro I identisch, jedoch hat das Porro II den Vorteil der kürzeren mechanischen Baulänge, die lediglich $M = w$ beträgt und somit die für diesen Fernglastyp charakteristisch kurzen, dosenförmigen Prismengehäuse ergibt (siehe Abbildung 5.8).

Das Porro II-System erzeugt einen Achsversatz, der mit $1w$ geringer ausfällt als beim Porro I-Umkehrsystem. Das stereoskopische Sehen ist daher etwas weniger stark ausgeprägt, jedoch kann das Gehäuse kompakter ausfallen, was insbesondere bei Weitwinkelferngläsern zu einem spürbaren Gewichtsvorteil führt. Ferner existierten auch Variationen des ursprünglichen symmetrischen Designs. Die Abbildung 5.7 zeigt eine Variante, die im 8x60 U-Boot Kommandantenglas von Zeiss verwendet wurde. Hier wurde das Basisprisma in Relation zu den Reiterprismen etwas verkleinert – eine Maßnahme, die bei konvergenten Strahlenbündeln zu keinerlei Vignettierung führt, gleichzeitig aber Gewicht reduziert. Man beachte, dass dieses Prisma aus zwei anstelle von drei Teilen besteht, wobei die vertikale Symmetrieebene die Kittfläche bildet. Die Reduktion von zwei auf eine Kittfläche hatte vermutlich prozesstechnische Vorteile und wird gegenwärtig auch beim Perger-Prisma (Abschnitt 5.1.4) genutzt.

Bis zum Zweiten Weltkrieg wurden Porro II-Prismensysteme nahezu gleichberechtigt mit Porro I-Systemen in Militärferngläsern verwendet. Sie hatten unter anderem den Vorteil, dass die Feldlinse des Okulars mit der Fläche des Prismenausgangs verkittet werden konnte. Dadurch verringerte sich die Anzahl der Luft-Glas Übergänge und die damit verbundenen Transmissionsverluste. Ferner waren damit die beweglichen Teile des Okulars von der groß dimensionierten Feldlinse getrennt, was den Vorteil einer schlankeren Okularhülse mit sich führte.

Die Entwicklung der reflexmindernden Vergütung eliminierte später den Vorteil der verkitteten Feldlinse, und die zunehmende Nachfrage nach leichteren

5.7

Porro II-Prismenblock aus einem antiken Zeiss Fernglas (mit freundlicher Genehmigung: Hans Seeger).

5.8

Das 10x50 Stepmur (Sehfeld: 123 m/1000 m) der britischen Firma Ross, ein Fernglas mit Porro II-Umkehrsystem.

(wenn auch weniger weitwinkligen) Ferngläsern sorgte dafür, dass die Porro II-Bauweise inzwischen weitgehend vom Markt verschwunden ist. Heutzutage ist diese Prismenform nur noch in wenigen Geräten, etwa einigen der Canon IS Modelle (siehe auch Abbildung 11.12) zu finden. Hier erfolgt die Okularabstandseinstellung nicht über eine Knickbrücke, sondern durch ein Verdrehen der exzentrisch gelagerten Prismengehäuse. Eine ähnliche technische Lösung ist in manchen großen, fest montierten Aussichtsferngläsern anzutreffen, bei denen die Okularabstandsverstellung nicht ohne weiteres über eine zentrale Knickbrücke erfolgen kann. In beiden Fällen macht man sich den Vorteil der Porro II-Bauweise mit ihren kurzen, dosenförmigen Prismengehäusen zunutze, die sich leicht gegeneinander verdrehen lassen, wobei aufgrund des Achsversatzes die Abstände der Okulare variieren, ohne dabei die Lagen der Objektive verändern zu müssen.

5.1.4 Perger-System

Ein Beitrag von Dr. Andreas Perger

Die hier vorgestellten Umkehrsysteme werden durchwegs seit mehreren Jahrzehnten nahezu unverändert gebaut. Neben kleineren Optimierungen an der Geometrie waren es vor allem Verbesserungen an den Beschichtungen, auf die sich die Entwickler zuletzt konzentrierten. Grundlegend neue Geometrien waren jedoch im Fernglasbau seit geraumer Zeit nicht mehr zu finden. Die gebräuchlichen Prismen beruhen auf Erfindungen, die zum Teil über hundert Jahre zurückliegen.

Dies ist umso erstaunlicher, als die verwendeten Prismen keineswegs ohne Nachteile sind. Von den optischen Eigenschaften her am ehesten als ideal zu bezeichnen sind die Porro-Prismen, die jedoch zu einem ziemlich sperrigen Strahlengang und damit praktisch zwangsläufig zu einem Design führen, welches als antiquiert angesehen wird.

Die in der Werbung als anspruchsvoller ausgelobten Ferngläser mit Dachkantprismen weisen außer ihrer Kompaktheit und der koaxialen Lage von Objektiv und Okular keinerlei Vorteile auf, im Gegenteil: Das Vorhandensein einer Dachkante, des mit einem P-Belag beschichteten Dachflächenpaares, bei den meisten Typen des Weiteren einer zu verspiegelnden Fläche sowie eines Luftspaltes sind eindeutig Nachteile, die von den Herstellern mit sehr hohem Fertigungsaufwand weitgehend, aber nicht vollständig wettgemacht werden.

Zielsetzung bei der Entwicklung des Perger-Prismas war es, ein Umkehrsystem zu schaffen, das ähnlich wie ein Porro-Prisma mit nur vier Strahlumlenkungen auskommt und keine Dachkante, keine zu verspiegelnde Fläche und keinen Luftspalt aufweist, dabei aber einen geringeren Versatz zwischen Objektiv- und Okularachse ergibt als die klassischen Porro-Prismen vom Typ I oder II.

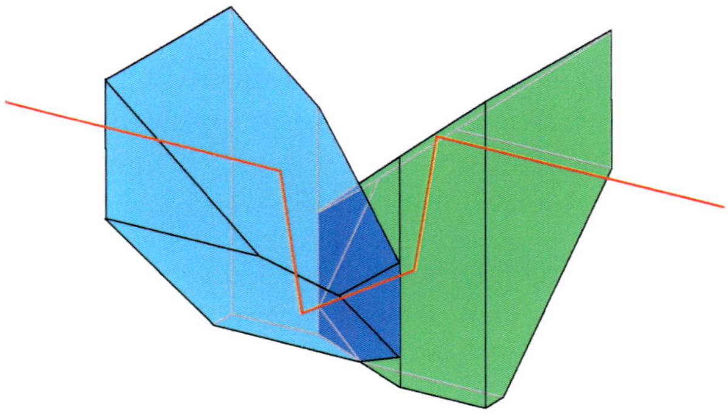

5.9

Perger-Prismenblock mit Hauptachsenstrahl (rot) und Kittfläche (dunkelblau).

Ausgangspunkt der Überlegungen war das Porro-Prisma vom Typ II. Dieses lässt sich ja, wie in Abbildung 5.7 dargestellt, auch aus zwei identischen Glasteilen herstellen, die in der Mitte des Strahlenganges miteinander verkittet werden.

Neigt man nun diese Kittfläche etwas gegenüber dem durch sie hindurch tretenden Strahlengang, ergibt sich bereits die erste Möglichkeit, den Strahlversatz etwas zu reduzieren. Noch stärker vermindern lässt sich der Versatz, indem die erste und die letzte Reflexionsfläche nicht um 45° gegenüber der optischen Achse verkippt sind, sondern etwas mehr. Dann wird der Strahl um mehr als 90° abgelenkt, der mittlere Teil des Strahlenganges, der durch die Kittfläche führt, liegt nicht mehr quer zur Achsrichtung (d. h. in einer Ebene normal zu Objektiv- und Okularachse), sondern schräg. Damit lässt sich der Versatz zwischen den Achsen problemlos auf $0.7w$ oder noch weniger drücken.

Weiter vermindern lässt sich der Achsversatz durch ein Verdrehen der ersten und letzten Reflexionsfläche um die optischen Achsen von Objektiv und Okular, wodurch die betreffenden Strahlabschnitte nicht mehr in parallelen Ebenen liegen. Auf diese Weise lässt sich der Versatz theoretisch auf Null reduzieren. Eine anschauliche Darstellung findet man in der Patentschrift EP2463692A1.

Weitere Vorteile des Perger-Prismas sind sein geringes Volumen von typischerweise $1.37w^3$, ein kurzer Glasweg sowie die Tatsache, dass alle Reflexionswinkel größer als 45° sind, was eine höhere Öffnung des Objektivs, oder alternativ die Wahl einer Glassorte geringerer Brechzahl erlaubt. Die kurze Glasweglänge (typischerweise $3.3w$, d.h. $\kappa = 3.3$) ermöglicht eine sehr hohe Transmission, hat aber den Nachteil, dass das Perger-Prisma die Baulänge des Fernglases nicht so stark reduziert wie etwa ein Schmidt-Pechan-System. Zudem ist die mechanische Baulänge etwas höher (typisch $1.55w$). Diese Werte sind hier deshalb als typisch angegeben, weil man über die Wahl der Winkel einen recht großen Gestaltungsspielraum hat.

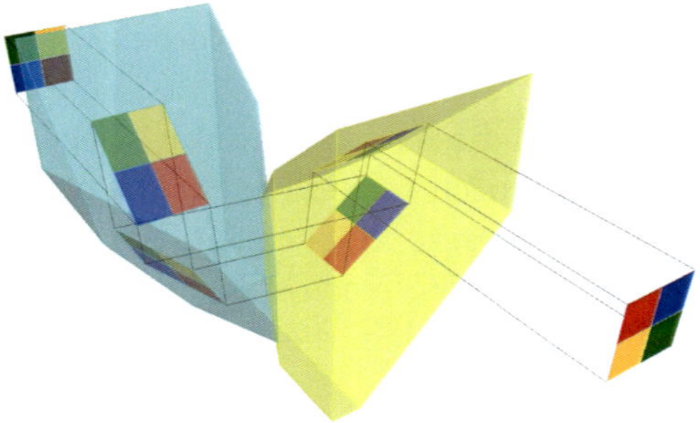

5.10

Funktionsweise des Perger-Prismas (mit freundlicher Genehmigung: Stefan Emsel).

Zu beachten ist ferner, dass an der Kittfläche je nach Dimensionierung ein kleinerer freier Durchmesser als der Ein- und Austrittsdurchmesser w zur Verfügung steht. Da aber der benötigte Strahldurchmesser in Ferngläsern in der Mitte des Prismas normalerweise geringer ist als an den objektiv- und okularseitigen Flächen (Abbildung 6.23), ist dies kein Nachteil. Auch bei anderen Umkehrprismen wird innerhalb des Prismas an einer oder mehreren Stellen abgeblendet, um störende Reflexe zu unterdrücken, so zum Beispiel bei Schmidt-Pechan-Prismen durch eine in den Luftspalt eingeschobene Blende.

Das Perger-Prisma wurde auch im Hinblick auf die Verwendbarkeit in Ferngläsern mit integriertem Entfernungsmesser entwickelt. Durch die Schrägstellung der Kittfläche gegenüber der optischen Achse lässt sich durch Einfügen eines dichroitischen Strahlenteilers[2] ein Display oder der Messstrahlengang ein- bzw. ausspiegeln, ohne dass zusätzliche Glasteile benötigt werden. Eine ähnliche Art der Einspiegelung in Prismen wird bereits in der Patentschrift EP1069442A3 beschrieben.

Das erste Fernglas, in dem das Perger-Prisma verwendet wird, ist das Leica Geovid der dritten Generation. Dieses ist ein Fernglas mit integriertem Entfernungsmesser, bei dem die oben beschriebene Einspiegelung von Messstrahlengang und Display an der Kittfläche zum Einsatz kommt.

5.2 Dachkantsysteme

Bereits in der Frühphase der Prismenferngläser wurden Versuche unternommen, alternative Umkehrsysteme, die kompakter und leichter ausfallen als die Porro-Systeme, zu konstruieren. Erwähnt sei das Pentaprismen-System, das Moritz Hensoldt bereits gegen Ende des neunzehnten Jahrhunderts in seine ersten Dachkantferngläser montierte. Nach Kenntnis des Autors wird diese Bauweise heutzutage in keinem Handfernglas mehr verwendet, daher soll sie hier nur als historische Fußnote erwähnt werden. Inzwischen existieren zahlreiche unterschiedliche Typen von Dachkantprismen, von denen hier nur die wichtigsten Vertreter behandelt werden sollen.

Das gemeinsame Merkmal dieser Umkehrprismen ist die Dachkante, genauer gesagt eine Prismenflanke, die einen sehr präzisen 90° Winkel bildet, an dem die obere Hälfte des Strahlenbündels nach unten und die untere Hälfte nach oben reflektiert wird. Beide Halbbündel kreuzen sich also innerhalb des Prismas, wodurch die Dachkante einen wesentlichen Beitrag zur Umkehr des Bildes liefert.

5.2.1 Schmidt-Pechan-System

Das mit Abstand am weitesten verbreitete Dachkantsystem ist das von Schmidt-Pechan (Abbildung 5.11). Es besteht aus zwei Einzelprismen, die durch

[2] Eine dichroitische Beschichtung ermöglicht es, Licht selektiver Wellenlängen an der schrägen Fläche in den Strahlengang zu reflektieren, andere Frequenzbereiche jedoch ungehindert passieren zu lassen. So kann ein Display einer vorgegebenen Farbe eingeblendet, oder der Messstrahl, dessen Frequenz meist im infraroten Bereich liegt, abgelenkt werden, ohne dass es zu nennenswerten Einbußen bei der Gesamttransmission kommt.

einen schmalen Spalt nur um Bruchteile eines Millimeters voneinander getrennt sind. Dieses Prisma verdankt seine Popularität seinen beiden Haupteigenschaften: Eine enorme Kompaktheit und der sehr geringe Achsversatz, weshalb es der Klasse der Geradsichtprismen zugeordnet wird.

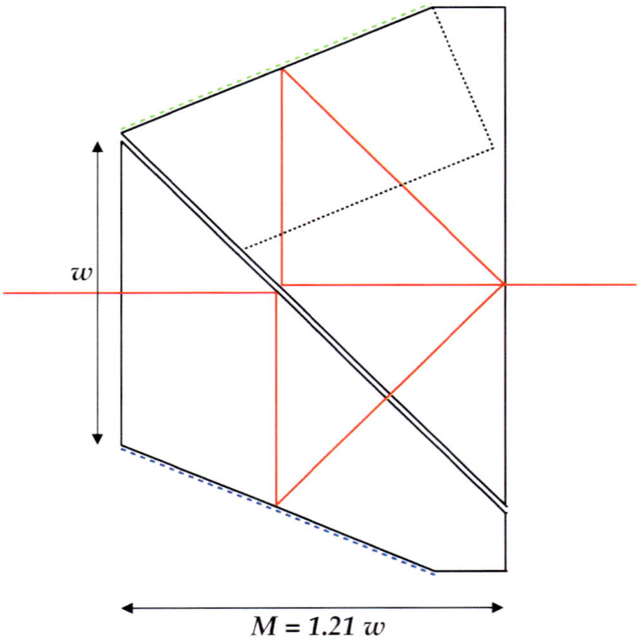

5.11

Aufsicht eines Schmidt-Pechan-Umkehrsystems. Der Hauptachsenstrahl ist in rot dargestellt, blau ist die verspiegelte Flanke, die Dachkante ist grün. Die Aufsicht auf die Dachfläche ist als schraffiertes Viereck angedeutet.

Beide Eigenschaften sind anhand der Abbildung 5.11 sofort erkennbar[3]: Die mechanische Baulänge ergibt sich zu $M = 1.21w$, das Glasvolumen beträgt lediglich $V = 1.80w^3$, und auch der Querschnitt des

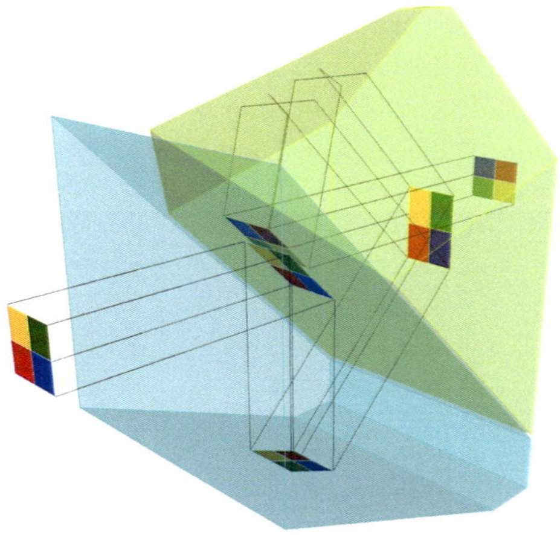

5.12

Räumliche Darstellung des Strahlenverlaufs im Schmidt-Pechan-Prisma (mit freundlicher Genehmigung: Stefan Emsel).

Prismenblocks bleibt in allen Dimensionen weitgehend kompakt. Der Lichtstrahl ist in einem hohen Maße gefaltet: Trotz der kompakten Ausdehnung des Prismensystems beträgt der geometrische Glasweg immerhin $L = 4.62w$, er ist also länger als in einem vergleichbaren Porro-System. Bei einem solch komplexen Strahlengang lässt es sich nicht vermeiden, dass der kritische Winkel für eine Totalreflexion an einer Prismenflanke unterschritten wird: Die blau gestrichelte Seite muss daher verspiegelt werden, weil der Lichtstrahl andernfalls das Prisma verlassen würde.

Die Abbildung erweckt den Eindruck, als sei auch an der grün gestrichelten Flanke eine Verspiegelung nötig. Dies ist allerdings ein Trugschluss, der auf der Tatsache basiert, dass der 90° Winkel an der Dachkante in dieser Aufsicht auf das Prisma nicht sichtbar ist: In Wirklichkeit ist diese Flanke derart geschliffen, dass sie in der Tiefe, also oberhalb und unterhalb der Papierebene, jeweils in einem 45° Winkel verläuft. An diesen Dachflächen wird das

[3] Die hier verwendeten Maßangaben entstammen dem Buch von Paul R. Yoder, Jr., *Mounting Optics in Optical Instruments*, SPIE Press Bellingham, Washington USA (2008). Es handelt sich hier um eine kompakte Variante, die ein hinreichend konvergentes Strahlenbündel voraussetzt.

Strahlenbündel totalreflektiert, sodass keine Verspiegelung erforderlich ist. Zur Illustration zeigt die Abbildung 5.13 das Prismensystem in seiner Montierung, mit Blick auf die Dachkante.

5.13

Schmidt-Pechan-Prisma in seiner Montierung, mit Blick auf die Dachkante. Links ist der Prismeneingang.

Der Spalt zwischen beiden Einzelprismen ist notwendig, um zu gewährleisten, dass die erste und die fünfte Reflexion Totalreflexionen liefern. Es ist daher nicht möglich, beide Prismen miteinander zu verkitten. Um Reflexionsverluste zu minimieren, wäre es sinnvoll, die durch den Spalt getrennten Basisflächen mit einer effektiven reflexmindernden Vergütung zu versehen. Das führt jedoch zu unerwünschten Komplikationen[4]: Die reflexmindernde Vergütung hat einen negativen Einfluss auf die Totalreflexion, die an den Innenseiten der Basisflächen zu erfolgen hat. Wir erinnern uns daran, dass die Totalreflexion einen sprunghaften Übergang in ein optisch dünneres Medium erfordert, die reflexmindernde Schicht einen solchen Sprung jedoch entschärft, da deren Brechzahl zwischen denen von Glas und Luft zu liegen hat (Abbildung 4.7). Bei einem schräg einfallenden Strahlenbündel wird daher der kritische Winkel der Totalreflexion zwischen Glas und Beschichtung von einigen Teilstrahlen unterschritten, woraufhin diese in die Vergütung eindringen, anschließend zwar dennoch reflektiert werden, jedoch mit einer Weglängendifferenz und einer damit verbundenen Verschiebung der dynamischen Phase. Daraus resultiert ein Verlust an Mikrokontrast des Bildes. Als bester Kompromiss, bezogen auf die Auflösung des Fernglases, erweist sich eine Einfachvergütung der beiden Basisflächen. In der Praxis scheint es jedoch unter den Herstellern durchaus üblich zu sein, auch die Basisflächen mit einer Mehrfachvergütung auszustatten – um der Gefahr von Geisterbildern durch Mehrfachreflexionen an den beiden eng zusammenliegenden Prismenflächen vorzubeugen. Die damit verbundenen Verluste an Mikrokontrast müssen dabei allerdings in Kauf genommen werden.

Was die geeignete Glaswahl für ein Schmidt-Pechan-Prisma anbetrifft, gelten aufgrund der identischen 45° Einfallswinkel dieselben Regeln wie für die Porro I- und II-Prismen: Meist ist der Einsatz von Hochindexgläsern erforderlich, um die Bedingungen für die Totalreflexion zu erfüllen.

Die Herstellung eines hochwertigen Schmidt-Pechan-Prismas ist erheblich aufwendiger als die eines vergleichbaren Porro-Prismas, was zum Teil an der zusätzlich nötigen Verspiegelung liegt, denn moderne Hochvakuumanlagen zur Herstellung dielektrischer Verspiegelungen sind teuer. Dazu kommen die P-Beläge auf den Dachflächen (siehe Abschnitt 5.2.6), sowie die engen Fertigungstoleranzen beim Schliff des 90° Winkels. Dieser Winkel darf maximale Abweichungen im Bereich weniger Bogense-

[4] Siehe K. Seil, *Progress in binocular Design*, Proc. of SPIE Vol. 1533, p. 48 (1992); der Autor dankt John Russel für diesen Hinweis.

kunden aufweisen[5], während die Winkeltoleranzen eines Porro-Prismas um den Faktor Zehn höher liegen. Ferner beachte man, dass der Lichtstrahl insgesamt neun abbildungsrelevante Oberflächen passiert, die hochgenau poliert sein müssen (bei einem verkitteten Porro-System wären es nur sechs Oberflächen, von denen lediglich zwei vergütet werden müssen). Allen Dachkantprismen gemein ist das Problem der Lichtbeugung an der Dachkante, die an hellen, punktförmigen Objekten zu strahlenförmigen Artefakten führen kann, im Englischen Spikes genannt. Ein hochpräziser Schliff der Dachkante ist erforderlich, um diese störenden Artefakte zu minimieren.

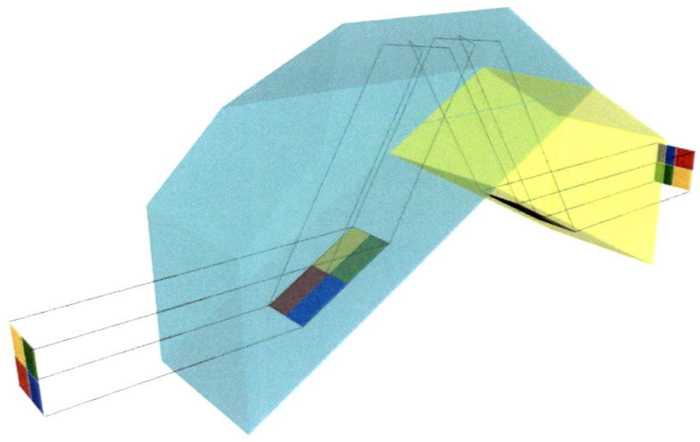

5.15

Räumliche Darstellung der Funktionsweise eines Abbe-König-Prismas (mit freundlicher Genehmigung: Stefan Emsel).

5.2.2 Abbe-König-System

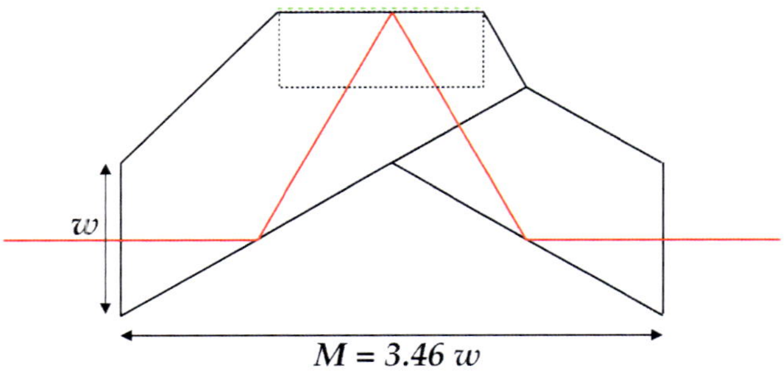

5.14

Aufsicht eines Abbe-König-Umkehrsystems. Der Hauptachsenstrahl ist rot, die Dachkante grün. Die Aufsicht auf die Dachfläche ist als Rechteck angedeutet.

Ein weiteres Dachkantsystem stammt von Ernst Abbe und Albert König (Abbildung 5.14). Auch dieses Abbe-König-System ist nahezu geradsichtig, kann jedoch, je nach Bauart, auch einen nennenswerten Achsversatz aufweisen. Es besitzt dabei nicht die Kompaktheit eines Schmidt-Pechan-Systems. Der große Vorteil des Abbe-König-Umkehrprismas besteht darin, dass es keine Verspiegelung benötigt, weil der für die Totalreflexion kritische Winkel nirgends unterschritten wird. Vorteilhaft ist auch, dass beide Prismenteile verkittet werden können, was die Transmissionsverluste nochmals verringert. Der geometrische Glasweg ist mit $L = 5.20w$ allerdings etwas länger als im Schmidt-Pechan und deutlich länger als im Porro-System[6]. Die mechanische Baulänge beträgt beachtliche $3.46w$, wodurch Ferngläser mit Abbe-König-Prismen ihre charakteristisch schlanke und hohe Gehäuseform erhalten (man vergleiche etwa mit Abbildung 13.7). Auch ist das Volumen mit $V = 3.72w^3$ höher als bei vergleichbaren Umkehrsystemen. Es wird daher in manchen Ausführungen dieses Prismensystems auf eine Verkittung beider Prismenteile verzichtet und stattdessen ein breiter Luftspalt belassen, mit dessen Hilfe sich Vo-

[5] Siehe: G. R. Rosendahl, *Tolerances for Roof Prisms*, J. Opt. Soc. Am **49**, p. 830 (1959)

[6] Die Zahlen stammen aus Paul R. Yoder, Jr., *Mounting Optics in Optical Instruments*, SPIE Press Bellingham, Washington USA (2008).

lumen und Baulänge des Prismenblocks reduzieren lassen[7].

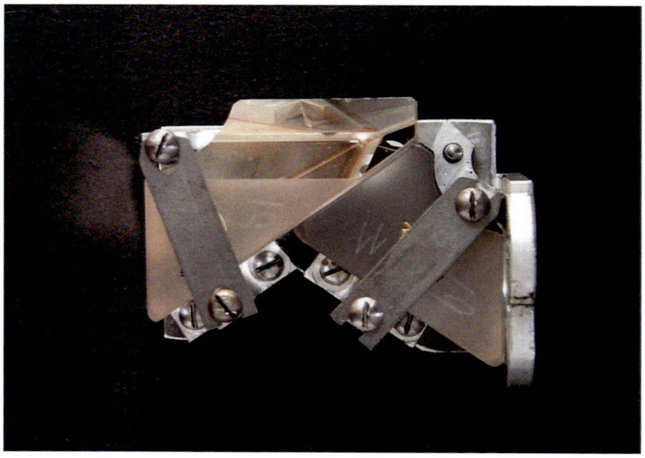

5.16

Montiertes Abbe-König-Prisma eines antiken Zeiss Fernglases (Reproduktion aus: Hans Seeger, *Militärische Ferngläser und Fernrohre in Heer, Luftwaffe und Marine/Military Binoculars and Telescopes for Land, Air and Sea Service*, 2002).

Das langgezogene Prismensystem führt dazu, dass das Strahlenbündel unter flachen Winkeln reflektiert wird, weshalb für diese Prismen, anders als bei den Porro oder Schmidt-Pechan, keine besonderen Hochindex-Gläser eingesetzt werden müssen[8]. Es ist daher möglich, auf eine größere Auswahl an optischen Gläsern zurückzugreifen, und solche auszuwählen, die eine geringe spezifische Dichte besitzen, wodurch der Nachteil des hohen Volumens zumindest teilweise kompensiert wird: Ein BaK4 Glas hat eine Dichte von immerhin 3.10 g/cm^3, während BK7 mit 2.51 g/cm^3 spürbar leichter ist.

Da das Abbe-König-Prisma systembedingt eine hohe Transmission aufweist, wurde es insbesondere in Nachtgläsern eingesetzt. Die 8x56 Dialyt Jagdgläser von Hensoldt (jetzt: Zeiss) haben einst, nicht zuletzt aufgrund ihrer hohen Transmissionswerte, einen legendären Ruf genossen. Seit 2012 besteht ferner die Möglichkeit, HT-Gläser (entweder BK7 HT oder ähnliche Sorten) mit einer leicht verbesserten Transmission für diesen Prismentyp zu verwenden (Abbildung 3.5). Auf diese Weise gelang es, den Transmissionsvorsprung des Abbe-König-Systems gegenüber dem Schmidt-Pechan auch nach den technischen Verbesserungen der dielektrischen Verspiegelungen zu halten. Dies ist vermutlich der Grund dafür, dass das Abbe-König-Prisma trotz seiner sperrigen Dimension und seines relativ hohen Gewichts bis heute in einigen hochwertigen Ferngläsern Verwendung findet.

[7] Persönliche Mitteilung, Andreas Perger
[8] Persönliche Mitteilung, Walter Besenmatter

5.2.3 Uppendahl-System

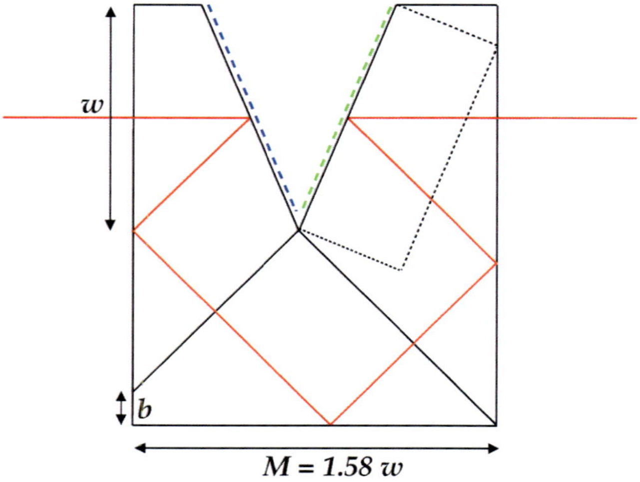

5.17

Aufsicht eines Uppendahl-Umkehrsystems. Der Hauptachsenstrahl ist rot, die Dachkante grün, und die Verspiegelung blau. Die Aufsicht auf die Dachfläche ist als Rechteck angedeutet.

Ein weiteres Geradsicht-Dachkantprisma ist das Uppendahl-System. Es besteht aus drei Einzelprismen, die miteinander verkittet sind (Abbildung 5.17). Bei diesem Aufbau muss der (im Prinzip unabhängige) Parameter b derart gewählt werden, dass auf der rechten Seite des Prismas ausreichend Platz für die Dachflächen bleibt, die in der Aufsicht, bei einem Durchmesser des Strahlenbündels von w, eine Breite von $w/2$ beanspruchen (gepunktetes Rechteck). Ein wenig elementare Geometrie ergibt

$$b = \frac{\cos 22.5^\circ}{2} + \frac{\sqrt{2}}{2} - 1 \approx 0.169 \qquad (5.7)$$

(in Einheiten der freien Eintrittsöffnung w). Für die geometrische Glasweglänge des Hauptachsenstrahls erhalten wir entsprechend

$$L = 3 + \sqrt{2} + (1 + 2\sqrt{2})b \approx 5.06\ , \qquad (5.8)$$

für die mechanische Länge

$$M = \sqrt{2} + b \approx 1.58\ , \qquad (5.9)$$

und für das Volumen näherungsweise $V \approx 2.25w^3$.

5.18

Räumliche Darstellung der Funktionsweise eines Uppendahl-Prismas (mit freundlicher Genehmigung: Stefan Emsel).

Bei Handferngläsern ist das Strahlenbündel meist konvergent, sodass die Dachflächen in der Praxis etwas schmaler ausfallen dürfen. In Einzelfällen wird man daher auch auf das symmetrische Uppendahl-Prisma zurückgreifen können, bei dem der Parameter b zu Null wird, sodass man auf $L \approx 4.41w$, $M \approx 1.41w$ und ein Volumen von etwa $V \approx 1.80w^3$ kommt, identisch mit dem Volumen des Schmidt-Pechan-Prismas.

Der Vorteil des Uppendahl-Systems liegt vor allem in seiner relativ kurzen Baulänge, wobei das Prisma jedoch weit nach einer Seite herausragt. In der Praxis lässt sich dieser Umstand beheben, indem der Fortsatz in Richtung der Knickbrücke orientiert wird, wie in Abbildung 6.15 am Beispiel des Leitz Trinovid demonstriert. Eine Bauweise mit Durchgriff, die sich heutzutage zunehmender Beliebtheit erfreut, wäre mit diesem Prismensystem allerdings nicht möglich.

Das Uppendahl-System fand in den 1960er bis 1970er-Jahren in den Leitz Trinovid Modellen Verwendung, und wird auch heute noch in manchen Leica Geovid Modellen verbaut. Letztere enthalten einen Laser zur Entfernungsmessung (siehe auch Abschnitt 5.1.4), der über eine der beiden Kittflächen nach deren Teilverspiegelung in den Strahlengang gekoppelt werden kann. Abgesehen von diesen Sonderanwendungen scheint das Uppendahl-System im Fernglasbau keine Rolle mehr zu spielen[9].

5.2.4 Spiegel-Prismen-Umkehrsysteme

Die Fernglastechnik kennt noch weitere, exotische Umkehrsysteme, die in Teilen oder komplett aus Spiegeln bestehen. Es ist unmittelbar ersichtlich, dass sich etwa ein Porro I-System durch vier separate Spiegel ersetzen ließe. Der Hauptvorteil wäre die damit verbundene Gewichtsreduktion. Allerdings gäbe es gravierende Nachteile: Es ist schwieriger,

[9] Im Herbst 2017 kündigte Leica eine Neuauflage der Trinovid-Reihe mit Uppendahl-Prismen an, musste jedoch anschließend deren Markteinführung auf unbestimmte Zeit verschieben.

vier separate Spiegel akkurat und justierstabil aufeinander abzustimmen als zwei Glasblöcke (oder, bei Verkittung, einen einzelnen Glasblock). Ein Fernglas bleibt schließlich nicht stationär auf einer optischen Bank, sondern ist im Alltag enormen mechanischen und thermischen Belastungen ausgesetzt. Ferner ist jede Spiegelung mit Reflexionsverlusten verbunden, weshalb ja vorzugsweise auf Prismenblöcke mit Totalreflexion zurückgegriffen wird.

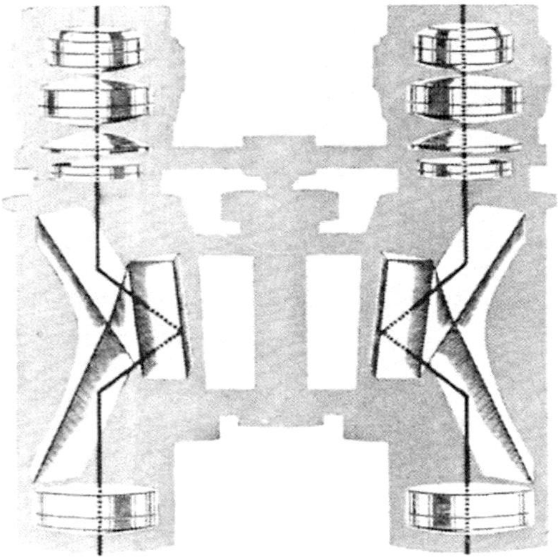

5.19

Schema des Hybrid-Umkehrsystems nach M. Ludewig und D. Schade, das für das Leitz Amplivid entwickelt wurde.

Spiegel-Prismen-Umkehrsysteme hatten aus diesem Grund eher experimentellen Charakter, wie im Falle des Leitz 6x24 Amplivid (Abbildung 5.19 und 11.14), das durch ein ausgefeiltes Umkehrsystem eine kompakte Bauweise mit einem gleichzeitig beeindruckenden Sehfeld von 212 m/1000 m kombinierte. Die hier verwendete Bauweise wurde von Leitz bereits nach kurzer Produktionsphase zugunsten der Uppendahl-Konstruktion wieder aufgegeben. Probleme ergaben sich aus der geringen Justierstabilität und der geringen Lebensdauer der Verspiegelung, die nach wenigen Jahren bereits erheblich an Güte verlor.

Ein weiteres Beispiel war das 6x18 Kompaktfernglas von Zeiss Jena (Abbildung 5.20), das ebenfalls ein Spiegel-Prismen-Umkehrsystem enthielt[10]. In diesem Falle wurde das Fernglas auf ein minimales Gewicht von lediglich 170 g optimiert, wobei erstmals auch der Werkstoff Makrolon beim Fernglasbau in Jena eingesetzt wurde – ein widerstandsfähiges Polycarbonat, aus dem noch heute die Gehäuse professioneller Kameras gefertigt werden.

5.20

Zeiss (Jena) 6x18 Kompaktfernglas mit einem Spiegel-Prismen-Umkehrsystem (Sehfeld: etwa 145 m/1000 m).

Nach Einschätzung des Autors dürften solche Hybrid-Umkehrsysteme im modernen Fernglasbau neue Chancen bekommen, weil mit dem Aufkommen der dielektrischen Beschichtungen inzwischen nahezu perfekte und dauerhafte Spiegel zur Verfügung stehen. Es bleibt daher abzuwarten, ob die Fernglashersteller erneut einen solchen Weg einschlagen werden, zumal die Forderungen nach Kompaktheit und Gewichtsreduktion zunehmend lauter werden.

[10] Persönliche Mitteilung, Albrecht Köhler

5.2.5 Verspiegelungen

Wie im vorigen Abschnitt erwähnt, erfordern die meisten der heutzutage in Handferngläsern verwendeten Dachkantprismen (die Ausnahme bildet das Abbe-König-System) eine verspiegelte Fläche, an der das einfallende Strahlenbündel den kritischen Winkel unterschreitet, der für eine Totalreflexion erforderlich wäre. In der Vergangenheit wurden dazu dünne Metallspiegel auf die entsprechende Prismenfläche aufgedampft.

Glatte Metalloberflächen wirken deshalb als Spiegel, weil die frei beweglichen Elektronen des Metalls durch das Licht zum Schwingen angeregt werden und dabei ein elektromagnetisches Feld aufbauen, das dem einfallenden Licht entgegenwirkt und somit die Reflexion verursacht. Umgekehrt kann Licht nicht in das Metall eindringen, es wird nahezu perfekt abgeschirmt. Metallspiegel erreichen im sichtbaren Licht Reflektivitäten von typischerweise 92 % (Aluminium) oder 96 % (Silber). Ein Problem stellt die Frequenzabhängigkeit der Reflektivität dar: Die Elektronen können im Metall nicht beliebig schnell auf ein äußeres Feld reagieren, denn jedes Metall besitzt eine spezifische Plasmafrequenz – die Eigenfrequenz, in der die Elektronen frei gegen das Ionengitter schwingen können. Diese liegt für die meisten Metalle im nahen UV Bereich, und das kurzwellige sichtbare Licht kommt dem bereits gefährlich nahe, sodass blaues bis violettes Licht bereits weitaus tiefer in das Metall eindringen kann und dabei teilweise absorbiert wird[11].

Metallbeschichtete Prismen fallen daher in ihrer Transmission im kurzwelligen Bereich ein wenig ab (Abbildung 5.21), und die entsprechenden Ferngläser weisen nicht selten einen leichten Warmton auf, der sich im Extremfall als Gelbstich bemerkbar machen kann. In den vergangenen Jahren haben sich, zunächst im Premiumsegment, inzwischen auch in der gehobenen Mittelklasse, dielektrische Verspiegelungen durchgesetzt. Deren Funktionsprinzip basiert, wie im Falle der reflexmindernden Schichten, auf der destruktiven Interferenz (Abbildung 4.7), jedoch mit entgegengesetzter Wirkung: Eine dünne, durchsichtige Schicht mit einer Brechzahl, die höher ist als die des Glases, wird derart auf die Prismenfläche aufgebracht, dass die durchgehenden Strahlen destruktiv interferieren. Dem Licht bleibt dann keine andere Wahl als reflektiert zu werden.

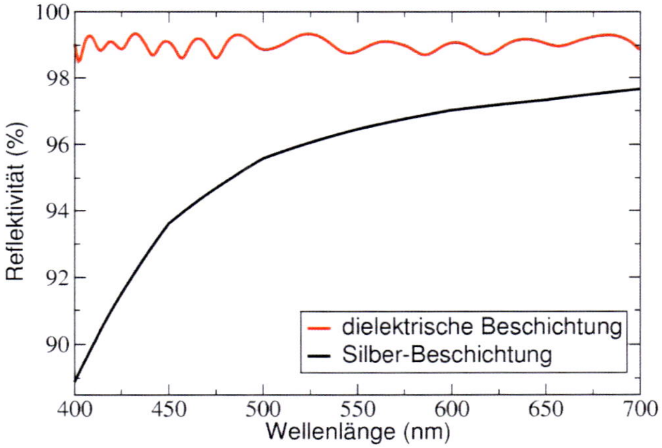

5.21

Reflektivität: Dielektrischer Vielschichtenspiegel und Silberbelag, bei einem Einfallswinkel von 24°. Daten mit freundlicher Genehmigung von Zen-Ray, `www.zen-ray.com`.

Eine einzelne dünne Schicht wäre in ihrer Wirkung allerdings begrenzt, da sie nur für eine bestimmte Wellenlänge wirksam ist und auch der Eintrittswinkel des Strahles stimmen muss. Abhilfe schafft ein Aufdampfen mehrerer Schichten aus Materialien mit sorgfältig gewählten Brechzahlen. Diese Vielschichtenspiegel bestehen aus einer hohen Anzahl von Lagen, die paarweise angeordnet sind, wobei die jeweils äußere Schicht eine hohe Brechzahl und

[11] Gold ist ein Extremfall, in dem das violette Licht nahezu vollständig absorbiert wird, was ihm seinen charakteristischen, metallisch-gelben Glanz verleiht.

die angrenzende, innere Schicht einen niedrigen Index aufweist [12]. Die in Abbildung 5.21 erkennbare Wellenform der roten Kurve demonstriert, wie unter Einsatz mehrerer Schichten versucht wurde, die Reflektivität für ausgewählte Wellenlängen zu optimieren, und wie die Güte des Spiegels dazwischen wieder etwas abfällt. Hochwertige dielektrische Spiegel bestehen aus mehr als dreißig Lagen und erreichen dabei eine mittlere Reflektivität von mehr als 99 %, und zwar für das gesamte sichtbare Spektrum.

Wenn auch ein möglichst flaches Transmissionsspektrum bei einem optischen Instrument grundsätzlich zu begrüßen ist, gibt es Stimmen, die die Vorteile der metallbeschichteten Prismen betonen: Das resultierende Bild wirkt durch seinen leichten Warmton milder und weniger blendend, und ein moderates Dämpfen des kurzwelligen Spektralbands mindert das atmosphärische Streulicht ebenso wie Effekte der chromatischen Aberration des Auges, wodurch das Bild kontrastreicher erscheint und stundenlange Beobachtungen weniger ermüden.

Dielektrische Beschichtungen sind aufwendig und teuer, und kommen daher für Ferngläser im Niedrigpreissegment nicht infrage. Man beachte auch, dass es stets zu unvermeidbaren Absorptionsverlusten im Glas kommt: Ein konventionelles optisches Glas absorbiert etwa 3 % des Lichts pro 10 cm Glasweg, und es erfordert den Einsatz teurer HT-Gläser, um diese Absorptionsverluste nochmals zu halbieren. Bei einem Schmidt-Pechan-Prisma fallen zusätzliche Reflexionsverluste an den beiden Basisflächen an, falls diese nur einfach vergütet sein sollten. Es ist daher im Einzelfall abzuwägen, wann sich der Einsatz einer hochwertigen dielektrischen Verspiegelung lohnt, insbesondere dann, wenn es sich um ein Fernglas für die Tagesbeobachtung handelt, bei der ohnehin die Iris des Auges den Lichtfluss kontrolliert.

5.2.6 Phasenverschiebung und deren Korrektur

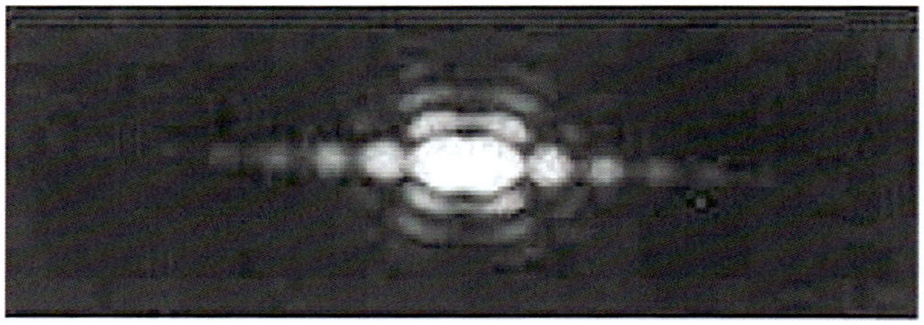

5.22

Gestörte Sternabbildung im Dachkantfernglas ohne Phasenkorrektur.

In Dachkantgläsern taucht ein eigenartiger Effekt auf, der erstmals 1943 von G. Joos und, unabhängig davon, 1945 von A. I. Mahan beschrieben wurde [13]. Es hatte sich unter den Herstellern herumgesprochen, dass sich bei der Verwendung von Dachkantprismen ein Auflösungsverlust des Bildes einstellte, der mit einer gut korrigierten Optik nicht zu erwarten war. Insbesondere in der Richtung senkrecht zur Dachkante war die Auflösung deutlich verringert, und bei einem hellen punktförmigen Objekt in der Nacht entstanden Mehrfachbilder, die es »strahlig« wie ein Stern erscheinen ließen (siehe Abbildung 5.22, Reproduktion aus [14]). Zunächst wurde dieser Umstand auf Fabrikationsfehler zurückgeführt, da die Fertigungstoleranzen dieser Prismen extrem gering waren und nicht sichergestellt war, dass die beiden Dachflächen den geforderten 90° Winkel auch wirklich auf wenige Bogensekunden genau einhielten.

[12] Reiner Dohlus, *Photonik: Physikalisch-Technische Grundlagen der Lichtquellen, der Optik und des Lasers*, Oldenbourg Wissenschaftsverlag GmbH München, 2010.

[13] G. Joos, *Die Bildverschlechterung durch Dachprismen und ihre Behebung*, Zeiss Nachrichten **4**, p. 9 (July 1943); A. I. Mahan, *Focal plane anomalies in roof prisms*, J. Opt. Soc. Am. **35**, p. 623 (1945).

[14] A. Weyrauch, B. Dörband, *P-Belag: Verbesserte Abbildung bei Ferngläsern durch phasenkorrigierte Dachprismen*, Deutsche Optikerzeitung Nr. 4, (1988).

In den erwähnten Arbeiten konnte jedoch gezeigt werden, dass selbst im Falle mathematisch perfekter Prismen ein solcher Auflösungsverlust in einer Richtung senkrecht zur Dachkante Bestand haben würde.

Zum Verständnis der Ursachen eines solchen Abbildungsfehlers muss erneut auf die Welleneigenschaft des Lichts zurückgegriffen werden: Bei der Totalreflexion kommt es zu einer teilweisen Polarisation des Lichts. Man bezeichnet Licht als polarisiert, wenn es vorzugsweise in einer Ebene (oder auch mehreren Ebenen) schwingt. Auch im Alltag kommt es zu solchen Polarisationseffekten, wenn Licht reflektiert (z. B. an einer Wasseroberfläche) oder gestreut wird (Rayleigh-Streuung führt zu einer teilweisen Polarisation des Sonnenlichts, siehe auch Abschnitt 10.6). Ein Fotograf verwendet Polarisationsfilter, mit denen er die Schwingungsebene des auf das Objektiv einfallenden Lichts kontrolliert, um etwa Reflexe an spiegelnden Oberflächen zu mindern oder den Himmel etwas dunkler erscheinen zu lassen.

In jedem Prisma kommt es also infolge der Totalreflexion zu einer teilweisen Polarisation des Lichtbündels. Das Besondere an einem Dachkantprisma ist jedoch, dass das Lichtbündel aufgespalten wird, denn an den beiden Dachflächen werden obere und untere Hälften des Bündels in unterschiedliche Richtungen gelenkt – darauf beruht ja die Bildumkehr. Später sind die einzelnen Teilstrahlen wieder im Zwischenbild des Fernglases vereint. Was zwischen Aufspaltung und Vereinigung der einzelnen Teilstrahlen vorgeht, lässt sich anhand eines anschaulichen Beispiels erklären:

Abbildung 5.23 zeigt, stark schematisiert, den Rundflug eines Flugzeugs, das vom Nordpol aus startet, entlang eines Längengrades bis zum Äquator fliegt, dann entlang des Äquators ein Viertel des Erdumfangs zurücklegt, um schließlich wieder zum Ausgangspunkt zurückzukehren. Ein aufmerksamer Passagier stellt unterwegs zwei präzise 90°-Wendungen

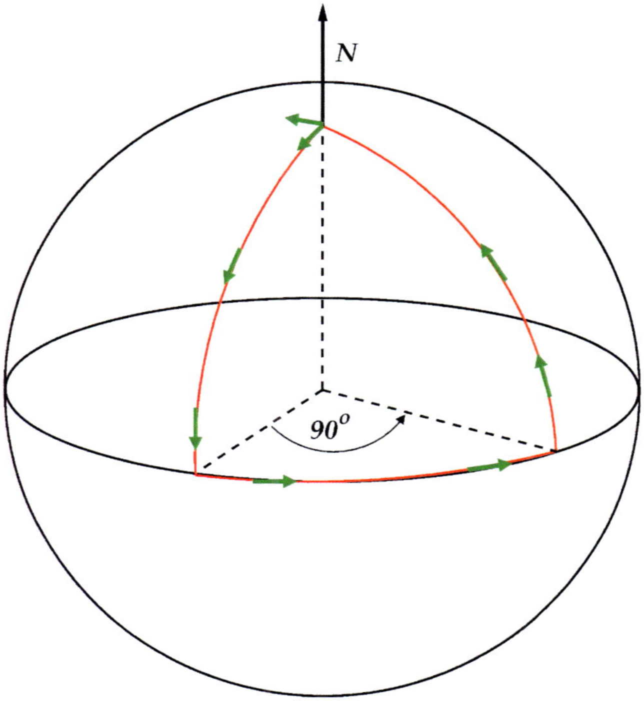

5.23

Geometrische Phase: Ein Flugzeug (grün) startet vom Nordpol aus zu einem Rundflug und erreicht, nach zwei 90° Wendungen, seinen Ausgangsflughafen um 270° versetzt.

nach links fest. Ansonsten scheint für ihn die Flugbahn stets geradeaus zu verlaufen. Als er den Ausgangsflughafen erreicht, erwartet er, die Startbahn nach zwei 90°-Wendungen aus der entgegengesetzten Richtung anzufliegen. Zu seiner Überraschung kreuzt er diese jedoch in einem rechten Winkel.

Der Grund für diese Verwirrung liegt natürlich darin, dass die Flugbahn nicht auf einer Ebene, sondern einer komplizierten dreidimensionalen Kurve erfolgte. Entlang dieser Kurve hat das Flugzeug während des Rundflugs eine zusätzliche Drehung erfahren. In der Physik nennt man diese zusätzliche Drehung eine geometrische Phase.

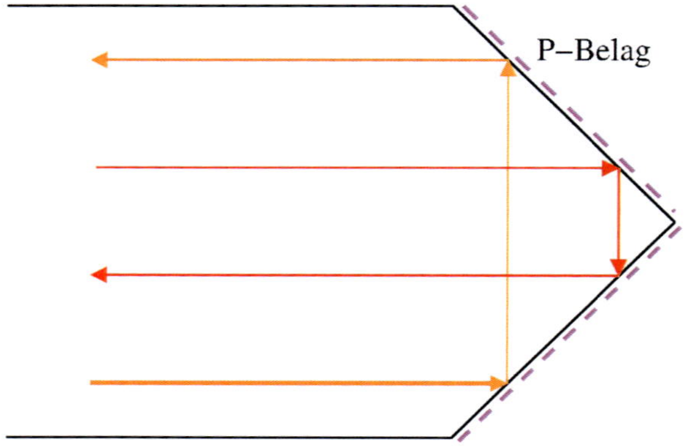

5.24

Phasenkorrektur: Die Dachflächen werden mit einer dielektrischen Mehrfachbeschichtung versehen, durch die eine Teilpolarisation des Lichts unterdrückt wird.

Nichts anderes geschieht in einem Dachkantprisma, wenn auch weniger anschaulich: Aus der teilweisen Polarisation des Lichts ergibt sich ein Polarisationsvektor, der ähnlich wie die Flugzeugnase eine bestimmte Vorzugsrichtung definiert. Das Strahlenbündel wird an der Dachkante aufgespalten und beide Teilbündel laufen auf unterschiedlichen Pfaden durch das Prisma. Bei der Vereinigung beider Teilbündel zeigen deren Polarisationsvektoren plötzlich in unterschiedliche Richtungen, weil sie entlang ihrer jeweiligen Pfade unterschiedliche geometrische Phasen aufgenommen haben. Die phasenverschobenen Teilbündel interferieren miteinander und bewirken den Auflösungsverlust des Bildes.

Heute wird die geometrische Phase des Polarisationsvektors als Pancharatnam Phase[15] bezeichnet, und M.V. Berry hat in den 1980er-Jahren erkannt, dass es sich sogar um ein weit fundamentaleres Phänomen handelt, das mit einer Verschiebung der Phasen quantenmechanischer Zustände in adiabatischen Kreisprozessen zusammenhängt[16]. In der technischen Optik bezeichnet man diesen Effekt einfach als Phasenverschiebung in Dachkantprismen, und deren Korrektur heißt folgerichtig Phasenkorrektur.

Die ersten phasenkorrigierten Dachkantprismen wurden 1988 bei Zeiss von A. Weyrauch entwickelt. Dabei wird auf beide Dachflächen ein dünner, dielektrischer Belag aufgebracht, P-Belag genannt, der die Teilpolarisation, die andernfalls bei der Totalreflexion entstehen würde, weitgehend eliminiert. In Abwesenheit eines Polarisationsvektors wird auch dessen nachfolgende Phasenverschiebung irrelevant, und das Problem der Interferenz unterschiedlich polarisierter Teilstrahlen ist damit gelöst. Eine solche Korrektur funktioniert wiederum nur für bestimmte Einfallswinkel, ein Problem, das sich jedoch mit aufwendigen Mehrfachbeschichtungen entschärfen lässt[17].

Mit der Einführung des P-Belags gegen Ende der 1980er-Jahre gelang es einigen Herstellern erstmals, das Premiumsegment ihrer Dachkantgläser auf ein den Porro-Gläsern vergleichbares optisches Niveau zu heben. Die noch verbliebenen Differenzen wurden in den folgenden zwei Jahrzehnten mit weiteren Verfeinerungen in der Phasenkorrektur und mit den dielektrischen Verspiegelungen weitgehend eliminiert. Man kann heute davon ausgehen, dass ein hochwertiges Schmidt-Pechan-Prisma nahezu die Leistungsfähigkeit eines Porro-Umkehrsystems erreicht, und dass ein modernes Abbe-König-Prisma in allen praktischen Belangen sogar auf Porro-Niveau liegt. Der Herstellungsaufwand für ein gutes Dachkantprisma ist jedoch zum Teil dafür verantwortlich, dass Premiumferngläser inzwischen einen sehr hohen Preis fordern, und dass – umgekehrt – in den unteren Preisklassen die Porro-Bauweise weiterhin deutlich bessere Resultate liefert. Mit der Erfindung des

[15] S. Pancharatnam, Proc. Indian Acad. Sci. Sect. A **44**, p. 247 (1956)

[16] M.V. Berry, J. Mod. Opt. **34**, p. 1401 (1987)

[17] P. Mauer, *Phase Compensation of Total Internal Reflection*, JOSA **56**, p. 1219 (1966)

Perger-Prismas besteht seit kurzem die Möglichkeit, die Vorteile mehrerer traditioneller Umkehrsysteme miteinander zu kombinieren. Es bleibt abzuwarten, ob die Hersteller in naher Zukunft vermehrt von dieser Gelegenheit Gebrauch machen werden, oder ob, mit dem Aufkommen des Digitalfernglases (Abschnitt 11.10), das Umkehrprisma seine Funktion im modernen Fernglasbau verlieren wird.

6 Anatomie des Fernglases

In den vorangegangenen Kapiteln haben wir zunächst die technischen Grundlagen der Abbildung und des Teleskops diskutiert, und uns anschließend mit den Prinzipien der Bildumkehr befasst. In diesem Kapitel werden wir verstehen lernen, wie die einzelnen Komponenten des Fernglases – Objektive, Blenden, Prismen, Okulare – aufeinander abgestimmt werden müssen, damit das Fernglas als ein System funktionieren kann. Dabei ist es interessant herauszufinden, dass quantitative Aussagen nicht immer gleich ein aufwendiges Raytracing des Systems erfordern. Stattdessen ist es in vielen Fällen möglich, durch einfache geometrische Überlegungen auf Näherungsformeln zu stoßen, die ein schnelles Abschätzen der realen Dimensionen einzelner Bauteile – und schließlich des gesamten Instruments – erlauben. Dabei werden wir feststellen, dass die Komponenten eines Fernglases ähnlich wie die Organe eines komplexen Organismus kooperieren müssen, um ein funktionsfähiges Instrument zu ergeben.

6.1 Objektive für Ferngläser

In Abschnitt 3.5 hatten wir die Abbildungseigenschaften einer einzelnen Plankonvexlinse (Abbildung 3.6) diskutiert. Solche Einzellinsen wurden lediglich im 17. und 18. Jahrhundert als Objektive in Refraktoren eingesetzt, die aufgrund der extremen Abbildungsfehler ein sehr langsames Öffnungsverhältnis im Bereich von 1/40 aufweisen mussten, um brauchbare Bilder liefern zu können. Seit Mitte des 18. Jahrhunderts wurden zunehmend auch zweilinsige Systeme als Objektive für Teleskope und Ferngläser verwendet, wobei die Abbeschen Zahlen beider Linsenelemente derart aufeinander abgestimmt wurden, dass die resultierende chromatische Aberration auf ein akzeptables Niveau gesenkt werden konnte[1]. Solche Objektive wurden daher achromatisch (oder: Achromaten) genannt.

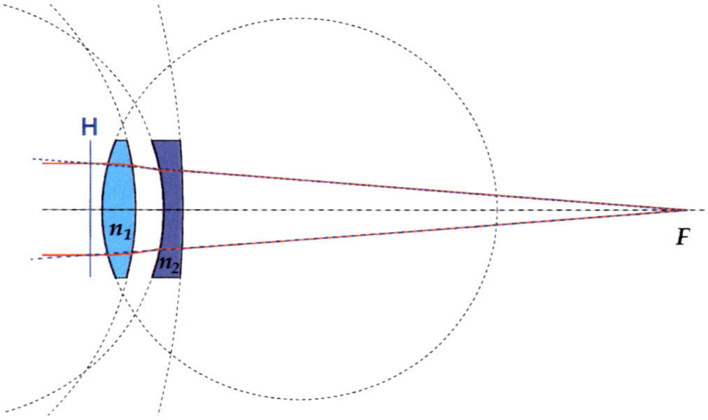

6.1

Achromatisches Objektiv mit breitem Luftspalt (Teleobjektiv): Die Hauptebene (H) liegt außerhalb der Baugruppe, wodurch sich die Baulänge des Instruments verkürzt.

6.1.1 Achromatische Objektive

Die Abbildung 6.1 zeigt ein zweilinsiges, Doublet-Objektiv mit einem breiten Luftspalt – eine Bauweise, die im modernen Fernglasbau sehr beliebt ist[2]. Beim vorderen Linsenelement handelt es sich um eine Sammellinse aus Kronglas mit einer niedrigen Brechzahl ($n_1 = 1.5168$), gefolgt von einer Zerstreuungslinse aus einem Schwerflintglas hoher

[1] R. Riekher, *Fernrohre und ihre Meister*, Verlag Technik Berlin (1990)

[2] Die technischen Daten zu diesem und dem in Abbildung 6.4 dargestellten Objektiv stammen aus A. König, H. Köhler, *Die Fernrohre und Entfernungsmesser*, Springer-Verlag Berlin (1959).

Brechzahl ($n_2 = 1.7283$). Die Abbildung verdeutlicht, wie diese Zeichnung konstruiert wurde: Da jede Linsenfläche eine sphärische Form aufweist, lässt sich die Querschnittszeichnung aus Kreisen konstruieren, deren einzelne Radien und Mittelpunkte im Rahmen des optischen Designvorgangs optimiert worden sind. Die beiden Konstruktionsstrahlen (rot) sind Hauptstrahlen, die achsenparallel einfallen und dann gemäß Brechungsgesetz durch das System von Linsen gefädelt werden. Verfolgt man den Verlauf der konvergierenden Strahlen rückwärts vom Brennpunkt F ausgehend (blau gestrichelte Geraden) und markiert die Stelle, an der sie den achsenparallel einfallenden Hauptstrahl schneiden, so erhält man an diesem Schnittpunkt die Lage der bildseitigen Hauptebene.

Interessanterweise befindet sich diese Hauptebene nicht etwa irgendwo im Innern der Baugruppe, wie es bei der Plankonvexlinse (Abbildung 3.6) der Fall war, sondern davor. Das führt dazu, dass das eigentliche Instrument kürzer ausfallen kann als die Brennweite des Objektivs – eine Folge des Luftspalts: Die in Front liegende Sammellinse besitzt eine kurze Brennweite, sodass der Lichtkegel innerhalb des Luftspalts schnell konvergiert. Die darauf folgende Zerstreuungslinse mildert diesen Bündelungseffekt wieder ab und verlangsamt dabei das Öffnungsverhältnis auf einen für Handferngläser typischen Wert von $O \approx 1/4$. Ein solches Objektivdesign wird auch als Teleobjektiv bezeichnet, und es hat sich aufgrund seiner hohen Leistungsfähigkeit in kompakten Instrumenten zu einem Standard im Fernglasbau etabliert.

Achromatische Objektive kleineren Durchmessers lassen sich auch ohne Luftspalt aus zwei miteinander verkitteten Linsen konstruieren. Solche Linsengruppen sind justierstabil und kostengünstig zu fertigen, weil verkittete Flächen nicht vergütet werden müssen. Bei deren Konstruktion verliert der Designer jedoch zwei freie Parameter, weil die Linsenradien beider verkitteten Oberflächen identisch sein müssen und der Spalt als »Luftlinse« entfällt. Zu Zeiten, in denen die Vergütungstechnik noch weniger weit entwickelt war, konnten diese verkitteten Linsengruppen noch die Vorteile der besseren Transmission und des geringeren Streulichts für sich verbuchen. Heutzutage werden solche Objektive meist in preisgünstigen Ferngläsern eingesetzt, bei denen es nicht so sehr auf hohe Abbildungsleistung oder Kompaktheit ankommt. Belässt man zwischen der Sammellinse aus Kronglas und der Zerstreuungslinse aus Flintglas einen schmalen Luftspalt, so spricht man von einem Fraunhofer-Objektiv, und in umgekehrter Reihenfolge der Linsen, also Flint vorn und Kron hinten, ergibt sich das Steinheil-Objektiv[3]. In beiden Konfigurationen können die Aberrationen aufgrund der zusätzlichen Freiheitsgrade, die der Luftspalt einbringt, besser korrigiert werden, als es bei einem verkitteten Doublet der Fall wäre. So besteht u.a. die Möglichkeit, sphärische Aberration und Koma für eine vorgegebene Wellenlänge vollständig zu eliminieren, was zu einem aplanatischen Objektiv (kurz: Aplanaten) führt.

6.1.2 ED-Objektive

Ersetzt man in Abbildung 6.1 das erste Linsenelement durch ein Spezialglas mit hoher Abbescher Zahl (»ED-Glas«) und kombiniert es mit einem Kron- anstelle eines Flintglases, so lässt sich die chromatische Aberration des Systems nochmals reduzieren. Dabei ist jedoch zu beachten, dass ED-Gläser, die mit Fluoridionen versetzt werden, etwa das FPL-53 der japanischen Firma Ohara, meist weicher sind als konventionelle optische Gläser, und darüber hinaus einen hohen Wärmeausdehnungskoeffizienten aufweisen. Letztere Eigenschaft kann bei einer schnellen Temperaturänderung problematisch werden, wenn thermische Spannungen innerhalb der Linse deren Abbildungseigenschaften beeinflusst. Aus diesem Grunde würde man im Falle

[3] Carl August von Steinheil, 1801-1870

eines Doublets die Linsenreihenfolge umkehren und das negative Kron-Element voranstellen (also ein Steinheil-Objektiv verwenden), um das ED-Element besser vor mechanischen und thermischen Einflüssen zu schützten[4].

6.2

8.5x44 Audubon ED (Sehfeld: 137 m/1000 m) der US-amerikanischen Traditionsfirma SWIFT, produziert in Japan, und seltenes Beispiel eines modernen Porro-Fernglases, das mit ED-Objektiven ausgestattet und zudem noch wasserdicht ist.

Ferngläser der Premiumklasse wurden seit der Jahrtausendwende zunehmend mit ED-Objektiven ausgestattet, und inzwischen sind diese Objektive auch in der gehobenen Mittelklasse nicht mehr wegzudenken. Der Vorteil des ED-Objektivs, dessen geringe Dispersion, ist allerdings mit einem Nachteil verbunden: Dessen Brechzahlen sind ebenfalls reduziert. Um dennoch eine vorgegebene Brennweite zu erzielen, müssen die Oberflächen der Linsen stärker gekrümmt werden – was sich negativ auf andere Aberrationen auswirkt. Diese Tatsache hat, in Kombination mit dem Trend zu kompakteren Ferngläsern, eine Korrektur der Restaberrationen erschwert. Man ist daher in jüngerer Zeit bei hochwertigen Ferngläsern zunehmend dazu übergegangen, drei Linsenelemente zu Triplet-Objektiven zu kombinieren. Dazu wird meist eines der beiden Linsenelemente eines Doublets seinerseits in ein verkittetes Doublet aufgespalten, der Luftspalt zwischen den Linsengruppen jedoch beibehalten. Die auf diese Weise erhöhte Anzahl von Konstruktionsfreiheitsgraden erlaubt es, das Fernglas kompakt und die Aberrationen auf einem niedrigen Niveau zu halten.

6.1.3 Apochromaten

Mit einem Doublet-Objektiv aus Flint- und Kronglas lässt sich die (longitudinale) chromatische Aberration meist hinreichend korrigieren, sodass sie in Handferngläsern keine nennenswerte Rolle mehr spielt. Anders liegt der Fall bei Spektiven, die ja durchaus bis in den Bereich der Maximalvergrößerung betrieben werden, und gleichzeitig, um kompakt zu bleiben, ein schnelles Öffnungsverhältnis aufweisen müssen. Hier kann die Restchromasie, im Falle des Achromaten auch als sekundäres Spektrum bezeichnet, noch zu störenden Farbeffekten führen. Mit geeigneter Glaswahl lässt sich ein Objektiv jedoch derart gestalten, dass auch dieses sekundäre Spektrum weitgehend unterdrückt wird.

Die Definition der Apochromasie erfolgt gewöhnlich über das Verhalten der Brennpunktlage eines paraxialen Strahls als Funktion der Wellenlänge (siehe Abbildung 6.3): Schneidet diese Brennpunktlage die (ideale) Brennebene an drei hinreichend weit separierten Punkten innerhalb des sichtbaren Spektrums, so spricht man von einem apochromatischen Objektiv. Ein Achromat weist lediglich zwei solcher Schnittpunkte auf, die Einzellinse nur einen.

Es wird jedoch schnell klar, dass diese Definition allein noch zu ungenau ist, um den Farbfehler einer Optik vollständig quantifizieren zu können. So ist

[4] G.H. Smith, R. Ceragioli and R. Berry, *Telescopes, eyepieces, astrographs*, Willmann-Bell (2012).

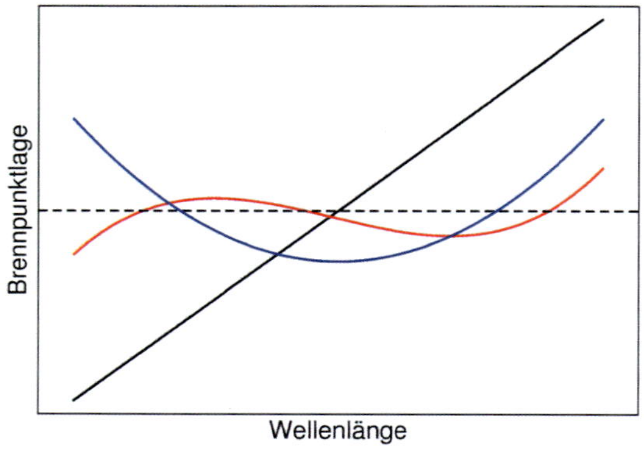

6.3

Definition der Achromasie und Apochromasie über die Brennpunktlage eines paraxialen Strahls als Funktion der Wellenlänge (schematisch): Mit einer Einzellinse (schwarz) schneidet die Brennpunktlage des Strahls die Bildebene (gestrichelt) nur an einem Punkt. Ein Achromat (blau) weist zwei, ein Apochromat (rot) sogar drei Schnittpunkte auf.

es durchaus denkbar, dass das sekundäre Spektrum eines achromatischen Objektivs – gewissermaßen die gemittelte Abweichung der blauen Kurve von der Bildebene – geringer ausfällt als das tertiäre Spektrum (die Restchromasie) eines apochromatischen Objektivs. In der Fachliteratur existieren daher weitergehende Definitionen der Apochromasie. So brachte bereits Abbe als zusätzliche Kriterien auch die Korrektur der sphärischen Aberration und der Koma für zwei hinreichend weit separierte Wellenlängen ins Spiel – Anforderungen, die in der Praxis von nahezu keinem Apochromaten erfüllt werden. Eine moderne Raytracingsoftware erlaubt es jedoch, den Korrekturzustand des zu entwickelnden Objektivs bei einer Vielzahl von Wellenlängen gleichzeitig zu überwachen, damit die von dem Konstrukteur vorgegebenen Toleranzen über das gesamte Spektrum hinweg eingehalten werden.

Unter Verwendung von Gläsern mit anomaler Teildispersion (etwa: fluoridhaltige Gläser) lassen sich bereits Doublet-Objektive mit Luftspalt apochromatisch auslegen, jedoch nur bei relativ langsamen Öffnungsverhältnissen. Verbreiteter ist daher der Triplet-Apochromat, insbesondere bei kurz bauenden Instrumenten, da sich mit drei Linsenelementen gleichzeitig auch die restlichen Aberrationen zufriedenstellend korrigieren lassen. Die Abbildung 6.4 zeigt einen klassischen Apochromaten, der in den 1950er Jahren von R. Conradi und H. Köhler mit bleihaltigen Schwerflintgläsern, die ein anomales Dispersionsverhalten aufweisen, konstruiert wurde.

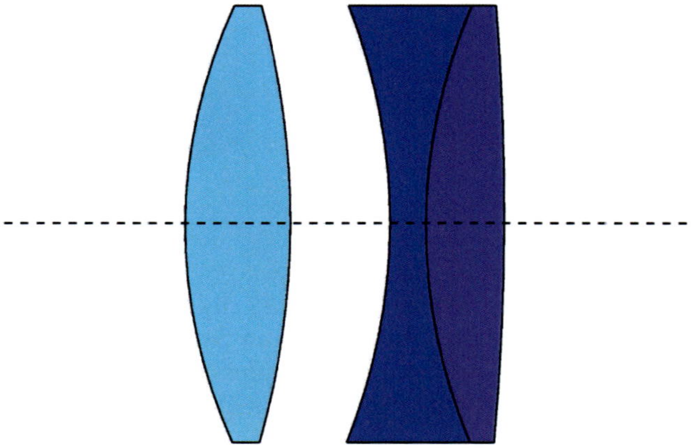

6.4

Apochromatische Auslegung des Objektivs aus Abbildung 6.1, mit einem Kronglas in Front und einem verkitteten Doublet aus zwei (bleihaltigen) Flintgläsern.

Moderne dreilinsige Fernglasobjektive, die Gläser mit anomaler Dispersion einsetzen, können tatsächlich Apochromaten im Sinne der Definition von Abbildung 6.3 sein; das ist jedoch nicht zwangsläufig der Fall, ja nicht einmal erforderlich, da bereits ein reduziertes sekundäres Spektrum bei den in Handferngläsern üblichen Objektivdurchmessern und Veröẞerungen eine hervorragende Abbildung garantieren kann. Objektive mit einem reduzierten sekundären Spektrum, die das Kriterium der Apochromasie nicht erfüllen, werden gelegentlich als Semi-Apochromaten bezeichnet – ein Begriff, für den allerdings keine technische Norm existiert und der daher in der Werbelyrik mancher Hersteller missbraucht wird.

6.2 Okulare für Ferngläser

Okulare sind ähnlich wie Lupen, die dazu dienen, das reale Zwischenbild des Objektivs in ein vergrößertes, virtuelles Bild zu transformieren, das direkt mit dem Auge betrachtet werden kann. Es gibt zahlreiche unterschiedliche Okularkonstruktionen mit individuellen Stärken und Schwächen. Anders als im Teleskopbau sind beim Fernglasbau die geometrischen Abmessungen des Okulars von entscheidender Bedeutung, weil man es mit einem Paar zu tun hat, dessen Abstand vom Augenabstand bestimmt wird. Da ein Fernglas üblicherweise auf Augenabstände ab 56 mm ausgelegt ist, darf der Radius eines einzelnen Okulars einen Wert von etwa 20 mm nicht wesentlich überschreiten, weil andernfalls die Nasenwurzel nicht mehr zwischen beide Okulare passen würde.

6.2.1 Okulare für kleine Sehwinkel

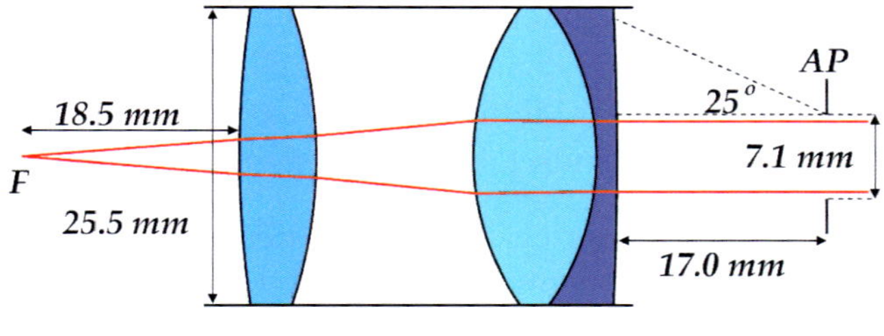

6.5

Okular vom Typ Kellner, geeignet für scheinbare Sehwinkel bis etwa 50°. In diesem Beispiel wurde eine Brennweite von 29 mm angenommen.

Die im klassischen Fernglasbau verwendeten Okulartypen lassen sich häufig auf Variationen zweier Grundtypen zurückführen, dem des Kellner-Okulars[5] und dem des Erfle-Okulars. Abbildung 6.5 zeigt eine spätere Variante des Kellner-Typs: Es handelt sich um eine relativ einfache Konstruktion aus drei Linsenelementen, von denen die letzten beiden miteinander verkittet sind. Man spricht in diesem Fall kurz von einer 1-2-Anordnung, weil die erste Linsengruppe aus einem einzelnen, die zweite aus zwei Linsenelementen besteht. Die dem Zwischenbild des Fernglases zugewandte Linsengruppe wird allgemein als Feldlinse bezeichnet, die dem Auge zugewandte Linse als Augenlinse. Dieser Okulartyp ist für Ferngläser mit geringen scheinbaren Sehwinkeln (bis etwa 50°) geeignet. Man beachte, dass ein Lichtstrahl in diesem System lediglich vier Luft-Glas Übergänge passiert, wodurch die Reflexionsverluste gering bleiben. Diese Bauform ist daher traditionell in Nachtgläsern vom Typ 7x50 oder 8x56 anzutreffen, die trotz ihrer groß dimensionierten Prismen meist mit kleinen Sehfeldern auskommen müssen.

Die Abbildung zeigt zwei Konstruktionsstrahlen – es handelt sich um zwei randnahe Hauptstrahlen, die das Objektiv in Abbildung 6.1 erzeugt hat, sodass wir uns den Strahlenverlauf gewissermaßen als Fortsetzung dieser Abbildung nach rechts vorzustellen haben. Als Maßstab wurde angenommen, dass dieses Kellner-Okular eine Brennweite von etwa 29 mm aufweist, ein typischer Wert für ein 7x50 Fernglas (dessen Objektivbrennweite bei einem Öffnungsverhältnis von 1/4, wie in Abbildung 6.1 angenommen, also 200 mm beträgt). Der resultierende Austrittspupillen-Längsabstand von 17 mm ist hinreichend groß für eine Verwendung mit Brillengläsern, zumal das scheinbare Sehfeld relativ klein ist.

[5] Erfunden um 1849 von Carl Kellner, 1826-1855. Die technischen Daten zu den hier dargestellten Kellner-, orthoskopischen und Erfle-Okularen stammen aus A. König, H. Köhler, *Die Fernrohre und Entfernungsmesser*, Springer-Verlag Berlin (1959).

Der reale Sehwinkel Φ eines solchen 7x50 Fernglases (mit einem subjektiven Sehwinkel von $\phi = 50°$) errechnet sich unter Annahme der Winkelbedingung zu $\Phi = \phi/m = 7.1°$, was ein Sehfeld von etwa 124 m/1000 m ergibt, und der Prismeneingang muss hinreichend weit ausgelegt sein, um ein entsprechend dimensioniertes Lichtbündel passieren lassen zu können.

Ein Nachteil der Kellner-Okulare war deren Anfälligkeit für interne Reflexe (Geisterbilder) – ein Problem, das später mit der Entwicklung effektiver Antireflex-Beschichtungen entschärft werden konnte. Das Okular existiert auch in einer Variante mit umgekehrter, 2-1-Anordnung und geringem Abstand der Linsengruppen, die heute als Reversed Kellner bekannt ist. Das reversed Kellner-Okular hat eine geringere Petzvalsumme und somit weniger Bildfeldwölbung als das klassische Kellner. Es wird daher auch heute noch gern in Ferngläsern kleineren Sehwinkeln eingesetzt.

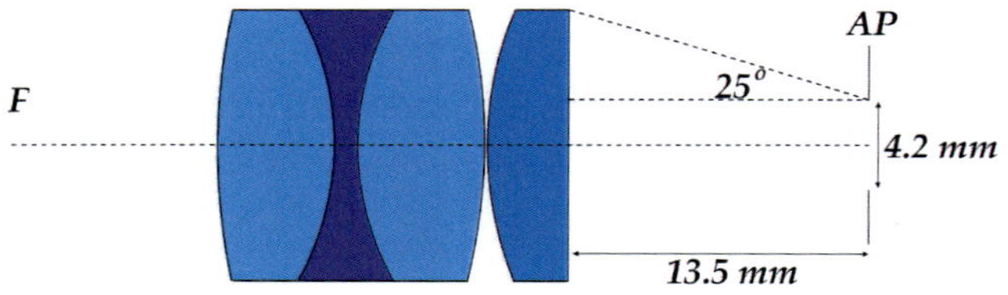

6.6

Orthoskopisches Okular, nahezu verzeichnungsfrei und geeignet für subjektive Sehwinkel bis etwa 50°. In diesem Beispiel wurde eine Brennweite von 17 mm angenommen.

An dieser Stelle sei kurz das orthoskopische Okular genannt, das von Ernst Abbe um 1880 zunächst als Mikroskopokular entwickelt, später jedoch auch in der Fernoptik eingesetzt wurde, wenn auch eher in Teleskopen bei höheren Vergrößerungen als in Handferngläsern. Dessen vierlinsige Konstruktion in charakteristischer 3-1-Anordnung ist nahezu verzeichnungsfrei, jedoch ebenfalls auf relativ geringe Sehwinkel beschränkt. Aufgrund der Verkittung dreier Linsenelemente weist das orthoskopische Okular, ähnlich wie das Kellner, geringe Transmissionsverluste auf, bei deutlich verbesserter Streulichtresistenz und Abbildungsgüte. Darüber hinaus ist auch dessen Austrittspupillen-Längsabstand, bezogen auf die Brennweite, relativ weit, sodass sich das orthoskopische Okular auch für den Einsatz bei sehr kurzen Brennweiten (sprich: hohen Vergrößerungen) eignet.

In ihrer originalen Form fand diese Bauweise nur selten Einzug in das Handfernglas; es existieren jedoch diverse Modifikationen, mit denen der Nachteil des begrenzten Sehwinkels abgemildert werden konnte. Solche Varianten waren vornehmlich in Militärferngläsern zu finden (siehe Abbildung 12.10).

6.2.2 Weitwinkelokulare

Für Ferngläser mit sehr weiten scheinbaren Sehwinkeln wird auf noch komplexere Okulartypen zurückgegriffen, unter denen die Varianten des Erfle-Okulars (Abbildung 6.7) am weitesten verbreitet sind[6]. Das hier dargestellte Beispiel enthält fünf Linsenelemente in der 2-1-2-Anordnung und ist für subjektive Sehwinkel bis etwa 70° verwendbar. Es existieren zahllose Varianten des Erfle-Typs, darunter auch solche mit sechs Linsenelementen. Diese Okulare werden nicht ausschließlich in Weitwinkelferngläsern verwendet, sondern auch in Instrumenten mit moderaten Sehwinkeln um 60°, in denen sie ausgezeichnete Abbildungseigenschaften bei zufriedenstellender Randschärfe aufweisen.

In dem hier gezeigten Beispiel ist der Maßstab auf eine Brennweite von 20 mm abgestimmt, was in Kombination mit dem in Abbildung 6.1 dargestellten Objektiv (Brennweite: 200 mm) zu einer Vergrößerung von 10x führt. Bei einem unveränderten objektiven Sehwinkel von $\Phi = 7.1°$ ergibt sich mit

[6] Entwickelt um 1917 von Heinrich Erfle, 1884-1923

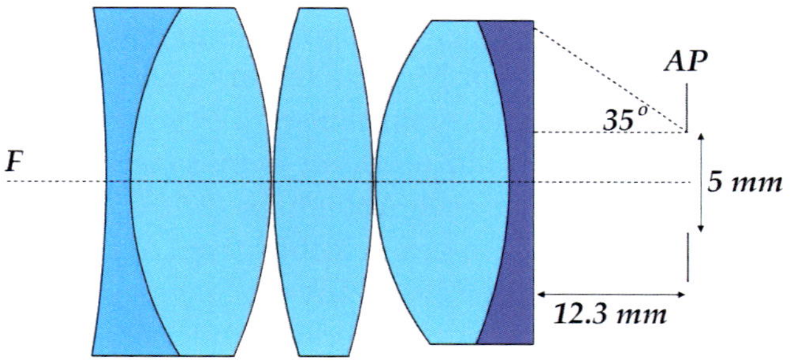

6.7

Weitwinkelokular vom Typ Erfle, geeignet für subjektive Sehwinkel bis etwa 70°. In diesem Beispiel wurde eine Brennweite von 20 mm angenommen.

der Winkelbedingung ein subjektiver Sehwinkel von 71°. Es ist daher nicht unüblich, dass ein Hersteller dieselbe Gehäusekonstruktion, inklusive Objektiv und Prisma, mit Okularen unterschiedlicher Brennweiten zu einer Fernglasserie kombiniert, in der die Geräte mit den höheren Vergrößerungen oft die weiteren subjektiven Sehwinkel aufweisen.

Bei sehr weiten Sehwinkeln wird das Erreichen einer akzeptablen Randunschärfe allein mit sphärischen Linsenflächen zunehmend schwieriger. Aus diesem Grunde wurden bereits seit den 1930er-Jahren bei Zeiss auch asphärische Linsenflächen eingesetzt, die jedoch umständlich in einem manuellen Prozess gefertigt werden mussten. Diese Linsen wurden u.a. bei dem 8x40 Zeiss Deltarem mit einem subjektiven Sehwinkel von fast 90° eingesetzt. Heutzutage werden solche Asphären meist als Kunststofflinsen in billigeren Ferngläsern verwendet, womit sich der Produktionsaufwand der Okulare reduziert. Der Autor hat in einem japanischen Weitwinkelfernglas mit 70° Sehwinkel ein sehr einfach konstruiertes, 3-linsiges Kellner-Okular vorgefunden, dessen Feldlinse aus Kunststoff (und vermutlich asphärisch) war.

Der Abbildung 6.7 entnimmt man ferner, dass der Austrittspupillen-Längsabstand l_{AP} des Okulars bei dieser Brennweite nur geringe 12.3 mm beträgt – zu wenig, um es mit Brille nutzen zu können. Hier haben wir es mit einem generellen Problem zu tun, das u. a. mit dem Durchmesser der Augenlinse zusammenhängt: Man kann sich anhand der Abbildung 4.1 leicht davon überzeugen, dass das Hauptstrahlbündel, das die Linse passiert, den Durchmesser der Austrittspupille, d, aufweisen muss. Die Nebenstrahlen sorgen ferner für ein Strahlenbündel, das rückwärts von der Austrittspupille Richtung Augenlinse divergiert, und zwar mit dem Winkel, der durch den halben subjektiven Sehwinkel, $\phi/2 = 35°$, vorgegeben ist.

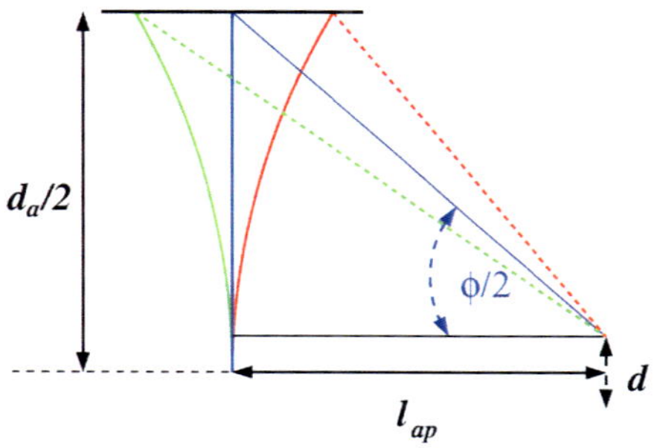

6.8

Durchmesser d_a der dem Auge zugewandten Okularlinse und der damit erreichbare subjektive Sehwinkel ϕ. Der Austrittspupillen-Längsabstand ist l_{ap} und der Durchmesser der Austrittspupille d. Die Dreiecksformel (6.1) gilt für eine planare Linse (blau). Ist die Linse konkav (rot), so ist bei identischem Durchmesser ein weiterer Sehwinkel möglich, bei einer konvexen Linse (grün) ist es umgekehrt.

Aus dieser Konstruktion lässt sich der Durchmesser der augenseitigen Okularlinse berechnen (siehe Abbildung 6.8). Im Falle einer Planlinse (blau) ergibt das

$$d_{\mathrm{a}} = d + 2l_{\mathrm{ap}} \tan\left(\frac{\phi}{2}\right) \qquad (6.1)$$

was mit dem hier verwendeten Maßstab zu einer Augenlinse des Durchmessers $d_a = 22.2\,\text{mm}$ führt. Hätte dieses Okular stattdessen einen brillenfreundlichen Austrittspupillen-Längsabstand von $l_{ap} = 18\,\text{mm}$, dann wäre eine Augenlinse von mehr als 30 mm Durchmesser notwendig, und wenn dann noch Fassung des Okulars und Augenmuscheln hinzukommen, dann kann es bei geringen Augenabstandseinstellungen für die Nase bereits eng werden. Wie aus Abbildung 6.8 hervorgeht, lässt sich der Durchmesser der Augenlinse bei identischem Sehwinkel noch etwas reduzieren, indem die dem Auge zugewandte Linsenfläche konkav gestaltet wird.

Ein entscheidender Schritt zur Verlängerung des Austrittspupillen-Längsabstands gelingt mit der Einführung einer vorgelagerten Linsengruppe negativer Brennweite, einer so genannten Smyth-Linse[7], welche die Petzvalsumme (Gleichung (3.33)) des Gesamtsystems und somit die Bildfeldwölbung reduziert. Umgangssprachlich wird eine solche Linsengruppe wird daher auch als Bildebnungslinse bezeichnet.

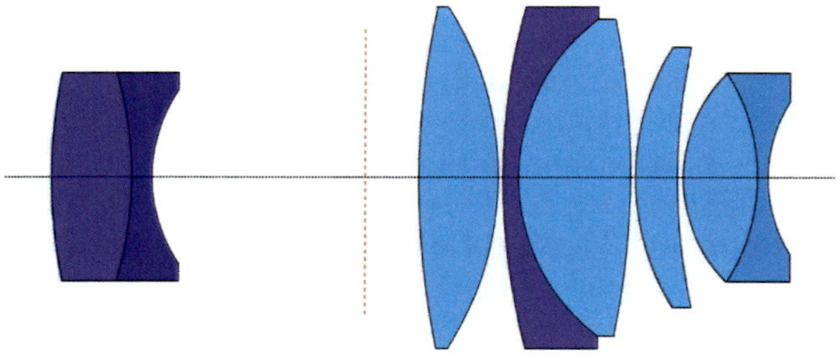

6.9

Superweitwinkelokular vom Typ Nagler, 2-1-2-1-2-Anordnung, geeignet für scheinbare Sehwinkel bis etwa 90°. Vor der Bildebene (rot gestrichelt) befindet sich eine Smyth-Linse negativer Brechkraft. Man beachte die konkave Krümmung der dem Auge zugewandten Linse (Daten aus dem US Patent Nr. 4747675, 31. Mai 1988).

[7] Charles Piazzi Smyth, 1819-1900

Abbildung 6.9 zeigt den Aufbau eines in den 1980er Jahren konstruierten Nagler-Okulars : Die Smyth-Linse ist eine Zerstreuungslinse, die jenseits des Prismenausgangs und noch vor dem Zwischenbild platziert wird (siehe auch Abbildung 12.10). Ähnlich der Zerstreuungslinse des Teleobjektivs (Abbildung 6.1) oder der Barlow-Linse führt die Smyth-Linse effektiv zu einer Brennweitenverlängerung, ohne dass sich jedoch die Baulänge des Systems dramatisch ändert, weil sich das Auffächern des Strahlenbündels erst kurz vor dem Zwischenbild abspielt. Während in Teleskopen eine Barlowlinse dann eingesetzt wird, wenn die Vergrößerung des Systems erhöht werden muss, ohne auf ein noch kürzerbrennweitiges Okular zurückzugreifen, ist beim Fernglas die Vergrößerung vorgegeben und durch die Kombination der Smyth-Linse mit einem nun längerbrennweitigen Okular realisiert. Da jedoch der Austrittspupillen-Längsabstand (bei vorgegebenem Okulardesign) mit der Okularbrennweite skaliert, nimmt dieser entsprechend zu und das Fernglasokular wird brillenträgerfreundlich. Natürlich skalieren auch alle anderen Abmessungen des Okulars mit dessen Brennweite, sodass insgesamt größere und schwerere Okulare in Kauf genommen werden müssen.

Das in Abbildung 6.9 dargestellte Nagler-Okular[8] findet vorwiegend in astronomischen Teleskopen Verwendung und wäre in dieser Form als Fernglasokular zu aufwendig und groß. In modernen Hochleistungsferngläsern existieren jedoch Varianten, gerechnet für kleinere Sehfelder, die auf demselben Prinzip beruhen: Eine vorgeschaltete Smyth-Linse, kombiniert mit einem Okular verlängerter Brennweite, das eine verbesserte Randschärfe und Brillentauglichkeit bietet. Das in Abbildung 6.10 dargestellte Schnittmodell zeigt eine Modifikation der Smyth-Linse, bestehend aus einem Doublet mit Luftspalt, dann das Okular, eine 1-2-1 Linsenkombination, die der des Nagler nach Entfernung der beiden letzten Elemente nicht unähnlich ist. Solche Konstruktio-

[8] Albert Nagler, b. 1935

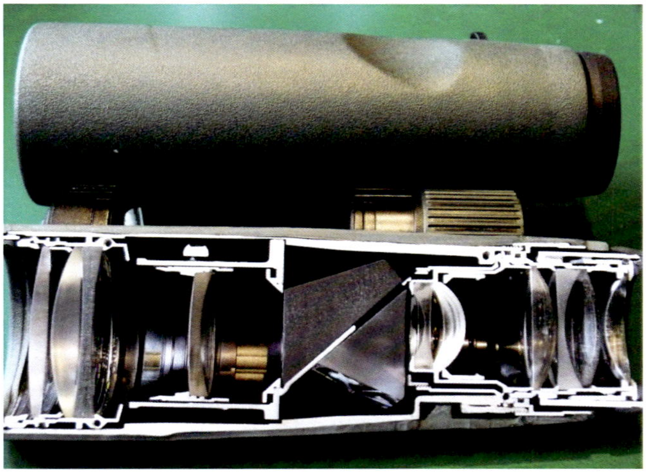

6.10

Schnittmodell des Swarovski 10x42 EL WB. Links das Triplet-Objektiv in 1-2 Anordnung, gefolgt von der beweglich montierten Fokussierlinse, dann das Schmidt-Pechan-Prisma. An dessen Ausgang folgt eine Smyth-Linse aus zwei Elementen, schließlich das 1-2-1 Okular (mit freundlicher Genehmigung: Jan van Daalen).

nen haben mit den klassischen Bauformen nur noch wenig gemein – eine logische Folge leistungsfähiger, computergesteuerter Raytracing-Techniken, neuer, hoch spezialisierter Gläser, und Fertigungstechniken, die auch die Bearbeitung asphärischer Linsenflächen erlauben. Da ferner die Oberflächenvergütung in den letzten Jahrzehnten enorme Fortschritte gemacht hat und Reflexionsverluste selbst bei einem Dutzend Luft-Glas Übergänge tolerabel bleiben, stehen dem optischen Designer heutzutage Okularkonstruktionen zur Verfügung, die zu erheblich verbesserten Abbildungsleistungen geführt haben.

6.3 Fokussiermechanismen

Wird ein Objekt im Nahbereich anvisiert, so liegt dessen Zwischenbild nicht in derselben Fokalebene wie die eines weit entfernten Objekts, sondern um einen bestimmten Betrag Richtung Okular verschoben (Abbildung 4.4). In Abschnitt 4.3 hatten wir die resultierende Schärfentiefe berechnet, unter der Voraussetzung, dass das Fernglas in seiner Unendlich-Stellung verbleibt.

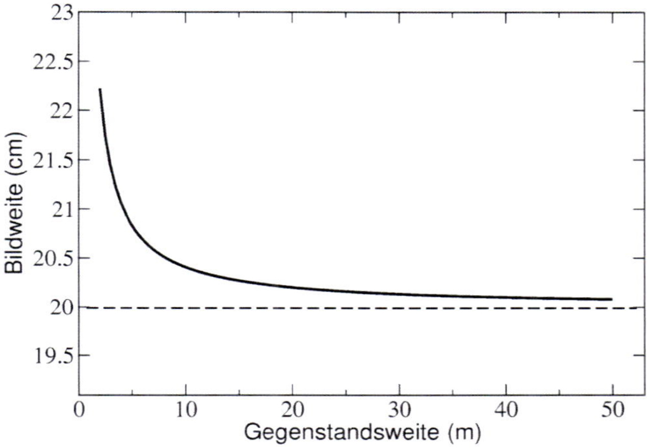

6.11

Bildweite als Funktion der (negativen) Gegenstandsweite bei einer Brennweite von 20 cm. Im Nahbereich nimmt der Fokussierhub rapide zu.

Bei Beobachtungen im Nahbereich ist es jedoch zweckmäßig, das Fernglas auf die jeweilige Objektentfernung zu fokussieren. Dazu erinnern wir uns, dass die Bildweite z' als Funktion der Entfernung des Objekts aus der Abbildungsgleichung (3.21) folgt:

$$z' = \left[\frac{1}{F'} + \frac{1}{z}\right]^{-1} . \tag{6.2}$$

Hier steht z für die Gegenstandsweite (und hat konventionsgemäß ein negatives Vorzeichen) und F' für die Brennweite des Objektivs. Nehmen wir als Beispiel $F' = 20\,\text{cm}$, dann beträgt die Bildweite für ein entferntes Objekt 20 cm, für ein nahes Objekt in 2 m Abstand jedoch $z' = 22.2\,\text{cm}$. Abbildung 6.11 zeigt, wie die Bildweite mit der Entfernung des Objekts variiert. Diese Verschiebung der Bildebene muss über eine Fokussiereinrichtung ausgeglichen werden, damit das Zwischenbild stets den korrekten Abstand zum Okular einnimmt und das virtuelle Bild im Unendlichen liegt.

6.3.1 Drei unterschiedliche Konstruktionsweisen

Die Fokussierung kann über drei unterschiedliche Mechanismen erfolgen: Durch eine Änderung des Abstands zwischen Objektiv und Okular, durch ein Verschieben der Lage des Zwischenbildes, oder durch Verschieben der Hauptebene des Okulars.

Das klassische Fokussierverfahren basiert auf ein Verschieben der Okulare, und dies ist auch heute noch der Standardzugang zur Fokussierung von Ferngläsern mit Porro-Prismen. Ein Okularhub kann entweder über eine Einzelokulareinstellung erfolgen, bei der jedes individuelle Okular über ein Schraubgewinde hinein- oder herausgedreht wird, oder über eine Zentralfokussierung, bei der beide Okulare über eine bewegliche Okularbrücke miteinander verbunden sind und synchron über einen Mitteltrieb verstellt werden. Die Einzelfokussierung ist sehr robust und lässt sich ohne Aufwand auch druckwasserdicht auslegen, weshalb sie zur Standardausführung eines Militärfernglases gehört. Der Nachteil liegt in der umständlichen und langsamen Ausführung des Fokussiervorgangs, weshalb solche Ferngläser für den Nahbereich, in dem häufig nachzuregeln ist, weniger geeignet sind.

Die heute am weitesten verbreitete Methode basiert auf einer Fokussierlinse, die im Innern des Fernglases zwischen Objektiv und Prismeneingang verschoben wird. Man bezeichnet diese Art der Fokussierung daher als Innenfokussierung oder interne Fokussierung. Abbildung 6.12 zeigt das Prinzip: Es handelt sich meist um eine Zerstreuungslinse geringer Brechkraft, die zwischen Objektiv und Prismeneingang auf einen beweglichen Schlitten montiert ist. In der Unendlich-Stellung ist diese Linse nah am Objektiv

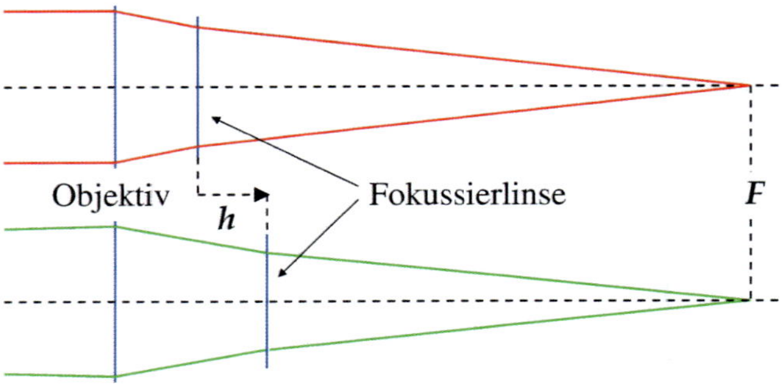

6.12

Innenfokussierung (schematisch): Strahlenverlauf in Ferneinstellung (oben) und in Naheinstellung (unten) mit dem Fokussierhub h.

(obere Abbildung). Wird ein Objekt im Nahbereich anvisiert, so ist das einfallende Strahlenbündel nicht mehr parallel, sondern leicht divergent, sodass sich die Brennpunktlage nach rechts verschiebt. Dies wird dadurch kompensiert, dass die Fokussierlinse um einen bestimmten Betrag (den Fokussierhub h) nach rechts verschoben wird (untere Abbildung). Es muss ferner die Möglichkeit bestehen, dass auch kurzsichtige Beobachter das Fernglas ohne Sehhilfe verwenden können. Dies erfordert einen Überhub des Fokussiermechanismus jenseits der Unendlich-Stellung. In einem Schnittbild des Zeiss Victory ist der Mechanismus der Fokussierlinse gut zu erkennen (Abbildung 6.13).

Da die Fokussierlinse meist eine geringe Brechkraft besitzt, erzeugt sie auch entsprechend geringe Aberrationen und kann in vielen Fällen als Einzellinse konzipiert werden. Nur in höherwertigen Ferngläsern wurde teilweise dazu übergegangen, diese Linse als Doublet zu gestalten – eine Nebenwirkung der Bemühungen, Ferngläser kompakter zu bauen. Dabei reduziert sich der verfügbare Raum für den Fokussierhub, zur Kompensation muss die Brechkraft der Linse erhöht und diese daher achromatisiert werden.

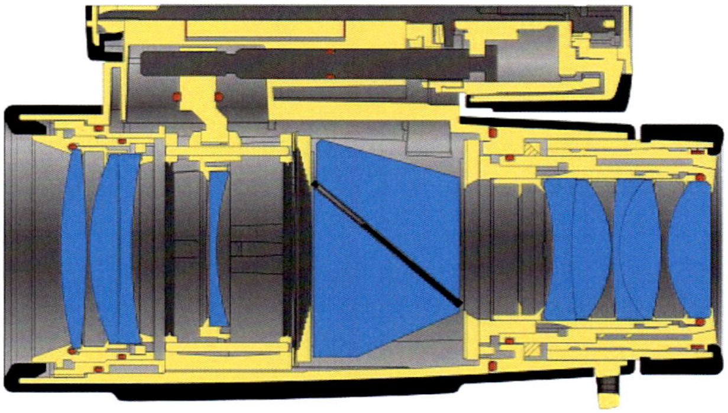

6.13

Schnitt durch ein Zeiss 8x32 Victory: Als Objektiv dient ein 1-2 Triplet, gefolgt von der negativen Fokussierlinse, einem Schmidt-Pechan-Prisma und einer 2-2-1 Variation des Erfle-Okulars.

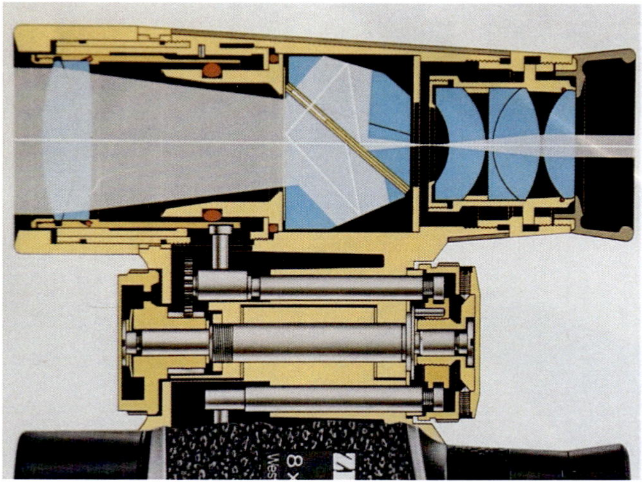

6.14

Schnitt durch ein Zeiss 8x30 B Dialyt (Sehfeld: 130 m/1000 m) aus den 1970er-Jahren, mit Objektivfokussierung: Ein beweglich montiertes, verkittetes Doublet-Objektiv, dann das Schmidt-Pechan-Prisma, gefolgt von einem modifizierten 1-2-1 König-Okular.

Weniger gebräuchlich ist die Fokussierung durch ein koordiniertes Verschieben beider Objektive (Abbildung 6.14). Eine druckwasserdichte Ausführung dieses Mechanismus ist jedoch nicht unproblematisch. Ferner dürfte das bewegliche Objektiv eine optimale Positionierung von Streulichtblenden erschweren[9]. Die Objektivfokussierung findet gegenwärtig u.a. in den bildstabilisierten Ferngläsern von Canon Verwendung (Abbildung 11.12), deren wetterfeste Modelle noch eine dem Objektiv vorgelagerte Glasscheibe aufweisen.

Schließlich besteht die Möglichkeit einer Fokussierung durch Verschieben einer Linsengruppe im Innern des Okulars. Diese exotischere Variante einer Okular-Innenfokussierung wurde u. a. beim Leitz Trinovid verwendet (Abbildung 6.15). Sie hat den Vorteil eines kurzen Fokussierhubs, dabei jedoch den Nachteil, dass beim Fokussieren sowohl Vergrößerung als auch Verzeichnung des Bildes sichtbar variieren. Wenn eine kurze Naheinstellung gefordert ist, dann ist der Einsatz eines solchen Fokussiermechanismus weniger zu empfehlen.

[9] Dank an Henry Link für diesen Hinweis.

Bei jeder Zentralfokussierung muss zusätzlich die Möglichkeit einer relativen Dioptrieneinstellung beider einzelnen Strahlengänge bestehen, weil die Augen des Beobachters oft unterschiedliche Stärken aufweisen. Traditionell wird diese Dioptrienverstellung über ein drehbares rechtes Okular mit Schraubgewinde realisiert. Heutzutage ist man bei Ferngläsern mit Innenfokussierung dazu übergegangen, diese Verstellung über ein vor- oder hinter der Fokussierwalze angebrachtes Drehrad auszuführen. In einer anderen Variante lässt sich das zentrale Fokussierrad herausziehen und dabei an das Getriebe zur Dioptrienverstellung koppeln, wobei ausschließlich die Fokuslage des rechten Tubus modifiziert wird. Die letztgenannten Ausführungen haben den Vorteil, dass das Fernglas während der Anpassung in seiner optimalen Haltung bedient werden kann, während

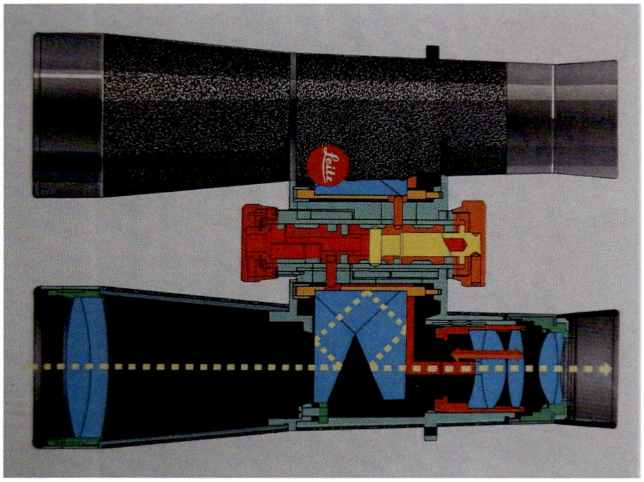

6.15

Schnitt durch ein Leitz 7x42 B Trinovid (Sehfeld: 140 m/1000 m) aus den 1970er-Jahren, mit Okular-Innenfokussierung: Ein verkittetes Doublet-Objektiv, dann das Uppendahl-Prisma, gefolgt von einem 2-1-2 Erfle-Okular, dessen vorderen drei Linsenelemente zum Fokussieren verschoben werden.

bei einer Verstellung am Okular die rechte Hand zunächst umgreifen muss.

6.3.2 Besonderheiten bei der Beobachtung im Nahbereich

Die Abbildung 6.11 offenbart einen wichtigen Umstand: Im Nahbereich ändert sich die Fokuslage des Bildes mit dem Objektabstand besonders schnell. Wer häufig Vögel im Nahbereich unter 10 m beobachtet, die ja zusätzlich noch beweglich sind, der ist auf eine schnelle Übersetzung des Fokussierrades angewiesen. Da sich der Fernglasmarkt in den letzten Jahrzehnten zunehmend den Amateur-Ornithologen zugewandt hat, ist es also keine Überraschung, dass parallel dazu auch die Schnelligkeit der Fokussiermechanik zunahm. Die Fokussierwalze eines typischen Fernglases der gehobenen Mittelklasse (inklusive Premiumklasse) benötigt inzwischen nur noch 2/3 einer Umdrehung, um von 3 m auf Unendlich zu fokussieren, und Spitzenwerte unterhalb einer halben Umdrehung sind ebenfalls bereits zu finden. Diese schnellen Übersetzungen bleiben jedoch nicht ohne Nebenwirkungen: Das Finden des optimalen Fokus wird bei allzu schnellen Mitteltrieben zu einem Geduldspiel, und nicht selten kommen noch mechanische Unzulänglichkeiten der Fokussierung hinzu, die in dieser Form vor einigen Jahren nur in den unteren Preisklassen anzutreffen waren.

Es wurden vereinzelt Versuche mit einer nichtlinearen Übersetzung des Mitteltriebs unternommen, wobei der Nahbereich schneller und der Fernbereich langsamer durchlaufen wird. Eine solche Konstruktion ist jedoch nicht nur technisch anspruchsvoll, sondern für den Anwender auch gewöhnungsbedürftig und hat sich daher nicht etablieren können.

Nicht zu unterschätzen sind auch die Probleme des optischen Designs, die mit einem kurzen Nahpunkt einhergehen: Wie sich formal beweisen lässt, kann ein Objektiv nur für eine einzige Objektentfernung perfekt korrigiert werden[10]. Ein Objektiv mit nachgestellter Fokussierlinse stellt formal ein Zoom-Objektiv mit veränderlicher Brennweite dar. Soll das Fernglas also über einen zunehmend weiten Entfernungsbereich scharf abbilden, so werden Kompromisse erforderlich, die unter Umständen einer perfekten Abbildung in Unendlich-Stellung zuwiderlaufen. Ferngläser, die besonders kurze Naheinstellungen erlauben (etwa: unterhalb von 3 m, um für die Insektenbeobachtung gerüstet zu sein), müssen daher nicht automatisch auch gute Optiken für die Astronomie darstellen[11].

[10] A.E. Conrady, *Applied optics and optical design*. Vol. 1, Dover Publications, 2011 (reprint).

[11] Beim Design hochwertiger Kameraobjektive greift der Konstrukteur dazu auf 'Floating Elements' zurück – mehrere Linsengruppen, die sich über komplizierte mechanische Triebe gegeneinander verschieben lassen und dabei hohe Abbildungsleistungen in unterschiedlichen Entfernungsstellungen erlauben.

6.16

Pentax 6.5x21 Papilio (Sehfeld: 131 m/1000 m) in Reverse-Porro-Bauweise, die den Abstand beider Objektive reduziert. Das Taschenfernglas kann zur Beobachtung von Motiven im Nahbereich bis 50 cm eingesetzt werden – eine Eigenschaft, die auch von Kindern geschätzt wird.

Der Nahbereich stellt zudem für die Wahrnehmung des binokular ausgerüsteten Beobachters eine Herausforderung dar. Um ein Doppelbild zu vermeiden, müssen sich die Sehstrahlen beider Augen an dem vor dem Beobachter platzierten Motiv kreuzen. Dieses »Schielen«, auch als Vergenz bezeichnet, geschieht unwillkürlich und führt im Alltag zu keinerlei Problemen. Durch ein Fernglas wird jedoch der virtuelle Abstand des Objekts um den Faktor der Vergrößerung verringert und der Vergenzwinkel entsprechend steiler. Es ist dann notwendig, den Okularabstand an der Knickbrücke ein wenig zu verringern, damit weiterhin beide Austrittspupillen konzentrisch auf den Augenpupillen liegen. Erschwert wird die Beobachtung noch dadurch, dass die Bilder beider Tuben, die ja weiterhin parallel stehen, aufgrund der Parallaxe nicht mehr denselben Motivausschnitt darstellen, sondern lediglich in einem zentralen Bereich überlappen. Die genannten Probleme verschärfen sich nochmals, falls die Objektive infolge eines Achsversatzes, der bei Porro-Prismen auftritt, einen erweiterten Abstand aufweisen (Abschnitt 5.1.2).

Aufgrund dieses Umstands sind Dachkantferngläser besser für Beobachtungen im Nahbereich geeignet als solche mit Porro-Prismen. Einen Sonderfall stellt das Reverse-Porro Fernglas dar, bei dem das objektseitige Prisma in Richtung der Zentralachse orientiert ist, sodass der Achsversatz zu einer Reduktion des Objektivabstands führt. In dieser Bauweise werden Taschenferngläser speziell für die Anforderungen der Objektbeobachtung im Nahbereich konstruiert, etwa das Pentax Papilio 6.5x21 (Abbildung 6.16). Auf diese Weise ist eine bequeme Beobachtung selbst in einer Nahdistanz von 50 cm noch möglich.

Generell sollte eine Fokussierung stets vom Nahbereich her erfolgen, sodass sich das virtuelle Bild von »jenseits Unendlich« heranschiebt, damit das Auge nicht unwillkürlich auf den Nahbereich akkommodiert und dann während der Beobachtung schnell ermüdet. Es ist auch zu beachten, dass sich beim Fokussieren Sehfeld und Vergrößerung des Fernglases geringfügig ändern können. So ergibt sich die Vergrößerung im Nahbereich als der Quotient aus Bildweite und Okularbrennweite, sofern der Beobachter derart fokussiert, dass sich das virtuelle Bild im Unendlichen befindet[12]. Bei der Objektiv- und der Okularfokussierung verlängert sich diese Bildweite, und somit erhöht sich auch die Vergrößerung im Nahbereich. Nehmen wir das Beispiel des 8x30 Opticron aus Abschnitt 3.6: Fokussiert auf ein Objekt in 3 m Entfernung, ist die Bildweite um 4.36 mm länger als die Brennweite von 110 mm, wobei sich die Vergrößerung um etwa 4 % erhöht. Bei der Innenfokussierung ist die Variation der Vergrößerung von der bildseitigen Hauptebene abhängig, deren Lage sich beim Verschieben der Fokussierlinse ändert. Der präzise Wert der Vergrößerung kann daher erst dann mithilfe eines Raytracings ermittelt werden, wenn die genauen Kenndaten der Objektivelemente bekannt sind. In jedem Fall sollten Messungen der Vergrößerung und des Sehfeldes an weit entfern-

[12] Walter E. Schön, 02.03.2009 im Jülich Fernglasforum

ten Objekten erfolgen, um zu vermeiden, dass die angesprochenen Effekte im Nahbereich zu falschen Messwerten führen.

6.4 Dimension des Strahlenbündels

Die Analyse der Bündelbegrenzungen bildet eine wichtige Komponente beim Entwurf eines optischen Systems, weil sie es erlaubt, die Dimensionen der Blenden, Prismen und Okulare festzulegen. Ein Blick auf die komplizierten Strahlengänge innerhalb der Umkehrprismen (siehe etwa Abbildung 5.11) mag in diesem Zusammenhang eine komplizierte Prozedur befürchten lassen, doch glücklicherweise lässt sich das Verfahren wesentlich vereinfachen.

6.4.1 Reduzierter Glasweg

In der geometrischen Optik ist es für das Strahlenbündel unerheblich, wie oft es reflektiert wird. Aus diesem Grunde lässt sich der Strahlengang durch das Prisma entfalten, sodass dieses als eine einzelne, dicke Glasplatte dargestellt werden kann. In der Abbildung 6.17 ist der Strahlengang durch ein solches System schematisch dargestellt: Ohne Prisma entspräche der Strahlverlauf der beiden Konstruktionsstrahlen den gestrichelten Linien (eine Blendenzahl von $N = F/D = 4.5$ wurde hier angenommen). Da das Strahlenbündel innerhalb des Prismas (blaues Rechteck) mit Brechzahl $n = 1.57$ jedoch langsamer konvergiert, verschiebt sich die Fokalebene um einen bestimmten Betrag ΔF nach rechts. Um diesen Wert zu berechnen, erinnern wir uns an Abbildung 3.3 und die entsprechenden Berechnungen dazu:

Mit dem Einfallswinkel α, dem Winkel β innerhalb des Prismas und einer Glasdicke L erhalten wir die Verschiebung der Bildebene zu

$$\Delta F = L\,\frac{\tan\alpha - \tan\beta}{\tan\alpha} \approx L\,\frac{n-1}{n}\,, \qquad (6.3)$$

wobei, wie immer, $\sin\alpha = n\sin\beta$ gemäß dem Brechungsgesetz gilt. Der rechte Term entspricht der paraxialen (Gauß-) Näherung. Es geht aber noch einfacher: Wenn das Strahlenbündel aus dem Prisma austritt, dann hat es einen bestimmten Durchmesser (grüne Linie in Abbildung 6.17). Man kann sich nun ein imaginäres Prisma denken, das dieselbe Brechzahl wie Luft hat und eine Dicke L_0 aufweist, die derart beschaffen ist, dass der Bündelquerschnitt beim Austritt aus dem Prisma exakt denselben Wert aufweist wie beim originalen Glasprisma. Dieses »Luftprisma« wäre natürlich um einen bestimmten Betrag verkürzt, und eine kurze geometrische Berechnung ergibt für diesen reduzierten Glasweg sofort

$$\boxed{L_0 = L\,\frac{\tan\beta}{\tan\alpha} \approx \frac{L}{n}} \qquad (6.4)$$

wobei rechts wieder die paraxiale Näherung verwendet wurde.

Es stellt sich die Frage, warum zuerst ein Prisma eingeführt werden sollte, das sich anschließend über den reduzierten Glasweg gewissermaßen in Luft auflöst. Der entscheidende Vorteil dieses Verfahrens liegt darin, dass alle geometrischen Beschränkungen, die dem Strahlenbündel durch das Prisma auferlegt werden, weiterhin berücksichtigt werden können, der Strahl an sich jedoch nicht umgelenkt werden muss, wodurch sich die geometrischen Verhältnisse in der Konstruktionszeichnung erheblich vereinfachen. Selbstverständlich gehen im Rahmen dieser Vereinfachung auch sämtliche Abbildungsfehler, die von dem Prisma erzeugt werden, verloren. Für eine grobe Analyse der Bündelbegrenzungen reicht diese Näherung jedoch völlig aus, während die Details, inklusive der Einflüsse der Bildfehler, im Rahmen des späteren Raytracings studiert werden können.

Nehmen wir als Beispiel ein Fernglas mit $D = 42\,\mathrm{mm}$ Objektivdurchmesser und einer Blendenzahl

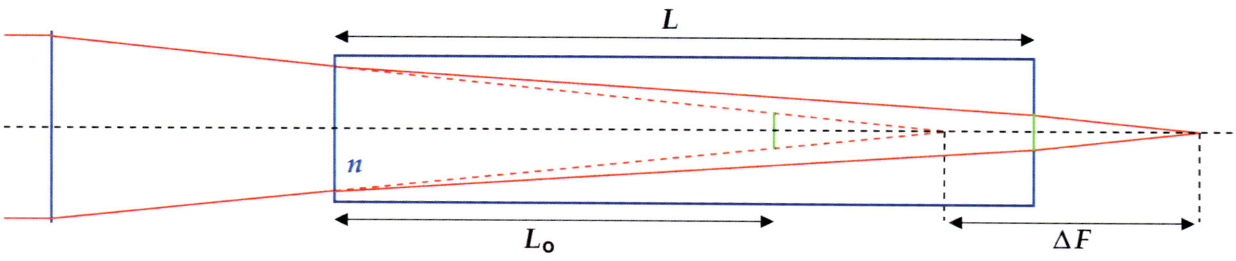

6.17

Objektiv und Prisma: Das Prisma verschiebt die Bildebene um den Betrag ΔF nach rechts. Der reduzierte Glasweg L_0 entspräche einem imaginären Prisma mit Brechzahl $n = 1$.

von $N = 4.5$, was eine Brennweite von $F = 189\,\text{mm}$ impliziert. Das einfallende Strahlenbündel wird durch die Objektivöffnung (die der Weite der Eintrittspupille entspricht) begrenzt, die beiden parallel einfallenden Konstruktionsstrahlen werden dann um einen Winkel

$$\alpha = \operatorname{atan}\left(\frac{D}{2F}\right) = \operatorname{atan}\left(\frac{1}{2N}\right) = 6.34^\circ \quad (6.5)$$

gebrochen, und dies entspricht auch dem Einfallswinkel auf das Prisma. Das Prisma sei aus BaK4-Glas der Brechzahl $n = 1.57$, sodass der Winkel des Strahles zum Lot innerhalb des Prismas $\beta = 4.03^\circ$ aufweist. Der geometrische Glasweg des Prismas berechnet sich aus der lichten Weite w, multipliziert mit einem numerischen Faktor κ, der vom Prismentyp abhängt[13] und als Glaswegfaktor bezeichnet wird.

Im Falle eines Schmidt-Pechan-Prismas der Weite $w = 35\,\text{mm}$ berechnen wir also einen geometrischen Glasweg von $L = 35 \cdot 4.62\,\text{mm} = 162\,\text{mm}$. Mit Gleichung (6.3) erhalten wir ferner eine Verschiebung der Bildebene um $\Delta F = 59.2\,\text{mm}$ (oder, in Gauß-Näherung, $\Delta F = 58.7\,\text{mm}$). Der reduzierte Glasweg ergibt sich aus Gleichung (6.4) zu $L_0 = 103\,\text{mm}$ (ebenso in Gauß-Näherung). Die Fehler der paraxialen Näherung liegen hier im Bereich eines Prozents, und damit ist die Gauß-Näherung für unsere Genauigkeitsanforderungen völlig ausreichend.

6.4.2 Dimension des Zwischenbildes

Die Abbildung 6.18 zeigt schematisch die geometrischen Verhältnisse unseres Modellfernglases: Zur Konstruktion des Strahlenbündels nehmen wir an, dass wir ein 10x42 Dachkantfernglas mit einem realen Sehwinkel von $\Phi = 6.4^\circ$ herstellen wollen. Das großzügig dimensionierte Prisma (blaues Rechteck) der lichten Weite $w = 35\,\text{mm}$ kann derart platziert werden, dass es sämtliche Randstrahlen aufnimmt. Die Fokussierlinse modellieren wir der Einfachheit halber nicht mit – wir nehmen stattdessen an, sie sei in der Unendlich-Stellung fixiert, und rechnen sie einfach in die Brechkraft des Objektivs mit ein. Dabei achten wir darauf, dass ausreichend Platz zwischen Objektiv und Prisma für den Fokussierhub bleibt.

Da unser Schema den reduzierten Glasweg des Prismas verwendet, brauchen wir die Ablenkungen der Strahlen durch das Prisma nicht zu berücksichtigen. Auf diese Weise können wir nun sehr einfach den Durchmesser des Zwischenbildes berechnen, als ob

[13] Siehe Abschnitt 5.1.2. Zur Erinnerung: $\kappa = 4.62$ für Schmidt-Pechan-Prismen, $\kappa = 4$ für (symmetrische) Porro-Prismen, $\kappa = 3.3$ beim Perger-Prisma, $\kappa = 5.20$ beim Abbe-König-System, und $\kappa = 5.06$ beim Uppendahl.

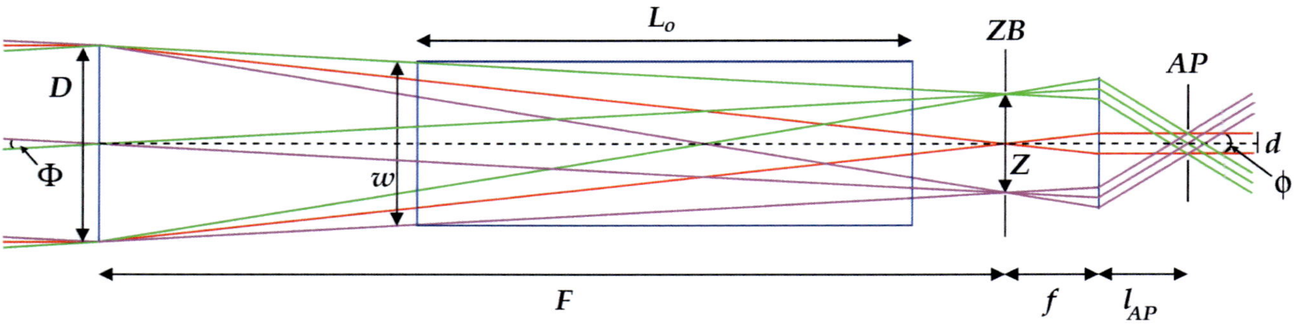

6.18

Modellfernglas mit aufgefaltetem und reduziertem Glasweg: Das Strahlenbündel fällt mit dem realen Sehwinkel Φ auf das Objektiv (Durchmesser: D), durchläuft das Prisma, erzeugt dann ein Zwischenbild des Durchmessers Z und schließlich, hinter dem Okular, die Austrittspupille (Durchmesser: d).

überhaupt kein Prisma vorhanden wäre, indem wir etwa in Abbildung 3.9 das Dreieck 2 zur Berechnung von y' benutzen und dabei bemerken, dass $Z = 2y'$ gilt:

$$Z = 2F \tan\left(\frac{\Phi}{2}\right) . \tag{6.6}$$

Mit Gleichung (4.12) erhalten wir dann den Durchmesser des Zwischenbildes als Funktion des Sehfelds zu

$$Z = F\left(\frac{SF(\text{in m})}{1000}\right) \tag{6.7}$$

Diese Relation ist nicht uninteressant, zeigt sie doch, dass die Größe des Zwischenbildes entscheidend vom Sehfeld des Fernglases geprägt ist. Dieses Zwischenbild liegt jedoch hinter dem Prisma – das Strahlenbündel hat das Prisma an dieser Stelle bereits passiert, und somit muss die Prismenweite w mindestens den Durchmesser dieses Zwischenbildes haben, in Wirklichkeit sogar noch größer sein. Wie groß, soll im folgenden Abschnitt abgeschätzt werden.

6.4.3 Prismeneingangsweite

Wir schätzen jetzt die untere Grenze für die Prismenweite w, die notwendig ist, um das einfallende Strahlenbündel vollständig aufnehmen zu können, indem wir annehmen, dass der Prismenausgang exakt auf die Bildebene fällt (die rechte Kante des blauen Rechtecks in Abbildung 6.18 also auf dem Zwischenbild ZB liegt). Das ist in Wirklichkeit nicht der Fall, da zumindest ein wenig Spielraum für das Okular gelassen werden muss, etwa für eine Dioptrienverstellung, und auxh deshalb, weil andernfalls jedes Staubkorn auf der Prismenausgangsfläche scharf abgebildet und somit die Bildqualität beeinträchtigen würde. Da jedoch die Prismen in der Praxis ohnehin etwas unterdimensioniert werden, weil ein geringfügiger Beschnitt der Randstrahlen für die Beobachtung unerheblich ist, ergibt diese Annahme einen durchaus realistischen Schätzwert. Wir erhalten dann mit ein wenig elementarer Geometrie

$$w > D - \frac{(D - Z)L_0}{F} . \tag{6.8}$$

Nun ist aber der reduzierte Glasweg $L_0 = L/n = w\kappa/n$ nach Gleichung (5.6) selbst wieder eine Funktion der Prismenweite w, sodass wir nach Einsetzen und Umformen eine minimale Prismeneingangsweite von

$$w > \frac{DnF}{nF + \kappa(D - Z)} \qquad (6.9)$$

erhalten. Mit unserem Beispiel eines 10x42 Fernglases (Brennweite $F = 189\,\mathrm{mm}$, Sehwinkel $6.4°$) erhalten wir einen Zwischenbilddurchmesser von $Z = 21.1\,\mathrm{mm}$ und eine minimale Prismeneingangsweite von $w = 31.7\,\mathrm{mm}$. Durch Ersetzen von Z und F lässt sich ferner zeigen, dass diese Prismenweite bei konstanter Blendenzahl linear mit dem Objektivdurchmesser D skaliert, das Prismenvolumen und dessen Masse also mit D^3.

Hinter dem Zwischenbild folgt das Okular. Man beachte, dass in Abbildung 6.18 nur dessen Hauptebene dargestellt ist und jegliche technischen Konstruktionsdetails ausgeblendet sind. In der Tat ist es, anders als es die Abbildung suggeriert, gar nicht erforderlich, dass der Okulardurchmesser dem Bündeldurchmesser an dessen Hauptebene entspricht – schließlich kann die (positive) Feldlinse ja der Hauptebene vorgelagert sein und nahe der Bildebene liegen, an der das Bündel dann bereits in das Okular gelenkt wird. Als Minimalbedingung können wir also nur festhalten, dass die Feldlinse des Okulars mindestens den Durchmesser des Zwischenbildes aufweisen muss. Ferner gilt natürlich die bereits diskutierte Bedingung für die Weite der Augenlinse, Gleichung (6.1), und mit diesen beiden Werten für Feld- und Augenlinse ist der minimale Durchmesser des Okulars weitgehend abgesteckt.

6.5 Fallbeispiele

6.5.1 8x42 und 10x42 Fernglas

Versetzen wir uns nun in die Lage eines Herstellers, der neben dem 10x42 Fernglas auch ein 8x42 Modell anbieten möchte. Aus Kostengründen bietet es sich an, dieselbe Konstruktion zu verwenden, die in Abbildung 6.18 gezeigt ist, jedoch mit einem Okular der Brennweite $f = F/m = 23.6\,\mathrm{mm}$ und einem scheinbaren Sehfeld, das dem des 10x42 ($64°$ im Falle der Winkelbedingung, $\phi = m\Phi$) in nichts nachsteht. Der reale Sehwinkel des 8x42 ergibt sich dann zu $\Phi = 64°/8 = 8°$, und den Durchmesser des Zwischenbildes bestimmen wir aus Gleichung (6.6) zu $Z = 26.4\,\mathrm{mm}$. Wir benötigen also ein Okular größeren Durchmessers, was an sich kein Problem darstellt. Da aber das Strahlenbündel zuvor durch das Prisma muss, reicht die minimale Prismenweite des 10x42 Fernglases (31.7 mm) nicht mehr aus, denn der für das 8x42 Fernglas gültige Schätzwert aus Gleichung (6.9) ergibt $w > 33.8\,\mathrm{mm}$. Der Hersteller muss daher zwischen zwei Möglichkeiten wählen: Entweder die Prismen auf das 8x42 abzustimmen, somit ein unnötig schweres 10x Modell in Kauf zu nehmen, oder alternativ das kleinere Prisma des 10x Fernglases auch in der 8x Variante zu verbauen, wobei ein Teil der Randstrahlen verloren geht. Tatsächlich nehmen die Hersteller in der Praxis einen solchen Beschnitt der Randstrahlen durchaus in Kauf, der zu einer Abdunkelung im Randbereich des Bildes führt, die als Vignettierung bezeichnet wird. Versuche haben ergeben, dass das Auge des Beobachters eine Abdunklung des Randbereichs um 30 % in Relation zur Bildmitte nicht als störend empfindet. Entscheidend ist jedoch, dass zumindest die Hauptstrahlen (rot in Abbildung 6.18) das Prisma ohne Beschnitt passieren können, weil es andernfalls auch zu einem Beschnitt der Austrittspupille d käme und somit der Objektivdurchmesser gar nicht voll genutzt würde. Ein solcher Fall sollte allerdings in der Praxis auch nicht auftreten, wie die folgende Abschätzung zeigt:

Der Prismenausgang muss mindestens die Weite Z aufweisen, um einen Beschnitt des Sehfelds zu vermeiden. Wir wollen daher berechnen, bei welchem Öffnungsverhältnis O das Hauptstrahlbündel beim

Eintritt in das Prisma dessen Weite Z erreicht: Die reduzierte Länge des Prismas ist

$$L_0 = \frac{\kappa Z}{n}\,, \tag{6.10}$$

und der halbe Öffnungswinkel des Hauptstrahlkegels ist $\alpha = \mathrm{atan}(O/2)$, sodass die Querschnittsweite w_k des Kegels am Prismeneingang

$$w_k = 2L_0 \tan\alpha = \frac{\kappa Z O}{n} \tag{6.11}$$

beträgt, und diese hat kleiner zu sein als die Prismeneingangsweite Z, woraus für das Öffnungsverhältnis sofort die Ungleichung

$$O < \frac{n}{\kappa} \tag{6.12}$$

folgt. Mit BaK4 Glas und einer Brechzahl von $n = 1.57$ sowie Schmidt-Pechan-Prismen ($\kappa = 4.62$) hat das Öffnungsverhältnis somit kleiner zu sein als etwa 1/2.94, und diese Bedingung ist in Handferngläsern auf jeden Fall erfüllt.

6.5.2 8x30 und 6x30 Weitwinkel-Ferngläser

Ferngläser mit Objektiven der 30 mm Klasse gelten als kompakt und mobil, somit als ideale Begleiter für Reisen und Wandertouren. In der Tat gehören die 8x30 (oder 8x32) Modelle zu den beliebtesten Ferngläsern überhaupt, weil sie ein geringes Gewicht mit relativ weiten Sehwinkeln vereinen. Warum das so ist, lässt sich mit den Gleichungen (6.6) und (6.9) leicht begründen: Nehmen wir ein 8x30 Fernglas mit $\phi = 65°$ scheinbaren Sehwinkel, einem realen Sehwinkel von $\Phi = 65°/8 = 8.1°$, und einer Brennweite von $F = 4.2 \cdot 30\,\mathrm{mm} = 126\,\mathrm{mm}$, so erhalten wir einen Zwischenbilddurchmesser von moderaten $Z = 17.9\,\mathrm{mm}$, und unter der Annahme eines Schmidt-Pechan-Prismas eine minimale Prismenweite von $w > 23.4\,\mathrm{mm}$. Ein solches Prisma hätte also nur 19 % der Masse eines entsprechenden Bauteils im zuvor diskutierten 7x50 Fernglas. Es ist daher sehr einfach, ein kompaktes und leichtes 8x30 Fernglas mit weitem Sehfeld zu bauen.

Verständlicherweise besteht auch der Bedarf für vergleichbare Ferngläser mit geringerer, etwa 6-facher Vergrößerung. Ein solches Gerät hätte größere Austrittspupillen und wäre, im Gegensatz zum 8x30, auch in der Dämmerung einsetzbar. Nehmen wir also an, wir wollten ein solches Fernglas ebenfalls als Weitwinkel konstruieren, was einen $\phi = 65°$ scheinbaren Sehwinkel und einen realen Sehwinkel von $\Phi = 65°/6 = 10.8°$ impliziert. Mit identischen Objektiven ($F = 126\,\mathrm{mm}$) erhalten wir einen stattlichen Zwischenbilddurchmesser von $Z = 23.8\,\mathrm{mm}$ und eine minimale Prismenweite von $w > 26.2\,\mathrm{mm}$ was nahezu dem Objektivdurchmesser entspricht! Ein solches Prisma wäre nicht nur 40 % schwerer als das Prisma des 8x30 Fernglases, es würde auch nahezu den gesamten Raum zwischen Objektiv und Zwischenbild ausfüllen und keinen Platz für die Fokussierlinse lassen. Ein solches Fernglas ließe sich daher einfacher mit Porro-Prismen und Okularfokussierung realisieren, wobei es alles andere als kompakt wäre.

6.19

Okulare und Prismengehäuse eines Kronos 6x30 (links) und Zeiss (Jena) 8x30 (rechts) Weitwinkel-Fernglases.

Die Abbildung 6.19 zeigt den Größenvergleich zweier 30 mm Ferngläser mit Porro I-Prismen und nahezu identischen scheinbaren Sehwinkeln (etwa 70°), dem russischen Kronos BPWC 6x30 und dem Zeiss Jena 8x30 Jenoptem. Man erkennt die beachtlichen Unterschiede in Okulardurchmesser und Weite der Prismengehäuse. Das 8x30 wiegt etwa 550 g, das 6x30 dagegen stattliche 750 g.

6.5.3 7x50 Weitwinkel Fernglas

6.20

Das Nikon 7x50 IF WX (Sehfeld: 187 m/1000 m), wiegt 2.4 kg und sollte für längere Beobachtungsphasen auf ein Stativ montiert werden.

Warum existieren so wenige Weitwinkelferngläser der Kennwerte 7x50? Um diese Frage zu beantworten, analysieren wir zunächst das kürzlich von Nikon vorgestellte 7x50 IF WX: Es bietet einen beeindruckenden objektiven Sehwinkel von $\Phi = 10.7°$, was einem Sehfeld von 187 m/1000 m entspricht. Mit Winkelbedingung wäre der subjektive Sehwinkel dann $\phi = m\Phi = 74.9°$, doch da dieses Fernglas eine geringe kissenförmige Verzeichnung aufweist, dürfte die Tangensbedingung, die $\phi = 66.6°$ liefert, näher an der Realität liegen. Angaben zur Objektivbrennweite sind nicht publiziert, aber die langgezogene Bauweise deutet auf ein etwas langsameres Öffnungsverhältnis von vielleicht $\approx 1/4.5$ und somit auf eine Brennweite von etwa $F = 225$ mm hin. Das Umkehrprisma ist vom Abbe-König Typ.

Mit Gleichung (6.6) schätzen wir zunächst den Durchmesser des Zwischenbildes ab und erhalten $Z \approx 42$ mm. Mit Gleichung (6.9) folgt dann eine Prismeneingangsweite von beachtlichen $w \approx 44.6$ mm – nicht weit unterhalb des Objektivdurchmessers! Für diesen Wert haben wir eine Brechzahl von $n = 1.52$ angenommen (d.h. BK7 Glas) und den für Abbe-König Prismen gültigen Glaswegfaktor von $\kappa = 5.2$. Mit Sicherheit wird das optische Design dieses Fernglases eine Vignettierung beinhalten, um die Prismengrößen zumindest ein wenig zu reduzieren, und die Eingangsweite von $w = Z \approx 42$ mm dürfte die Werte des Serienmodells recht präzise wiederspiegeln. Mit einer spezifischen Dichte von 2.51 g/cm^3 (BK7 Glas) und dem Volumen von $V = 3.72 \cdot w^3$ erhalten wir eine Masse von 690 g pro Prismenblock, also 1380 g für das Paar. Jedes der riesigen Okulare dürfte nochmals 350 g zur Gesamtmasse des Nikon WX beitragen, die sich inklusive Gehäuse zu 2.4 kg aufsummiert. Dieses Fernglas befindet sich somit am oberen Limit der noch mit freier Hand einsetzbaren Ferngläser. Dessen hohes Gewicht ist nicht zuletzt einem sehr komplexen optischen Aufbau geschuldet, durch den das Fernglas nahezu randscharf und somit perfekt für den Einsatz unter dem Sternhimmel geeignet ist.

Es stellt sich die Frage, warum Nikon hier auf Abbe-König Prismen zurückgreift, denn ein Vergleich der Massen unterschiedlicher Prismentypen (Abbildung 6.21) zeigt deutlich, dass diese Bauweise zu besonders schweren Prismen führt. Wiederholt man etwa obige Rechnung mit Schmidt-Pechan Prismen (BaK4 Glas, Index $n = 1.57$ und spezifische Dichte von 3.1 g/cm^3), so kommt man auf ein Prismenvolumen von $V = 1.8 \cdot w^3$ und eine Masse von 410 g pro Seite, was die Gesamtmasse um gut einen Pfund reduziert hätte. Eine Anfrage ergab, dass man der optischen Leistung zuliebe auf die kom-

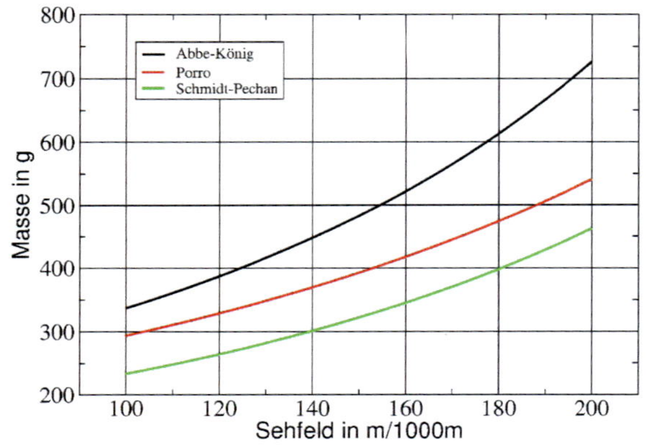

6.21

Masse des Umkehrprismas eines 7x50 Fernglases der Brennweite $F = 200\,\mathrm{mm}$, als Funktion des Sehfeldes. Abbe-König Prismen sind deutlich schwerer als entsprechende Porro I Prismen, führen jedoch zu schlankeren und teilweise leichteren Gehäusen. Am leichtesten ist das Schmidt-Pechan Prisma. Alle Daten basieren auf der Schätzformel (6.9).

6.22

Das Miyauchi 7x50 Binon (Sehfeld: $166\,\mathrm{m}/1000\,\mathrm{m}$), mit Porro II Prismen und massigen Okularen. Das schnelle Öffnungsverhältnis von $1/3.2$ ging jedoch zu Lasten der optischen Abbildungsleistung.

pakteren Schmidt-Pechan Prismen verzichtet, was womöglich mit den in Abschnitt 5.2.1 diskutierten Kontrasteinbußen dieses Prismentyps zusammenhängt. Insgesamt stellt dieses Fernglas (das auch als 10x50 Variante angeboten wird) eine Lösung dar, bei der kompromisslos auf maximale Leistung optimiert wurde. In diesem Kontext ist auch der Preis von zur Zeit (2018) etwa 6400 Euro zu erklären.

Einen etwas anderen Weg ging Miyauchi mit dem Design des 7x50 Binon, das im Jahre 2004 vorgestellt wurde und leider nur für kurze Zeit verfügbar war. Trotz seines objektiven Sehwinkels von $\Phi = 9.5°$ – nicht allzu weit von den Werten des Nikon WX entfernt – wog dieses Binon lediglich 1.3 kg. Erreicht wurde diese Diät mit der Wahl eines sehr schnellen Öffnungsverhältnisses von $1/3.2$, in Verbindung mit vignettierenden (d. h. etwas unterdimensionierten) Porro II Prismen. Dieses Fernglas war trotz seiner großen Okulare durchaus handlich, zeigte jedoch zum Sehfeldrand einen Schärfeabfall, der in diesem Preisbereich (immerhin über 700 Euro) kaum akzeptabel war und dessen Popularität unter Amateurastronomen Schaden zufügte. Dieses Beispiel zeigt sehr eindrücklich, wie der Wunsch nach einer kompakten Lösung zu inakzeptablen Kompromissen bei der optischen Leistung führen kann.

Besser machte es der US-amerikanische Hersteller Bausch & Lomb mit seinem historischen Mark 41 Fernglas, das während des Zweiten Weltkrieges eingesetzt wurde. Dieses Gerät bot einen objektiven Sehwinkel von 10°, d.h. ein Sehfeld von $175\,\mathrm{m}/1000\,\mathrm{m}$, verwendete konventionelle Porro I Prismen und wog moderate 1.6 kg. Ein relativ einfacher Okularaufbau ohne Bildfeldebnung lieferte unter Einsatz einer clever dosierten Vignettierung, die dabei half, den störenden Astigmatismus zu reduzieren[14], ein durchaus passables Abbildungsverhalten.

[14] Persönliche Mitteilung: Richard Buchröder

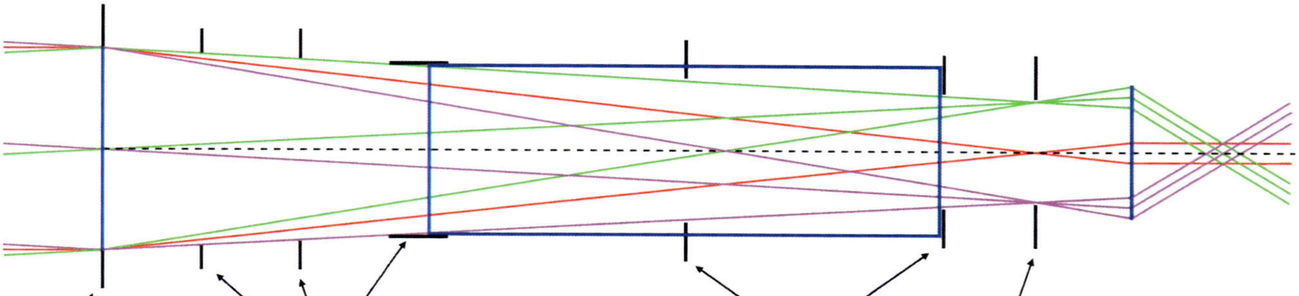

6.23

Schematische Darstellung des Blendensystems eines Fernglases.

6.6 Blendensysteme

Blenden sind für die Funktion eines optischen Systems von entscheidender Bedeutung und bilden daher einen fundamentalen Bestandteil des optischen Designs. So führt etwa ein nachträgliches Verschieben der Aperturblende nicht nur zu einer Verschiebung der Austrittspupille, sondern zusätzlich auch zu Aberrationen wie Koma oder Verzeichnung.

Die Abbildung 6.23 enthält zwei grundsätzliche Klassen von Blenden, deren eine der Bündelbegrenzung und deren andere der Falschlichtunterdrückung dient. Nahe der Hauptebene des Objektivs befindet sich die Öffnungsblende oder Aperturblende. Bei einem Objektiv vom Tele-Design (Abb. 6.1) ist dessen Hauptebene der Linse vorgeschoben, sodass hier Objektivfassung als Blende dienen kann; andernfalls ist es meist der Linsenrand oder auch eine direkt hinter dem Objektiv angebrachte Blende. Die Aperturblende definiert die Größe der Eintrittspupille und somit auch den Durchmesser der Austrittspupille.

Die Feldblende befindet sich nahe der Zwischenbildebene und legt den Sehwinkel des Fernglases fest. Sie ist oft ein Bestandteil des Okulars und kann sich, je nach dessen Bauart, vor oder auch hinter der Feldlinse befinden. Liegt diese Blende jedoch nicht hinreichend nah an der Bildebene, so wird die Sehfeldbegrenzung unscharf wahrgenommen, was sich negativ auf das Einblickverhalten auswirkt. Es treten dann auch zusätzliche Aberrationen auf, und diese müssen bei der Berechnung des Okulars unbedingt berücksichtigt werden. Um eine perfekt scharfe Abbildung der Sehfeldbegrenzung zu erhalten, muss ferner die Bildfeldwölbung des Objeltives berücksichtigt werden: Falls diese nicht vernachlässigbar ist, wird die Blende nicht etwa im paraxialen Fokus platziert, sondern derart, dass sie die Bildschale an der Sehfeldbegrenzung schneidet.

Militärferngläser erfordern häufig eine gravierte Strichplatte, die auf dem Zwischenbild liegen muss, damit die Markierungen scharf abgebildet werden. In diesem Falle definiert der Rand der Strichplatte die Feldblende. Generell muss bei optischen Baugruppen wie der Feldlinse oder der Strichplatte, die sehr nah an der Zwischenbildebene liegen, berücksichtigt werden, dass sich jede Verschmutzung sofort bemerkbar macht, weil jedes Staubkorn in diesem Bereich des Strahlengangs scharf abgebildet wird.

Wird das Strahlenbündel an einer anderen Stelle innerhalb des Strahlengangs beschnitten, so kommt es zu einer Vignettierung, bei der ein Teil der Randstrahlen von dem Beschnitt betroffen sind. Wie im vorigen Abschnitt angesprochen, tritt ein solcher Effekt häufig am Eingang eines zur Gewichtsminimierung unterdimensionierten Prismas auf.

Zusätzlich zu diesen bündelbeschneidenden Blenden werden noch Streulichtblenden benötigt, die nicht das eigentliche Strahlenbündel, sondern das in der Praxis unvermeidbare Falsch- oder Streulicht unterdrücken. So kann etwa eine intensive Lichtquelle außerhalb des Sehwinkels in die vorderen Bereiche der Tuben scheinen und das Licht von dort in den Strahlengang reflektiert werden. Auch fällt an jeder Glasfläche Streulicht durch Reflexion an, das anschließend durch eine zweite Reflexion zurück in den Strahlengang gelangen kann. Zudem erlauben die komplizierten Stahlenverläufe innerhalb der Umkehrsysteme nicht selten das Eindringen eines parasitären Teilbündels in den Strahlengang – Porro-Prismen sollten an der Basis eine Kerbung aufweisen (Abbildung 6.24), und dabei handelt es sich formal ebenfalls um eine Streulichtblende.

Zwischen Objektiv und Prisma existieren zahlreiche technische Lösungen, etwa geriffelte Innentuben, ringförmige Blenden oder die Abschirmung des Prismeneingangs durch einen Innentubus, die das Eindringen von Streulicht in das Prisma erschweren. Bei Prismenkonstruktionen, die aus nicht verkitteten Einzelteilen bestehen (etwa jene vom Schmidt-Pechan-Typ), lassen sich innerhalb des Luftspalts noch Lochblenden anbringen, ebenso am Prismenausgang. Unabhängig davon sollten auch die Linsenränder, insbesondere diejenigen, die sehr nahe am Strahlenbündel liegen, mit einer mattschwarzen Lackierung versehen werden, damit sie nicht zur Propagation von Falschlicht beitragen können.

Die Streulichtunterdrückung erfordert noch immer eine besondere Kunstfertigkeit des Konstrukteurs, da kein Computerprogramm das Streulichtverhalten einer Optik präzise vorhersagen kann. Manche Mängel werden erst in den Feldtests der fertigen Prototypen erkannt und müssen dann im Rahmen einer Revision des Designs beseitigt werden.

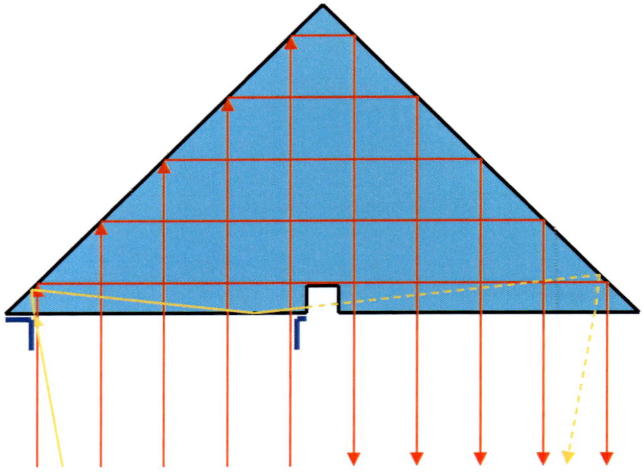

6.24

Die Kerbung in der Hypotenuse eines Porro-Prismas fängt einen vagabundierenden Lichtstrahl (gelb) ab, der den Streulichtfallen des Tubus und der Eingangsblende (blau) entkommen ist. Die gestrichelte Linie zeigt den hypothetischen Strahlenverlauf ohne Kerbung.

6.7 Abdichtung und Füllung eines Fernglases

Das serienmäßige Abdichten eines Fernglaskörpers gegen eindringendes Wasser und Staub gehört zu den anspruchsvollsten Aufgaben eines Herstellers überhaupt. Schließlich ist ein solches Gerät im praktischen Einsatz hohen mechanischen und thermischen Belastungen ausgesetzt und soll dennoch seine empfindliche Optik möglichst über Jahrzehnte hinweg von der Außenwelt abschirmen. Erschwerend kommt hinzu, dass mit der Fokussiereinrichtung auch noch bewegliche Baugruppen vorhanden sind.

Traditionell wurde für wasserdichte Ferngläser (meist für den militärischen Einsatz) auf eine Zentralfokussierung verzichtet und beide Okulare über Gewinde separat verstellt. Solche Schraubgewinde sind, falls sauber gefertigt und anschließend gefettet, druckwasserdicht. Gehäusedeckel wurden teilweise bis nach dem zweiten Weltkrieg noch mit Pech abgedichtet (zum Leidwesen mancher Reparaturwerkstätten, die beim Öffnen dieser Geräte mit den Spätfolgen zu kämpfen haben). Mittlerweile gibt es langlebige Kunststoffdichtungen, die bei einer Reparatur leicht austauschbar sind. Linsen werden entweder über fest anliegende Gummidichtungen versiegelt oder – inzwischen häufiger – direkt wasserdicht verklebt. Ferngläser für den professionellen Gebrauch werden in manchen Fällen noch zusätzlich mit Silica-Trockenpatronen ausgestattet, die selbst im Falle eines teilweisen Versagens der Dichtung noch einen trockenen Innenraum garantieren (Abbildung 6.25). Solche Instrumente erfordern jedoch eine turnusmäßige Wartung, bei der die Patronen frisch gefüllt werden müssen.

6.25

Chinesisches 8x30 Militärfernglas »Typ 62« (Sehfeld: 145 m/1000 m) mit in die Prismengehäuse integrierten Trockenpatronen.

Mit dem Einzug der Dachkantgläser mit Innenfokussierung ist das Abdichten einer Zentralfokussierung wesentlich vereinfacht worden, da nur noch eine dünne, drehbare Achse in den Fernglaskörper eindringen muss. Bei Porro-Ferngläsern ist eine konventionelle Innenfokussierung wegen der weit voneinander separierten Objektive schwieriger. Eine Zentralfokussierung mit beweglichen Okularen kann durch O-Ringe aus Gummi versiegelt werden, die jedoch auf einer Gegenfläche gleiten, daher nicht verschleissfrei sind und Staub ziehen können. Eine bessere Lösung besteht in der Verwendung von Rollmembranen, die den Vorteil eines geringen Reibungswiderstands bieten und daher bei niedrigen Temperaturen nicht steif werden. Bereits seit den 1950er Jahren wurden bei Zeiss die Porro-Gläser mit Mitteltrieb auf diese Weise spritzwasserfest versiegelt (Abbildung 6.26). Rollmembranen waren früher noch aus Gummi und daher von begrenzter Lebensdauer, werden inzwischen jedoch aus haltbaren synthetischen Polymeren gefertigt. Alternativ wurden auch Wellbälge aus Metall verwendet, die mit den Okularhülsen verlö-

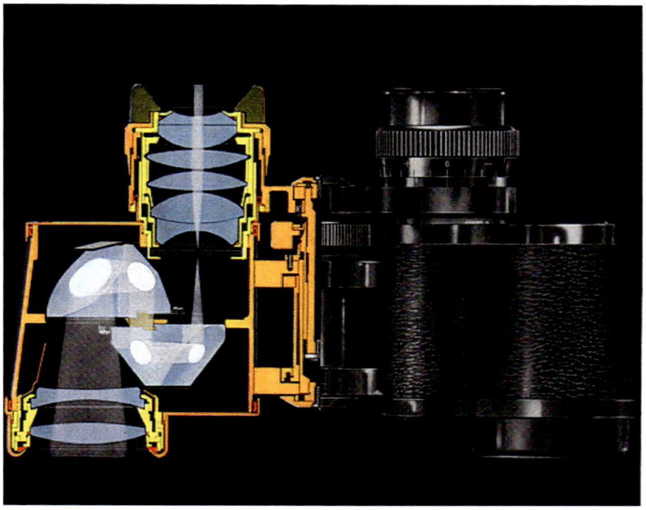

6.26

Zeiss 8x30 Porro (Sehfeld: 145 m/1000 m). Rote Linien zeigen die Lagen der Dichtungen. Man beachte das Tele-Objektiv mit weitem Luftspalt, und das aufwendige, 6-linsige 2-1-1-2 Okular, eine Konstruktion von Horst Köhler.

tet wurden[15]. Auch eine Okular-Innenfokussierung (Abbildung 6.15) vermag das Problem des hohen Reibungwiderstands bei wasserdichten Porros zu beheben.

In diversen Industrienormen wird die Dichtigkeit klassifiziert, von spritzwasserfest (was ein Hantieren im Regen ermöglicht) bis hin zu druckwasserdicht, wobei unterschiedliche Tauchtiefen (etwa 1 m bis 5 m) und -zeiten vorgeschrieben werden. Die routinemäßige Prüfung der Dichtigkeit erfolgt im Werk allerdings nicht in einem Wasserbad, sondern durch Druckbeaufschlagung: Über einen Stutzen wird im Innern des Gehäuses ein den Vorschriften entsprechender Überdruck erzeugt, und anschließend geprüft, ob dieser Druck über einen hinreichend langen Zeitraum hinweg Bestand hat. Der Stutzen wird anschließend entfernt und das Gehäuse endgültig versiegelt.

Vor der Versiegelung wird das Fernglas noch mit einem trockenen und chemisch trägen Schutzgas geflutet. Hier wird meist der leicht verfügbare industrielle Stickstoff verwendet. In der Werbelyrik wird als Grund für diese Füllung meist das verhindern eines Beschlags genannt – damit kann jedoch nicht die Kondensation von Wasserdampf im Innern des Gerätes, etwa nach einem Abfall der Außentemperatur, gemeint sein, denn diese ließe sich ebenso zuverlässig mit einer ordinären trockenen Luftfüllung verhindern. Es ist wohl eher so, dass trockener Flaschenstickstoff preisgünstig zur Verfügung steht, und da Stickstoff reaktionsträge ist und somit zur Oxidation neigende Schmierfette im Fernglas unbehelligt lässt, wird hier womöglich der Kondensation von Oxidationsprodukten vorgebeugt.

Die eben erwähnte Koexistenz von optischen Flächen und Schmierfetten in einem abgeschlossenen Fernglasgehäuse stellt ein generelles Problem in der Fernglastechnik dar: Fette bestehen ja aus langkettigen Molekülen und sind polydispers, also von unterschiedlicher Molekularmasse. Deren leichteste Bestandteile neigen bereits bei Raumtemperatur – wenn auch sehr langsam – dazu, zu verdampfen (auszugasen) und sich dann auf den optischen Flächen niederzuschlagen. Gleichzeitig reichern sich die schweren Bestandteile des Fettes in dem verbliebenen Schmierfilm an – das Schmiermittel wird allmählich zäh, es verharzt. Diese Umkondensation, die unter Normalbedingungen Jahre oder gar Jahrzehnte erfordert, kann sich bei stark erhöhten Temperaturen, im Auto oder hinter einem Schaufenster in praller Sonne, erheblich beschleunigen. Das Fernglas muss dann schlimmstenfalls einer professionellen Reinigung, gefolgt von einer Neufüllung mit Schutzgas, unterzogen werden. Hochwertige synthetische Schmierstoffe tragen dazu bei, die Gefahr einer solchen Umkondensation zu minimieren.

In den vergangenen Jahren sind einige Hersteller dazu übergegangen, das Edelgas Argon als Schutzgasfüllung anzupreisen. Die Verwendung von Argon anstelle von Stickstoff hat im Prinzip den Vorteil der höheren Atommasse (40 g/mol) im Vergleich zur Molekularmasse des Stickstoff (28 g/mol) und die damit verbundene geringere Diffusionsgeschwindigkeit. Es wird damit geworben, dass das Argon aus diesem Grunde über einen längeren Zeitraum hinweg im Gehäuse verbliebe, bevor es sich über einen langsamen Diffusionsprozess durch die Dichtungen verflüchtige. Diese Argumentation ist allerdings fragwürdig, wenn man einen Blick auf die Diffusionsrate eines Gases durch einen Festkörper (etwa: eine dünne Trennwand) wirft:

$$R = PA\,\frac{p_1 - p_2}{d}\,. \tag{6.13}$$

Hier ist R die Diffusionsrate, die bestimmt, wie schnell die Diffusion erfolgt, P der Permeationskoeffizient, eine Konstante, die vom Material der Dichtung und von dem diffundierenden Gas abhängt,

[15] So etwa bei mehreren Huet Ferngläsern der französischen Kriegsmarine; Mitteilung von Hans Weigum.

A ist die Fläche, über die eine Diffusion stattfindet, d die Wandstärke, und $p_1 - p_2$ die Differenz der Partialdrücke des Gases (innen vs. außen, auch als Konzentrationsunterschied zu verstehen).

Nun erinnern wir uns, dass die Außenluft zu 78 % aus Stickstoff besteht, aber zu weniger als 1 % aus Argon. Wenn also, wie behauptet, das Fernglas durchlässiger für Stickstoff ist als für Argon, dann wird der Stickstoff in ein mit Argon gefülltes Fernglas hineindiffundieren – und zwar recht schnell, weil der Partialdruckunterschied beachtliche 0.78 bar beträgt. In diesem Falle würde es im Fernglasgehäuse zu einem osmotischen Überdruck kommen, der auf Dauer die Dichtungen belasten dürfte. Umgekehrt, bei einem mit Stickstoff gefüllten Fernglas, beträgt der Partialdruck des Stickstoffs ein bar im Innern, 0.78 bar außerhalb, die Differenz also nur 0.22 bar, sodass der Stickstoff aus einem solchen Fernglas viel langsamer herausdiffundiert als er in ein mit Argon gefülltes Fernglas hineindiffundiert. Insgesamt dürfte die Stickstofffüllung daher technische Vorteile haben, und das Argon ist eher als ein Marketing-Gag einzelner Fernglashersteller zu bewerten.

In der Fernglaspraxis wird das Füllgas wohl seltener durch eine langsame Diffusion, als vielmehr durch ein kapitales Leck nach einer Beschädigung der Dichtung entweichen. Ist das Schutzgas erst einmal raus, so wird es durch die Außenluft ersetzt, und diese kann unter Umständen genügend Wasserdampf enthalten, um dann bei einem Temperatursturz zu einer Kondensation von Wasserdampf zu führen. Diese ist jedoch reversibel: Das Gerät sollte an einem trockenen Ort gelagert werden, bis der Beschlag wieder verschwunden ist. Langfristig ist in diesem Fall eine Reparatur der Dichtung inklusive Neufüllung des Schutzgases angesagt.

7 Bericht über ein selbstgebautes Hochleistungsfernglas

von Gerhard Eller

Schon in sehr früher Kindheit beim ersten Kontakt mit Ferngläsern war der Autor von Ferngläsern fasziniert. Mein Onkel hatte aus dem 2. Weltkrieg einen kleinen Zeiss Feldstecher mitgebracht. Wenn ich mich recht erinnere, war es ein 6 x 24, den ich voller Stolz bei gemeinsamen Spaziergängen tragen durfte. Dieses Fernglas hat mich sozusagen geprägt, und meine Begeisterung für das Fernrohr-Sehen ist über die Jahre nicht nur gleich geblieben, sondern hat sich durch den Gebrauch weiterer Optiken nur noch verstärkt. Das Galilei'sche Fernglas meines Großvaters hat mich dagegen wenig beeindruckt. Es hat mir niemals die Seherlebnisse gegeben wie der kleine Zeiss Feldstecher, und ich fand immer Gründe, bei Wanderungen in der Natur mehr die Nähe meines Onkels zu suchen, um dem »Galilei« des Großvaters aus dem Wege gehen zu können.

Meine Erinnerung an diese Fernglas Erfahrungen aus den 1950er Jahren sind immer noch lebendig. Mit den wunderbaren Seherlebnissen lernte ich auch, gut von weniger gut zu unterscheiden und die besondere Freude an einem guten Fernrohrbild zu genießen. Schlüsselerlebnisse dieser Art wird wohl jeder im Gedächtnis behalten, der früher oder später lernte, den »richtigen« Fernglasweg zu beschreiten und so eine positive Beziehung zu Ferngläsern im allgemeinen aufbauen konnte.

Das Leben besteht nicht nur aus besinnlichen Fernrohrbeobachtungen. Die Berufswelt hatte andere Prioritäten und das Interesse an Ferngläsern und der Optik ruhte lange, um dann später neu zu erwachen. Die Amateurastronomie hatte mich gepackt! Eine erfolgreich abgeschlossene Feinmechaniker-Lehre erlaubte mir, nach Literaturangaben ein Fernrohr selber zu bauen. Mit einem Firmenkollegen haben

7.1

Selbstbau: Ein 12x62 Porro II Weitwinkel-Fernglas (Sehfeld: 113 m/1000 m); Vergrößerung: 11.7x; scheinbarer Sehwinkel: 74°; Austrittspupille: 5.3 mm; Austrittspupillen-Längsabstand: 23 mm; Naheinstellgrenze: 9.8 m; Gewicht: 2.7 kg (Optik allein: 1.4 kg).

wir zusammen zwei parallaktische Montierungen und ein astronomisches Fernrohr gebaut. Der Kollege benutzte einen vorhandenen Quelle-Refraktor mit 60 mm Objektivdurchmesser und 910 mm Brennweite. Mein Refraktor hatte ein Lichtenknecker AK-Objektiv mit 125 mm Öffnung und 1300 mm Brennweite. Dieses Fernrohr war mein erster Selbstbau.

Nach meinem abgeschlossenen Maschinenbau-Studium konnte ich meine technischen und mechanischen Möglichkeiten wesentlich erweitern. Im Hinblick auf Präzision, Materialien und Bearbeitungsmöglichkeiten näherte ich mich neuen Horizonten. Nach der Konstruktion und dem Bau verschiedenster astronomischer Fernrohre sind nicht nur meine Kenntnisse und Fähigkeiten gewachsen, sondern auch das Bestreben, mich auch optisch weiterzubilden um noch Besseres zu schaffen. Ferngläser und kaum etwas anderes lagen in meinem Sehfeld.

7.2

Objektive: Zwei apochromatische Objektive aus dem Leica Spektiv 62 mm APO, Brennweite: 352 mm.

Nun ist einäugiges Sehen zwar gut – das binokulare Sehen durch ein gutes zweiäugiges Fernglas ist jedoch etwas anderes. Der Einäugige ist bei den Blinden der König, nicht aber bei den mit beiden Augen Sehenden.

Nach dem Sammeln von Ferngläsern unterschiedlicher Art und vieler Hersteller und dem Vergleich der diversen Ferngläser ist mir der Aha-Effekt, den ich in jungen Jahren erlebt habe, nie wieder begegnet. Die neueren Ferngläser haben zwar größere Sehfelder als der alte Zeiss Feldstecher meines Onkels und auch eine höhere Bildhelligkeit – der Seheindruck ist jedoch eher mäßig und dem des alten Feldstechers nicht prinzipiell überlegen. Ich hatte Ferngläser aller namhaften Hersteller in meiner Sammlung, aber keines gab mir das, was ich als junger Mensch beim Durchblick durch den kleinen Zeiss Feldstecher empfunden habe.

7.3

Okulare: Zwei Okulare aus dem Carl Zeiss 8x60 (Deckmounted) der 1950er Jahre, Brennweite: 30 mm.

Der Leser mag einwenden, dass das erste Sehen durch ein sehr gutes Fernglas – wie so manches aus der Erinnerung – in der Rückschau immer schöner wird und auch durch etwas Besseres nicht aus dem Gedächtnis verdrängt werden kann. Natürlich hat die optische Industrie im Laufe der Zeit die Ferngläser verbessert und eine Reihe von Neuerungen eingebaut. Ein »Quantensprung« – hier vielleicht nicht der rechte Begriff – ist meines Erachtens jedoch nie realisiert worden. Das Gefühl: Dieses Fernglas bringt in Richtung Seherlebnis etwas völlig Neues oder erreicht eine neue Dimension, hat sich bei den handelsüblichen Ferngläser nicht ein einziges Mal eingestellt. Ich konnte bei Handferngläsern einen wirklichen merkbaren Fortschritt nie bemerken. So recht zufrieden war ich nie und nahm sogar an, die Optik-Firmen bauen mit ihren Ferngläsern zwar hochwertige Messinstrumente, vergessen aber dabei, dass ein Fernglas auch ein Gebrauchsgegenstand ist, der Freude bereiten muss.

7.4

Porro II Prismen, wie sie in den Modellen Asembi und Asiola von Carl Zeiss Jena verwendet wurden. Der freie Durchlass beträgt 30 mm, der Glasweg 131 mm. Die Objektive sind zwar für einen Glasweg von 100 mm optimiert, jedoch ist die Differenz bei der hier verwendeten Vergrößerung noch ohne Belang.

Durch einen Zufall habe ich Personen kennen gelernt, die sich mit historischen Ferngläsern, speziell mit militärischen Doppelfernrohren aus dem 2. Weltkrieg befassen. Ich bekam damit die Möglichkeit, durch diese Ferngläser zu sehen. Und plötzlich war er wieder da, der Aha-Effekt. Das Seherlebnis der ganz besonderen Art. Das Fernrohrbild dieser Ferngläser ist einfach phänomenal.

Diese Modelle waren unter anderen das Zeiss 10x80 20°, 10x80 80°, das Busch Glas 10x80 45° und das Zeiss 8x60 Deck Mounted von Carl Zeiss Jena und Carl Zeiss Oberkochen[1]. Es gibt sicher noch einige andere Gläser, die genannt werden könnten, hier möchte ich jedoch ein besonderes Glas herausheben: Es ist das 8x60 Deck Mounted von Carl Zeiss Oberkochen, gebaut in den 1960er Jahren für die Bundesmarine[2].

7.5

Weitere Komponenten des Fernglases (von links oben im Uhrzeigersinn): Objektivtuben, Prismengehäuse, Prismenstühle und Einzelteile der Knickbrücke.

Die technischen Daten, die dieses Glas kennzeichnen, haben es mir angetan. Das ist es jedoch nicht allein. Der visuelle Seheindruck mit dem riesigen Sehfeld ist phantastisch, ja unglaublich. Der sehr große Abstand der Austrittspupille ist ein weiteres positives Merkmal dieses Glases. Die 8-fache Ver-

[1] Der Winkel bezieht sich hier auf die bezüglich der Blickrichtung abgewinkelte Einblicksrichtung

[2] Sehr ausführliche Beschreibungen und Fotos auf über 500 Seiten zeigt das Buch *Militärische Ferngläser und Fernrohre in Heer, Luftwaffe und Marine* von Hans T. Seeger, ISBN 3-00-000457-2. Dieses Buch ist ein absolutes Muss für den Fernglasbegeisterten.

größerung ist zwar etwas gering für ein Glas mit 6.5 kg Masse und so ist trotz der relativ kleinen Vergrößerung ohne stabiles Stativ nichts zu machen. Es ist ja auch ein Glas, das für den Gebrauch an Bord fest an der Bordwand oder auf einer Torpedo-Zielsäule montiert ist. Ein solches Fernglas kann man heute nicht mehr kaufen – und wenn, müßte man mindestens den Gegenwert von ca. 42.000 DM ausgeben. Diese Summe war um 1960 der Kaufpreis für ein solches Oberkochener 8x60 Deck Mounted, den die Bundesmarine bei der Anschaffung zahlen musste.

Meine Aktivitäten als Sammler führten mich zu zwei Okularen dieses Fernglases – ein Schritt in die richtige Richtung. Zwei Porro II-Prismen eines anderen größeren Modells und zwei APO-Objektive von Leica standen mir auch zur Verfügung, um meiner Idee vom Superfernglas Gestalt zu verleihen.

7.6

Blick in die Fernglastuben mit montierten Streulichtblenden.

Aus diesen optischen Komponenten habe ich ein Fernglas konstruiert, das seinesgleichen sucht. Es ist ein 12x62 APO Fernglas, ein Exemplar, das vom Sehen her jenseits der kommerziellen Gebrauchsoptiken liegt und auf Anhieb ein Aha-Erlebnis der beschriebenen Art bewirkt. Seit der Fertigstellung dieses Glases gibt es für mich keine offenen Wünsche für ein leistungsfähiges Fernglas mehr – ich kann immer, wann ich will, den Aha-Effekt erleben.

Dieses Fernglas wurde 2010 beim Treffen der Amateurastronomen ITV im Vogelsberg zum ersten mal öffentlich vorgestellt. Alle Beobachter waren aufs höchste beeindruckt, ja geradezu überwältigt. „So etwas habe ich noch nie gesehen, so was gibt es doch gar nicht“ lauteten die ersten Kommentare.

7.7

Blick auf den montierten Prismencluster.

Wichtig erschien mir nicht nur das Lob an sich, sondern auch, wer es ausspricht. Amateurastronomen sind keine durchschnittlichen Beobachter, sondern ausgewiesene Fachleute, die wissen, woran man ein gutes Fernrohrbild erkennt und wie das Okular-Einblickverhalten sein sollte. Inzwischen sind auch Mitarbeiter aus der optischen Industrie auf dieses 12x62 APO aufmerksam geworden und haben mehr als ein flüchtiges Interesse bekundet.

Auch auf der ATT 2010 in Essen waren einige Experten wiederum des Lobes voll und ich hörte nicht nur Worte wie „unglaublich, wunderbar, absolute Spitze“, sondern es gab auch konkretere Anfragen:

7.8

Blick auf die Prismengehäuse nach Montage der Okulare.

Wo kann man dieses Glas kaufen? Was kostet es? Auf diese immer wieder gestellte Fragen habe ich keine Antwort. Es war eine glückliche Fügung, dass das früher serienmäßig hergestellte Okular, das von mir ausgewählte Prismensystem und das Objektiv eine perfekte Einheit bilden, die in Bezug auf Sehfeld, Verzeichnung, Freiheit von Farbfehlern etwas nahezu Vollkommenes ist und darüber hinaus etwas nicht Messbares bietet, nämlich einen Seheindruck der ganz besonderen und überwältigenden Art. Ein Seheindruck, der heute von keinem noch so teuren handelsüblichen Fernrohr oder Fernglas mitgeliefert wird.

Würde ich nicht nur die Beträge für die verwendete Optik berücksichtigen, sondern auch die mechanische Arbeiten mit einem Mindest-Stundenlohn berechnen, hätte ich etwa 3500 Euro investiert. Weil man die eigene Arbeitszeit nicht nach Euro und Cent berechnet, sondern vergisst, wenn sich das optimale Ergebnis abzeichnet und schließlich erreicht wird, ist die genannte Zahl eine theoretische Größe, die schon beim nächsten Exemplar geringer wäre, wenn es die geeigneten optischen Baugruppen noch in namhafter Zahl geben würde.

Es bleibt abzuwarten, ob dieses neue bzw. alte Fernrohr ein Einzelexemplar bleibt oder ob die ersten Kontakte zur Industrie weiterführen. Es wäre doch schön, wenn es wieder Optiken gäbe, mit denen das Sehen etwas Besonderes wird – ein Erlebnis und ein Ereignis, ja ein besonderer Genuss.

Gerhard Eller, Nidderau (gerheid@t-online.de)

Teil II

Optische Wahrnehmung

8 Das Auge

Verwenden wir das Gleichnis einer Digitalkamera mit eingebautem Objektiv fester Brennweite, so gleicht das Auge der Kombination von Objektiv und Sensor, das Fernglas einem vorgeschalteten Tele-Aufsatz, die Verschaltungen der Ganglienzellen hinter der Retina einer elektronischen Daten-Vorverarbeitung innerhalb der Kamera, und die nachfolgende Datenverarbeitung im visuellen Kortex des Gehirns einer Bearbeitung der RAW-Daten in Photoshop.

Dieses Kapitel beschäftigt sich mit den Eigenschaften des Auges als optisches Instrument, und der Retina als lichtempfindlicher Sensor sowie erste Instanz der Datenverarbeitung.

8.1 Das Auge als optisches Instrument

Das Auge ist ein hochkomplexes Organ, dessen Funktionsweise man sich schrittweise über Modellbildung anzunähern hat. Die Abbildung 8.1 zeigt ein solches Modell, das aus wenigen, vereinfachten Komponenten aufgebaut ist, deren Funktion dennoch die wesentlichen Eigenschaften des Auges reproduzieren kann[1]. Die optischen Oberflächen sind sphärisch, mit Krümmungsradien, die auf ein durchschnittliches menschliches Auge abgestimmt sind.

Ein einfallendes Strahlenbündel trifft zunächst auf die Hornhaut der Dicke 0.6 mm mit den beiden Krümmungsradien $R_1 = 7.8$ mm und $R_2 = 6.4$ mm und einer Hauptbrechzahl von $n = 1.377$. Es durchläuft anschließend eine mit Wasser ($n = 1.337$) gefüllte Kammer, wird von der Iris, die als variable Aperturblende dient, abgeblendet, um dann auf

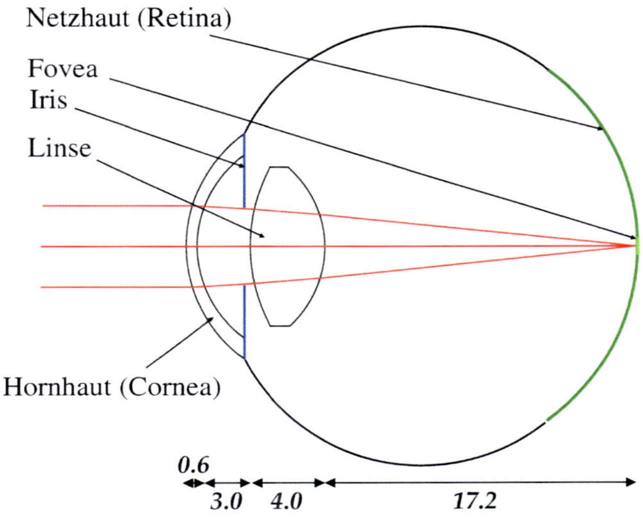

8.1

Modell eines Auges aus sphärischen optischen Komponenten (Längenangaben in mm) mit einem Strahlenbündel aus dem Unendlichen.

die Linse zu treffen. Diese Linse ist flexibel und kann über am Linsenrand befestigte Bänder gestrafft oder entspannt werden, wodurch die Krümmungsradien der beiden optischen Flächen variieren. Die Abbildung 8.1 zeigt die Situation in der Unendlich-Stellung, in der die Linse radial gestreckt ist, sodass die Krümmungsradien $R_1 = 10.1$ mm und $R_2 = -6.1$ mm betragen. Fokussiert das Auge jedoch auf ein Objekt im Nahbereich (etwa 25 cm), so ist die Linse entspannt, wird dabei runder, und die Radien betragen dann $R_1 = 5.95$ mm und $R_2 = -4.5$ mm. Die Brechzahl der Linse beträgt etwa $n = 1.411$. Der Rest des Strahlengangs führt erneut durch ein wasserähnliches Medium, bis das Bündel ungefähr 17mm hinter der Linse auf die Retina (Netzhaut) fällt, auf der es ein reelles Bild

[1] Alle Daten stammen aus: Bruce H. Walker, *Optical design for visual systems*, SPIE PRESS, Bellingham, Washington USA, 2000.

erzeugt. Die Abbildung enthält der Vollständigkeit halber noch die Fovea, den zentralen Bereich des schärfsten Sehens auf der optischen Achse der Retina, nicht jedoch anatomische Einzelheiten wie den seitlich versetzten blinden Fleck, an dem der Sehnerv ansetzt.

Ein Modellauge, wie hier beschrieben, kann dazu dienen, das Raytracing eines optischen Instruments zu vervollständigen. Dabei wird das Auge hinter dem Okular des Instruments platziert und der Verlauf des Strahlenbündels (siehe etwa Abbildung 10.23) bis hin zur Netzhaut verlängert. Diverse Bildfehler, die aus der unvollkommenen Zentrierung des Auges auf die Austrittspupille beim Blicken (Rollen) des Auges resultieren, sowie die Wirkung von Streulicht, lassen sich auf diese Weise im Detail analysieren.

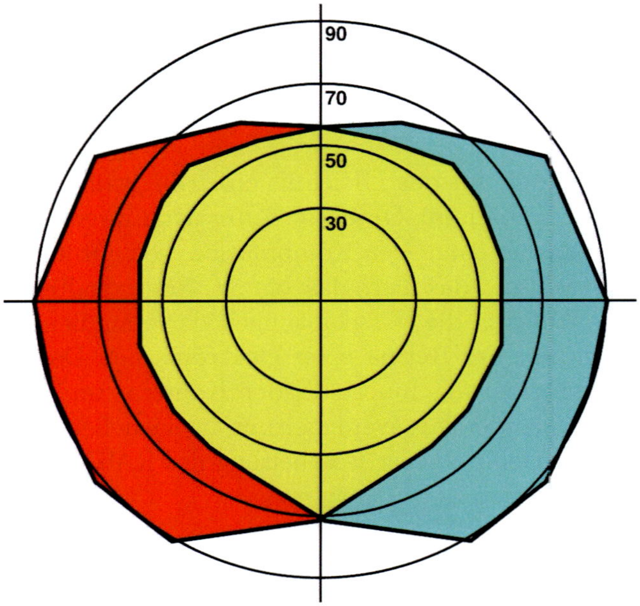

8.2

Gesichtsfelder beider Augen mit binokularem Gesichtsfeld (gelb). Die Zahlen an den Koordinatenkreisen stehen für den halben Sehwinkel in Grad.

8.2 Gesichtsfeld

Das Gesichtsfeld ist der Winkelbereich, den das Auge bei geradeaus gerichtetem Blick übersehen kann. Jedes einzelne Auge überblickt dabei einen asymmetrischen Sektor, der im Rahmen der Perimetrie gemessen wird, anatomisch bedingt gewissen individuellen Schwankungen unterliegt und nasal (in Richtung Nase) etwas eingeschränkt ist (Abbildung 8.2). Die Gesichtsfelder beider Augen überlappen in einem weiten (binokularen) Sektor, der in alle Richtungen einen halben Sehwinkel von mindestens 50° umfasst. Das Farbsehen ist dabei nicht über den kompletten Winkelbereich gleichmäßig gut entwickelt – abseits des Sehfeldzentrums lässt zunächst die Farbsättigung, dann die Farbtreue nach, und in der Peripherie ist lediglich eine hell/dunkel Unterscheidung möglich – eine Folge der ungleichmäßigen Verteilung der Zapfen in der Retina (siehe auch Abschnitt 8.7).

Das Auge stellt ein echtes Weitwinkelinstrument dar, und jede Beobachtung durch ein Fernglas, das weniger als 90° scheinbaren Sehwinkel bietet, ist mit einer signifikanten Einschränkung der Sicht verbunden. Ironischerweise wird ein Fernglas, das einen Sehwinkel von mindestens 60° aufweist – was dem kleinsten der in Abbildung 8.2 dargestellten Koordinatenkreise entspricht – bereits als Weitwinkelfernglas bezeichnet, und es ist nahezu ein Ding der Unmöglichkeit, Ferngläser mit subjektiven Sehwinkeln von 90° käuflich zu erwerben.

8.3 Pupillenweite

Die Pupillenweite ist adaptiv und ändert sich mit den Lichtverhältnissen, genauer gesagt mit der Leuchtdichte L_u der Umgebung, deren Basiseinheit das Candela pro Quadratmeter ($1\,cd/m^2$) darstellt[2]. Diese Leuchtdichte hängt von zweierlei Faktoren ab: von der Stärke der Umgebungsbeleuchtung und von der Albedo des betrachteten Objekts. Die Albedo beziffert den Anteil des von dem Objekt (mit stumpfer, nicht spiegelnder Oberfläche) reflektierten Lichts, und erreicht bei frischem Schnee Werte in der Nähe von 0.9, im Wald jedoch nur mittlere Werte um 0.1. Die Tabelle 8.1 enthält einige Beispiele von Leuchtdichten eines weißen Blatt Papiers (Albedo nahezu 1) unter sehr unterschiedlichen Beleuchtungsverhältnissen.

Leuchtdichte	Weißes Blatt Papier...
0.000001	Wahrnehmungsschwelle
0.001	unter klarem Sternhimmel
0.1	im Mondlicht
1	Zimmer mit laufendem Fernseher
10	Straßenbeleuchtung
100	Zimmerbeleuchtung
1000	im Freien, Regenwetter
10000	in hellem Tageslicht
100000	in direkter Sonne

Tabelle 8.1

Leuchtdichte (in $\mathrm{cd/m^2}$) eines weißen Blatt Papiers unter verschiedenen Lichtverhältnissen

Die Pupillenweite und deren Änderung als Funktion der Leuchtdichte und des Alters wurde in zahllosen Studien untersucht. Kürzlich erschien eine Arbeit von A.B. Watson und J.I. Yellott, in der alle wichtigen Parameter, die einen Einfluss auf die Pupillenweite haben, in einer einzigen empirisch bestimmten Rechenformel zusammengefasst wurden[3]. Die Formel lautet nach Abrunden auf vier signifikante Stellen

$$d_\mathrm{a} \approx \frac{18.52 + 0.1222f - 0.1056y + 1.386 \cdot 10^{-4} fy}{2 + 0.06306f} \tag{8.1}$$

Hier steht y für das Alter der Person (in Jahren), das für die Gültigkeit der Formel mindestens 20 betragen muss (eine entsprechende Anpassung für jüngere Personen ist in der Arbeit ebenfalls ausgeführt). Der Faktor f ist definiert als

$$f = (La)^{0.41} \tag{8.2}$$

mit der Leuchtdichte L in $\mathrm{cd/m^2}$ und der Winkelfläche a des Gesichtsfelds. Mit dem freien Auge erreicht der halbe Sehwinkel gut 50°, sodass wir eine Winkelfläche von $a = \pi(50°)^2 = 7854$ (Quadratgrad) erhalten.

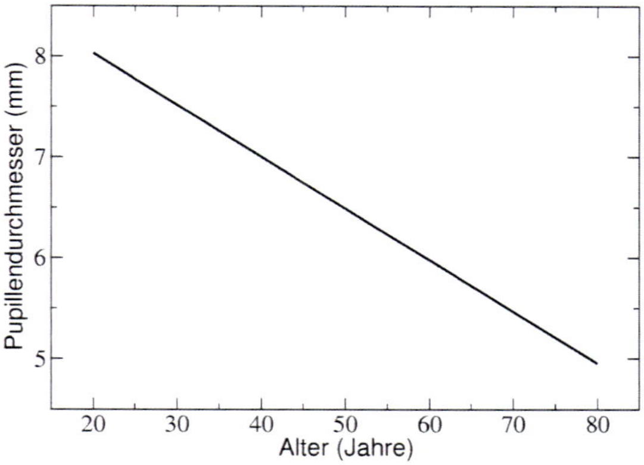

8.3

Maximale Pupillenweiten von Probanden unterschiedlichen Alters (Mittelwerte).

[2] Das Candela ist die SI-Einheit der Leuchtstärke, physikalisch definiert als der Lichtstrom pro Raumwinkeleinheit, und entspricht etwa der Leuchtstärke einer Haushaltskerze, während eine 100 W Glühbirne etwa 120 cd liefert.

[3] Andrew B. Watson and John I. Yellott, *A unified formula for light-adapted pupil size*, Journal of Vision **12**, p. 1 (2012)

In einer dunklen Nacht, bei einer Umgebungsleuchtdichte von 0.0001 cd/m^2, erreicht die Pupille ihre Maximalweite, die in Abbildung 8.3 als Funktion des Alters dargestellt ist. Wie bei allen Ergebnissen der Rechenformel (8.1) sollte jedoch berücksichtigt werden, dass es sich hier um Mittelwerte handelt und die Unterschiede zwischen Individuen beträchtlich sind. So geben die Autoren Standardabweichungen der individuellen Pupillendurchmesser von bis zu 1 mm an, was also bedeutet, dass ein Drittel aller Probanden um mehr als 1 mm von den berechneten Mittelwerten abweichen.

In Abbildung 8.4 sind die Pupillenweiten von Personen unterschiedlichen Alters (20, 40, 60 und 80 Jahre) als Funktion der Umgebungsleuchtdichte dargestellt. Zur besseren Orientierung wurden hier Trennlinien bei Leuchtdichten von 0.01 cd/m^2 und 10 cd/m^2 eingezeichnet, die (etwas willkürlich) die Bereiche des Nachtsehens, des Dämmerungssehens und des Tagessehens voneinander abgrenzen. Es ist leicht zu erkennen, dass die Pupille bei Dunkelheit erweitert ist und sich bei Helligkeit zusammenzieht. Diese Pupillenadaption stellt eine Maßnahme des Auges dar, auf unterschiedliche Lichtverhältnisse zu reagieren, indem es den Lichtfluss auf die Retina reguliert. Ferner sind die Pupillenweiten altersabhängig und unterliegen, wie bereits erwähnt, auch individuellen Schwankungen.

Ein interessanter Nebenaspekt ist, dass die Pupillenweite auch von dem Sehwinkel abhängt: Die gestrichelte Kurve in Abbildung 8.4 ist das Ergebnis, das die Formel (8.1) für eine 20-jährige Versuchsperson ergibt, deren Sehwinkel auf 50° eingeschränkt ist. Diese Situation tritt auf, wenn die Pupillenadaption während der Beobachtung durch ein Fernglas mit einem subjektiven Sehwinkel von 50° stattfindet. Die Pupille ist dann zusätzlich geweitet – ein Umstand, dem bei der Wahl eines geeigneten Fernglases Rechnung getragen werden sollte. Hierbei ist zu beachten, dass auch im normalen Tageslicht Situationen auftreten können, in denen Tiere im Wald

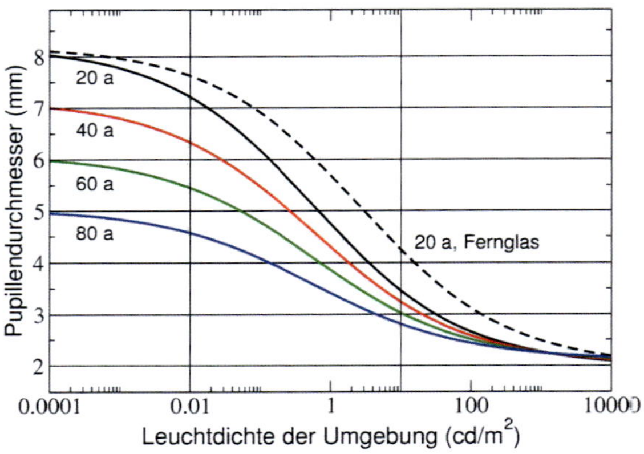

8.4

Mittlere Pupillenweiten von Probanden unterschiedlichen Alters als Funktion der Umgebungsleuchtdichte. Ist der Sehwinkel eingegrenzt, etwa während der Beobachtung mit einem Fernglas, das einen subjektiven Sehwinkel von 50° aufweist, so ist die Pupille zusätzlich geweitet (gestrichelte Kurve).

oder im Schattenbereich eines dichten Buschwerks beobachtet werden, und da die Albedo in einer solchen Umgebung niedrige Werte um 0.1 aufweist, können durchaus geringe Leuchtdichten im Bereich einiger 100 cd/m^2 auftreten. Es ist daher auch während der Tagesbeobachtung von Vorteil, wenn die Austrittspupille einen Durchmesser von 3 mm nicht unterschreitet. Typische Kompaktferngläser bieten oft nur Austrittspupillen von 2.5 mm und stoßen daher schnell an ihre Grenzen. Solange die Austrittspupille die Pupillenöffnung des Auges übertrifft, ist eine hohe Transmission des Fernglases – zumindest in Bezug auf die wahrgenommene Helligkeit des Bildes[4] – von zweitrangiger Bedeutung: Das Auge reguliert mit seiner Pupillenweite den Lichtfluss und kompensiert innerhalb weniger Sekunden die

[4] Eine geringe Transmission infolge einer mangelhaften Vergütung kann jedoch zu Streulicht durch Reflexionen an den Glasoberflächen und somit zu einem Kontrastverlust führen.

Transmissionsverluste des Fernglases durch eine geringfügige Erweiterung der Iris.

Da manche Tiere dämmerungsaktiv sind, sollte für entsprechende Studien ein Fernglas zur Verfügung stehen, das mindestens 5 mm, bei jüngeren Beobachtern besser 6 mm Austrittspupillen bietet, um einen möglichen Lichtverlust durch den Beschnitt der Augenpupille gering zu halten. Ein jugendlicher Jäger auf dem Nachtansitz benötigt für die optimale Sicht sogar Austrittspupillen von mehr als 7 mm. Wer regelmäßig in der Dämmerung oder gar in der Nacht beobachtet, der sollte bei einem Augenarzt auch eine Messung seiner individuellen, von den hier genannten Richtwerten möglicherweise abweichenden Pupillenweite in Erwägung ziehen.

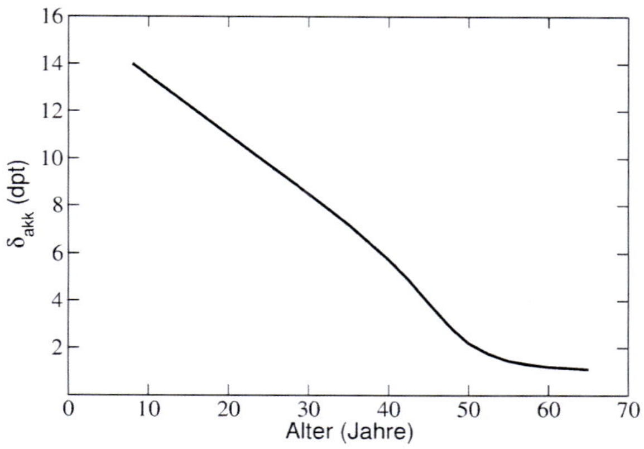

8.5

Durchschnittliche Akkommodationsbreite in Abhängigkeit vom Alter.

8.4 Akkommodationsbreite

Um einen Gegenstand in endlicher Entfernung scharf abbilden zu können, muss das Auge akkommodieren, also seine Brechkraft ändern. Diese Akkommodation wird traditionell in Dioptrien (dpt) angegeben, als das Reziproke der Entfernung in Meter. Um einen Gegenstand in 5 m Entfernung scharf sehen zu können, muss das Auge (relativ zur Unendlich Stellung) um $1/5\text{m}^{-1}$ akkommodieren, was 1/5dpt entspricht. Ein Gegenstand in 20 cm Entfernung erfordert folglich eine Akkommodation von 5 dpt. Vorausgesetzt, eine Person sieht im Unendlichen scharf und kann bis auf einen Nahpunkt von 20 cm akkommodieren, so spricht man von einer Akkommodationsbreite von $\delta_{\text{akk}} = 5\,\text{dpt}$.

Da die Augenlinse mit dem Alter dicker wird und an Flexibilität verliert, ist die mittlere Akkommodationsbreite des Auges stark altersabhängig. Die Abbildung 8.5 zeigt den Verlauf der mittleren Akkommodationsbreite als Funktion des Alters[5]. Ein Kleinkind besitzt im Schnitt eine Akkomodationsbreite von $\delta_{\text{akk}} = 14\,\text{dpt}$, mit zunehmendem Alter nimmt die Akkommodationsbreite zunächst nahezu linear ab, dann – ab 40 – schneller, um jenseits von 55 Jahren zu saturieren. Auch hier existiert eine individuelle Streuung, mit einer Standardabweichung von etwa 2 dpt in jungen und 1 dpt in älteren Jahrgängen. Viele Menschen jenseits der 45 benötigen eine Lesebrille, um auf einen Text in dem bequemen Leseabstand von 30 cm akkommodieren zu können.

8.5 Aberrationen des Auges

Wie jedes optische Instrument ist auch das Auge mit Abbildungsfehlern behaftet, die selbst im Falle einer gesunden Person für eine Begrenzung des Auflösungsvermögens sorgen.

Gut untersucht ist die chromatische Aberration, deren Brechwertdifferenz (in Dioptrie) in Abbildung 8.6 dargestellt ist[6]. Die Werte zeigen, dass das ge-

[5] Daten aus: A. Duane, *Studies in monocular and binocular accommodation with their clinical applications*, Am. J. Ophthalmol. Ser. 3, **5**, p. 865 (1922)

[6] Daten aus: D.A. Atchison and G. Smith, *Chromatic Dispersions of the Ocular Media of Human Eyes*, J. Opt. Soc. Am. A **22**, p. 29 (2005)

sunde Auge innerhalb des sichtbaren Spektrums mit einer erheblichen Brechwertvariation von etwa 2 dpt fertig werden muss. Während die Wellenlänge von 590 nm (gelbgrün) auf die Bildebene fällt, ist das Auge im roten Bereich geringfügig weitsichtig (hyperopisch) und im blauen oder gar violetten Bereich deutlich kurzsichtig (myopisch). Angesichts dieser Werte ist es erstaunlich, dass das Auge ein buntes Motiv überhaupt scharf abzubilden vermag. Die Ursache dafür ist in den Eigenschaften der Retina zu finden, in der beim normalen Tagessehen über verschiedene Mechanismen Korrekturen der chromatischen Aberration vorgenommen werden.

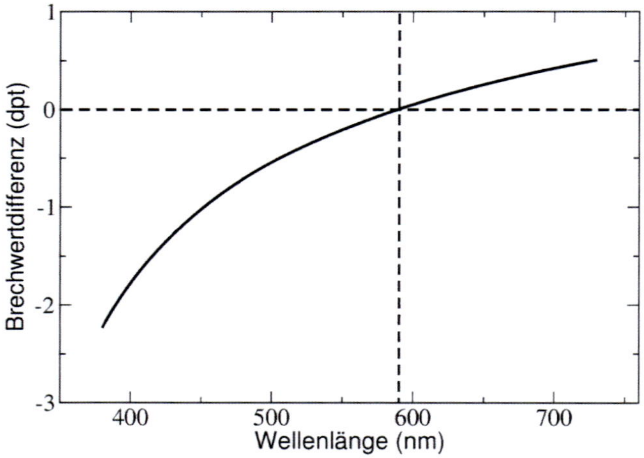

8.6

Chromatische Brechwertdifferenz des gesunden Auges als Funktion der Wellenlänge. Hier wurde 590 nm als Referenzwellenlänge festgelegt, dem Akkommodationsverhalten eines durchschnittlichen Auges folgend.

Die Abbildung 8.6 liefert jedoch eine Erklärung für die Tatsache, dass viele Menschen eine blaue Leuchtreklame in der Nacht nur unscharf wahrnehmen, während gleichzeitig rote Leuchtschriften klar und deutlich gelesen werden können. In der Werbeindustrie existiert die wohl bekannte Regel, keine rote Schrift auf blauem Hintergrund (oder umgekehrt) zu verwenden, da ansonsten die Akkommodation des Auges zwischen beiden Farben hin und her springt, das Lesen anstrengend wird und der Betrachter sich alsbald abwendet.

Wie bereits von Newton beobachtet, können Farbsäume an kontrastreichen Übergängen durch ein unsymmetrisches Abblenden der Augenpupille hervorgerufen werden[7]. Dies ist von Relevanz bei der Beobachtung mit optischen Instrumenten, deren Austrittspupillen die Augenpupillen bei ungenauer Zentrierung asymmetrisch beschneiden können. Häufig werden die Augenpupillen beim Blick Richtung Sehfeldrand teilweise beschnitten – beim Beobachter stellt sich dann der Eindruck einer lateralen chromatischen Aberration des Instruments ein, obwohl die Farbsäume in Wirklichkeit nicht im Instrument, sondern durch den Beschnitt der seitlich versetzten Augenpupille entstehen. Verursacht wird diese transversale chromatische Aberration des Auges durch einen Umstand, der in dem vereinfachten Modell, wie es die Abbildung 8.1 zeigt, vernachlässigt wurde: Die optische Achse des Auges ist im allgemeinen nicht identisch mit der Blicklinie, sodass deren Durchstoßpunkt auf der Retina, bezogen auf die Fovea, geringfügig zur Nase hin verschoben liegt. Infolge dessen sind die Brennpunkte unterschiedlicher Farben nicht nur longitudinal versetzt, sondern geringfügig auch transversal. Beim binokularen Sehen kann dies zu einer optischen Täuschung führen, da der seitliche Versatz der Abbilder auf der Netzhaut fälschlicherweise als stereoskopisches Phänomen interpretiert wird. Es entsteht dann ein räumlicher Eindruck, der als Farbtiefeneffekt bekannt ist und in Abschnitt 9.3 diskutiert wird.

Jedes Auge weist auch eine sphärische Aberration auf, die individuell unterschiedlich zwischen 1-2mm betragen kann. Dieser Abbildungsfehler ist u. a. da-

[7] A. König und H. Köhler, *Die Fernrohre und Entfernungsmesser*, Springer-Verlag Berlin, S. 90 (1959)

für verantwortlich, dass sehr helle punktförmige Lichtquellen scheinbar »strahlig« erscheinen und in verschiedene Richtungen orientierte Lichtbalken zeigen[8]. Die Ursache dieser Strahlen findet sich in der Aufhängung der Augenlinse an mehrere Zonulafasern, die mit dem ringförmigen Ziliarmuskel verbunden sind und für die Akkommodation sorgen. Diese Fasern erzeugen geringfügige Deformationen der gallertartigen Linse und dadurch auch die beobachtbare anisotrope sphärische Aberration. Dies ist von Relevanz für den beliebten Sterntest, mit dessen Hilfe die Abbildungsgüte eines optischen Instruments analysiert wird. Für einen solchen Test sollten nicht allzu leuchtstarke Sterne verwendet werden, damit die im Auge erzeugten Aberrationen das Abbild des Sterns nicht überstrahlen.

Nahezu jedes gesunde Auge weist auch einen Astigmatismus auf, der jedoch meist erst in den äußeren Bereichen der Linse, also bei unter schwachen Lichtverhältnissen weit geöffneter Iris, signifikant wird. Amateurastronomen kennen den Effekt, dass Sternabbildungen mit Ferngläsern mittlerer Austrittspupillendurchmesser oft »sauberer« aussehen als durch Ferngläser mit sehr großen Austrittspupillen, was auch damit zusammenhängt, dass im ersteren Fall die weniger gut abbildenden peripheren Bereiche der Augenlinse abgeblendet sind.

Die hier angesprochenen Aberrationen sind dafür verantwortlich, dass das Auge in den allermeisten Situationen kein beugungsbegrenztes Auflösungsvermögen erreicht. In Tests wurden bei guter Beleuchtung optimale Auflösungswerte im Bereich einer Bogenminute bei Pupillendurchmessern zwischen 2 mm und 2.5 mm erzielt. Bei größeren Pupillen wurde die Auflösung durch die Aberrationen, bei kleineren Durchmessern durch einen zunehmenden Einfluss der Beugung vermindert.

[8] A. König und H. Köhler, *Die Fernrohre und Entfernungsmesser*, Springer-Verlag Berlin, S. 89 (1959)

Neben den Abbildungsfehlern des gesunden Auges gibt es ferner eine Reihe von Fehlsichtigkeiten, die mit einer künstlichen Sehhilfe (Brille, Kontaktlinsen) oder operativ korrigiert werden müssen. Solange es sich bei dieser Fehlsichtigkeit nur um eine Kurzsichtigkeit (Myopie) oder Weitsichtigkeit (Hyperopie) handelt, kann die Fernglasbeobachtung ohne weitere Sehhilfe erfolgen, da die Korrektur durch den Fokussiermechanismus erfolgt. Liegt jedoch gleichzeitig ein Astigmatismus vor, so lässt sich dieser durch Fokussierung nicht beheben und die Fernglasbeobachtung muss in Verbindung mit der individuellen Sehhilfe erfolgen. Wir werden in Abschnitt 10.12 noch einmal auf die Besonderheiten bei der Fernglasbeobachtung mit Brille zurückkommen.

8.6 Die Photorezeptoren der Retina

An der Retina endet die physikalische Domäne der optischen Wahrnehmung, und es beginnt die Domäne der Wahrnehmungsphysiologie der Sinneszellen. In einer ersten – und gar nicht schlechten – Analogie kann die Netzhaut mit dem Sensor einer Digitalkamera verglichen werden, wobei es sich um einen Sensor enormer Leistungsfähigkeit handelt.

In den photosensitiven Sinneszellen der Retina wird Licht in elektrische Impulse umgewandelt (photochemische Transduktion). Dies geschieht über die Anregung eines lichtempfindlichen Sehpigments, eines komplexen Moleküls, das bei der Absorption eines Photons seine Konformation ändert und dann über eine Kaskade enzymatischer Reaktionen schließlich ein elektrisches Potential erzeugt. Die von mehreren Sinneszellen erzeugten Potentiale werden in den nachgeschalteten Ganglienzellen kodiert und die resultierenden Signale schließlich über den Sehnerv weiter an das Gehirn geleitet.

Bei den photosensitiven Zellen unterscheidet man zwischen zwei Grundtypen, den Zapfen und den Stäbchen. Die Zapfen sind für das Sehen im hellen

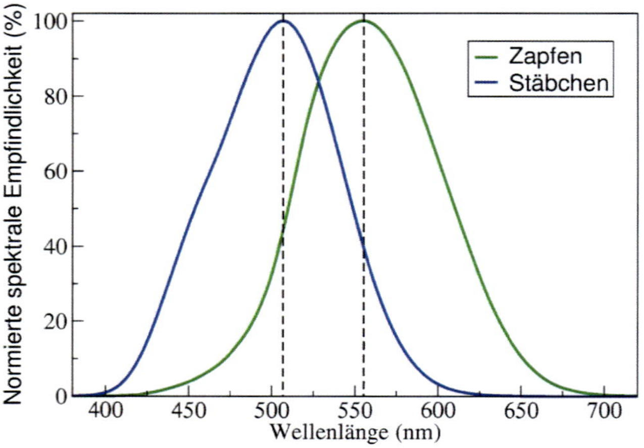

8.7

Spektrale Reizantwort (»Empfindlichkeit«) der Stäbchen und Zapfen, auf deren Maxima normiert. Diese Kurven werden in der Literatur auch als V-Lambda Kurven bezeichnet, wobei V für visuell steht. Ohne Normierung wäre die maximale Empfindlichkeit der Stäbchen etwa 100-fach höher als die der Zapfen.

Tageslicht verantwortlich, das auch als photopisches Sehen bezeichnet wird. Es existieren drei verschiedene Zapfenarten mit jeweils unterschiedlichen spektralen Empfindlichkeiten, die das Farbsehen ermöglichen. Die grünempfindlichen M-Zapfen besitzen ein Empfindlichkeitsmaximum bei 534 nm, die rotempfindlichen L-Zapfen ihr Maximum bei 564 nm, und die blauempfindlichen S-Zapfen bei 420 nm. In Wirklichkeit handelt es sich in allen drei Fällen um breite spektrale Absorptionskurven, die insbesondere im Falle der M- und L-Zapfen weit miteinander überlappen. Aus den relativen Signalstärken dieser drei Zapfenarten kann unser visuelles System jedem Gegenstand einen Farbton zuordnen – ein Vorgang, der als trichromatisches Farbsehen bezeichnet wird. Die Abbildung 8.7 zeigt die kombinierte spektrale Empfindlichkeit der drei Zapfen (grün), deren Maximum bei 555 nm liegt.

Die L- und M-Zapfen sind anatomisch nicht voneinander zu unterscheiden, enthalten jedoch chemisch leicht unterschiedliche Sehpigmente, die auf Lichtquanten charakteristischer Wellenlängen ansprechen. Dabei ist es keine Überraschung, dass ein solcher Photorezeptor auch saturieren kann: Einem intensiven Licht ausgesetzt, verringert sich die Konzentration der lichtempfindlichen Substanz, das Sehpigment »bleicht aus« und die Zelle verliert vorübergehend ihre Empfindlichkeit. Bei geringer Leuchtstärke regeneriert sich das Sehpigment innerhalb von etwa 3 Minuten (Zapfen) bzw. etwa 30 Minuten (Stäbchen). Neben der Pupillenadaption ist dies der zweite Mechanismus, der dem Auge zur Adaption an unterschiedliche Beleuchtungsverhältnisse zur Verfügung steht.

Die Stäbchen sind etwa 100-fach lichtempfindlicher als die Zapfen und beim Tagessehen weitgehend saturiert. Bei fortschreitender Dämmerung hingegen werden sie aktiver und sind schließlich bei Dunkelheit für das Nachtsehen (auch skotopisches Sehen genannt) verantwortlich. Da es nur eine Stäbchenart gibt, ist während des Nachtsehens keine Farbunterscheidung möglich. Der Übergang vom Tagessehen zum Nachtsehen ist fließend und erstreckt sich über einen weiten Bereich der Umgebungsleuchtdichte zwischen etwa 10 $\mathrm{cd/m^2}$ und 0.01 $\mathrm{cd/m^2}$. Man spricht hier auch vom Dämmerungssehen oder mesopischen Bereich. In dieser Phase werden die Farben zunehmend bleicher, wobei sich die L-Zapfen für die Rotwahrnehmung zuerst verabschieden – unter Vollmond wirken rote Büten bereits farblos und dunkel, da die Stäbchen im kurzwelligen Spektralbereich empfindlich, im langwelligen jedoch blind sind (man vergleiche die gegeneinander verschobenen V-Lambda Kurven in Abbildung 8.7). Dieses Verschieben der Farbempfindlichkeit bei fortschreitender Dämmerung wird als Purkinje-Effekt bezeichnet[9] und ist die Folge einer evolutionären Anpassung des Auges an die spektrale Verteilung des Restlichts

[9] Johann Evangelist Purkinje, 1787 – 1869

nach Sonnenuntergang, das durch die Streuung an der Atmosphäre vornehmlich kurzwellige Lichtanteile enthält. Astronomen machen sich diese Eigenart des Nachtsehens zunutze: Zum Auslesen ihrer Sternkarten verwenden sie rotes Licht, das ausschließlich über das Zapfensehen verarbeitet wird und die Dunkeladaption der Stäbchen nicht beeinträchtigt (nicht »blendet«).

Im folgenden Abschnitt soll die Anatomie der Retina und deren Einfluss auf die Eigenschaften des Sehens in weiteren Details analysiert werden.

8.7 Tages- und Nachtsehen

Die Retina besteht aus einem zentralen Bereich, der Fovea genannt wird, und der Peripherie, auch als extrafovealer Bereich bezeichnet. Der Winkeldurchmesser des fovealen Sehens umfasst lediglich etwa 2° – dies ist der Bereich unseres Gesichtsfelds, im dem das Auge während des Tages seine optimale Sehschärfe erreicht. Die Fovea enthält fast ausschließlich Zapfen, und zwar der M- und der L-Sorte, kaum aber solche der auf kurzwelliges Licht empfindlichen S-Sorte. Es wird vermutet, dass hier ein Zusammenhang mit der starken chromatischen Aberration des Auges im kurzwelligen Bereich besteht, die eine scharfe Abbildung im Blauen/Violetten beeinträchtigt (siehe Abbildung 8.6). In diesem Zusammenhang ist auch die Makula – der gelbe Fleck – zu deuten. Es handelt sich um einen mit einem gelben Pigment ausgestatteten Bereich, der die Fovea und die zentralen 6° des Sehwinkels umfasst. Die Makula wirkt wie ein Gelbfilter, der den kurzwelligen Anteil des einfallenden Lichts dämpft und auf diese Weise eventuell störende Effekte der chromatischen Aberration eliminiert[10]. Es stellt sich jedoch die Frage, wie ein blauer oder violetter Gegenstand beim direkten Anvisieren überhaupt seine Farbe erhält. Hier wurde spekuliert, dass die Wahrnehmung der Umrisse des Gegenstands über die M- und L-Zapfen erfolgt, die Farbinformation jedoch nachträglich durch zusätzliche Signale einzelner S-Zapfen überschrieben, die blaue/violette Farbe also im Gehirn rekonstruiert wird.

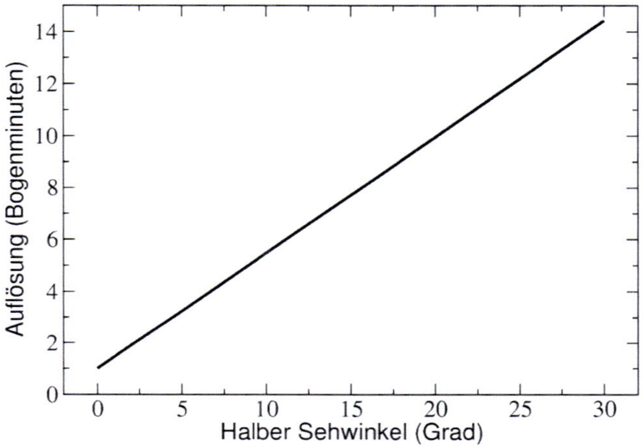

8.8

Auflösung des Auges beim Tagessehen als Funktion des halben Sehwinkels.

Die Zapfendichte erreicht in der Fovea maximale $150\,000\,\mathrm{mm}^{-2}$ und nimmt beim Übergang in den extrafovealen Bereich rapide ab, während dessen die Stäbchendichte steil ansteigt, ihr Maximum von ungefähr $150\,000\,\mathrm{mm}^{-2}$ etwa 15° abseits des Gesichtsfeldzentrums erreicht und dann zum Gesichtsfeldrand kontinuierlich abnimmt. In der Retina finden sich insgesamt etwa 120 Millionen Stäbchen und 6 Millionen Zapfen.

Das Auflösungsvermögen des Auges ist am Tage von der Verteilung der Zapfen in der Retina geprägt. Abbildung 8.8 zeigt eine lineare Approximation[11] des Auflösungsvermögens beim Tagessehen, das im fovealen Bereich etwa 1 Bogenminute erreicht und 30°

[10] V.M. Reading and R.A. Weale, *Macular Pigment and Chromatic Aberration*, J. Opt. Soc. Am. **64**, p. 231 (1974)

[11] Daten aus D.G. Pelli and B. Farell, *Psychophysical methods*, in *Handbook of Optics*, Vol. III, M. Bass (editor), 2010 McGraw-Hill, p. 4.11

abseits des Zentrums bereits auf 15 Bogenminuten abgefallen ist. Handferngläser sollten eine dem fovealen Auflösungsvermögen angepasste Mittenschärfe aufweisen, während eine sehr gute Randschärfe eher ästhetischen Wert hat: Der periphere Bereich des Sehfeldes dient der Aufklärung interessanter Beobachtungsobjekte, die anschließend in die Sehfeldmitte geschwenkt und dann im Detail studiert werden können. Die Situation ist anders bei montierten Optiken: In diesem Fall ist eine gute Randschärfe von Nutzen, weil das Instrument weniger dynamisch geschwenkt und das Sehfeld stattdessen vornehmlich mit dem blickenden Auge betrachtet wird.

Während das Tagessehen auf maximale Auflösung im fovealen Bereich des Sehfeldzentrums ausgerichtet ist, erfolgt das Nachtsehen extrafoveal in den Bereichen hoher Stäbchendichte. Astronomen kennen den Trick, einen lichtschwachen Nebel durch das Okular im indirekten Sehen zu betrachten, wobei das Objekt nicht direkt anvisiert, sondern die Blickrichtung um etwa 15° seitlich versetzt wird. Beim frontalen Anblick verschwindet der bleiche Nebel, da die Fovea eine geringe Zahl an Stäbchen enthält. Die auf den Sehwinkel bezogene Lichtempfindlichkeit steigt bei Dunkeladaption des Auges zwischen Sehfeldmitte und 12° extrafoveal steil an, bleibt dann bis etwa 32° nahezu konstant, um dann zum Sehfeldrand langsam abzufallen[12]. Gleichzeitig fällt das extrafoveale Auflösungsvermögen auch beim Nachtsehen kontinuierlich zum Sehfeldrand hin ab.

Die Abbildung 8.9 zeigt die maximale Auflösung des Auges als Funktion der Umgebungsleuchtdichte[13]. Am Tage (Leuchtdichte $L_u > 10\,\mathrm{cd/m^2}$) wird mit dem fovealen Sehen eine hohe Auflösung erzielt. In der Dämmerungsphase ($0.01\,\mathrm{cd/m^2} < L_u < 10\,\mathrm{cd/m^2}$) findet dann der Übergang vom zapfendominierten fovealen Sehen zum stäbchendominierten extrafovealen Sehen statt, wobei die Auflösung zunehmend abfällt. Beim Nachtsehen ($L_u < 0.01\,\mathrm{cd/m^2}$) wird die Leuchtdichte so gering, dass die Signale mehrerer Stäbchen zunehmend gebündelt werden müssen, um das Signal-zu-Rausch-Verhältnis zu verbessern, wobei das Auflösungsvermögen weiter abnimmt. Dieser retinalen Datenverarbeitung werden wir uns im Abschnitt 8.9 zuwenden.

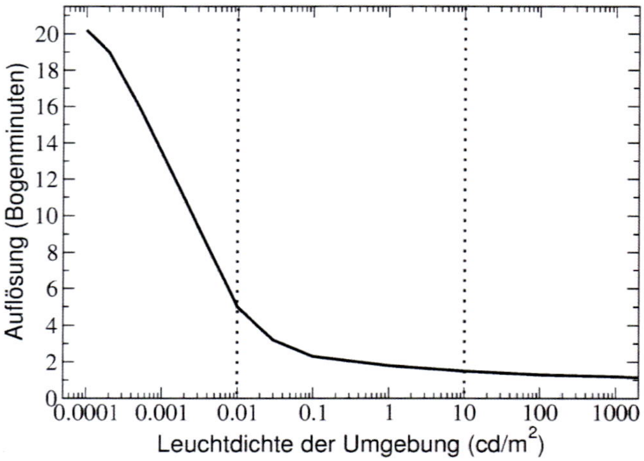

8.9

Maximale Auflösung des Auges als Funktion der Umgebungsleuchtdichte.

8.8 Dämmerungssehen: Stiles-Crawford-Effekt

Beim Sehvorgang in der Dämmerungsphase (mesopisches Sehen) kommt es zu einer weiteren Besonderheit, die als Stiles-Crawford-Effekt bekannt ist: Die Lichtempfindlichkeit der Zapfen (weit mehr als die der Stäbchen) ist zu einem hohen Grade abhängig von der Einfallsrichtung des Lichts. Infolge dessen

[12] A.J. Riopelle and W. Bevan Jr., *The distribution of scotopic sensitivity in human vision*, American Journal of Psychology **66**, p. 73 (1953)

[13] Daten aus: P.R. Yoder, Jr. and D. Vukobratovich, *Field Guide to Binoculars and Scopes*, SPIE PRESS Bellingham, Washington USA (2011)

ist die photochemische Transduktion eines Strahlenbündels, das durch eine große Eintrittspupille auf die Retina fällt und dabei Anteile mit flachen Einfallswinkeln aufweist, von geringerer Effizienz. Rein rechnerisch entspricht dieser Sachverhalt einer Eintrittspupille, die zum Rande hin an Transparenz verliert.

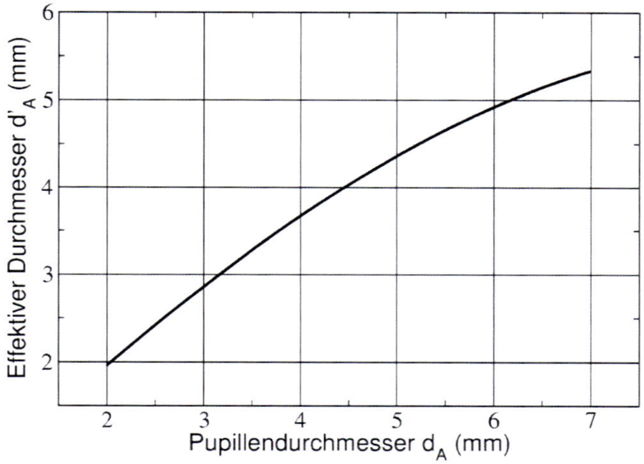

8.10

Stiles-Crawford-Effekt: Effektive Pupillenöffnung als Funktion der realen Pupillenöffnung beim photopischen (Zapfen-) Sehen.

Der Stiles-Crawford-Effekt lässt sich daher formal als eine reduzierte Pupillenöffnung beschreiben, und anhand von Versuchsreihen wurde dazu die folgende Umrechnungsformel ermittelt[14]:

$$d'_a = \sqrt{d_a^2 - 1.06 \times 10^{-2} d_a^4 + 4.17 \times 10^{-5} d_a^6} \tag{8.3}$$

Hier steht d_a für die Pupillenöffnung, und d'_a für die entsprechend reduzierte effektive Öffnung. Die Abbildung 8.10 zeigt diesen Zusammenhang in grafischer Form: Aufgrund der verringerten Rezeptoreffizienz ist die Lichtausbeute derart verringert, dass die effektive Pupillenöffnung zunehmend hinter der realen Pupillenöffnung (und dem damit zu erwartenden Lichtstrom) zurückbleibt. Eine Pupillenöffnung von $d_a = 3\,\text{mm}$ führt zu einer Lichtausbeute einer effektiv $d'_a = 2.9\,\text{mm}$ großen Pupillenöffnung, sodass am Tage keine Beeinträchtigung der Lichtausbeute auftritt. Bei $d_a = 4\,\text{mm}$ entspricht die Pupillenöffnung effektiven $d'_a = 3.7\,\text{mm}$, bei $d_a = 5\,\text{mm}$ bleiben hingegen nur $d'_a = 4.4\,\text{mm}$ und bei $d_a = 6\,\text{mm}$ lediglich $d'_a = 4.9\,\text{mm}$ effektiver Öffnung.

Der Stiles-Crawford-Effekt führt bei der Fernglasbeobachtung dazu, dass sich der Nutzen einer großen Austrittspupille in der Dämmerung reduziert. Der Abbildung 8.4 entnehmen wir, dass in einer mittleren Phase der Dämmerung (Umgebungsleuchtdichten um $1\,\text{cd/m}^2$) die Pupillenweiten bereits $d_a = 5\,\text{mm}$ überschreiten, bei jungen Beobachtern sogar in Bereiche von 6 mm vordringen. Allerdings ist dies auch die Phase, in welcher der Übergang vom photopischen (Tages-) Sehen zum skotopischen (Nacht-) Sehen vonstatten geht, und letzteres ist vom Stiles-Crawford-Effekt nicht betroffen. Gerade wenn es für die Zapfen brenzlig wird, springen die Stäbchen ein und übernehmen das Kommando. Wir können dennoch festhalten, dass in dieser mesopischen Übergangsphase, insbesondere bei jungen Beobachtern, eine gewisse Beeinträchtigung der Lichtausbeute durch den Stiles-Crawford-Effekt zu erwarten ist. Für die Auswahl eines für solche Umgebungsleuchtstärken geeigneten Fernglases bedeutet dies, dass eine Vergrößerung der Austrittspupille jenseits von 5 mm nur in begrenztem Maße Vorteile liefert, es sei denn, die Beobachtung soll bis in die Nacht ausgedehnt werden. Ein gutes Mehrzweckglas, das sowohl am Tage als auch in der Dämmerung (jedoch nicht vornehmlich in der Nacht) eingesetzt werden soll, kommt folglich mit einer Austrittspupille um 5 mm bereits gut aus.

[14] P. Moon and D.E. Spencer, *On the Stiles-Crawford Effect*, J. Opt. Soc. Am. **34**, p. 319 (1944)

8.9 Datenverarbeitung in der Retina

Die Retina enthält eine Gesamtzahl von 126 Millionen Photorezeptoren, der Sehnerv jedoch, der die Erregungen in Richtung Gehirn weiterleitet, ist ein Bündel aus etwa 1 Million Nervenfasern. Diese Datenreduktion wird als Konvergenz bezeichnet und ist in Abbildung 8.11 stark vereinfacht dargestellt: Mehrere Photorezeptoren werden über zwischengeschaltete Bipolarzellen gebündelt, deren Signale dann über eine geringe Anzahl von Ganglienzellen an den Sehnerv weitergeleitet. Jede einzelne der etwa 1 Million Ganglienzellen trägt eine Nervenfaser zum Sehnerv bei.

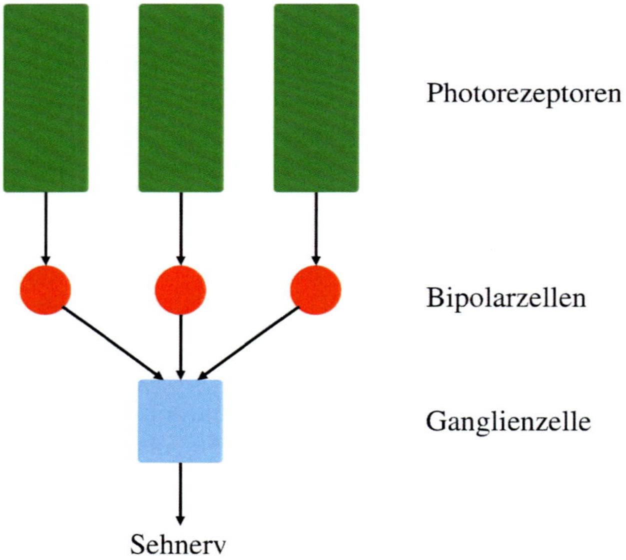

8.11

Konvergenz (schematisch): Die Erregungen mehrerer Photorezeptoren werden über konvergente Verschaltungen der Bipolarzellen gebündelt. Es gibt weniger Ganglienzellen als Photorezeptoren.

Der Nutzen dieser Datenreduktion in der Retina hängt mit der begrenzten Kapazität des Gehirns zusammen: Die Retina ist vergleichbar mit einem lichtempfindlichen Sensor, bestehend aus 126 Megapixeln – zuviel Information, um in Echtzeit an das Gehirn übertragen und dort verarbeitet werden zu können. Stattdessen findet eine lokale Datenreduktion auf effektive 1 Megapixel statt, bevor die Daten an den visuellen Kortex weitergegeben werden.

Interessant ist, dass diese enorme Datenreduktion, die abseits des fovealen Sehens auch die Auflösung des Bildes betrifft, im Alltag nicht als Beeinträchtigung wahrgenommen wird. Das liegt daran, dass die visuelle Wahrnehmung nicht auf einzelnen Schnappschüssen eines kompletten Motivs basiert, sondern auf dem Prinzip eines blickenden Auges, das in kurzer Folge verschiedene Gegenstände anvisiert, während dessen das Gehirn die einzelnen Teilinformationen zu einem Gesamtbild der Umgebung integriert. In Abschnitt 9.4 zum visuellen Bildaufbau werden wir noch einmal auf diesen Punkt zurückkommen.

Eine Konvergenz in Verbindung mit einer Signaladdition, wie sie in Abbildung 8.11 gezeigt ist, tritt in den extrafovealen Verschaltungen der Stäbchen auf, wobei diejenigen Photorezeptoren, die auf eine einzelne Ganglienzelle verschaltet werden, zu einem rezeptiven Feld gehören. Dieses dient der Signalverstärkung bei gleichzeitiger Reduktion des Rezeptorrauschens: Bei Leuchtdichten unterhalb von $0.001\,\mathrm{cd/m^2}$ ist die Wahrnehmungsschwelle der Zapfen bereits unterschritten. Die Stäbchen sind etwa 100-fach empfindlicher, würden als einzelne Rezeptoren also bei $0.000\,01\,\mathrm{cd/m^2}$ ihre Funktion einbüßen. Dennoch liegt die Wahrnehmungsschwelle des dunkeladaptierten Auges nochmals um einen Faktor 10 darunter (siehe Tabelle 8.1) – eine Folge der Signaladdition durch rezeptive Felder. Manche Digitalkameras bedienen sich derselben Technik, um durch Bündelung mehrerer Pixel ihre Lichtempfindlichkeit zu steigern.

Es sind vornehmlich Stäbchen der extrafovealen Retina, die zu konvergenten rezeptiven Feldern verschaltet werden, während Zapfen in der Fovea meist

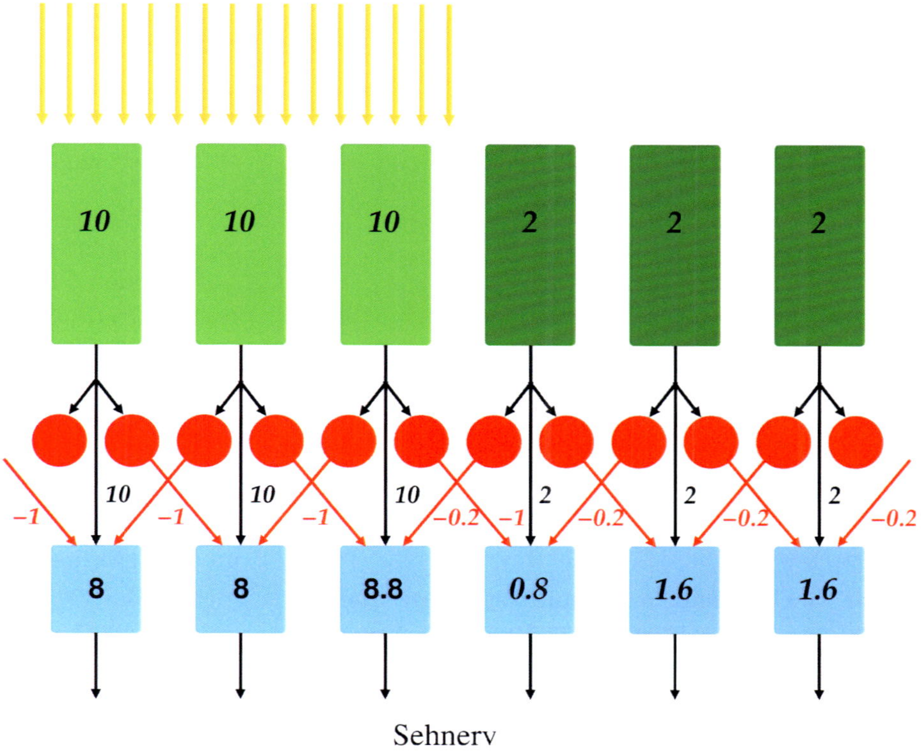

8.12

Laterale Inhibition (schematisch): Werden Photorezeptoren erregt (links), so werden Erregungen auch horizontal über inhibitorische Synapsen verschaltet, was zu einer Verstärkung von Helligkeitsübergängen führt.

jeweils individuellen Ganglienzellen zugeordnet sind. Dies erklärt die hohe Auflösung des Auges im zentralen Bereich des Gesichtsfeldes während des Tagessehens.

Die Verschaltungen von Nervenzellen in der Retina können jedoch weit komplexere Aufgaben erfüllen. Die Abbildung 8.12 zeigt das Beispiel der lateralen Inhibition: Photorezeptoren werden horizontal miteinander verschaltet, und zwar über inhibitorische Synapsen[15]. Im linken Bereich sind die Rezeptoren einem Reiz ausgesetzt, der zu einer Erregung der Stärke 10 führt, im rechten Abschnitt reicht es nur zur Erregung der Stärke 2. Über horizontale Verschaltungen wird dann jeweils ein Bruchteil der Erregung als Hemmung an benachbarte Zellen weitergegeben. Die resultierenden Signalstärken, die schließlich die Ganglienzellen Richtung Gehirn verlassen, sind in der unteren Reihe aufgeführt und zeigen gerade am Helligkeitsübergang eine Kontrastverstärkung, die das Erkennen von Umrissen und Formen in kontrastarmen Motiven unterstützt.

Auch in diesem Beispiel werden benachbarte Rezeptoren zu rezeptiven Feldern verknüpft, wobei es jedoch zu keiner Konvergenz kommt: Die Anzahl der Ganglienzellen entspricht der Anzahl der Rezeptoren. Die Mach'schen Streifen (Abbildung 8.13) liefern eine beliebte Demonstration der lateralen Inhibition[16]: Obwohl jeder einzelne Graustreifen gleichmäßig gefärbt ist, erscheint er an der Grenze zum dunkleren Nachbarstreifen heller, und an der gegenüberliegenden Seite dunkler. An den Hellig-

[15] Synapsen stellen die elektrochemischen Verbindungen zwischen Nervenzellen dar. Im Falle einer inhibitorischen Synapse wirkt das Signal hemmend, es wird ein negativer Beitrag zum Gesamtsignal verrechnet.

[16] Ernst Mach, 1838 – 1916

keitsübergängen scheint es dünne, helle Linien zu geben, die im eigentlichen Motiv fehlen – die Wirkung der lateralen Inhibition ist unübersehbar.

8.13

Mach'sche Streifen zur Demonstration der lateralen Inhibition: Jeder einzelne Graustreifen ist absolut gleichmäßig gefärbt.

Die laterale Inhibition ist keine neue Erfindung der Evolution: Nachgewiesen wurde sie zuerst in den Lateralaugen des Limulus (Pfeilschwanzkrebs), einem Urtier, das eine extrem simple Neuroanatomie aufweist und schon den Dinosauriern von der guten alten Zeit vorgeschwärmt hat. In Experimenten mit Katzen wurden noch weit komplexere rezeptive Felder gefunden, unter anderem mit den Aufgaben, das Erkennen von Orientierungen (horizontal/vertikal), Umrisslinien oder Bewegungen zu unterstützen. Hier stellt die retinale Datenverarbeitung bereits die erste Etappe einer umfangreichen Analyse dar, die anschließend im Gehirn ihre Fortsetzung findet.

Rezeptive Felder mit ähnlichen Aufgaben wurden auch in der menschlichen Retina vermutet, und in Experimenten zur Wahrnehmung bereits auf indirektem Wege nachgewiesen. Die generellen Eigenschaften der retinalen Informationsverarbeitung lassen sich wie folgt zusammenfassen: Die Komplexität der horizontalen Verschaltungen nimmt extrafoveal in Richtung Peripherie zu. Es sind daher primär die Stäbchen, die in Richtung Sehfeldrand zunehmend größeren und komplexeren rezeptiven Feldern angehören, wobei einzelne Rezeptoren auch mehreren rezeptiven Feldern mit unterschiedlichen Aufgabenstellungen zugeordnet sein können.

Damit ist klar, dass insbesondere das skotopische Sehen (Nachtsehen), an dem die Zapfen der hochauflösenden Fovea kaum beteiligt sind, zu einem hohen Grade von einer neuronalen Datenverarbeitung in der Retina abhängig ist. Dies bleibt nicht ohne Konsequenzen für die geeignete Fernglaswahl: Nachtferngläser sollten mit weiten (subjektiven) Sehwinkeln ausgestattet sein, um auch die peripheren Bereiche der Retina, die in dieser Situation eine weit wichtigere Rolle spielen als beim Tagessehen, an den Informationsstrom zu koppeln. Dazu müssen allerdings auch die Umkehrprismen hinreichend groß dimensioniert werden, damit es zu keiner störenden Vignettierung des Bildes in seinen Randbereichen kommt, was die Nachtferngläser zu schweren und klobigen Geräten werden lässt.

9 Wahrnehmungspsychologie

Die Wissenschaft der optischen Wahrnehmung befindet sich heute in einer ähnlichen Phase wie die Himmelsmechanik zu Zeiten Keplers: Damals war eine große Anzahl von empirischen Fakten über die Bewegungen der Planeten bekannt und in systematischen Messungen etabliert worden. Jedoch mangelte es noch an der grundlegenden Theorie, an der Newtonschen Mechanik, mit der es anschließend gelingen sollte, das weite Spektrum aller Einzelbeobachtungen in ein konsistentes Schema zu fassen.

Details zur Informationsverarbeitung sind bereits auf retinaler Ebene ungewiss, obwohl es in Tierversuchen immerhin noch möglich ist, Aktivitätsmessungen an einzelnen Neuronen durchzuführen. Sobald die Signale das Gehirn erreichen, ist ein Verständnis der Informationsverarbeitung auf Ebene einzelner Nervenzellen völlig ausgeschlossen. Moderne bildgebende Verfahren erlauben es, unter Laborbedingungen Aktivitätszentren im Gehirn zu lokalisieren. Das ist vergleichbar mit einem Astronauten, der vom Mond aus versucht, das Leben der Menschen anhand von Fluktuationen in den künstlichen Beleuchtungen ihrer Städte zu analysieren: Gewisse Erkenntnisse über die Lebensgewohnheiten der Bewohner eines Planeten lassen sich daraus ziehen – die wahre Vielfalt des Alltags eines jedes einzelnen Menschen bleibt dabei jedoch verborgen.

Konfrontiert mit der enormen Komplexität des Wahrnehmungsvorgangs, schlägt die Wahrnehmungspsychologie einen eigenen, empirischen Weg ein: Was immer auch in den Nervenzellen des Gehirns vorgehen mag, wird in eine Blackbox gepackt: Man beginnt mit einer Fragestellung und einem passenden Versuchsaufbau. Während des Versuchs wird die Testperson einem möglichst spezifischen Stimulus ausgesetzt und deren Reaktion abgewartet. Aus dem Schema Stimulus → Reaktion wird dann versucht, ein empirisches Gesetz herzuleiten. Ironischerweise ist es dabei nicht selten eine Informations-Fehlverarbeitung (optische Täuschung), die neue Impulse zur empirischen Modellierung der Wahrnehmung liefert (siehe etwa Abbildung 8.13).

9.1 Wahrnehmungsgesetze

Das Thema Wahrnehmung, in einem fernoptischen Kontext, befasst sich zuallererst mit der Sichtung und Identifikation von Objekten. Dabei hängt die Antwort auf die Frage, ob ein Objekt wahrnehmbar ist, von drei grundsätzlichen Faktoren ab[1]: Von der Objektgröße, von der Leuchtdichte und von dem Kontrast. Es existieren verschiedene Modelle mit unterschiedlichen Schwerpunkten und Ansprüchen, mit deren Hilfe der Versuch unternommen wird, die Leistungsfähigkeit der Objektaufklärung unter diversen Beleuchtungsverhältnissen zu simulieren. Bei aller Vielfalt dieser Modelle muss jedes einzelne dennoch eine Reihe von Voraussetzungen erfüllen, die im Verlauf mehrerer Jahrzehnte in Form von Regeln zur visuellen Wahrnehmung etabliert worden sind.

Relativ einfach zu bestimmen ist die Sehschärfe – jeder Leser dieses Buches hat vermutlich die Erfahrung eines Sehtests hinter sich, bei dem entweder Landoltringe (Abbildung 9.1) oder ähnliche Motive, in unterschiedlichen Größen und Orientierungen auf Testkarten platziert, entziffert werden müssen. Hier handelt es sich um einen Versuchsaufbau, der das Wahrnehmungsvermögen von Feindetails an Hochkontrastmotiven testet. Solche Tests zur Sehschärfe

[1] A. König und H. Köhler, *Die Fernrohre und Entfernungsmesser*, Springer-Verlag Berlin, S. 92 (1959)

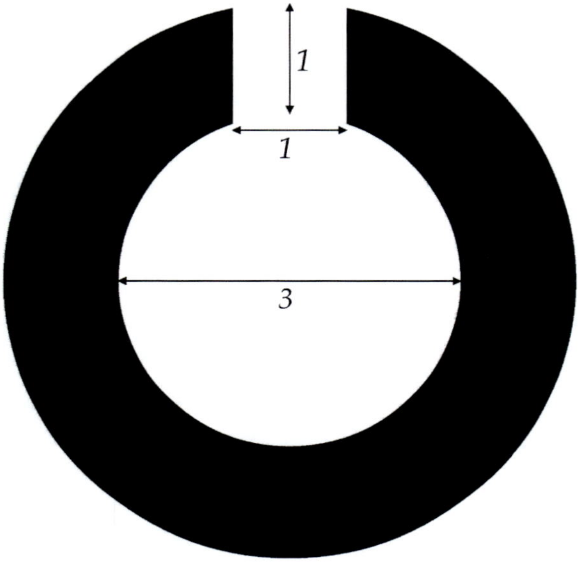

9.1

Landoltring zur Bestimmung der Sehschärfe (Auflösungsvermögen)

liefern Resultate, wie sie in den Abbildungen 8.8 und 8.9 bereits diskutiert wurden.

Wenn auch die Sehschärfe ein gutes Maß für das Leistungsvermögen der Wahrnehmung am Tage darstellt – schließlich ist das foveale Sehen ja, abgesehen von der Farbwahrnehmung, vor allem auf maximale Auflösung ausgelegt – so ist sie dennoch nicht der einzige Faktor, der das Erkennen von Objekten definiert. Es sind ja Objekte durchaus auch dann noch erkennbar, wenn sie nicht aufgelöst werden können – ferne Hochspannungskabel, deren Beugungsbilder trotz großer Entfernung sichtbar bleiben, oder die zahllosen Sterne des Nachthimmels, gehören zu den alltäglichen Beispielen wahrnehmbarer, aber nicht aufzulösender Objekte. Auf der anderen Seite gibt es Objekte, die durchaus auflösbar, aber aufgrund ihres geringen Kontrasts zum Umfeld (Tarnung) dennoch nicht wahrnehmbar sind. Insbesondere in der Dämmerung und beim Nachtsehen übernimmt der Kontrast eine tragende Rolle bei der Entscheidung, ob ein Objekt noch gesichtet werden kann oder nicht.

9.1.1 Riccoscher Satz, Pipersche Regel und Weber-Fechnersches Gesetz

Gefragt ist nach der Wahrnehmungsschwelle (auch: Sichtungsschwelle) eines Objekts. Dazu stellen wir uns eine kreisförmige Testscheibe vor, die dem Beobachter unter einem Winkeldurchmesser von σ erscheint und die eine Oberflächenleuchtdichte von L_t aufweist. Diese Testscheibe befinde sich in einer unstrukturierten Umgebung der Leuchtdichte L_u, und das Auge des Beobachters sei auf eine Adaptionsleuchtdichte L_a adaptiert.

Der Kontrast zwischen Testscheibe und Umgebung ist definiert als[2)]

$$K = \frac{L_\mathrm{t} - L_\mathrm{u}}{L_\mathrm{u}} \tag{9.1}$$

und wir nehmen hier der Einfachheit halber an, er sei positiv, das Objekt also heller als dessen Umgebung. Handelt es sich sowohl bei der Testscheibe als auch bei der Umgebung um nichtleuchtende Motive, die also das einfallende Licht nur passiv reflektieren, so darf in Gleichung (9.1) die Leuchtdichte auch durch die Albedo beider Motive ersetzt werden. Bei Motiven in der freien Natur umspannt die Albedo meist einen Wertebereich von etwa 0.1 (Wald) bis 0.9 (Schnee), und eine weiße, nichtleuchtende Zielscheibe dürfte daher im Wald auf einen Kontrast von maximal $K \approx 8$ kommen.

Es stellt sich also die Frage nach der Lage der Wahrnehmungsschwelle der Scheibe, also nach geeigneten

2) Streng genommen handelt es sich hier um den Weber-Kontrast, während eine alternative Definition, $K = (L_\mathrm{t} - L_\mathrm{u})/(L_\mathrm{t} + L_\mathrm{u})$, als Michelson-Kontrast bekannt ist.

Kombinationen aus Kontrast, Objektgröße und Umgebungsleuchtdichte, bei denen die Scheibe gerade eben sichtbar ist. Dazu machen wir zunächst die (meist realistische) Annahme, dass Adaptionsleuchtdichte und Umgebungsleuchtdichte identisch sind, das Auge sich also an die Umgebungsleuchtdichte angepasst hat. Es lassen sich drei Regeln zur Wahrnehmungsschwelle, nach Objektgröße sortiert, unterscheiden[3].

Unter Bedingungen, wie sie in der Dämmerung auftreten, gilt für Testscheiben geringer Winkelausdehnung (bis etwa 24 Bogenminuten) der Riccosche Satz, der besagt, dass an der Wahrnehmungsschwelle das Produkt aus Kontrast, Objektfläche und Umgebungsleuchtdichte konstant ist, also

$$K\sigma^2 L_\mathrm{u} = \mathrm{const.}\,, \qquad (9.2)$$

was nichts anderes bedeutet als: Je größer die Scheibe, desto schwächer darf ihr Kontrast sein, damit sie sich als Objekt sichtbar vom Hintergrund abheben kann; ein großes, lichtschwaches Objekt ist genauso leicht zu sichten wie ein kleines, lichtstarkes. Die Konstante kann in Versuchsreihen experimentell ermittelt werden. Die Abbildung 9.2 soll das Prinzip veranschaulichen: Die vier Punkte unterscheiden sich in Fläche und Leuchtdichte, aus einiger Entfernung betrachtet sind sie aber in etwa gleich leicht (oder schwer, je nach Beleuchtung und Adaptionszustand des Auges) zu entdecken.

Physiologisch lässt sich dieser Satz mit rezeptiven Feldern der Retina erklären, die über eine Konvergenz die Signale mehrerer Sensoren addieren (Abschnitt 8.9). Aus diesem Grunde gilt der Riccosche Satz im Tageslicht auch nur für sehr kleine Winkelausdehnungen, denn das Prinzip der Konvergenz tritt ja vornehmlich während des Dämmerungs- und Nachtsehens in den extrafovealen Bereichen der Retina auf. Je ausgedehnter die rezeptiven Felder, desto weiter auch der Anwendungsbereich des Riccoschen Satzes.

9.2

Zum Riccoschen Satz: je kleiner das Objekt, desto höher der minimale Kontrast, der eine Sichtung zulässt.

Bei Scheiben mit größeren Winkeldurchmessern gilt als Wahrnehmungsschwelle die Pipersche Regel

$$K\sigma L_\mathrm{u} = \mathrm{const.}\,, \qquad (9.3)$$

in die nicht die Fläche, sondern der Durchmesser des Objekts eingeht. Die Konstante K ist jedoch nicht identisch mit der des Riccoschen Satzes. Der Gültigkeitsbereich dieser Regel wurde auf Winkeldurchmesser zwischen 36 Bogenminuten und mehreren Graden geschätzt.

Bei noch größeren Objekten kommt schließlich die Abhängigkeit von dem Winkeldurchmesser des Objekts abhanden. Dies wird ausgedrückt als eine Variante des Weber-Fechnerschen Gesetzes, das besagt,

[3] A. Kühl, *Zur visuellen Leistung von Fernrohren*, Z. Phys. **51**, S. 429 (1928)

dass der gerade noch wahrnehmbare Leuchtdichteunterschied zwischen Objekt und Umgebung vom Logarithmus der Umgebungsleuchtdichte abhängt (nicht jedoch von der scheinbaren Größe des Objekts). Man erhält dann die Kontrastschwelle als

$$K \sim \frac{\log L_\mathrm{u}}{L_\mathrm{u}} \,. \tag{9.4}$$

Ist es hell, so darf der Kontrast zwischen Objekt und Umgebung gering sein – es wird dennoch wahrgenommen. Bei schwacher Beleuchtung ist ein hoher Kontrast erforderlich, andernfalls kann das Objekt übersehen werden.

9.1.2 Wahrnehmungsgesetz von Berek

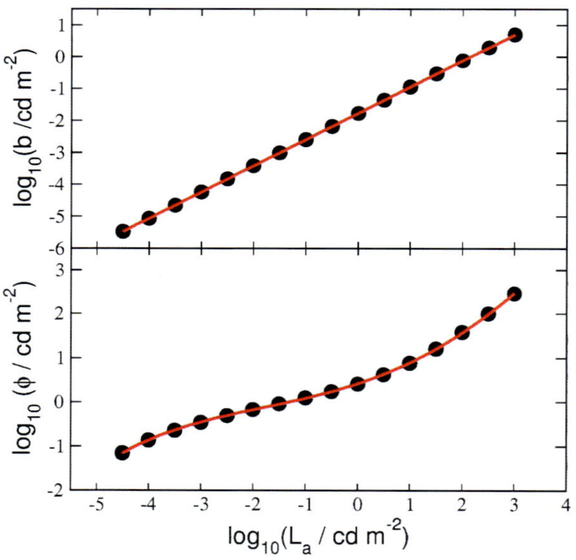

9.3

Die Leuchtdichtefunktionen b und ϕ aus Bereks Originalarbeit (schwarze Kreise), und deren mathematische Interpolationen (rot)

Max Berek von der Ernst Leitz AG stellte 1943 ein Wahrnehmungsgesetz auf, das die angesprochenen Regeln zur Wahrnehmungsschwelle in einen konsistenten Formalismus vereinheitlichte[4]. Das Gesetz erlaubte es erstmals, Abschätzungen zu den Wahrnehmungsschwellen von Zielobjekten beliebigen Durchmessers unter allen erdenklichen Beleuchtungsverhältnissen und Adaptionsgraden des Auges vorzunehmen. Die allgemeine Form des Gesetzes lautet

$$\sqrt{K} = \frac{1}{\sigma}\sqrt{\frac{\phi(L_\mathrm{a})}{L_\mathrm{a}}} + \sqrt{\frac{b(L_\mathrm{a})}{L_\mathrm{a}}} \tag{9.5}$$

wobei L_a wieder für die Adaptionsleuchtdichte steht, σ für den Winkeldurchmesser des Objekts und K für dessen Kontrastschwelle, den minimalen Kontrast, der für dessen Sichtung erforderlich ist. Die charakteristische Lichtstromfunktion $\phi(L_\mathrm{a})$ und die charakteristische Leuchtdichtefunktion $b(L_\mathrm{a})$ enthalten die jeweiligen Konstanten aus den Gesetzen (9.2) – (9.4), die in Versuchsreihen mit Testpersonen ermittelt und tabelliert worden sind.

In den Originalarbeiten von Berek sind diese Funktionen der Adaptionsleuchtdichte in umständlichen Tabellen erfasst, was deren Einsatz in Computerprogrammen erschwert. Sie lassen sich jedoch, wie in Abbildung 9.3 gezeigt, mathematisch interpolieren, und die daraus resultierenden »geglätteten« Funktionen wie folgt parametrisieren[5]:

$$\log_{10} b = -1.77 + 0.824\,x \,, \tag{9.6}$$

wo $x = \log_{10}(L_\mathrm{a})$ den dekadischen Logarithmus der Adaptionsleuchtdichte bezeichnet. Ferner erhalten wir für die Funktion ϕ

$$\log_{10}\phi = a_0 + a_1 x + a_2 x^2 + a_3 x^3 + a_4 x^4 \,. \tag{9.7}$$

[4] M. Berek, *Zum physiologischen Grundgesetz der Wahrnehmung von Lichtreizen*, Instrumentenkunde **63**, S. 297 (1943)

[5] H. Merlitz, *Berek's model of target detection*, J. Cpt. Soc. Am. A 32, p. 101 (2015)

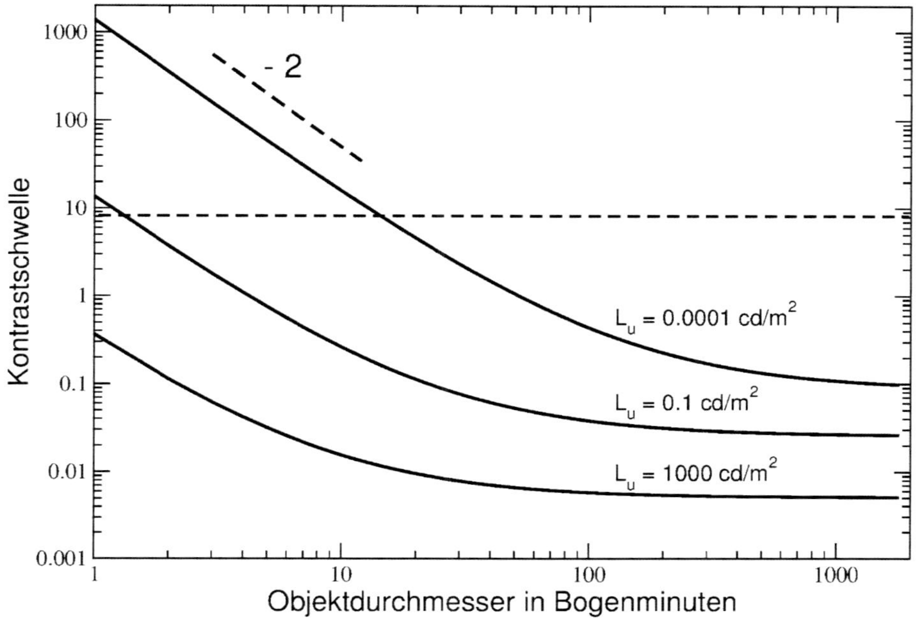

9.4

Kontrastschwelle als Funktion des Objektwinkeldurchmessers σ am Tage ($L_u = 1000\,\mathrm{cd/m^2}$), in der Dämmerung ($L_u = 0.1\,\mathrm{cd/m^2}$) und in der Nacht ($L_u = 0.0001\,\mathrm{cd/m^2}$).

Die Koeffizienten a_i sind in Tabelle 9.1 zusammengefasst. Mit den hier vorgestellten Parametrisierungen der Leuchtdichtefunktionen ist es sehr einfach, die Berechnungen der Berekschen Wahrnehmungsgleichung zu automatisieren und daraus praxisnahe Wahrnehmungsschwellen zu gewinnen.

$a_0 = 0.421\,46$	$a_1 = 0.395\,57$
$a_2 = 0.071\,90$	$a_3 = 0.010\,21$
$a_4 = -0.000\,795\,9$	

Tabelle 9.1

Koeffizienten zu Gleichung (9.7)

Die Abbildung 9.4 zeigt als erstes Anwendungsbeispiel die Kontrastschwelle als Funktion des Objektdurchmessers bei drei unterschiedlichen Lichtverhältnissen. Hier wurde angenommen, dass das Auge stets auf die Umgebungsleuchtdichte adaptiert ist. Es ist leicht zu erkennen, wie der kontinuierliche Übergang vom Riccoschen Satz (die Steigung der Funktion $K \sim \sigma^{-2}$ ist durch die gestrichelte Linie oben links angedeutet) zum Weber-Fechnerschen Gesetz ($K = \mathrm{const}$ bei großen Objektdurchmessern) verläuft. In diesem Sinne steht die Pipersche Regel weniger für ein eigenständiges Gesetz, als vielmehr für den breiten Übergangsbereich zwischen dem Riccoschen Satz und dem Weber-Fechnerschen Gesetz.

Als Testobjekt sei nun eine weiße Scheibe in einem Wald aufgestellt, der Kontrast betrage $K = 8$ (gestrichelte horizontale Linie in Abbildung 9.4). Die Scheibe fällt in der Nacht unter die Wahrnehmungsschwelle, falls ihr Winkeldurchmesser einen Wert von etwa 15 Bogenminuten unterschreitet, denn dann liegt die Kontrastschwelle ja stets oberhalb des Wertes $K = 8$. In der Dämmerung liegt die entsprechende Wahrnehmungsschwelle bei etwa 1.5 Bogenminuten. Hier ist ein Vergleich mit Abbildung 8.9 interessant, die das Auflösungsvermögen des Auges bei unterschiedlichen Helligkeiten darstellt. In diesem Fall dienten vermutlich Landoltringe (Abbildung 9.1) als Testziele, die etwas andere Anforderungen an die Wahrnehmung stellen, aber dennoch zu Resultaten führen, die in der Dämmerung und in der Nacht in ihren Größenordnungen mit dem Berekschen Gesetz konsistent sind. Dies liefert eine wichtige allgemeine Erkenntnis über das Wesen der Sehschärfe: Während diese am Tage durch die Leistung der Optik des Auges und die maximale Auflösung der Retina limitiert ist, wird in der Dämmerung und in der Nacht der Kontrast des Objekts zum begrenzenden Faktor für das Erkennen von Feindetails.

Mit dem in Gleichung (9.5) dargestellten Wahrnehmungsgesetz lassen sich interessante Szenarien durchspielen, wie etwa das Schätzen der Schwellenentfernung eines Objekts mit vorgegebener Größe und Kontrast, als Funktion der Umgebungsleuchtdichte. Nehmen wir als Beispiel ein Wildschwein vor einem Waldrand: Dessen Kontrast dürfte gering sein, vielleicht $K = 0.2$, dessen Durchmesser grob 1 m (wenn es erlaubt sei, das Schwein als eine Kreisscheibe zu approximieren). Zum Vergleich ein weißes Zwergkaninchen (Kontrast: $K = 4$ und Durchmesser 15 cm). Damit können wir die maximale Entfernung berechnen, in der das jeweilige Objekt eben noch wahrnehmbar ist.

Das Resultat zeigt die Abbildung 9.5: In tiefer Nacht beträgt diese Entfernung im Falle des gut getarnten Schweins weniger als 9 m – man tritt ihm fast auf die Füße, bevor es erkennbar wird! Das Kaninchen ist, obwohl wesentlich kleiner, bis auf 20 m Entfernung sichtbar. In der Dämmerung kommt es bei einer Umgebungsleuchtdichte von 0.05 cd/m^2 zu einem Schnittpunkt, an dem Kaninchen und Wildschwein in 200 m Entfernung eben noch erkennbar sind. Fortan ist das größere Schwein mit zunehmender Helligkeit aus einer größeren Distanz sichtbar als das Kaninchen, das am Tage ab einer Entfernung von 500 m mit dem Auge zwar nicht mehr auflösbar, aber dennoch als winziger weißer Punkt bis zu Entfernungen nahe 2 km wahrnehmbar bleibt.

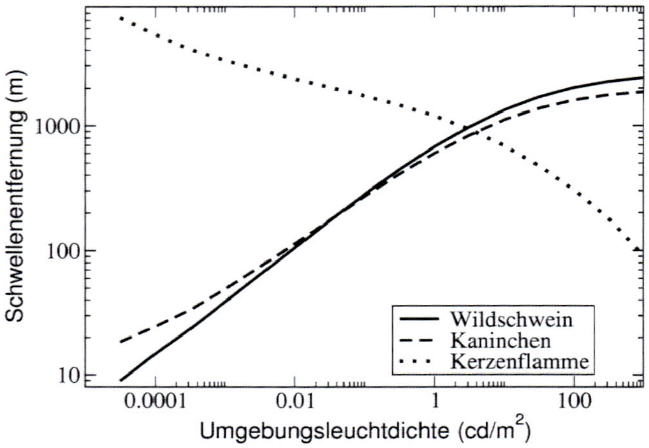

9.5

Schwellenentfernung eines Wildschweins, eines weißen Kaninchens und einer Kerzenflamme vor einem Waldrand als Funktion der Umgebungsleuchtdichte, ermittelt mit Bereks Wahrnehmungstheorie.

Interessant ist auch das Verhalten von selbstleuchtenden Objekten: Betrachten wir eine Kerzenflamme, deren Durchmesser etwa 1 cm beträgt, deren Oberfläche grob π cm^2 und deren Lichtstärke 1 cd. Die Oberflächenleuchtdichte erhalten wir dann zu π^{-1}cd/cm^2 $= 10^4\pi^{-1}$cd/m^2. Da die Leuchtdichte der Flamme von der Umgebungshelligkeit unabhängig ist, wird deren Kontrast zum Waldrand eine Funktion der Tageszeit: Am hellen Tage hat der Wald (Albedo 0.1) eine Leuchtdichte von 1000 cd/m^2 und der Kontrast zur Kerzenflamme beträgt lediglich $K \approx 2.2$. Dieser erreicht in der Nacht (Leuchtdichte des Waldes in diesem Beispiel: 3.2×10^{-5}cd/m^2) jedoch beachtliche Werte von $K \approx 10^8$. Das Wahrnehmungsgesetz berechnet aus diesen Kenndaten eine Sichtbarkeit der nächtlichen Kerzenflamme bis jenseits von 7 km, während dieselbe Flamme am Tage nur noch aus maximal 90 m Entfernung zu orten ist (Abbildung 9.5). Wenn die Sichtung einer Kerze aus 7 km Entfernung allzu abenteuerlich erscheint, dem sei versichert, dass es sich hier mitnichten um eine Fehleinschätzung handelt: Jeder Soldat lernt, dass in tiefer Finsternis eine glimmende Zigarette gar über Entfernungen von bis zu 15 km gesichtet werden kann, und bedient sich der Technik, den Glimmstengel des Nachts in seiner hohlen Hand zu verbergen.

Das Wahrnehmungsgesetz ist auch in Kombination mit einem Fernrohr oder Fernglas anwendbar und dient dann der Berechnung der Fernrohrnutzleistung, der wir uns in Abschnitt 10.4 zuwenden werden. Es existieren auch modernere und komplexere Wahrnehmungsgesetze, die weitere Elemente wie etwa die Sichtungsdauer oder die scheinbare Geschwindigkeit eines Zieles mit berücksichtigen – Faktoren, die für militärische Anwendungen von Relevanz sind. Der interessierte Leser sei hier an die Spezialliteratur verwiesen[6)].

9.2 Farbwahrnehmung

Jeder Ornithologe wird auf die enorme Bedeutung der Farbwahrnehmung für die sichere Bestimmung mancher Vogelarten hinweisen. Farbtreue einer Optik und die Fähigkeit zur Farbdifferenzierung gelten unter Naturforschern als unverzichtbare Voraussetzung für ein akkurates Klassifizieren der belebten Natur. Dabei dient das Farbempfinden als ein klassisches Beispiel für die Komplexität der Datenverarbeitung bei der visuellen Wahrnehmung. Weil es auf einen trichromatischen Mechanismus (drei Zapfenarten) basiert, ist das Empfinden einer bestimmten Farbe nicht zwingend mit einer physikalischen Wellenlänge verbunden – der Farbeindruck »grün« kann von monochromatischem Licht der Wellenlänge 550 nm ebenso hervorgerufen werden wie von einer Lichtquelle mit breitem Farbspektrum, dessen Rotanteil unterdrückt wurde. Umgekehrt darf der Eindruck einer farbneutralen Beleuchtung keinesfalls zu dem Fehlschluss führen, das Licht sei aus einem kontinuierlichen Spektrum zusammengesetzt. Leuchtstoffröhren liefern ein diskontinuierliches Spektrum einzelner Linien, die erst durch additive Farbmischung den Eindruck einer farbneutralen Lichtquelle erzeugen.

Ein kurzer Blick auf das Farbspektrum (Abbildung 3.1), in dem die Wellenlänge kontinuierlich durchgestimmt wird, belegt, dass der visuelle Farbeindruck wenig mit den physikalischen Eigenschaften der Welle korreliert: Unser »Farbdetektor« ist nichtlinear und erzeugt Sektoren unterschiedlicher Breite, die wir als »Farben« bezeichnen. Es ist daher kein Wunder, dass Goethe[7)] im Rahmen seiner Farbenlehre eine Theorie des Lichts entwickeln konnte, die physikalisch völlig falsch, wahrnehmungsphysiologisch jedoch konsistent war.

Unsere Farbwahrnehmung hat noch weitere Besonderheiten zu bieten. Die Abbildung 9.6 zeigt typische Spektralverteilungen des Tageslichts, bei direkter Sonneneinstrahlung und bei bedecktem Himmel[8)]. Das Licht ist bei Sonnenschein wärmer (Richtung gelb verschoben), während bei bedecktem Himmel eher die kühleren Anteile dominieren. Dennoch erscheint uns das Tageslicht, unabhängig von der Witterung, stets neutral, ein weißes Blatt Papier erscheint in allen Situationen weiß, und nicht etwa farbig. Offensichtlich findet eine Form von »Weißabgleich« statt, der unter variablen Beleuchtungsverhältnissen eine farbtreue Wahrnehmung garantiert. Dieses Phänomen ist als Farbkonstanz bekannt und von erstaunlicher Robustheit – so ist uns selbst bei künstlicher Raumbeleuchtung, deren Farbzusammensetzung erheblich von der des Tageslichts abweichen kann, eine sichere Farbbestimmung möglich. Das Leistungsvermögen dieser Farbkonstanz wird besonders deutlich, wenn man unter verschiedenen

6) R.M. Matchko and G.R. Gerhart, *ABCs of Foveal Vision*, Optical Engineering 40, p. 2735 (2001)

7) Johann Wolfgang von Goethe, 1749 – 1832

8) Daten aus: J. Pokorny and V.C. Smith, *Colorimetry and color discrimination*, in: *Handbook of Perception and Human Performance*, K.R. Boff, L. Kaufman and J.P. Thomas (editors), Wiley & Sons, Inc., vol. I, chapter 8 (1986)

Beleuchtungsverhältnissen fotografiert und dabei den automatischen Weißabgleich deaktiviert.

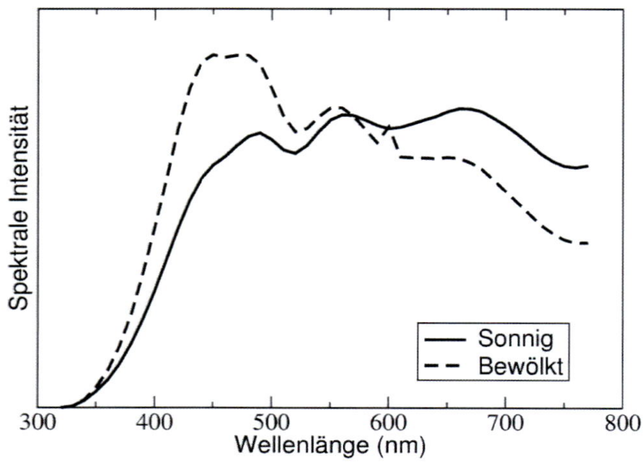

9.6

Spektrale Intensitätsverteilung des Tageslichts bei Sonnenschein und bei bedecktem Himmel.

Eng verwand mit der Farbkonstanz ist die Fähigkeit der Wahrnehmung zu einer partiellen Farbadaption: Fast jeder kennt den einfachen Test, bei dem ein rotes Quadrat 30 Sekunden lang angestarrt wird, und dessen Nachbild anschließend auf einem weißen Blatt Papier in der Komplementärfarbe grün erscheint. Dieser Effekt ist leicht zu erklären als ein Ermüden (oder Ausbleichen) der jeweils aktiven Farbrezeptoren in der Retina. Komplizierter ist jedoch das Phänomen des Simultankontrastes (Abbildung 9.7): Farbintensitäten, jedoch auch Farbtöne eines Objekts, werden im Kontext mit der jeweiligen Hintergrundfarbe unterschiedlich wahrgenommen. Hier findet vermutlich eine weit komplexere Informationsverarbeitung im visuellen Kortex statt, dessen Details noch weitgehend unbekannt sind.

Ausgehend von der trichromatischen Eigenschaft des Farbsehens existieren verschiedene theoretische Ansätze für dessen Modellierung, für die Simulation des Farbeindrucks, den farbige Lichtquellen hervorrufen, von Schwellenwerten für die wahrnehmbaren Farbkontraste, und deren Abhängigkeiten von den Beleuchtungsverhältnissen sowie dem Adaptionszustand des Auges. Ein solches Wahrnehmungsgesetz, das – ähnlich wie das Bereksche im Falle der Hell-Dunkel Wahrnehmung – die Definition allgemein gültiger Sichtungsschwellen erlaubt, konnte aufgrund der höheren Dimensionalität des Farbraumes bisher nicht überzeugend formuliert werden. Erschwerend kommt hinzu, dass die individuelle Variabilität in der Farbwahrnehmung, insbesondere unter der männlichen Bevölkerung, weit größer zu sein scheint als es bei der Helligkeitswahrnehmung der Fall ist. Aus diesem Grunde liegt ein vollständig konsistentes Modell zur Farbwahrnehmung noch immer in weiter Ferne.

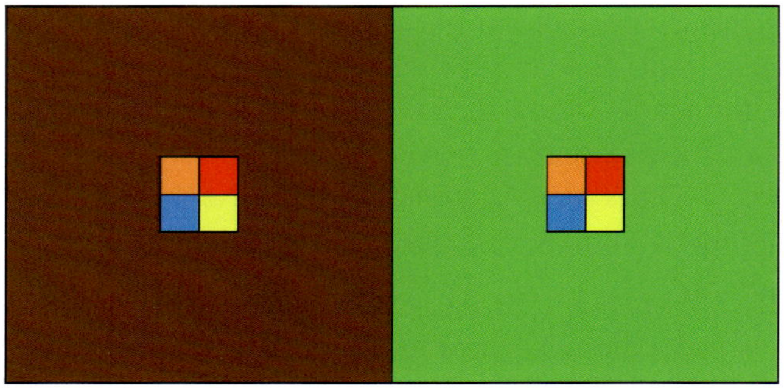

9.7

Simultankontrast: Die Farben eines bunten Vogels wirken vor dunklem Geäst intensiver als auf einer grünen Wiese.

Glücklicherweise sind viele dieser theoretischen Details für die Beobachtungspraxis von zweitrangiger Bedeutung: Zwar mag jeder Beobachter den Farbcocktail eines Papageien auf seine individuelle Art und Weise wahrnehmen – auf dessen Bestimmbarkeit hat dies jedoch keinen Einfluss, solange die Bedingungen für eine Farbkonstanz erfüllt sind, jeder Beobachter also auf seinen individuellen Weißabgleich vertrauen kann. Ein optisches Instrument kann den Beobachter bei dieser Aufgabe unterstützen, indem es eine möglichst flache spektrale Transmissionskurve bietet, die unter allen erdenklichen Lichtverhältnissen eine farbtreue Abbildung ermöglicht. Der Einfluss einer instrumentellen Transmissionskurve auf Helligkeit und Farbsättigung des Bildes wird in Abschnitt 10.7 diskutiert.

9.3 Stereoskopische Tiefenwahrnehmung

Ein enormer Vorteil der binokularen Beobachtung liegt in der Möglichkeit der stereoskopischen Tiefenwahrnehmung: Befinden sich zwei Objekte in nicht allzu weiter Entfernung, so erscheinen sie beiden Augen aufgrund der Parallaxe unter geringfügig verschiedenen Winkeln. Dies führt auf der Retina beider Augen zu einer seitlichen Verschiebung beider Abbildungen, die als Querdisparität bezeichnet wird. Das Gehirn kann anhand dieser beiden unterschiedlichen Bildinformationen einen räumlichen Tiefeneindruck errechnen, der im Nahbereich erheblich zur schnellen Orientierung in einer dreidimensionalen Umwelt beiträgt. Evolutionsbiologen gehen sogar davon aus, dass die beiden Augen des Menschen und anderer höherer Primaten gerade deshalb am Vorderkopf und nicht etwa seitlich platziert sind, weil auf diese Weise der binokulare Überlapp beider Gesichtsfelder (siehe Abbildung 8.2) und somit das stereoskopische Sehen optimiert werden konnte.

Die Abbildung 9.8 verdeutlicht das Prinzip: Beide Beobachtungspunkte (L und R) seien voneinander mit dem Abstand der Basisweite b voneinander getrennt. Es werden Objekte in der Entfernung E und $E - \Delta E$ betrachtet, die dem rechten Auge unter den beiden Winkeln α_1 und α_2 erscheinen. Es gelten die Dreieck-Gleichungen $\tan\alpha_1 = b/E$ und $\tan\alpha_2 = b/(E - \Delta E)$, wobei die Winkel klein genug seien, sodass wir den Tangens jeweils durch den Winkel (in Bogenmaß) approximieren wollen. Für die Winkeldifferenz erhalten wir dann

$$\alpha_2 - \alpha_1 = \Delta\alpha = \frac{b\Delta E}{E(E - \Delta E)} \, . \tag{9.8}$$

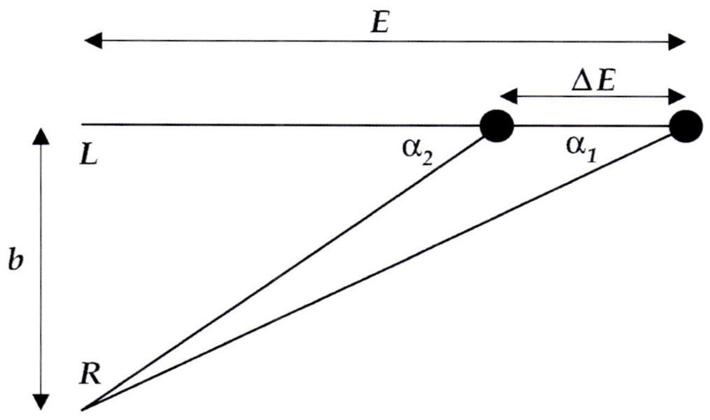

9.8

Parallaxe: Zwei Objekte der Entfernung E und $(E - \Delta E)$ erscheinen den beiden Beobachtern (L und R) unter verschiedenen Winkeln, deren Differenz von der Basisweite b abhängt.

Es existiert eine Wahrnehmungsschwelle für die minimale Querdisparität, die das Gehirn eben noch als Tiefeninformation deuten kann, und diese entspricht einer minimalen Winkeldifferenz von $(\Delta\alpha)_{\text{min}}$. Sehr präzise Messungen dieser minimalen Querdisparität lassen sich mit Zufallspunktstereogrammen ausführen: Dazu wird zunächst ein zufälliges Punktmuster erzeugt und eine exakte Kopie davon in Form einer zweiten Abbildung daneben gestellt. In der Kopie wird dann ein Ausschnitt des Punktrasters um einen minimalen Betrag seitlich verschoben. Betrachtet man beide Abbildungen, so wirken sie auf den ersten Blick identisch, im stereoskopischen Sehen jedoch wird die seitliche Verschiebung vom Gehirn als Querdisparität erkannt und räumlich gedeutet: Der zuvor verschobene Ausschnitt der Abbildung scheint sich vertikal von dem Hintergrund des Bildes abzuheben.

Messungen ergaben, dass Versuchspersonen bereits minimale Winkeldifferenzen $(\Delta\alpha)_{\text{min}}$ im Bereich von 10 bis 30 Bogensekunden als räumlichen Eindruck deuten konnten – dies liegt deutlich unterhalb des fovealen Auflösungsvermögens jedes einzelnen Auges. Eine solche Übergenauigkeit der Wahrnehmung deutet darauf hin, dass im Gehirn ein massiver Datenabgleich beider Netzhautbilder erfolgt, infolge dessen die Messfehler einzelner Sensoren kompensiert werden. Eine scheinbar von dieser Fragestellung unabhängige Beobachtung unterstützt die These dieser komplexen Datenverarbeitung im Gehirn: Die kumulative Helligkeitswahrnehmung beider Augen ist nicht additiv. Rein rechnerisch sollte die Wahrnehmungsschwelle binokular – aufgrund des verbesserten Signal-zu-Rausch Verhältnisses – um einen Faktor $\sqrt{2}$ niedriger liegen als bei der monokularen Beobachtung. Das ist nicht der Fall, was darauf hindeutet, dass die jeweiligen Signale beider Augen nicht etwa addiert, sondern für komplexere Operationen, vielleicht für eine Interferometrie, verwendet werden könnten[9].

Ein minimaler Winkel $(\Delta\alpha)_{\min}$ bedeutet einen minimalen Entfernungsunterschied, also eine Tiefenauflösung ΔE zweier Objekte, die ein Beobachter auf stereoskopischem Wege erreichen kann. Die Rechnung, bei der Winkel im Bogenmaß verwendet werden, ergibt

$$\Delta E = \frac{E^2(\Delta\alpha)_{\min}}{b + E(\Delta\alpha)_{\min}} \tag{9.9}$$

und das Ergebnis ist in Abbildung 9.9 dargestellt. Dazu wurde ein Augenabstand von $b = 65$ mm als Basisweite angesetzt, und eine minimale Querdisparität $(\Delta\alpha)_{\min}$ von 30 Bogensekunden. In 22 m Entfernung lassen sich zwei Objekte mit 1 m Entfernungsdifferenz noch räumlich auflösen, bei 70 m Entfernung benötigen die Motive eine Entfernungsdifferenz von 10 m, und bei 270 m sind 100 m Entfernungsdifferenz gerade noch stereoskopisch wahrnehmbar.

[9] N. Lauinger, *What the human eye tells the brain: a new approach towards a hardware-based modeling of mental functions*, Proc. of SPIE **6764**, p. 676406-1 (2007)

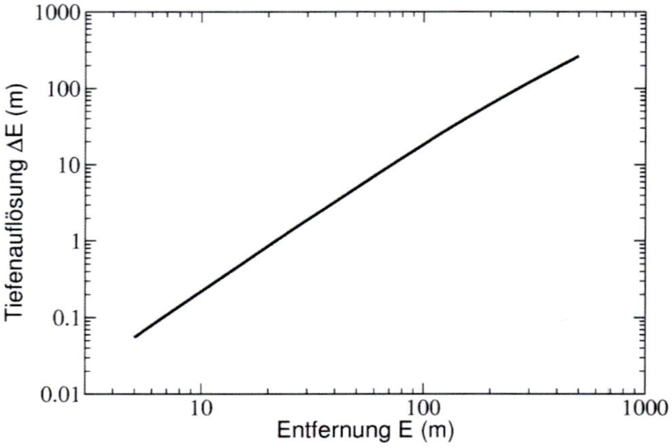

9.9

Tiefenauflösung: Minimale Entfernungsdifferenz ΔE zweier Objekte, die ein Beobachter noch stereoskopisch wahrnehmen kann, als Funktion der Entfernung E des entfernteren Objekts.

Das Besondere an der stereoskopischen Tiefenwahrnehmung ist, dass sie neben der Querdisparität keinerlei zusätzliche Motivinformationen erfordert und daher auch in der Dunkelheit uneingeschränkt funktioniert, wenn es an Texturmerkmalen und diversen anderen Details, die bei der räumlichen Orientierung am Tage behilflich sind, mangelt. Aus diesem Grunde sollten insbesondere Nachtferngläser eine möglichst weite Stereobasis aufweisen, um das räumliche Sehen in der Dunkelheit optimal zu unterstützen (siehe auch Abschnitt 10.9).

9.3.1 Weitere Zugänge zur Tiefenwahrnehmung

Die stereoskopisch bedingte Tiefenwahrnehmung der Motive stellt nicht die einzige Möglichkeit unserer Wahrnehmung dar, ein räumliches Sehen zu ermöglichen. Oberflächenstrukturen (Texturgradienten), sowie Licht und Schatten liefern Aufschlüsse über die räumliche Ausdehnung eines Objekts; Perspektive, scheinbare Größe und Überdeckungen erlauben es, mehrere Objekte auch bei der Monokularen Beobachtung in einen räumlichen Bezug zueinander zu setzen. Über große Distanzen ist es möglich, relative Entfernungen geographischer Oberflächenmerkmale durch die atmosphärische Perspektive, d.h. den mit der Entfernung zunehmenden Kontrastverlust, abzuschätzen. Auch dynamisch, also durch Veränderung des Standpunkts, ist es der visuellen Wahrnehmung möglich, Motiven aufgrund der resultierenden Bewegungsparallaxe unterschiedliche Entfernungen zuzuordnen.

Infolge einer optischen Täuschung kommt es zu einem weiteren Phänomen der Tiefenwahrnehmung, das als Farbtiefeneffekt oder Farbenstereoskopie bekannt ist [10]: Die transversale chromatische Aberration des Auges (siehe Abschnitt 8.5) sorgt dafür, dass Objekte unterschiedlicher Farben auf der Netzhaut seitlich versetzt abgebildet werden, und beim binokularen Sehen interpretiert die Wahrnehmung diese chromatische Querdisparität als einen stereoskopischen Tiefeneindruck, auch wenn es sich bei den Objekten um Farbtupfer auf einem Poster handelt, die sich in identischen Entfernungen zum Beobachter befinden. Besonders auffällig wirkt dieses Phänomen in der Nacht an den farbigen Leuchtschriften einer Neonreklame, wobei der Tiefeneindruck durch ein Fernglas nochmals deutlich verstärkt werden kann. Dies liegt unter anderem an der Tatsache, dass die Austrittspupille des Fernglases unter diesen Umständen meist kleiner ist als die Augenpupille und daher die Funktion einer Blende übernimmt, die je nach Lage unterschiedliche Anteile des Strahlenbündels beschneidet.

Mit einem Fernglas lässt sich durch Variation des Okularabstands der Tiefeneindruck farbiger Leuchtschriften sogar variieren. [11] Der Autor dieses Buches hat dazu des Nachts mit einem 10x50 Fernglas mehrfarbige Neonreklamen betrachtet: War das Fernglas auf die normale Augenweite eingestellt, so schienen rote Schriftzeichen im Vordergrund, d.h. vor den blauen Zeichen, zu schweben. Derselbe Eindruck zeigte sich, noch ein wenig deutlicher, wenn die Okulare auf einen etwas zu weiten Abstand eingestellt waren. Die umgekehrte Situation ergab sich jedoch bei zu eng eingestellter Knickbrücke: Jetzt schwebte blau vor rot, der Farbtiefeneffekt hatte sich umgedreht.

9.4 Visueller Bildaufbau

Noch während der ersten Hälfte des zwanzigsten Jahrhunderts wurde die Bildkonstruktion des Auges mit der einer (Film-) Kamera verglichen. Man war der Überzeugung, das Auge erfasse ein Bild der Umgebung in Form eines Schnappschusses und leite die Information anschließend an das Gehirn weiter. Dieser Vorgang werde stetig wiederholt, etwa 20 mal pro Sekunde, um bei Motiveänderungen den Eindruck eines fließenden Bewegungsablaufs zu erhalten.

Heute ist bekannt, dass ein solcher Vorgang die vorhandenen Kapazitäten zur Datenleitung und Datenverarbeitung bei weitem überfordern würde. Das Gehirn hätte gar nicht die Möglichkeit, die Flut an visuellen Daten, die ein ganz alltägliches Motiv hervorruft, in Echtzeit zu verarbeiten. Die Wahrnehmungspsychologie hat eine Reihe von Methoden und Techniken identifiziert, mit deren Hilfe es unserer Wahrnehmung gelingt, auf weit effizientere Art und Weise ein Bild von der Umwelt zu gewinnen. Dies funktioniert über den Mechanismus der selektiven Aufmerksamkeit.

Das Auge liefert bei der Tagesbeobachtung lediglich einen kleinen Winkelbereich von etwa 2° des scharfen, fovealen Sehens (siehe Abschnitt 8.7), auf den sich die maximale Aufmerksamkeit der Wahrnehmung richtet. Der extrafoveale Bereich sieht zwar mit, dient jedoch hauptsächlich dem Zweck, Motive, die möglicherweise von Interesse sein könnten, zu

[10] C. Ucke und R. Wolf, *Durch Farbe in die 3. Dimension*, Physik in unserer Zeit **30**, S. 50 (1999)

[11] I. Kohler, *Experiments with Goggles*, Scientific American **206**, No. 5, p. 62 (1962)

identifizieren und nach Wichtigkeit zu sortieren. Das Auge wird im Anschluss an eine Bewertung dieser potenziellen Ziele seinen Blick darauf richten, um weitere Details zu erfassen. Auf diese Weise wird ein Motiv in schneller Folge von dem Auge abgescannt – jedoch keinesfalls flächendeckend, wie es ein Scanner mit einem Dokument betreibt, sondern hochgradig selektiv. In jedem Motiv existieren interessante Teilabschnitte, auf die der Blick des Betrachters länger fixiert bleibt als auf andere, weniger interessante Bereiche.

9.10

Möglicher Blickbewegungsverlauf bei Betrachtung einer Motivauswahl mit Person und Landschaft. Die Linien zeigen die Augenbewegungen während des initialen Scanvorgangs.

Die genannten Augenbewegungen, die dem Scannen eines Motivs dienen, werden Sakkaden genannt. Die Abbildung 9.10 zeigt schematisch einen solchen Scanvorgang: Die Aufmerksamkeit gilt zunächst der Person im Vordergrund. Anschließend fällt der Blick der Reihe nach auf weitere, markante Motivmerkmale im Hintergrund. Das Gehirn integriert die während eines solchen Scanvorgangs gewonnenen Informationen und fügt sie zu einem virtuellen Gesamtbild der Umgebung zusammen. Dieses Bild ist zu keinem Zeitpunkt vollständig – der Betrachter wird, um gewisse Detailfragen klären zu können, seine Aufmerksamkeit wiederholt auf bestimmte Motivelemente richten müssen, um sein Bild von der Umgebung zu ergänzen. Dennoch unterliegt der Beobachter stets der Illusion, er habe »alles im Blick«, und nichts sei seiner Aufmerksamkeit entgangen.

Dass dem nicht so ist, beweisen die beliebten Suchbilder in Freizeitmagazinen, bei denen es darum geht, in zwei nahezu identischen Bildern eine vorgegebene Anzahl von Unterschieden zu entdecken. Dieses Suchen nach Differenzen kann selbst in lächerlich simplen Zeichnungen mehrere Minuten in Anspruch nehmen, weil unsere Wahrnehmung aufgrund der selektiven Aufmerksamkeit eben nicht über die Möglichkeit verfügt, ein Bild mit all seinen Details instantan aufzunehmen. Berühmte Maler vergangener Jahrhunderte wussten instinktiv die Eigenheiten der selektiven Wahrnehmung zu nutzen, indem sie das Auge des Betrachters durch gezielt platzierte Bildelemente zu lenken vermochten. Auf diese Weise gelang es ihnen, mit einer begrenzten Anzahl an Details dennoch sehr realistische und lebendig wirkende Gemälde zu schaffen.

Wahrnehmungspsychologen sind dabei, mithilfe von Eye trackern – Kameras, die der Augenbewegung von Testpersonen folgen – den Geheimnissen der selektiven Aufmerksamkeit auf die Spur zu kommen. Die potenzielle Rendite aus der Werbeindustrie liegt auf der Hand. Für die Fernglaspraxis implizieren die Erkenntnisse zum visuellen Bildaufbau, dass eine perfekte Randschärfe zumindest bei Handferngläsern, die ja dynamisch geschwenkt werden, in vielen Fällen nicht zwingend notwendig ist[12]. Das Auge identifiziert ein potenziell interessantes Objekt, und im Verlauf des fortschreitenden Scanvorgangs bleibt dem Beobachter hinreichend Zeit, dieses Motiv in den zentralen Bereich des Bildes zu bewegen, um

[12] »Die dezentralen Teile des Sehfeldes finden bei stativgebundener Beobachtung oder Astronomie eine gewisse Beachtung. . . und bei Fernglasvergleichen«. Zitat: Heiko Wilkens.

es dann im Detail zu studieren. Es kann natürlich zu Situationen kommen, in denen eine hohe Randschärfe auch bei der Tagesbeobachtung attraktiv wird, etwa, wenn eine weit verteilte Herde oder ein Vogelschwarm nach Möglichkeit komplett und ohne Informationsverlust bis in den Randbereichen überblickt werden soll. Stellen solche Beobachtungen einen Schwerpunkt im Anwendungsspektrum des Handfernglases dar, dann ist eine hinreichend hohe Randschärfe der Optik von Vorteil.

9.5 Optischer Fluss

Die Wahrnehmung einer Bewegung basiert auf der dynamischen Änderung von Positionen, wobei sich mehrere Arten von Bewegung unterscheiden lassen: (1) Ein einzelnes Objekt bewegt sich vor einer ansonsten unbeweglichen Kulisse. (2) Das Objekt steht unbeweglich vor einem dynamischen Hintergrund, etwa ein Funkmast, hinter dem die Wolken ziehen. (3) Sowohl Objekt als auch Hintergrund führen Bewegungen aus. Man denke an ein Kornfeld, dessen Ähren sich im Wind wiegen, während gleichzeitig ein Reh durch die Szene hüpft. Unsere visuelle Wahrnehmung ist darauf trainiert, Bewegungen voneinander zu separieren und dabei potenziell interessante oder auch gefährliche Objekte vor einem bewegten Hintergrund zu isolieren.

Eine weitere Variante besteht in der kohärenten Bewegung der gesamten Kulisse, die etwa beim Blick aus einem fahrenden Zug entsteht, und dieser Fall ist für die Fernglasbeobachtung von besonderer Relevanz, weil er ja während eines Schwenkvorgangs auftritt. Hier bewegt sich jeder einzelne Bildpunkt auf einer individuellen Trajektorie, und das Bündel aller Trajektorien bildet ein Geschwindigkeitsfeld. In der Wahrnehmungspsychologie interessiert man sich für die Wirkung eines solchen Geschwindigkeitsfeldes, in diesem Kontext als optischer Fluss bezeichnet, auf die Tiefenwahrnehmung. Der Zusammenhang mit animierter Computergrafik ist offensichtlich, einerseits in der Spieleindustrie, andererseits auch in ernsthaften Anwendungen wie etwa Navigationshilfen für Piloten.

Es ist erstaunlich einfach, mit nur wenigen Bildpunkten den Eindruck eines sich in Bewegung befindlichen Beobachters zu erzeugen (Abbildung 9.11): Bewegen sich die Bildpunkte von einem Expansionspunkt ausgehend auf den Beobachter zu, so scheint er in Richtung dieses Fluchtpunktes zu gleiten. Umgekehrt bewegt er sich scheinbar rückwärts, falls die Bildpunkte auf einen gemeinsamen Punkt hin konvergieren.

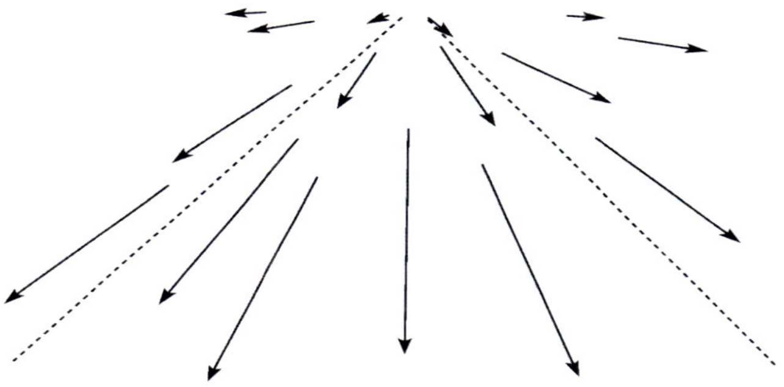

9.11

Optischer Fluss: Existiert ein gemeinsamer Expansionspunkt, so entsteht beim Beobachter der Eindruck, er bewege sich auf diesen Punkt zu.

Die Abbildung 9.12 zeigt eine andere Situation: Eine Gruppe von Bildpunkten divergiert, nimmt dabei an Geschwindigkeit zu, um auf der anderen Bildseite zu konvergieren und abzubremsen. Es entsteht der Eindruck eines perspektivisch verzerrten Orbits, etwa so, als würde ein rotierendes Kettenkarussell aus einem Abstand von wenigen Metern aus betrachtet. Der Beobachter schließt aus diesem Bewegungsmuster, selber stationär zu sein und ein rotierendes oder kreisendes Motiv zu beobachten.

Während des Schwenkens eines Fernglases, das eine Verzeichnung aufweist, können die hier beschriebenen Auswirkungen des optischen Flusses auftreten.

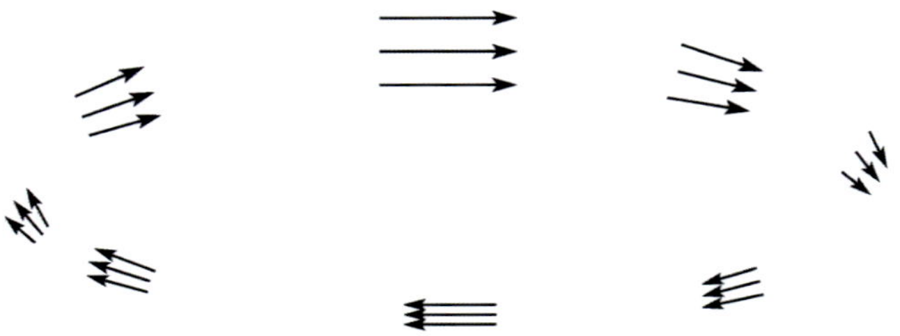

9.12

Optischer Fluss: Divergenz erzeugt den Eindruck eines sich nähernden, Konvergenz den eines sich entfernenden Objekts.

Im folgenden Abschnitt werden wir jedoch erfahren, dass eine solche Verzeichnung nicht nur im optischen Instrument, sondern auch im Rahmen des optischen Wahrnehmungsvorgangs auftreten kann. Diese Erkenntnis wird uns wichtige Informationen über die optimale Wahl einer Sollverzeichnung liefern, mit der diese mitunter unerwünschten Effekte unserer Wahrnehmung kompensiert werden können.

9.6 Visuelle Verzeichnung

Bereits im neunzehnten Jahrhundert machte Hermann v. Helmholtz eine interessante Beobachtung: Ein Schachbrettmuster, das kissenförmig verzeichnet ist, kann dem Auge regulär (d.h. unverzeichnet) erscheinen, falls es aus unmittelbarer Nähe betrachtet wird, sodass es einen hinreichend weiten Winkelbereich des Gesichtsfelds ausfüllt[13]. Die Abbildung 9.13 zeigt ein solches verzeichnetes Schachbrettmuster: Nach Anleitung von Helmholtz soll dieses Muster aus einer Entfernung betrachtet werden, die der Länge des schwarzen Balkens (am unteren Rand der Abbildung) entspricht. Dabei soll der Blick auf die Mitte des Schachbretts fixiert, und gleichzeitig der Verlauf der Konturlinien durch indirektes, peripheres Sehen beurteilt werden. Ein solches »Geradebiegen« der Konturen beim Betrachten kann als eine interne tonnenförmige Verzeichnung der Wahrnehmung interpretiert werden, welche die kissenförmige Verzeichnung des Schachbrettmusters kompensiert.

9.13

Schachbrett mit kissenförmiger Verzeichnung gemäß Helmholtz: Aus kurzer Entfernung betrachtet (siehe Balken am unteren Bildrand), erscheint es manchem Betrachter unverzeichnet.

Jüngere, computerbasierte und systematische Untersuchungen der Arbeitsgruppe um A. H. J. Oomes haben die Vermutung Helmholtzs', dass der visuelle Raum verzeichnet ist, bestätigt, wobei jedoch bei den Testpersonen starke individuelle Unterschiede in der Stärke dieser visuellen Verzeichnung nachgewiesen wurden[14]. Auch fällt diese Verzeichnung im

[13] H. von Helmholtz, *Handbuch der physiologischen Optik*, 2. Auflage, Leipzig: Voss (1890)

[14] A. H. J. Oomes, J. J. Koenderink, A. J. Doorn and H. de Ridder: *What are the uncurved lines in our visual field? A fresh look at Helmholtz's checkerboard*, Perception **38**, p. 1284 (2009)

Mittel nur etwa halb so stark aus, wie ursprünglich von Helmholtz postuliert.

Eine Verzeichnung lässt sich sehr einfach durch Modifikation der Tangensbedingung (Gleichung (4.6)), die nach Definition der Gleichung (4.7) verzeichnungsfrei ist, darstellen, indem ein neuer Verzeichnungs-Parameter k eingeführt wird:

$$\tan(ka) = m \tan(kA) \tag{9.10}$$

Hier bedeutet wiederum A der Objektwinkel, a der Bildwinkel und m die Vergrößerung der verwendeten Optik. Im Falle $k = 1$ erhalten wir die Tangensbedingung, die verzeichnungsfrei ist. Im Grenzfall $k \to 0$ entwickeln wir die Gleichung nach dem ersten, linearen Term des Tangens,

$$ka \approx mkA \,, \tag{9.11}$$

und dividieren durch k, woraufhin wir die Winkelbedingung (Gleichung (4.10)) erhalten, die, wie der Leser nach Einsetzen in Gleichung (4.7) selber nachvollziehen mag, eine deutliche kissenförmige Verzeichnung aufweist. Wie einst von H. Slevogt gezeigt, entspricht das Helmholtzsche Schachbrettmuster der Parameterwahl $k = 0.5$, die auch als Kreisbedingung bezeichnet wird[15].

Der Autor hat eine Galerie von Schachbrettern mit unterschiedlich starken kissenförmigen Verzeichnungen erzeugt und über Internet freiwillige Probanden darum gebeten, das Helmholtz-Experiment zu wiederholen. Gesucht war diejenige Verzeichnung, bei der ein Schachbrett dem Probanden möglichst regulär erschien. Die Abbildung 9.14 zeigt die Resultate in einer geglätteten, interpolierten Grafik: Zu erkennen ist eine weite Streuung von $k = 1$ (verzeichnungsfreies Schachbrett) bis hin zur Kreisbedingung ($k = 0.5$), weitgehend konsistent mit den früheren Resultaten der Oomes-Studie. Einzelne (wenn auch wenige) Probanden empfanden selbst stark verzeichnete Muster im Bereich der Winkelbedingung ($k = 0$) noch als regulär. Damit scheint erwiesen, dass die Wahrnehmung eines signifikanten Anteils der Probanden eine nicht zu vernachlässigende tonnenförmige Verzeichnung aufweist.

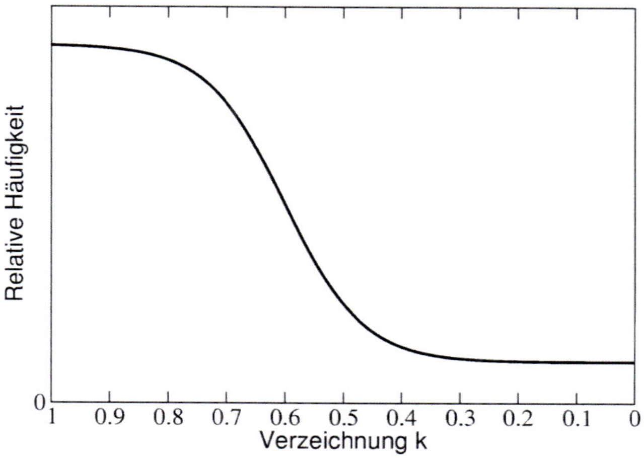

9.14

Relative Häufigkeit der Probanden, die ein Schachbrett mit Verzeichnung k als regulär empfunden haben.

In der Wahrnehmungspsychologie ist es üblich, zur Beschreibung und Modellierung solcher Versuchsergebnisse einen visuellen Raum zu definieren, der in diesem Fall eine Verzeichnung, oder äquivalent, eine Krümmung aufweisen muss. Gekrümmte visuelle Räume werden auch als »nicht-euklidische« Räume bezeichnet und sind seit mehr als einem halben Jahrhundert Gegenstand intensiver Diskussionen und Untersuchungen[16]. In diesem Kontext hat der Autor dieses Buches vorgeschlagen, die tonnenförmige Verzeichnung des visuellen Raumes wie folgt

[15] H. Slevogt, *Zur Definition der Verzeichnung bei optischen Instrumenten für den subjektiven Gebrauch*, Optik **1**, Stuttgart, S. 358 (1946)

[16] M. Wagner, *The geometries of visual space*, Lawrence Erlbaum Associates, Inc., USA (2006)

zu modellieren:

$$y = \frac{1}{k_v} \tan(k_v A) \,, \tag{9.12}$$

wobei k_v für den Parameter der visuellen Verzeichnung steht. y ist die radiale Koordinate des visuellen Raumes, gemessen vom Gesichtsfeldzentrum[17]. Die statistische Verteilung dieses Parameters k_v ist mit der Verteilung des Parameters k in Abbildung 9.14 identisch. Angesichts der erheblichen Streubreite ist der Mittelwert von etwa $k_v \approx 0.75$ nicht besonders aussagekräftig, er liefert jedoch einen groben Anhaltspunkt für Modellbildung einer tonnenförmigen Verzeichnung der visuellen Wahrnehmung.

In diesem Zusammenhang stellt sich die Frage, warum eine solche Verzeichnung unter geeigneten Versuchsbedingungen, wie dem Helmholtz-Experiment, nachweisbar ist, im Alltag jedoch nicht als störend wahrgenommen wird. Schließlich sollte sie ja gerade Linien, wie sie an Häuserkanten oder Laternenpfählen auftreten, verbiegen, sofern diese Linien den peripheren Bereich des Gesichtsfelds schneiden. Eine Antwort liefert der bereits diskutierte Mechanismus des visuellen Bildaufbaus (Abschnitt 9.4): Ein Bild der Umwelt entsteht über die Sakkaden während des sequenziellen Scannens der Umgebung, während dessen die Aufmerksamkeit stets selektiv auf die nähere Umgebung des anvisierten Gegenstands gerichtet wird. Nun ist es jedoch eine Eigenschaft der visuellen Verzeichnung, dass sie nicht im zentralen, fovealen, sondern im peripheren Bereich der Abbildung relevant wird. Wann immer das Auge seinen Blick auf eine gerade Kante richtet, so erscheint diese gerade. Das Gehirn setzt sein Gesamtbild von der Umgebung aus selektiv aufgenommenen Einzelbildern zusammen, die durchweg unverzeichnete Teilstücke enthalten, und folglich werden die Effekte einer solch geringen tonnenförmigen Verzeichnung im Alltag nicht registriert.

[17] H. Merlitz, *Distortion of binoculars revisited: Does the sweet spot exist?*, J. Opt. Soc. Am. A **27**, p. 50 (2010)

Das Helmholtz-Experiment ist dennoch nicht die einzige Situation, in der die angesprochene tonnenförmige Verzeichnung der Wahrnehmung auffällig werden kann. Beim Schwenken eines Fernglases, das an sich unverzeichnet abbildet, modifiziert die Verzeichnung des visuellen Raumes den optischen Fluss der Bildpunkte und kann auf diese Weise den Eindruck eines gewölbten Bildes erwecken. Dieser Globuseffekt soll in Abschnitt 10.10 diskutiert werden.

10 Auge und Fernglas: Die Synthese aus Mensch und Maschine

In den vorangegangenen Kapiteln wurde zunächst die Technik des Fernglases, anschließend Funktion und Leistungsvermögen des Auges diskutiert. Jetzt kommt es zur Synthese von Mensch und Maschine. Das Fernglas kann als eine Verlängerung des Auges angesehen werden – oder umgekehrt. Die nahe liegende Frage lautet dabei: Welchen Leistungsgewinn darf man mit dieser Kombination beider Systeme erwarten, und wie kommt dieser zustande? Die Analyse dieser Fragestellung wird uns auf die komplizierten Wechselwirkungen zwischen Wahrnehmung und Fernoptik führen, und dabei wichtige Hinweise für die optimale Auswahl und Nutzung eines Fernglases liefern.

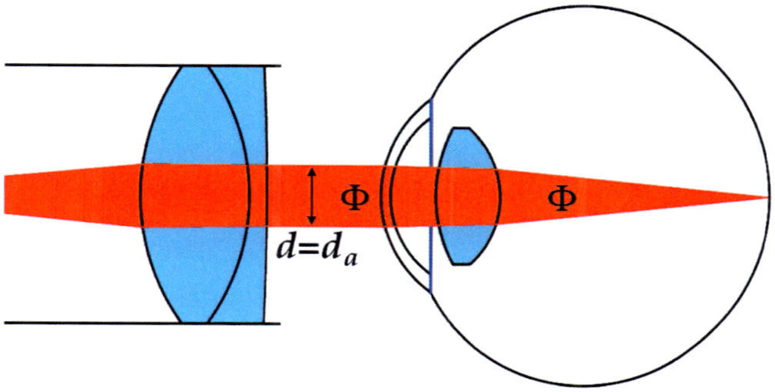

10.1

Normalvergrößerung: Austrittspupille d des Okulars (links) und Augenpupille d_a weisen identische Durchmesser auf (die Iris ist als blaue Linie angedeutet).

10.1 Lichtstrom und Vergrößerung

Wie bereits in Abschnitt 9.1.1 exerziert, denken wir uns zunächst eine entfernte, kreisförmige Testscheibe, die dem Beobachter unter einem Winkel von σ erscheint. Die Scheibe habe eine Leuchtdichte von L_t, die Umgebung eine Leuchtdichte von L_u, was einen Kontrast von

$$K = \frac{L_\mathrm{t} - L_\mathrm{u}}{L_\mathrm{u}} \tag{10.1}$$

ergibt. Dieser sei positiv, die Testscheibe also heller ist als ihre Umgebung. Ferner sei der Winkeldurchmesser der Scheibe klein im Vergleich zum Sehwinkel des optischen Instruments.

Der Lichtstrom, der von der Scheibe ausgeht und in das Instrument fällt, ist proportional zu deren Leuchtdichte, der Fläche, die durch den Raumwinkel σ^2 aufgespannt wird, und der Fläche der Eintrittspupille, D^2, folglich

$$\Phi \sim L_\mathrm{t}\sigma^2 D^2 \,. \tag{10.2}$$

Derjenige Lichtstrom, der das Instrument, das eine Vergrößerung m aufweise, durch die Austrittspupille $d = D/m$ wieder verlässt, ist im Idealfall identisch mit dem einfallenden Lichtstrom, in der Praxis jedoch um den Transmissionskoeffizienten T des Fernglases reduziert. Dabei sind im Falle eines mehrfachvergüteten Fernglases Transmissionen von $T \approx 0.9$ durchaus realistisch. Damit ist jedoch noch nicht sichergestellt, dass auch das Auge, das sich hinter dem Okular befindet, denselben Lichtstrom empfängt – die Augenpupille d_a darf ja nicht kleiner sein als die Austrittspupille d, weil andernfalls nur die effektive Eintrittspupille von $D' = md_\mathrm{a}$ wirksam und der Lichtstrom entsprechend reduziert wäre.

Die Abbildung 10.1 zeigt die Situation identischer Durchmesser von Augenpupille und Austrittspupille – in diesem Fall spricht man von einer Normalvergrößerung. Man beachte, dass die Normalvergrößerung keine Eigenschaft des Instruments ist: Sie ist erst mit der Angabe des Pupillendurchmessers eines

Beobachters definiert. Handelt es sich um ein Teleskop mit Wechselokularen, so wird im Tageslicht mit einem kurzbrennweitigen Okular, in der Nacht hingegen mit einem langbrennweitigen Okular eine Normalvergrößerung erzielt.

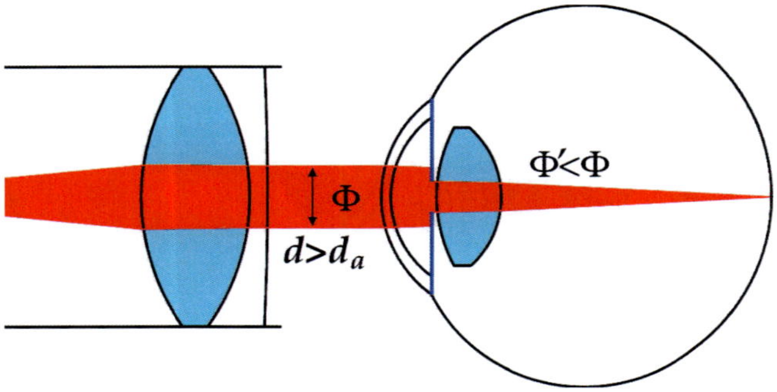

10.2

Am Tage ist die Augenpupille meist kleiner als die Austrittspupille. Das Bild erscheint hell, wobei jedoch das Vergrößerungspotenzial nicht ausgeschöpft wird.

Am Tage ist die Augenpupille in vielen Fällen kleiner als die Austrittspupille, die Normalvergrößerung also nicht erreicht (Abbildung 10.2). Die Testscheibe erscheint durch das Okular unter einem scheinbaren Winkel von $m\sigma$, deren Fläche daher um den Faktor m^2 größer als dem unbewaffneten Auge. Bezeichnen wir den Lichtstrom der Scheibe, der die Iris des unbewaffneten Auges passiert, mit Φ_a, und den Lichtstrom, der die Iris durch das optische Instrument erreicht, mit Φ', so gilt für deren Verhältnis (unter Vernachlässigung von Transmissionsverlusten)

$$\frac{\Phi'}{\Phi_\mathrm{a}} = \left(\frac{d_\mathrm{a}}{d}\right)^2 \frac{\Phi}{\Phi_\mathrm{a}} = \frac{D^2}{d^2} = m^2 \qquad (10.3)$$

Das Bild der Scheibe nimmt eine um m^2 größere Fläche ein, und der Lichtstrom ist ebenfalls um den Faktor m^2 erhöht – die Leuchtdichte des Bildes unterscheidet sich folglich nicht von der Leuchtdichte des Objekts, abgesehen von den Transmissionsverlusten der Optik. Ein flächiges Objekt kann durch ein Fernglas daher niemals heller, maximal gleich hell wie dem unbewaffneten Auge erscheinen, und – natürlich – größer. Ausgehend von der Situation in Abbildung 10.2 darf die Vergrößerung noch erhöht werden, ohne dass das Bild dunkel erscheint, bis die Normalvergrößerung

$$m_\mathrm{norm} = \frac{D}{d_\mathrm{a}} \qquad (10.4)$$

erreicht ist.

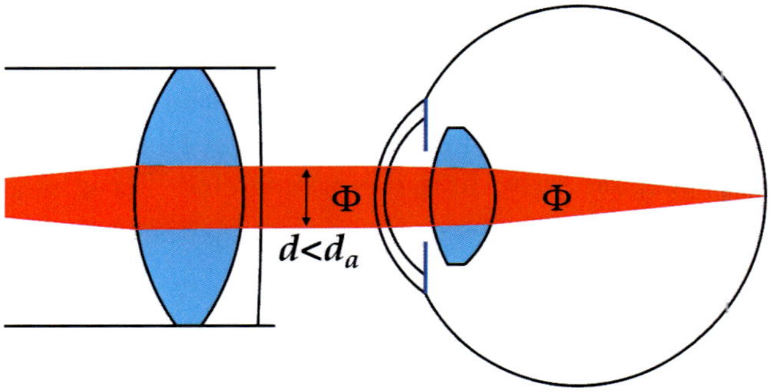

10.3

Übervergrößerung: Die Austrittspupille ist kleiner als die Augenpupille, das Objekt erscheint größer, aber auch dunkler als mit dem freien Auge.

In der Dämmerung oder Nacht tritt häufig der Fall ein, dass die Augenpupille größer wird als die Austrittspupille (Abbildung 10.3). Hier spricht man bei der Vergrößerung m von einer Übervergrößerung, da sie nun höher ist als die unter diesen Umständen gültige Normalvergrößerung. Das Verhältnis beider Lichtströme durch das Fernglas und durch das unbewaffnete Auge ist nun $(D/d_\mathrm{a})^2 = m_\mathrm{norm}^2$, das Objekt jedoch um den Faktor m, dessen Fläche sogar um m^2 vergrößert, so dass sich dessen Flächenhelligkeit um $(m_\mathrm{norm}/m)^2 = (d/d_\mathrm{a})^2$ verringert hat. Eine Übervergrößerung führt somit zu einem dunklen Bild, wenn auch der Kontrast zwischen

Scheibe und Umgebung zunächst konstant bleibt, solange die Umgebung nicht vollkommen schwarz erscheint. Irgendwann ist natürlich der Punkt erreicht, an dem die Umgebungsleuchtdichte unter die Wahrnehmungsschwelle fällt, und von da an verringert sich mit der Vergrößerung auch der wahrgenommene Kontrast.

Eine Übervergrößerung ist bei hellen Objekten sinnvoll, um die Auflösungsgrenze des Auges auszureizen, die bei einem Austrittspupillendurchmesser von etwa $d = 2\,\mathrm{mm}$ erreicht wird. Hier erreicht die Beugungsunschärfe des Teleskops in etwa das Auflösungsvermögen der Netzhaut[1] und man spricht von der förderlichen Vergrößerung $m = D/2$ des Instruments (wobei D in mm anzugeben ist). An diesem Punkt erreicht das Beugungsscheibchen einen Durchmesser von etwa einer Bogenminute. Eine perfekte Optik vorausgesetzt, sollte ein Handfernglas, das eine Austrittspupille über 2 mm aufweist, mehr Details auflösen, als das Auge zu unterscheiden vermag. Allerdings stellen Ferngläser selten perfekte, beugungsbegrenzte Optiken dar, und daher werden die theoretischen Grenzwerte der Gleichung (4.20) in der Regel nicht erreicht.

Werte jenseits der förderlichen Vergrößerung treten bei Handferngläsern i.a. nicht auf – es sei denn, sie werden mit einem als Booster nachgeschalteten Monokular gekoppelt (Abbildung 10.4). In diesem Falle multiplizieren sich die Vergrößerungen beider Instrumente, wobei die Austrittspupille entsprechend winzig wird. Eine solche Fernglas/Booster Kombination ist nur auf einem Stativ sinnvoll nutzbar und generell als eine Notlösung anzusehen, weil deren Bildqualität keinesfalls hohen Ansprüchen genügen kann.

Im Normalfall sind sehr hohe Vergrößerungen auf Detailbeobachtungen kontrastreicher Motive durch hochwertige Teleskope oder Spektive beschränkt. In der astronomisch orientierten Literatur wird oft die doppelte förderliche Vergrößerung, die eine Austrittspupille von $d = 1\,\mathrm{mm}$ ergibt, als Maximalvergrößerung bezeichnet. Dies ist die Grundlage für die bekannte Regel, dass die Vergrößerung eines (hochwertigen und perfekt justierten) Teleskops bis auf den Wert des Objektivdurchmessers (in mm) getrieben werden kann. Unter günstigen Bedingungen vergrößern Mond- und Planetenbeobachter sogar noch etwas darüber hinaus und arbeiten mit Austrittspupillen in der Nähe von $d = 0.7\,\mathrm{mm}$. Eine solche Übervergrößerung erhöht zwar formal nicht mehr die Detailfülle, jedoch den Sehkomfort während stundenlanger Detailstudien. Hier darf nicht vergessen werden, dass die Sehschärfen, aber auch Erfahrungen unterschiedlicher Individuen variieren, und dass Beobachtungen in diesen Grenzbereichen nicht mehr simplen Regeln unterliegen. Praktische Grenzen setzten zudem die Kontraste der Motive, die atmosphärische Unruhe (»seeing«), sowie Luftströmungen im Instrument (»Tubusseeing«) als Folge einer thermalen Angleichung an die Umgebung.

10.4

Booster: Ein 8x30 Fernglas, gekoppelt mit einem 6x30 Monokular, ergibt eine 48-fache Vergrößerung mit einer Austrittspupille von lediglich 0.625 mm.

[1] A. König und H. Köhler, *Die Fernrohre und Entfernungsmesser*, Springer-Verlag 1959, S. 101

10.2 Fernrohrleistung: Sehschärfe

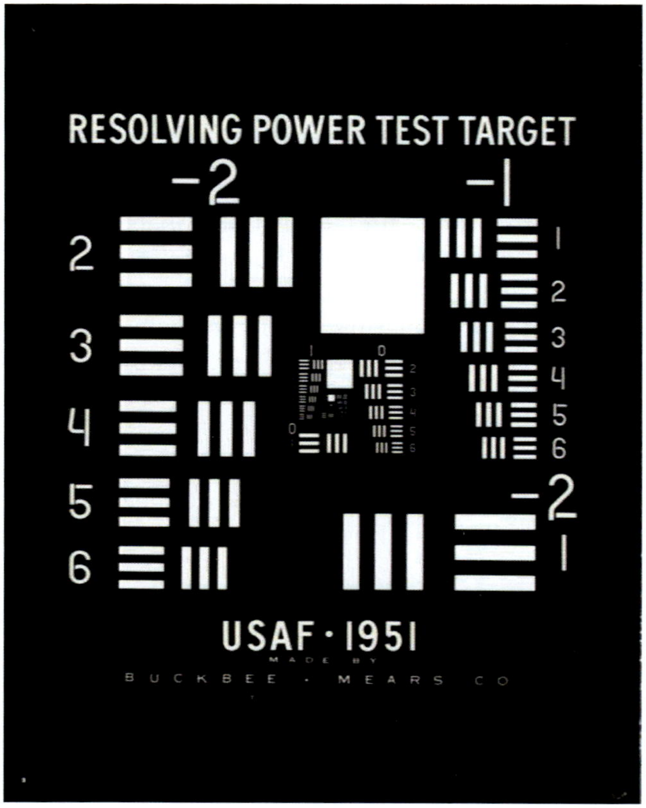

10.5

USAF 1951 Testtafel: Einzelne Blöcke aus alternierenden Streifen sind in unterschiedlichen Abständen (»Frequenzen«) dargestellt. Quelle: Wikimedia Commons unter CC BY-SA 2.5.

Ein Fernglas der Vergrößerung m bildet ein Objekt um den Faktor m vergrößert auf die Netzhaut ab. Dies allein kann aber nicht dafür garantieren, dass der Beobachter auch eine um denselben Faktor erhöhte Detailfülle wahrnimmt. Das Verhältnis beider Sehschärfen, S_F mit Fernrohr, und S_a des unbewaffneten Auges,

$$E_\mathrm{s} = \frac{S_\mathrm{F}}{S_\mathrm{a}}\,, \tag{10.5}$$

wird allgemein als Fernrohrleistung bezeichnet – wobei es sich, präziser ausgedrückt, um die Nutzleistung in Bezug auf die Sehschärfe handelt. Es existieren noch weitere Möglichkeiten, eine Fernrohrleistung zu definieren, und wir werden in den folgenden Abschnitten darauf zurückkommen.

In der Mitte des vorigen Jahrhunderts wurde von den Zeiss Mitarbeitern H. Köhler und R. Leinhos nach umfangreichen Studien zur Fernrohrleistung eine zusammenfassende Formel vorgeschlagen[2],

$$E_\mathrm{s} = m^{1-2x}\left(\frac{D}{d_\mathrm{a}}\right)^{2x} T^x\,, \tag{10.6}$$

wobei m die Vergrößerung, D der Objektivdurchmesser, d_a der Pupillendurchmesser und T die Transmission des Fernglases bedeuten. Die empirischen Studien basierten auf der Bestimmung der Sehschärfe unter Verwendung von Landoltringen, und kamen zu dem Ergebnis, dass der Parameter x von der Umgebungsleuchtdichte abhängt. Es lassen sich jedoch grob drei Bereiche unterscheiden, in denen entweder $x = 0$ gilt (am Tage und in der ersten Phase der Dämmerung, $L_\mathrm{u} > 0.3\,\mathrm{cd/m^2}$), ferner $x = 1/4$ in der fortgeschrittenen Dämmerung ($0.003\,\mathrm{cd/m^2} < L_\mathrm{u} < 0.3\,\mathrm{cd/m^2}$), und schließlich $x = 1/2$ in der Nacht ($L_\mathrm{u} < 0.003\,\mathrm{cd/m^2}$). Es sollte darauf hingewiesen werden, dass die obige Beziehung für die Dämmerungs- und Nachtphase einen effektiven Pupillendurchmesser von $d' = d$ voraussetzt, mit anderen Worten: Der Durchmesser der Augenpupille d_a ist größer als die Austrittspupille d des Fernglases. Allerdings hat man es nicht immer mit jungen Beobachtern zu tun, deren Augenpupillen sich weit genug öffnen, um die Grenzen der Austrittspupille ausreizen zu können. Im allgemeineren Fall sollte daher anstelle der Eintrittspupille $D = md$ besser die effektive Eintrittspupille $D' = md'$ stehen,

[2] H. Köhler und R. Leinhos, *Untersuchungen zu den Gesetzen des Fernrohrsehens*, Opt. Acta **4**, S. 88 (1957); A. König, H. Köhler, *Die Fernrohre und Entfernungsmesser*, Springer-Verlag Berlin, S. 100 – 112 (1959)

wobei d' für den kleineren der beiden Durchmesser (Augenpupille bzw. Austrittspupille) steht. Fügen wir diese Überlegungen zusammen, so erhalten wir die drei Beziehungen

$$E_\text{s} \sim m \qquad \text{Tag} \qquad (10.7)$$

$$E_\text{s} \sim m \left(\frac{d'}{d_\text{a}}\right)^{1/2} T^{1/4} \qquad \text{Dämmerung} \qquad (10.8)$$

$$E_\text{s} \sim m \frac{d'}{d_\text{a}} T^{1/2} \qquad \text{Nacht} \qquad (10.9)$$

Am Tage ist die Fernrohrleistung proportional zur Vergrößerung – die Abhängigkeit von der Transmission ist insbesondere bei modernen Instrumenten mit Mehrfachvergütung praktisch vernachlässigbar. Dies ist angesichts der Resultate aus Abschnitt 10.1 keine Überraschung: Solange die Augenpupille kleiner bleibt als die Austrittspupille, liefert eine höhere Vergrößerung ein entsprechend größeres Bild, ohne Einbußen an dessen Leuchtdichte. Da der Exponent x jedoch mit abnehmender Leuchtdichte wächst, wird das Transmissionsvermögen in der Dunkelheit zu einem wichtigen Leistungsfaktor der Optik.

In der Dämmerung sind die Verhältnisse komplizierter: Setzen wir eine große Pupillenweite voraus, $d_\text{a} > d$, woraufhin $d' = d$ folgt, und vernachlässigen wir den Transmissionsterm, dann erhalten wir

$$E_\text{s} \sim \left(\frac{mD}{d_\text{a}}\right)^{1/2} . \qquad (10.10)$$

Interessieren wir uns für denjenigen Anteil, der allein das Instrument betrifft, so mögen wir den Durchmesser der Augenpupille als eine, was den Anwender anbetrifft, subjektive Größe auffassen, in einen Vorfaktor verbannen und ignorieren. Auf diese Weise erhalten wir die bekannte, dimensionslose Dämmerungszahl nach DIN 58 386,

$$\boxed{Z_\text{D} = \sqrt{mD}} \qquad (10.11)$$

mit der nach Eingabe des Objektivdurchmessers in mm das Leistungsvermögen eines Fernglases in der Dämmerung approximiert werden soll. Ein Großteil der Fernglashersteller listet diese Dämmerungszahl im Rahmen der technischen Daten ihrer Ferngläser auf. So kommt ein 8x32 auf eine Dämmerungszahl von 16, ein 8x42 erreicht 18.3, und ein 10x42 bereits 20.5.

Sollte die Augenpupille jedoch kleiner sein als die Austrittspupille, so gilt, genau wie am Tage, $E_\text{s} \sim m$. Bei all diesen Abschätzungen wurde der Einfachheit halber der Stiles-Crawford-Effekt (Abschnitt 8.8) vernachlässigt. Da die hier diskutierten Beziehungen jedoch empirisch abgeglichen wurden, ist davon auszugehen, dass der Effekt bereits in den Modellparametern aufgegangen ist.

In der Nacht setzen wir wieder $d' = d$ und erhalten dann nach Elimination der (individuellen) Pupillengröße den einfachen Beitrag $E_\text{s} \sim D\sqrt{T}$. Die Fernrohrleistung ist also proportional zur Öffnung, solange die Austrittspupille kleiner als die Augenpupille ist. In dieser Situation erhöht sich mit dem Objektivdurchmesser auch der von dem Objekt her stammende Lichtstrom. Im umgekehrten Fall, wenn die Austrittspupille die Augenpupille übertrifft, gilt auch hier, wie am Tage, die Proportionalität der Nutzleistung zur Vergrößerung m.

Die Dämmerungszahl, obwohl sehr populär, ist nach ihrer Etablierung durch die Arbeiten von Köhler und Leinhos in den 1950er-Jahren durchaus in Frage gestellt worden. Schließlich kommt ein 12x42 Fernglas auf $Z_\text{D} = 22.5$, ein 8x56 auf den Wert 21.2. Mancher Jäger dürfte an dieser Stelle den Einwand vorbringen, dass ein 8x56 erfahrungsgemäß bessere Resultate in der Dämmerung erziele als ein 12x42 Fernglas. Eine Analyse dieses Widerspruchs wird uns in Abschnitt 10.4 auf alternative Ansätze zur Definition der Fernrohrleistung führen.

10.3 Nutzleistung: Freihand vs. aufgelegt

Es ist eine bekannte Tatsache, dass die maximale Sehschärfe, die sich mit einem freihand gehaltenen Fernglas erreichen lässt, aufgrund der unvermeidbaren Bildunruhe geringer ausfällt als mit einem montierten Fernglas. Diese Unruhe setzt sich zusammen aus einer Überlagerung von Zitterbewegungen in zwei Frequenzbereichen: Zunächst existiert ein niederfrequentes Zittern von 1 – 2 Hz, die Folge der Ausgleichsbewegungen des Oberkörpers bei seinen Bemühungen, die Balance zu halten. Diese Bewegung entfällt im Sitzen oder mit angelehntem Oberkörper. Ferner existiert die Unruhe infolge des Muskelzitterns, das in einem Frequenzband zwischen 6 – 12 Hz liegt [3]. Die Amplitude dieses Zitterns beträgt typischerweise 0.25°, und wird durch Massenträgheit und Trägheitsmoment des Fernglases zwar teilweise gedämpft, aber gleichzeitig um den Betrag der Vergrößerung verstärkt. Vukobratovich hat aus diesen Daten die freihändige Nutzleistung eines Fernglases in Relation zum montierten Fernglas wie folgt abgeschätzt [4]:

$$\frac{E_\mathrm{h}}{E_\mathrm{m}} = \frac{1}{1 + 0.05m} \tag{10.12}$$

Diese Relation wurde in Versuchsreihen im Vergrößerungsbereich zwischen 3.5 und 18 überprüft und ergab dabei Übereinstimmung im Rahmen der zu erwartenden individuellen Unterschiede.

Abbildung 10.6 zeigt die grafische Darstellung dieser Funktion: Bereits bei niedrigen Vergrößerungen ist eine Beeinträchtigung der Nutzleistung vorhanden. Wie anhand der oberen Skala erkennbar, ist die Schärfeleistung eines 10-fachen Fernglases (freihand) geringer als die eines montierten Fernglases bei 7-facher Vergrößerungen. Bei einer Vergrößerung von 20x liegt die Nutzleistung bei 50% – was bedeutet, dass die erreichbare Sehschärfe eines freihändig gehaltenen 20x Fernglases der eines montierten 10x Fernglases entspricht.

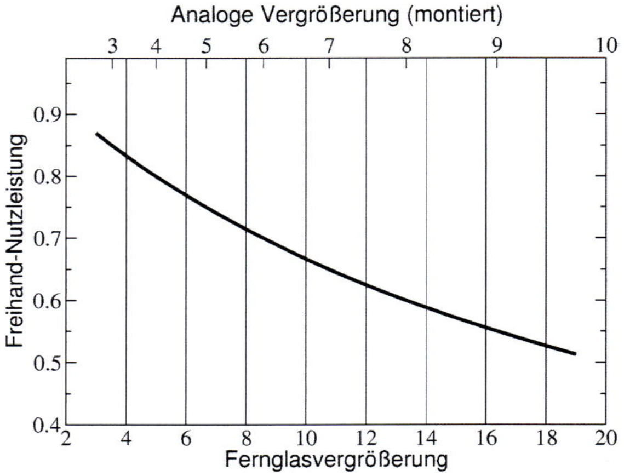

10.6

Schärfenutzleistung: Freihand im Verhältnis zum montierten Gerät als Funktion der Vergrößerung. Die obere Skala zeigt die aus der freihändigen Beobachtung resultierende effektive Vergrößerung, die einem montierten Fernglas gleicher Leistung entsprechen würde.

Obwohl diese Daten in Versuchsreihen verifiziert worden sind, scheinen sie den subjektiven Eindruck aus dem Beobachtungsalltag nicht besonders genau wiederzugeben: Die überwiegende Mehrzahl der Fernglasanwender gibt an, die Bildunruhe mit einem 8x Fernglas noch nicht als störend zu empfinden. Bei etwa 10x wird eine subjektive Schmerzschwelle erreicht, und jenseits von 12x ist das Gerät endgültig fällig für die Montage auf ein Stativ. Diese Diskrepanz zwischen präzisen Sehschärfemessungen und dem subjektiv empfundenen Ausmaß der Beein-

[3] H. Schober, U. Miller and B. Huber, *Measurement of the Muscle tremble Associated with Hand-Held Field-Glasses* (abstract), J. Opt. Soc. Am. **53**, p. 1336 (1963)

[4] D. Vukobratovich, *Binocular performance and design*, Proc. of SPIE **1168**, *Current Developments in Optical Engineering and Commercial Optics*, ed. R.E. Fischer, H.M. Pallicove, W.J. Smith (1989)

trächtigung durch Bildunruhe beweist, wie schwierig es ist, eine gute Definition für die Fernglasleistung zu finden. Der Beobachtungsalltag besteht nicht im Zeitunglesen aus 15 m Entfernung, sondern umfasst das komplette Spektrum aller Phänomene der visuellen Wahrnehmung, inklusive der Schärfentiefe, des objektiven Sehfelds und dem Durchmesser der Austrittspupille, deren Einflüsse sich nicht in einem einzelnen Test zur Sehschärfe bestimmen lassen.

Es gab auch Untersuchungen darüber, inwieweit das Fernglas als träge Masse zur Dämpfung dieser Schwingungen beiträgt, mit dem Resultat, dass eine Masse um 800 g einen idealen Kompromiss darstelle[5]: Weniger Gewicht verringert die Dämpfwirkung, ein höheres Gewicht führt zu einer schnellen Ermüdung der Muskulatur, woraufhin die Unruhe rapide zunimmt. Offensichtlich hängen solche Parameter stark von der physischen Konstitution des Beobachters ab, sowie von der geplanten Einsatzdauer. Eine echte Alternative zum montierten Gerät bieten bildstabilisierte Ferngläser, die in Abschnitt 11.7 diskutiert werden.

10.4 Nutzleistung der Sichtungsschwelle

Die schärfebezogene Nutzleistung bezieht sich auf Objekte mit Feinstrukturen und hinreichend hohen Kontrasten, wie etwa Landoltringe (Abbildung 9.1). Der Naturfreund wird jedoch gerade im Umfeld dämmerungsaktiver Tiere nur selten hohe Kontrastwerte vorfinden, sodass die Messungen zur Sehschärfeleistung an Landoltringen – obwohl technisch korrekt – von begrenzter Praxisrelevanz sind. Bei Motiven mit geringen Helligkeitskontrasten wäre es zweckmäßiger, deren Sichtungsschwellen anzugeben – das ist der minimale Kontrast K_a, den ein Objekt vorgegebener Größe aufzuweisen hat, um sich, mit dem unbewaffneten Auge betrachtet, gerade noch von seinem Hintergrund abzuheben. Die entsprechende Kontrastnutzleistung in Verbindung mit dem Fernrohr ist dann als Quotient aus der Kontrastschwelle des Auges (K_a) und der Kontrastschwelle bei der Fernrohrbeobachtung (K_F) gemäß

$$E_\mathrm{K} = \frac{K_\mathrm{a}}{K_\mathrm{F}} \qquad (10.13)$$

definiert. Zur Abschätzung der einzelnen Kontrastschwellen lässt sich das von Max Berek aufgestellte und in Abschnitt 9.1.2 besprochene Wahrnehmungsgesetz auch auf die Fernrohrbeobachtung anpassen. An die Stelle des Zielobjekts, das mit dem freien Auge betrachtet wird, tritt dabei das virtuelle Bild dieses Objekts, dessen Eigenschaften wie scheinbarer Durchmesser und Kontrast von den Kennwerten und Kontrastverlusten der Optik mitbestimmt werden. Berek kommt unter Berücksichtigung all dieser Umstände auf die folgende Kontrastschwelle[6]:

$$\sqrt{\frac{T}{\mu}} K_\mathrm{F} = \frac{1}{\sigma m'} \sqrt{\frac{\phi(\mu L_\mathrm{a})}{\mu L_\mathrm{a}}} + \sqrt{\frac{b(\mu L_\mathrm{a})}{\mu L_\mathrm{a}}} \,. \qquad (10.14)$$

Der Parameter σ steht für die Winkelausdehnung des Objekts in Bogenminuten. Die Transmission des Fernrohres ist hier definiert als $\mu = T + \nu$, wobei T für den Nutzlichtanteil, und ν für den Streulichtanteil steht. Ferngläser mit modernen Vergütungen kommen auf eine Transmission in der Nähe von $T = 0.9$. Streulicht soll hier vernachlässigt werden, sodass wir ferner $\mu = 0.9$ setzen. Die effektive Vergrößerung m' ist entweder identisch mit der Vergrößerung m (falls die Austrittspupille größer ist als die Augenpupille, $d > d_\mathrm{a}$) oder andernfalls $m' = D/d_\mathrm{a}$ (Quotient aus Objektivdurchmesser und Augenpupille). Die Funktionen der Adaptionsleuchtdichte – $b(L_\mathrm{a})$, Gleichung (9.6), und $\phi(L_\mathrm{a})$, Gleichung (9.7) – wurden bereits in Abschnitt 9.1.2 angesprochen.

Wir nehmen an, dass das Auge des Beobachters auf die Umgebungsleuchtdichte L_u adaptiert ist, und

[5] Walter Besenmatter, persönliche Mitteilung

[6] M. Berek, *Die Nutzleistung binokularer Erdfernrohre*, Z. Phys. **A 125**, S. 657 (1949)

erhalten dann für die Kontrastnutzleistung

$$E_{\mathrm{K}} = T \left(\frac{\frac{1}{\sigma}\sqrt{\phi(L_{\mathrm{u}})} + \sqrt{b(L_{\mathrm{u}})}}{\frac{1}{\sigma m'}\sqrt{\phi(\mu L_{\mathrm{u}})} + \sqrt{b(\mu L_{\mathrm{u}})}} \right)^2 \tag{10.15}$$

Für die Berechnung der effektiven Vergrößerung m' ist die Kenntnis des Durchmessers der Augenpupille nötig. Wir verwenden dazu die in Gleichung (8.1) vorgestellte universelle Pupillenformel, und nehmen an, dass jedes Fernglas einen scheinbaren Sehwinkel von 60° hat. Zunächst untersuchen wir den Fall eines 20-30 jährigen, jungen Beobachters, der ein Objekt mit der Winkelausdehnung von einer Bogenminute auffinden soll. Eine Bogenminute entspricht der Auflösungsgrenze des unbewaffneten Auges unter idealen Licht- und Kontrastverhältnissen.

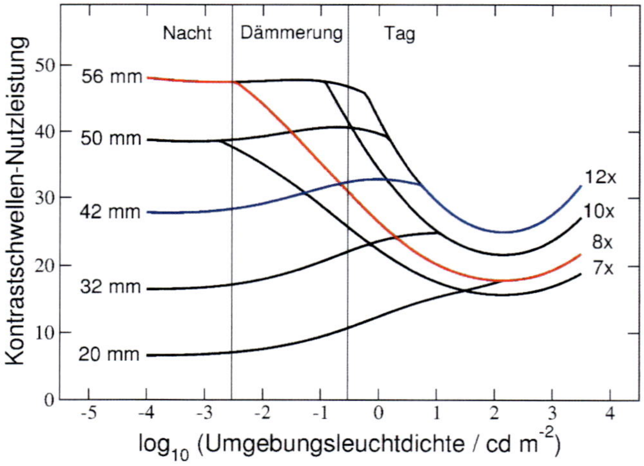

10.7

Kontrastschwellen-Nutzleistung eines jungen Beobachters beim Betrachten eines Objekts mit der Winkelausdehnung von einer Bogenminute. Farbig: 8x56 Fernglas (rot), 12x42 Fernglas (blau).

Abbildung 10.7 zeigt die Ergebnisse, die mit einer Reihe von Ferngläsern typischer Kennzahlen zu erwarten sind. Die Umgebungsleuchtdichte nimmt von den linken Bereichen (Nachtbeobachtung) über die Dämmerungsphase (Mitte) zur Tagesbeobachtung (rechts) zu. Die beiden senkrechten Linien stecken den Dämmerungsbereich ab, für den, laut Köhler und Leinhos, die Dämmerungszahl (10.11) ihren Gültigkeitsbereich hat, also $0.003\,\mathrm{cd/m^2} < L_{\mathrm{u}} < 0.3\,\mathrm{cd/m^2}$.

Bei hohen Umgebungsleuchtdichten (rechts) ist eine klare Separation nach der Vergrößerung des Fernglases erkennbar: Je höher die Vergrößerung, desto höher dessen Nutzleistung. Dies ist eine Konsequenz des Riccoschen Satzes (Abschnitt 9.1.1): Je höher die Vergrößerung des Fernglases, desto größer der Winkeldurchmesser des abgebildeten Objekts, was eine niedrigere Kontrastschwelle ergibt. Ein 12x Fernglas leistet am Tage mehr als ein 10x oder gar 8x Fernglas. In jedem Fall ist die Austrittspupille größer als die Augenpupille, sodass die Oberflächenhelligkeit des Objekts bei jeder Vergrößerung identisch bleibt – der Lichtstrom, der das Auge vom Objekt aus erreicht, ist proportional zur Fläche dessen Abbildes (siehe Abschnitt 10.1).

Anders verhält es sich in der Nacht: Bei sehr geringen Leuchtdichten ist die Augenpupille fast immer größer als die Austrittspupille. Die Oberflächenhelligkeit des Zielobjekts ist in diesem Bereich proportional zum Objektivdurchmesser, aber umgekehrt proportional zur Vergrößerung (weil bereits im Bereich der Übervergrößerung). Letzterer Effekt wird jedoch exakt kompensiert durch die sich mit der Vergrößerung ändernde Objektgröße (Riccoscher Satz), sodass effektiv nur der Objektivdurchmesser als für die Leistung relevanter Parameter bleibt. In der Nacht liefern die Ferngläser mit 56 mm Objektiven die höchsten Nutzleistungen, sofern die Augenpupille des Beobachters den vollen Durchmesser der Austrittspupille nutzen kann.

Interessant ist die Dämmerungsphase: Die Dämmerungszahl ergibt für ein 12x42 Fernglas ja eine höhere Nutzleistung als für ein 8x56 Fernglas, und beide Kurven sind in Abbildung 10.7 farbig hervorgehoben: Nur im Grenzbereich zwischen Dämmerungsphase und Tagesbeobachtung kommt Bereks Kontrastschwellen-Nutzleistung auf vergleichbare Leistungen beider Geräte. Wird es dunkler, so steigt die Effektivität des 8x56 (rot) weit schneller als die des 12x42 (blau), und ein solches Verhalten scheint die Alltagserfahrung weit präziser wiederzuspiegeln als die Resultate aus der Dämmerungszahl. Wie der Autor an anderer Stelle spekuliert [7], sprechen die Versuchsanordnungen, die zu den beiden Zugängen zur Fernglasleistung führen, unterschiedliche Mechanismen der visuellen Wahrnehmung an: Die auf die Sehschärfe bezogene Fernrohrleistung, die zu der Dämmerungszahl führt, erfordert die Identifikation von Landoltringen (Abbildung 9.1), eine Detailanalyse, deren Bewältigung dem Beobachter ein foveales Sehen (Abschnitt 8.7) aufzwingt. Unter diesen Bedingungen ist eine Übervergrößerung (Abschnitt 10.1), d. h. der Gebrauch eines Instruments, dessen Austrittspupillendurchmesser den Durchmesser der Augenpupille unterschreitet, einer Detailerkennung noch förderlich, obwohl die Helligkeit darunter leidet. Im Gegensatz dazu basiert der Ansatz Bereks auf der Bestimmung von Wahrnehmungsschwellen – ein Vorgang, an dem auch das extrafoveale (periphere) Sehen, mit Unterstützung kontrastverstärkender Datenverarbeitung über rezeptive Felder (Abschnitt 8.9), maßgeblich beteiligt ist.

Diese Diskussion liefert ein weiteres Beispiel für die Schwierigkeiten, die mit dem Versuch verbunden sind, eine gute Definition für die »Fernrohrleistung« zu finden. Es hängt eben davon ab, welchen Einsatzzweck das Instrument zu erfüllen hat: Ein Ornithologe, der nach Sonnenuntergang noch die Beringung eines Vogels auszulesen hat, ist dabei auf ein foveales Detailsehen angewiesen, und somit – was die Auswahl des geeigneten Instruments anbetrifft – mit der Dämmerungszahl gut beraten. Dagegen arbeitet ein Jäger, der in der Dämmerung ein Rascheln im Unterholz vernimmt und dessen Verursacher zu erkennen sucht, ebenso wie der Astronom, der am noch aufgehellten Abendhimmel einen diffusen Kometen jagt, im Bereich der jeweiligen Sichtungsschwellen, und dazu sollte Bereks Formalismus verwendet werden.

Zurück zur Abbildung 10.7: Man beachte, wie deutlich ein Kompaktfernglas (hier: 8x20), das im hellen Tageslicht noch respektable Werte erreicht, bereits vor Eintritt der Dämmerung an Leistung verliert. Auch die 32 mm Objektive erreichen hier bald ihre Grenzen, während mit den 42 mm Optiken auch unter schwachen Lichtverhältnissen bereits recht gute Resultate erzielt werden.

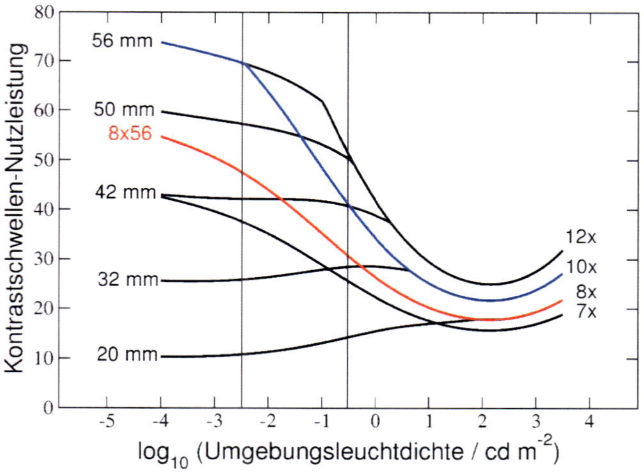

10.8

Kontrastschwellen-Nutzleistung eines älteren Beobachters beim Betrachten eines Objekts mit der Winkelausdehnung von einer Bogenminute. Farbig: 8x56 Fernglas (rot), 10x56 Fernglas (blau).

Die Abbildung 10.8 zeigt stattdessen die Situation für einen durchschnittlichen Beobachter älteren Jahrgangs, d. h. einem Alter von etwa 50 – 60

[7] H. Merlitz, *Performance of binoculars: Berek's model of target detection*, J. Opt. Soc. Am. **A** 32, p. 101 (2015)

Jahren. Dessen reduzierte Pupillenöffnung führt zu Verschiebungen der Kontrastschwellen-Nutzleistung bei Dämmerung und Nacht: Da dessen Augenpupillen die Austrittspupillen des 8x56 Glases nicht voll nutzen können, bleibt die Leistung dieses klassischen Ansitzglases (rot) in der Nacht deutlich hinter den 50 mm Optiken höherer Vergrößerungen zurück. Auch die Reserven eines 7x50 Fernglases werden nicht ausgeschöpft: Dessen Kurve ist identisch mit der des 7x42 Instruments. Ein 8x42 erzielt unter allen Beleuchtungsverhältnissen höhere Leistungswerte als ein 7x42 und ist in dieser Situation auch als das geeignetere Dämmerungsglas anzusehen.

Falls jedoch die Möglichkeit besteht, eine höhere Vergrößerung einzusetzen – etwa als Ansitzglas, das meist mit aufgestützten Ellenbogen verwendet wird, dann kann der nicht mehr ganz so junge Jäger von den hohen Leistungswerten eines 10x56 profitieren (in Abbildung 10.8 blau dargestellt). Dieses ist für ihn inzwischen weit effektiver ist als das 8x56, das sein jüngerer Gefährte bevorzugt.

Die Vielfalt an Anwendungsmöglichkeiten, die Bereks Theorie bietet, lässt sich hier nur andeuten. So können anstelle der Kontrastschwellen auch die Entfernungsschwellen vorgegebener Ziele analysiert werden, oder auch die minimale Beleuchtung, die zu deren Sichtung nötig ist. Der Einfluss von Transmission und Streulicht des Fernglases kann untersucht werden, wie auch dessen scheinbarer Sehwinkel, der ja nach Gleichung (8.1) die Pupillenweite des Beobachters beeinflusst. In Abschnitt 10.5 soll Bereks Modell erstmals zur Bestimmung der Sichtungsschwellen am Sternhimmel angewendet werden.

Abschließend wollen wir noch einige Einschränkungen dieser rechnerisch ermittelten Leistungswerte ins Auge fassen: Der (virtuelle) Versuchsaufbau, der diesen Experimenten zugrunde liegt, basiert auf einem fest montierten Fernglas, das auf das Zielobjekt ausgerichtet und perfekt fokussiert ist. Im realen Einsatz ist weder die genaue Position des gesuchten Zieles, noch dessen Entfernung bekannt, und meist wird das Fernglas auch freihändig gehalten. All diese Faktoren reduzieren die hier idealisiert dargestellte Nutzleistung. Auch wenn etwa die Kurven der 7x50, 10x50 und 12x50 Ferngläser bei einem jungen Beobachter und geringer Beleuchtung aufeinander fallen, liegt die Freihand-Nutzleistung eines 7x50 über der des 10x50 und deutlich jenseits des 12x50 (Abschnitt 10.3). Dieser Umstand führt insbesondere bei der Tagesbeobachtung, bei der ja feinere Details wahrnehmbar sind als in der Nacht, zu Verschiebungen der Leistungskurven. Ferner ist für die Zielsuche das reale Sehfeld von entscheidender Bedeutung, wobei ebenfalls Ferngläser höherer Vergrößerungen benachteiligt sind. Schließlich gibt es Unterschiede in der Schärfentiefe – ein 7x50 verzeiht die ungenaue Fokuslage eines Objekts eher als das 12x50, in dem das aufzufindende Ziel womöglich außerhalb des Schärfebereichs fällt und leicht übersehen wird (Abschnitt 10.8).

10.5 Nutzleistung im astronomischen Einsatz

10.5.1 Größenklassen von Sternen

Der Amateurastronom wird sich in den Abbildungen 10.7 und 10.8 vornehmlich für den Bereich geringer Umgebungsleuchtdichten interessieren, wenn es um die Nutzleistung seiner Optik an Himmelsobjekten geht. In einer sternklaren Nacht liefert der Himmelshintergrund typische Leuchtdichten[8] zwischen $3 \times 10^{-4}\,\mathrm{cd/m^2}$ und $3 \times 10^{-3}\,\mathrm{cd/m^2}$, und bei Anwesenheit des Mondes, je nach Phase, zwischen $3 \times 10^{-3}\,\mathrm{cd/m^2}$ und $0.1\,\mathrm{cd/m^2}$. Auf kontrastschwache, flächige Objekte, etwa lichtschwache Galaxien oder Gasnebel, sind die im vorigen Abschnitt berechneten Sichtungsschwellen direkt übertragbar.

[8] R. Brandt, B. Müller und E. Splittgerber, *Himmelsbeobachtungen mit dem Fernglas*, Johann Ambrosius Barth Leipzig, S. 20 (1983)

Die Nutzleistung ist optimal unter Normalvergrößerung, wenn Austritts- und Augenpupille identische Durchmesser aufweisen. Eine Übervergrößerung, gelegentlich vorgeschlagen, um den Himmelshintergrund weiter abzudunkeln und somit vermeintlich den Kontrast zu erhöhen, liefert bei flächigen Objekten keine Vorteile, weil Objekt- und Hintergrundleuchtdichte gleichermaßen verringert werden, der Kontrast also konstant bleibt. Ist das Objekt jedoch ausreichend hell, so kann, nachdem die Sichtung erfolgt ist, eine moderate Übervergrößerung – trotz des damit verbundenen Helligkeitsverlusts – dem Erkennen von Details förderlich sein.

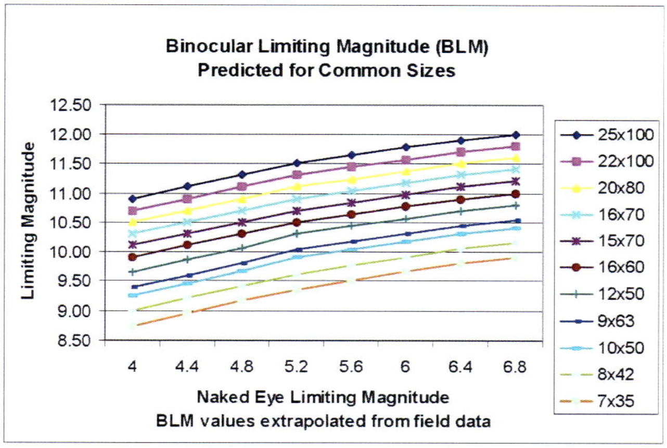

10.9

Grenzgröße (in mag) von Sternen im Fernglas als Funktion der Grenzgröße mit dem freien Auge (mit freundlicher Genehmigung: Ed Zarenski).

Für die Sichtungsschwellen lichtschwacher Sterne gelten jedoch besondere Regeln. Vergleichen wir etwa zwei Sterne, so sind deren scheinbare Helligkeiten durch die jeweiligen Lichtströme Φ_1 und Φ_2 (siehe Gleichung (10.2)) festgelegt. Astronomen definieren Helligkeiten auf einer logarithmischen Skala, bei der, in Anlehnung an ein historisches Schema der alten Griechen, die Magnitudendifferenz (mit der Einheit mag) als

$$m_2 - m_1 = 100^{1/5} \log\left(\frac{\Phi_2}{\Phi_1}\right) \qquad (10.16)$$

berechnet wird. Der Logarithmus bezieht sich auf die Basis 10, und der Vorfaktor $100^{1/5} \approx 2.512$ ist derart definiert, dass die Magnitudendifferenz 5 mag beträgt, falls die Lichtströme sich um den Faktor 100 unterscheiden. Man beachte, dass der Wert der Größenklasse umso höher ausfällt, je lichtschwächer ein Stern ist. Die eben noch erkennbare Grenzgröße (auch Grenzmagnitude) hängt natürlich von Umgebungsfaktoren wie Transparenz der Atmosphäre und Kontamination durch Fremdlicht, etwa in Stadtnähe oder durch Mondlicht, sowie von der Wahrnehmungsleistung des Beobachters ab. In einer sehr dunklen Hochgebirgsnacht liegt diese Grenzmagnitude bei 7 mag, in Stadtnähe oft nur bei 4 mag. Tabelle 10.1 enthält einige Beispiele für die Grenzmagnituden und die dazugehörigen Leuchtdichten des Himmelshintergrunds. Selbstverständlich handelt es sich bei diesen Labormessungen um gemittelte Werte, die nicht auf jeden individuellen Beobachter zutreffen können. Ein Wert von $L_H = 0\,\mathrm{cd/m^2}$ kann in der Beobachtungspraxis nicht vorkommen, ist im Labor jedoch realisierbar.

L_H (cd/m^2)	0	0.0019	0.0031	0.031	0.31
mag	8.5	6.0	5.5	4.9	4.2

Tabelle 10.1

Grenzmagnituden von Sternen als Funktion der Umgebungsleuchtdichte L_H des Himmels (Daten: Auszug aus Tabelle 3, A. König und H. Köhler, Die Fernrohre und Entfernungsmesser, Springer-Verlag 1959, S. 109).

10.5.2 Astroindizes für die Grenzgrößen

In umfangreichen Studien hat Ed Zarenski die Grenzmagnituden, ermittelt durch diverse Ferngläser

ser, als Funktion der mit dem freien Auge erfassbaren Grenzgröße bestimmt[9]. Die Abbildung 10.9 zeigt, dass nicht nur die Öffnung, auch die Vergrößerung des Fernglases die Sichtungsschwelle von Sternen beeinflusst. Als Schätzwert für die Nutzleistung eines Fernglases, in Bezug auf die Grenzgröße, wird oft der von Alan Adler vorgeschlagene Adlerindex, das Produkt aus Vergrößerung und der Wurzel aus der freien Öffnung, genannt:

$$I_A = mD^{1/2} \quad \text{»Adlerindex«} \tag{10.17}$$

Wenn etwa ein Fernglas der Kennzahl 10x50 einen Index von $I_{A,1} = 70.7$, und ein zweites, größeres 20x100 Gerät einen Index von $I_{A,2} = 200$ aufweist, dann ist dessen Leistungsgewinn durch den Quotienten $200/70.7 = 2.83$ definiert, und der resultierende Gewinn, in mag ausgedrückt, würde

$$\Delta(\text{mag}) = \frac{\log(I_{A,2}/I_{A,1})}{\log(2.512)} = \frac{\log(2.83)}{0.4} = 1.13\,\text{mag} \tag{10.18}$$

ergeben.

Wie kürzlich von Beat Fankhauser bemängelt, führt der Adlerindex zu einem inkorrekten Skalenverhalten der Fernrohrleistung als Funktion des Objektivdurchmessers[10]: Das 20x100 sammelt exakt viermal soviel Licht wie das 10x50 Fernglas. Da zudem beide Geräte auch noch identische Austrittspupillen aufweisen, der Himmelshintergrund dem Auge daher identisch hell erscheint (gleiche Transmission vorausgesetzt), muss, infolge der Erhaltung des Strahlungsflusses, der Leistungsgewinn des 20x100 einen Faktor 4 ergeben und der Magnitudengewinn 1.51 mag, anstelle der aus dem Adlerindex resultierenden 1.13 mag. Die Erhaltung des Strahlungsflusses ist dagegen gewährleistet, wenn ein Astroindex der allgemeinen funktionalen Form

$$I = (m^a D^b)^{2/(a+b)} \tag{10.19}$$

genügt, mit zunächst beliebigen Exponenten, (a, b). So führt die Wahl $(1, 1)$ zu dem von Roy Bishop vorgeschlagenen visibility factor [11]

$$I_V = mD \quad \text{»Bishopindex«} \tag{10.20}$$

der also den Strahlungsfluss erhält und somit physikalisch konsistent ist. Fankhauser schlägt mit der Wahl der Exponenten $(2, 1)$ einen alternativen Leistungsindex

$$I_F = (m^2 D)^{2/3} \quad \text{»Fankhauserindex«} \tag{10.21}$$

vor, gewissermaßen eine physikalisch konsistente Version des Adlerindex, in dem der Einfluss der Vergrößerung über den Einfluss der Öffnung dominiert.

Da nun beliebige Paarungen (a, b) in Gleichung (10.19) zu konsistenten Gesetzen führen, muss die Praxis entscheiden, welche Parameterwahl die Beobachtungsdaten am genauesten wiederspiegelt. Zuvor werfen wir noch einen Blick auf Bereks Gesetz, angewendet auf die Grenzmagnituden lichtschwacher Sterne.

10.5.3 Grenzgrößen in Bereks Modell

Auch Bereks Wahrnehmungsgesetz lässt sich zur Bestimmung der Wahrnehmungsschwellen lichtschwa-

9) Ed Zarenski, *CN Report: Limiting Magnitude in Binoculars*, 2003, auf `www.cloudynights.com/`

10) Beat Fankhauser, *Eine neue Leistungsgröße für Ferngläser*, ORION, Nr. 387, 2/2015.

11) Lambert Spix, *Fern-Seher*, Oculum-Verlag Erlangen, S. 24 (2013)

cher Sterne nutzen[12]. Dazu beginnen wir mit der Gleichung (9.5) in Abschnitt 9.1.2, von der wir lediglich den ersten Term benötigen, der dem Riccoschen Satz genügt, da der Winkeldurchmesser des Zieles, σ, extrem klein ist und der zweite Term in (9.5) vernachlässigbar bleibt. Nach Quadrierung erhalten wir für die Kontrastschwelle den Ausdruck

$$K = \frac{\phi(L_\mathrm{a})}{\sigma^2 L_\mathrm{a}} \,, \tag{10.22}$$

wobei wir als Adaptionsleuchtdichte L_a die Leuchtdichte L_H des Nachthimmels ansetzen. Für den Kontrast gilt dann $K = (L_\mathrm{S} - L_\mathrm{H})/L_\mathrm{H}$, und die Leuchtdichte L_S des eben noch erkennbaren Sterns wird damit zu

$$L_\mathrm{S} = \frac{\phi(L_\mathrm{H})}{\sigma^2} + L_\mathrm{H} \,. \tag{10.23}$$

An dieser Stelle müssen einige Besonderheiten der Sternbeobachtung berücksichtigt werden: Da ein Stern einen viel zu geringen scheinbaren Durchmesser besitzt, um als Scheibchen aufgelöst werden zu können, sieht das Auge lediglich dessen Beugungsbild, das (im Falle eines lichtschwachen, d. h. nicht überstrahlten Sterns) einem Objekt mit dem scheinbaren Durchmesser von etwa einer Bogenminute ähnelt. Dies gilt sowohl für das freie Auge als auch für das (perfekt abbildende) Fernrohr: Ein Stern kann mit einer Teleskopoptik grundsätzlich nicht vergrößert werden, sodass in Gleichung (10.23) die Objektgröße generell auf $\sigma = 1$ gesetzt werden darf.

Wie von Fankhauser bemerkt, verhält sich die Leuchtdichte eines jeden Sterns proportional zu dem Lichtfluss, also zu der Fläche der effektiven Eintrittspupille, denn das Sternscheibchen behält seinen Durchmesser bei jeder Vergrößerung unverändert bei. Das dunkeladaptierte Auge hat die Eintrittspupille d_a, das Instrument die Eintrittspupille D, woraus ein Verhältnis der Eintrittsflächen von $(d_\mathrm{a}/D)^2$ resultiert. Reduziert wird die Leuchtdichte im Okular noch um den Faktor T, der Transmission der Optik. Somit haben wir im Okular zunächst die neue Schwellenleuchtdichte von

$$\tilde{L}_\mathrm{S} \stackrel{?}{=} \frac{L_\mathrm{S}}{Tm'^2} \,, \tag{10.24}$$

wobei wir annehmen, dass der Durchmesser der Austrittspupille $d = D/m$ den der Augenpupille, d_a, nicht überschreitet, was bei Beobachtungen in der Nacht i.a. erfüllt ist. Wie bereits zuvor haben wir zur Vereinfachung der Ausdrücke wieder $m' = D/d_\mathrm{a}$ definiert. Diese Relation is jedoch noch nicht vollständig, da – im Gegensatz zum Sternscheibchen – die scheinbare Leuchtdichte des Himmelshintergrunds im Okular aufgrund der Übervergrößerung ($d_\mathrm{a} > d$) um den Faktor d^2/d_a^2 abnimmt, womit wir

$$\tilde{L}_\mathrm{H} = TL_\mathrm{H}\left(\frac{d}{d_\mathrm{a}}\right)^2 = TL_\mathrm{H}\left(\frac{m'}{m}\right)^2 \tag{10.25}$$

als neue Umgebungsleuchtdichte im Okular erhalten. Falls der Astronom also hinreichend lange durch das Okular schaut, sodass seine Adaptionsleuchtdichte dieser reduzierten Umgebungsleuchtdichte entspricht, erhalten wir die Schwellenleuchtdichte des Sterns mit dem Instrument zu

$$\tilde{L}_\mathrm{S} = \frac{\phi(\tilde{L}_\mathrm{H}) + \tilde{L}_\mathrm{H}}{Tm'^2} \,. \tag{10.26}$$

Der Berekscheé Leistungsindex, bezogen auf die Grenzgröße, soll dann als dessen Inverses definiert werden:

$$I_B = \tilde{L}_\mathrm{S}^{-1} = \frac{Tm'^2}{\phi(\tilde{L}_\mathrm{H}) + \tilde{L}_\mathrm{H}} \,. \tag{10.27}$$

[12] Es existiert noch ein weiterer Ansatz, in dem Grenzgrößen von Sternen aus einem Wahrnehmungsgesetz hergeleitet wurden. Nils Olof Carlin hat dazu den Blackwell-Datensatz ausgewertet, der unabhängig von Bereks Arbeiten in den USA erhoben wurde. Details finden sich (in englischer Sprache) auf `web.telia.com/~u41105032/visual/limiting.htm`.

Vergleichen wir nun die Leistungswerte zweier ausgesuchter Ferngläser, mit den beiden Objektivdurchmessern $D_2 = 2D_1$ und den Vergrößerungen $m_2 = 2m_1$, so haben beide identische Austrittspupillen und zeigen dem Auge (bei identischer Transmission) somit auch identische Hintergrundhelligkeiten. Wir erhalten dann sofort $I_{B,2}/I_{B,1} = D_2^2/D_1^2 = 4$, in Einklang mit dem von Fankhauser geforderten Skalenverhalten, das aus dem Erhaltungsgesetz des Lichtflusses resultiert. In einem weniger trivialen Fall, in dem sich die Austrittspupillen beider Ferngläser unterscheiden, muss jedoch beim Blick durch das Okular mit unterschiedlichen Umgebungsleuchtdichten gerechnet werden, und infolge des komplizierten funktionalen Verhaltens der Leuchtdichtefunktion $\phi(\tilde{L}_{\mathrm{H}})$ in Abbildung 9.3 ist nicht damit zu rechnen, dass I_B als Funktion der Faktoren D und m ein simples Skalenverhalten liefert.

10.5.4 Vergleich mit Beobachtungsdaten

Tabelle 10.1 entnehmen wir, dass bei einer Grenzgröße des freien Auges von 6 mag mit einer Leuchtdichte des Himmels von etwa $L_{\mathrm{H}} = 0.002\,\mathrm{cd/m^2}$ zu rechnen ist. Gemäß Gleichung (8.1) hat ein durchschnittlicher 40-jähriger nach Adaption auf diese Leuchtdichte eine Pupillenweite von $d_{\mathrm{a}} \approx 6.8\,\mathrm{mm}$. Ein perfektes Fernglas ($T = 1$) der Kennzahl 16x70 ergibt dann mit Gleichung (10.27) einen Berekindex von etwa $I_B = 139$ und somit einen Magnitudengewinn von $(\log 139/\log 2.512)\mathrm{mag} \approx 5.36\,\mathrm{mag}$, was mit einer Grenzgröße des freien Auges von 6 mag dann die Grenzmagnitude 11.36 mag ergibt. Aus der Abbildung 10.9 entnehmen wir den von Ed Zarenski für das Fujinon 16x70 ermittelten Wert von 11.18 mag, und beide Resultate liegen hinreichend nah beieinander, wenn man bedenkt, dass ja ein reales Fernglas nie perfekt, sondern stets mit Lichtverlusten und Streulicht verbunden ist: Würde man versuchsweise die visuelle Transmission des Fujinon 16x70 mit realistischen $T = 0.9$ ansetzen, so erhielte man eine Grenzmagnitude von 11.24 mag, was im Rahmen der Fehler von dem experimentell ermittelten Wert nicht mehr zu unterscheiden wäre.

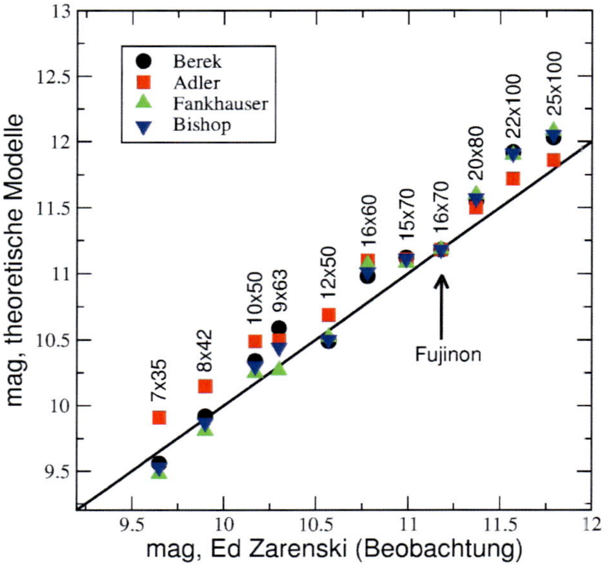

10.10

Grenzmagnituden von Sternen, ermittelt mit verschiedenen theoretischen Modellen, und aufgetragen gegen die Beobachtungsdaten von Ed Zarenski (aus Abbildung 10.9, bei einem 6 mag Limit des freien Auges). Alle Magnituden sind auf den Datenpunkt des 16x70 Fujinon normiert, die Diagonale entspricht der Identität von Theorie und Beobachtung.

Die Abbildung 10.10 zeigt weitere Resultate, aufgetragen gegen die von Zarenski gemessenen Grenzmagnituden (bei einer Grenzmagnitude des freien Auges von 6 mag). Da die Indices (mit Ausnahme des Berekindex) keine absoluten Werte liefern, sondern nur Relationen zwischen verschiedenen Instrumenten herstellen, wurden alle Indizes auf den Wert des Fujinon 16x70 FMT-SX normiert, das vermutlich das hochwertigste und somit technisch perfekteste unter den Testgeräten darstellte. Diese Normierung bedeutet lediglich, dass alle Datenpunkte vertikal verschoben werden, bis der das Fujinon betreffende Datenpunkt auf der Diagonalen liegt. Es ist erkennbar, dass alle Indizes eine hinreichend genaue Übereinstimmung mit den Beobachtungsdaten erzielen und ein eindeutiger »Sieger« nicht zu ermitteln ist. Auch wenn der Adlerindex hier sehr gute empirische Schätzwerte für die Mehrzahl der Grenzgrößen zu liefern scheint, sollte er aufgrund seines inkonsistenten Skalenverhaltens bei Extrapolation auf andere, weit abweichende Fernrohrgrößen mit Vorsicht verwendet werden.

Erstaunlich ist jedoch, wie ähnlich die Indizes von Bishop, Fankhauser und Berek in den meisten Datenpunkten abschneiden. Ein Grund für den geringen Einfluss, den die unterschiedlichen Exponenten dieser Indizes auf das Gesamtergebnis ausüben, findet sich nach Ersetzen des Austrittspupillendurchmessers $d = D/m$ in die Relation (10.19), was zu $I = m^2 d^{2b/(a+b)}$ führt. In dieser Form ist der Leistungsindex eine alleinige Funktion des Austrittspupillendurchmessers d, mit den jeweiligen Exponenten 1 (Bishop) und 2/3 (Fankhauser). Daraus folgt mit Gleichung (10.18)

$$\frac{I}{m^2} = \frac{10^{\mathrm{mag(I)}\,\log 2.512}}{m^2} = d^{2b/(a+b)}\,, \qquad (10.28)$$

wobei mag(I) die mit dem jeweiligen Index berechnete und in Abb. 10.10 dargestellte Grenzmagnitude ist. In Abbildung 10.11 sind daher die logarithmierten Werte $\mathrm{mag(I)}\,\log 2.512 - \log m^2$ über $\log d$ aufgetragen, um die jeweiligen Exponenten $2b/(a+b)$ aus den Steigungen der Datenpunkte bestimmen zu können.

Zuerst fällt ins Auge, dass die Beobachtungsdaten (rot) derart streuen, dass das Ermitteln der Steigung mittels einer Ausgleichsgeraden (rot, gestrichelt) zu sehr ungenauen Resultaten führt. Die Ursache liegt zunächst darin, dass die verwendeten Instrumente nicht homogen in Bezug auf Transmission und Qualität sind, vor allem aber darin, dass die Messwerte in einem sehr engen Parameterbereich der Austrittspupillendurchmesser $3.75\,\mathrm{mm} \leq d \leq 7\,\mathrm{mm}$ erhoben wurden. Die resultierende Spreizung der Ordinatenwerte bleibt in diesem Parameterbereich so gering, dass sie nur unwesentlich über die Messungenauigkeiten des Versuchsaufbaus hinausgeht.

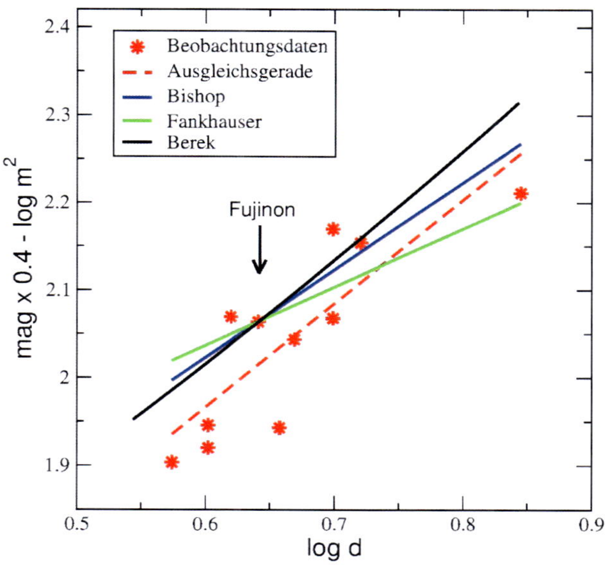

10.11

Skalierte Grenzgrößen als Funktion der Austrittspupille d in logarithmischen Koordinaten. Die Beobachtungsdaten von Zarenski (rot) zeigen eine weite Streuung, die mathematische Ausgleichsgerade (rot, gestrichelt) hat eine Steigung um ≈ 1.2. Die anderen Steigungen betragen 1.0 (Bishop), 2/3 (Fankhauser), sowie ≈ 1.25 (Berek)

Skalengesetze, die Gleichung (10.19) erfüllen, führen in Abbildung 10.11 zu perfekten Geraden. Deren Steigungen betragen, wie erwartet, $2b/(a+b) = 1$ (Bishopindex) und 2/3 (Fankhauserindex). Man beachte, dass auch in dieser Darstellung die vertikalen Lagen dieser Geraden beliebig sind: Es handelt sich um relative Leistungsindizes, die auf einen Datenpunkt (hier: das Fujinon 16x70) kalibriert werden müssen. Lediglich deren Steigungen sind invariant. Bereks Modell liefert zwar keine perfekte Gerade, jedoch ist die Kurve in dem engen Parameterbereich nahezu linear, mit einer Steigung von ≈ 1.25, vergleichbar mit der (allerdings höchst fehlerbehafteten) Ausgleichsgeraden für die Beobachtungsdaten. Mit diesem Ergebnis erhalten wir einen approximativen Berekindex in einer für Handferngläser praxisgerechten Näherung,

$$I_B \approx m^{3/4} D^{5/4} \quad \text{»Berekindex«} \tag{10.29}$$

Es handelt sich hier um ein Skalengesetz, bei dem die Objektivöffnung höher gewichtet wird als die Vergrößerung.

Das zentrale Ergebnis dieses Abschnitts ist jedoch, dass sich die mit den verschiedenen Astroindizes ermittelten Grenzmagnituden, wie in Abbildung 10.10 gezeigt, nicht signifikant voneinander unterscheiden. Es liegt daher auf der Hand, für den Praxisgebrauch auf den Bishopindex zurückgreifen, der schließlich dem simpelsten Rechengesetz folgt.

10.6 Atmosphärische Einflüsse auf die Nutzleistung

Während des optischen Designs ist es in guter Näherung möglich, diejenigen Anteile des optischen Pfades, die durch Luft verlaufen, als Vakuum mit der Brechzahl $n = 1$ zu behandeln. Bei der Beobachtung mit fernoptischen Instrumenten sind jedoch sehr lange Lichtwege zwischen Objekt und Beobachter die Regel, sodass es an dieser Stelle zu einem Verlust an Information kommen kann.

Wir erinnern uns an die Sehschärfe-Nutzleistung von Gleichung (10.6), die auf einer Reihe von idealisierten Annahmen beruht: Das Fernglas ist fest montiert – andernfalls ist der Leistungsverlust durch die Bildunruhe zu berücksichtigen, der in Gleichung (10.12) beschrieben ist. Eine weitere Annahme besteht darin, dass das Objekt sich hinreichend nahe am Beobachter befindet, sodass Effekte der atmosphärischen Extinktion vernachlässigbar sind. Ist das nicht der Fall, muss ein Dämpfungsterm eingeführt werden, der den Kontrastverlust durch atmosphärischen Staub, Dunst und Rayleigh-Streuung berücksichtigt.

Dazu führen wir zunächst die Sichtweite ein, die definiert ist als die horizontale Entfernung L_h, aus der ein ausgedehntes, dunkles Objekt mit dem freien Auge gegen den hellen Horizont noch gesichtet werden kann. Dazu wird angenommen, dass eine Sichtung bei einem minimalen Kontrast von 2 % gerade noch möglich ist. Wie bei allen Phänomenen, die mit der Absorption oder Streuung von Strahlung in einem Medium zu tun haben, gilt auch hier das Lambert-Beersche Gesetz, das auf den Kontrast angewendet wird:

$$K(L) = K_0 \exp(-\sigma L) \ . \tag{10.30}$$

Hier steht σ für eine Dämpfungs- oder Extinktionskonstante. Wenn also der Kontrast des Objekts ohne Extinktion $K_0 = -1$ beträgt, mit Extinktion und bei einer Entfernung, die der Sichtweite entspricht, dann zu $K(L_h) = -0.02$ wird, so gilt

$$0.02 = \exp(-\sigma L_h) \tag{10.31}$$

oder

$$\sigma = \frac{\ln 50}{L_h} \approx \frac{3.91}{L_h} \ . \tag{10.32}$$

Die Sichtweite von 20 km – ein typischer Wert für einen klaren Tag bei schönem Wetter – entspricht dann einer atmosphärischen Extinktionskonstanten von $\sigma = 0.20\,\text{km}^{-1}$. Nach Berücksichtigung des atmosphärisch bedingten Kontrastverlusts ist es möglich, Bereks Wahrnehmungsgesetz zur Berechnung der Sichtungsschwelle des Objekts, ob mit oder ohne Instrument, anzuwenden (Abschnitt 10.4).

Bis zu diesem Punkt sind wir davon ausgegangen, dass das Ausmaß der atmosphärischen Extinktion unabhängig von der Wellenlänge des Lichts ist. Diese Annahme ist aber nur bei der Streuung an relativ großen Aerosolen oder Nebeltröpfchen näherungsweise erfüllt – bei klarem Wetter wird die Extinktion jedoch durch die Rayleigh-Streuung dominiert, die eine starke Frequenzabhängigkeit aufweist. Diese Streuung entsteht an den Luftmolekülen, deren Orbitale durch das Licht zu Schwingungen angeregt werden, dabei selbst elektromagnetische Wellen erzeugen und auf diese Weise das einfallende Licht umlenken. Die spektrale Transmission der Atmosphäre lässt sich bei Beschränkung auf die Rayleigh-Streuung wie folgt angeben[13]:

$$\tau(\lambda) = \exp\left(-\frac{0.0084(\mu m)^4}{\lambda^4 \cos z}\right) . \tag{10.33}$$

Hier steht z für den Zenitalwinkel, der bei einer Blickrichtung senkrecht nach oben zu Null wird. Die Abbildung 10.12 zeigt diese atmosphärische Transmission infolge der Rayleigh-Streuung: Die Transmission ist maximal in Richtung Zenit – hier ist die Schichtdicke der Atmosphäre minimal und entspricht ungefähr der einer Luftsäule von 8 km Höhe unter Normaldruck. Mit zunehmendem Abstand vom Zenit nimmt die optische Weglänge eines Strahles, der die Atmosphäre durchquert, kontinuierlich zu, und die Extinktion wird entsprechend auffälliger.

Zu beachten ist die enorme Frequenzabhängigkeit dieser Transmission: Während rotes Licht nahezu ungehindert passieren kann, wird blaues/violettes Licht wesentlich stärker gestreut. Die tiefstehende Sonne erscheint deshalb rot, weil der Blauanteil bei großem Zenitalwinkel bereits in andere Richtungen gestreut wurde. Aus demselben Grund erscheint der Himmel bei klarem Wetter blau, und nicht etwa schwarz: Die Rayleigh-Streuung verteilt den blauen/violetten Anteil des Sonnenlichts in alle Richtungen, und nach Sonnenuntergang erscheint das Restlicht der Dämmerung ebenfalls ins Blaue verschoben.

[13] Wikipedia: Rayleigh-Streuung

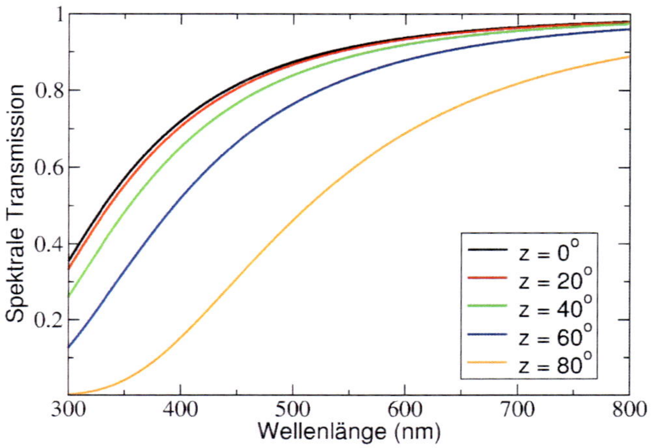

10.12

Spektrale Transmission der Atmosphäre bei Rayleigh-Streuung für unterschiedliche Zenitalwinkel z.

Gestreutes Licht ist nicht verloren – lediglich umgelenkt. Das kurzwellige Licht trägt daher überproportional zu dem diffusen Dunst bei, der die Sicht auf weit entfernte Berggipfel verschleiert. Wer also mit einem Fernglas über große Distanzen beobachtet, der profitiert nicht selten von einem Violett-Kantenfilter, umgangssprachlich als Gelbfilter bezeichnet: Ein solcher Filter eliminiert den kurzwelligen Anteil des Lichts – die Komplementärfarbe von violett ist gelb, daher scheint das Bild durch den Filter einen Gelbstich aufzuweisen.

Mit solchen Filten, die nicht selten zum Standardzubehör eines Militärfernglases gehören, gelingt es, den Streulichtanteil der Rayleigh-Streuung zu reduzieren und auf diese Weise den Kontrast ferner Objekte zu erhöhen. Vereinzelt besteht auch die Möglichkeit, Filter aus der Kameraindustrie über ein in die Objektivfassung integriertes Gewinde vor das Objektiv zu schrauben (siehe Abbildung 10.13). Leider wird seitens der Fernglashersteller von dieser technisch sehr einfachen Lösung des Filterproblems noch zuwenig Gebrauch gemacht, zumal für ein solches Objektivgewinde noch weitere Verwendungszwecke

10.13

Kowa 8.5x44 Prominar (Sehfeld: 122 m/1000 m) mit einem in die Objektivfassung geschraubten 46 mm Kamerafilter.

denkbar wären: Einschraubbare Gegenlichtblenden für schwierige Lichtverhältnisse, Polfilter, um Reflexe über Wasserflächen zu reduzieren, Nebelfilter für die Astronomie, oder Nahlinsen für die Insektenbeobachtung könnten den Einsatzbereich eines Fernglases erweitern.

Abschließend sei noch ein weiterer Effekt erwähnt, der insbesondere den Astronomen als Seeing bekannt ist: Sterne scheinen zu »flimmern« (Szintillation) und bei hohen Vergrößerungen regelrecht um ihre mittlere Position zu tanzen. Das Seeing entsteht einerseits durch Konvektionszellen, die aufgrund lokaler Temperaturdifferenzen in der Luft entstehen und sich beständig zwischen Objekt und Beobachter bewegen, andererseits durch starke Höhenwinde, die mittels Turbulenz lokale Dichteunterschiede in der Atmosphäre erzeugen. Wird dann ein Stern über eine längere Belichtungszeit hinweg fotografiert, so wird dessen Bild auf eine Seeing-Scheibe des Durchmessers d_s verschmiert, die meist weit größer ist als das Beugungsscheibchen der Optik.

Das Seeing lässt sich physikalisch durch die Kohärenzlänge der Atmosphäre, in diesem Zusammenhang als Fried-Parameter r_0 bezeichnet, quantifizieren[14]. Der Fried Parameter hängt von der Wellenlänge λ (in μm) und von dem Zenitalwinkel gemäß der Beziehung

$$r_0 \sim (\lambda \cos z)^{6/5} \tag{10.34}$$

ab, und ist in Richtung Zenit mit der Seeing-Scheibe über

$$r_0 = \frac{0.98\lambda}{d_s} \tag{10.35}$$

verknüpft, wobei letztere im Bogenmaß (Grad multipliziert mit π und geteilt durch 180) angegeben wird. Der Fried-Parameter limitiert auch die maximale Eintrittspupille einer Optik, bei der visuell eine beugungsbegrenzte Auflösung angestrebt wird, auf grob $D < 3.7 r_0$ (in mm). Durch eine Optik, die diese Bedingung erfüllt, führt das Seeing lediglich zu lateralen Fluktuationen der Bildposition, denen das Auge bestenfalls noch folgen kann. Bei noch größeren Objektivdurchmessern werden zusätzliche Fluktuationen des Bildes entlang der Hauptachse relevant: Das Bild springt vor- und hinter die Bildebene und erscheint dadurch defokussiert, was zu einem manifesten Informationsverlust führt. Da r_0 in typischen Fällen am Tage 20 – 40 mm und in der Nacht um 100 mm erreicht, sind letztere Effekte mit Handferngläsern nicht von Belang. Bei der Tagesbeobachtung mit Spektiven ist es durchaus möglich, dass diese durch den Fried-Parameter bedingten Einschränkungen zum Tragen kommen.

Am Tage können Beobachtungen in horizontaler Richtung zusätzlich durch lokales Hitzeflimmern über von der Sonne aufgeheizten Oberflächen beeinträchtigt werden. Dieses Hitze-Seeing kann schon

[14] P.R. Yoder, Jr., D. Vukobratovich, *Field Guide to Binoculars and Scopes*, SPIE PRESS Bellingham, Washington USA (2011)

bei moderaten Vergrößerungen von 10x zu sichtbaren Einschränkungen im Detailsehen führen. In solch einer Situation ist es hilfreich, einen erhöhten Aussichtspunkt aufzusuchen, von dem aus die Sichtlinie zwischen Objekt und Beobachter nicht allzu flach entlang des Bodens verläuft.

10.7 Farbkontrast, Helligkeit und Farbsättigung

In völliger Analogie zum Helligkeitskontrast wird auch der Farbkontrast einer Optik durch Streulicht beeinträchtigt. Eine hochwertige Vergütung, in Kombination mit den üblichen Maßnahmen zur Streulichtunterdrückung, bildet daher die Voraussetzung für einen hohen Farbkontrast der Abbildung.

Die subjektiv wahrgenommene Helligkeit eines Bildes, sowie dessen Farbton, hängen von drei Faktoren ab: von der Farbtemperatur der Umgebung (siehe Abbildung 9.6), von der spektralen Reizantwort des Auges (V-Lambda Kurve, Abbildung 8.7), sowie von der spektralen Transmission des Fernglases. Abbildung 10.14 zeigt das Resultat einer spektralen Transmissionsmessung an einem 7x40 EDF von Zeiss Jena (siehe auch Abbildung 11.7). Die Transmissionswerte zeigen ein Maximum von knapp 85 % – ein typischer Wert für ein Fernglas der 1980er Jahre mit einer Dreischichtvergütung. Auffällig ist hier jedoch ein starker Abfall der Transmissionskurve im Bereich kurzer Wellenlängen: Im violetten Spektralbereich von $400\,\text{nm} < \lambda < 420\,\text{nm}$ liegt die Transmission noch unterhalb von 60 %, wodurch das Bild dieses Fernglases einen intensiven Gelbstich aufweist (Gelb ist die Komplementärfarbe zu Violett). Die Ursache für dieses auffällige Transmissionsverhalten liegt in der Verwendung eines speziellen, mit Ceroxid versetzten optischen Glases (siehe auch Abschnitt 11.5).

Ein Vergleich mit den V-Lambda Kurven der visuellen Reizantwort (in Abbildung 10.14 gestrichelt dargestellt) zeigt, dass die Transmissionsverluste auf solche Spektralbereiche begrenzt bleiben, die visuell nur gering zur Helligkeitsempfindung beitragen. Die visuelle Transmission ergibt sich nach Gewichtung der spektralen Transmissionskurve mit der jeweils gültigen V-Lambda Kurve. Diese Rechenoperation führt im Falle der Tagesbeobachtung, bei der die photopische Reizantwort der Zapfen (rot gestrichelt) relevant ist, zu einer visuellen Transmission von 82.4 %. Dies ist der Transmissionswert, den ein seriöser Hersteller für sein Fernglas anzugeben hat[15]. Dieser Wert macht deutlich, dass die niedrige Transmission des kurzwelligen Lichts im EDF der Gesamthelligkeit des Bildes keinen Abbruch tut. Einige Hersteller geben zusätzlich die visuelle Transmission während der Nachtbeobachtung, ermittelt mit der skotopischen V-Lambda Kurve (blau gestrichelt), an. Das EDF liefert unter diesen Bedin-

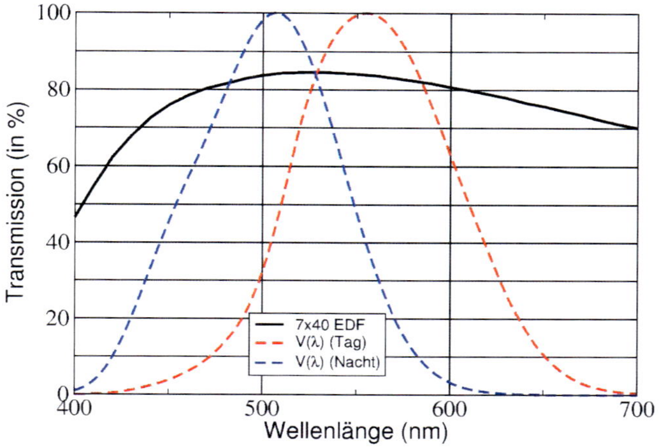

10.14

Transmissionskurve des Zeiss Jena 7x40 EDF mit den beiden Reizantwortfunktionen bei Tageslicht (rot) und in tiefer Dämmerung (blau). Transmissionsdaten mit freundlicher Genehmigung: Gijs v. Ginkel.

[15] Manche Hersteller geben stattdessen den Wert der Maximaltransmission an, der hier 84.6 % ergäbe.

gungen, in denen die kurzwelligen Lichtanteile höher gewichtet werden, den etwas geringeren visuellen Transmissionswert von 81.6 %.

Dieses Beispiel eines Fernglases, das einen deutlichen Farbstich aufweist, demonstriert eine Besonderheit der menschlichen Farbwahrnehmung: Selbst wenn ein bestimmter Spektralanteil des Lichts einen unbedeutenden Beitrag zur Gesamthelligkeit des Bildes leistet, kann er dennoch einen wesentlichen Einfluss auf dessen Farbeindruck ausüben. Ein Gerät wie das EDF ist für den Einsatz beim Militär bestens geeignet, nicht jedoch für die Ornithologie, in der eine hinreichend präzise Farbtreue der Abbildung gewährleistet sein muss.

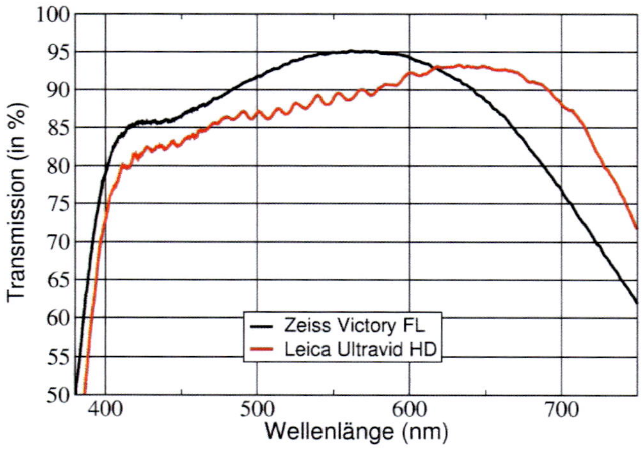

10.15

Transmissionskurven zweier 8x42 Premiumferngläser (Daten mit freundlicher Genehmigung: A. Olech, `www.Allbinos.com/Optyczne.pl`).

Abbildung 10.15 zeigt die spektralen Transmissionskurven zweier moderner Premiumferngläser, bei denen nicht nur Vergütungen aus fünf oder mehr Schichten, sondern auch optische Gläser mit hohen Reintransmissionen zum Einsatz kommen. Das 8x42 Zeiss Victory FL (mit Abbe-König-Prismen) galt unter Fernglaskennern stets als besonders hell, und die insgesamt hohe Transmission, die ein Maximum von 95 % bei 560 nm erreicht, bestätigt diesen Eindruck.

Für die visuelle Transmission des Zeiss ergibt sich nach Mittelung über die photopische (Tageslicht-) Reizantwort ein Wert von 93.7 %, und nach Mittelung über die skotopische (Nachtsicht-) Reizantwort noch immer erstaunliche 91.4 %. Das 8x42 Leica Ultravid hat sein Transmissionsmaximum von 93 % bei einer größeren Wellenlänge um 620 nm, erreicht am Tage eine integrale Transmission von 89.4 %, und bei Beobachtungen in der Nacht nur noch 86.5 %. Die Abstimmung des Zeiss, mit einer recht hohen Transmission im kurzwelligen Teil des Spektrums, attestiert dem Instrument eine besondere Eignung für Beobachtungen in der Dämmerungsphase.

Weit weniger verstanden ist der Einfluss der spektralen Transmissionskurve des Instruments auf das subjektive Empfinden der Farbsättigung. Es existieren weitgehend konsistente Erfahrungsberichte, die dem Leica Ultravid HD eine besonders kräftige Farbwiedergabe attestieren, die Abbildung des Zeiss Victory FL jedoch, obwohl heller, als eher Farbarm einstufen. Ein Blick auf Abbildung 10.15 beweist, dass die Transmission des Zeiss jenseits von 600 nm schnell unter die entsprechenden Werte des Leica abfällt. Die starke Präsenz der langwelligen Anteile dürfte für den subjektiven Eindruck einer hohen Farbsättigung des Ultravid – insbesondere bei Orange-, Rot- und Brauntönen – nicht ohne Belang sein[16]. Man beachte, dass weder das Zeiss noch das Leica einen nennenswerten Farbstich aufweisen – die Eigenarten der trichromatischen Farbwahrnehmung und der daraus resultierenden additiven Farbmischung sorgen in beiden Fällen für eine weitgehende Neutralisierung der einzelnen Farbanteile. Offensichtlich existiert hier ein gewisser Spielraum, wenn es darum geht, die Farbsättigung des Bildes durch eine geziel-

[16] Dank an Stephen Green und Mathias Metz für diesen Hinweis.

te Manipulation der spektralen Transmissionskurve, bei gleichzeitiger Wahrung der Farbneutralität, zu optimieren. Idealerweise sollte jedoch eine Modulation der Transmissionskurve, allein schon aufgrund individuell unterschiedlicher Ausprägungen bei der Farbwahrnehmung, über eigens entwickelte Filter erfolgen, die je nach Einsatzzweck gewechselt werden können (Abbildung 10.13).

In diesem Zusammenhang sei nochmals an das Phänomen des Simultankontrastes erinnert (Abbildung 9.7): Während die menschliche Wahrnehmung einen leichten Farbstich des Fernglases durchaus mit Hilfe der Farbkonstanz (Abschnitt 9.2) zu kompensieren vermag, kann der Farbeindruck eines Objekts, etwa bei der Bestimmung eines Vogels, auch von der Farbe des Hintergrunds abhängen. Hier werden die Grenzen der Genauigkeit einer Farbwahrnehmung erreicht, die sich auch mit den besten optischen Instrumenten nicht überwinden lassen.

10.8 Schärfentiefe

Die effektive Schärfentiefe eines Fernglases oder Teleskops wird sowohl vom Tiefenmaßstab des Gerätes (Abschnitt 4.3) als auch von der Akkommodationsbreite des Auges (Abschnitt 8.4) bestimmt. Der Tiefenmaßstab legt fest, auf welche Entfernung das virtuelle Bild eines Gegenstands (bei Unendlich-Stellung des Fernglases) akkommodiert werden muss, und die Akkommodationsbreite des Auges legt fest, bis zu welch minimaler Entfernung dies noch möglich ist. Dieser Nahpunkt in der Unendlich-Stellung ergibt sich somit zu

$$E_{\min} = \frac{m^2}{\delta_{\text{akk}}} \qquad (10.36)$$

mit dem Tiefenmaßstab m^2, dem Quadrat der Vergrößerung des Fernglases. Besitzt das Auge etwa eine Akkommodationsbreite von 12 dpt, so kommt es auf einen Nahpunkt von 8.3 cm, mit einem Fernglas 8-facher Vergrößerung jedoch, das auf Unendlich fokussiert ist, nur noch auf einen Nahpunkt von 64/12 dpt = 5.3 m. Ein Vierzigjähriger mit Akkommodationsbreite von 5 dpt sieht durch dieses Fernglas Gegenstände jenseits einer Entfernung von 12.8 m scharf, und ein 60-jähriger mit $\delta_{\text{akk}} = 1$ dpt erst ab 64 m. Aus diesem Grunde kann es für ältere Leute sinnvoll sein, Ferngläser geringerer Vergrößerungen zu verwenden, um mit der höheren Schärfentiefe des Fernglases ihrer verminderten Akkommodationsbreite entgegenzuwirken.

Bis hierhin haben wir noch einen weiteren, wenn auch meist sehr geringen Beitrag zur Schärfentiefe des Auges vernachlässigt: Wie jedes Kameraobjektiv besitzt auch das Auge, ganz ohne Akkommodation, eine natürliche Schärfentiefe, die von der Öffnung der Blende (sprich: Iris) abhängig ist. Wird ein Gegenstand geringfügig defokussiert, so erzeugt er in der Bildebene einen Zerstreuungskreis. Ist dieser hinreichend klein, so wird der Gegenstand dennoch als scharf empfunden. Von Albert König stammt die Faustregel, dass ein Zerstreuungskreis von 3.4 Bogenminuten Durchmesser gerade noch den Eindruck einer scharfen Abbildung erweckt [17)]. Dies führt zu einem zusätzlichen Beitrag zur augenseitigen Schärfentiefe von $1/d_{\text{a}}$ dpt, wobei d_{a} der Durchmesser der Augenpupille (in mm) ist. Die Gültigkeit dieser Relation ist auf Pupillendurchmesser größer als 2 mm beschränkt, weil andernfalls die Beugungseffekte dominieren würden.

In Verbindung mit einem Fernglas tritt anstelle des Durchmessers der Augenpupille, d_{a}, der effektive Durchmesser d' der Austrittspupille, also der kleinere der beiden Werte der Augenpupille oder der Austrittspupille d. Der zusätzliche Beitrag zur Schärfentiefe, der vom Zerstreuungskreis ausgeht,

17) A. König, H. Köhler, *Die Fernrohre und Entfernungsmesser*, S. 123, Springer-Verlag (1959); man beachte, dass das maximale Auflösungsvermögen des Auges unter idealen Bedingungen bei einer Bogenminute liegt.

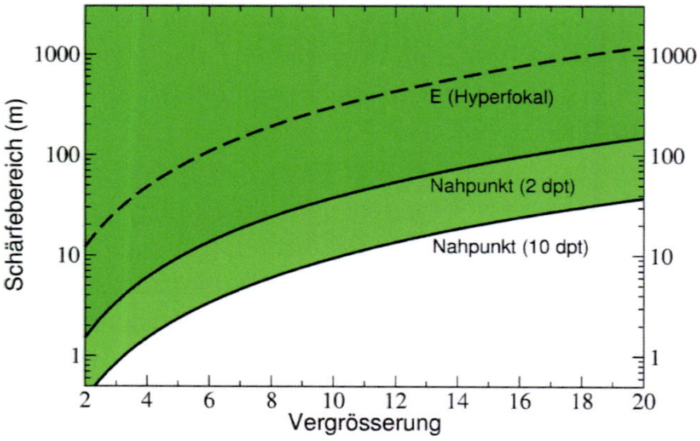

10.16

Nahpunkt von Ferngläsern unterschiedlicher Vergrößerung in hyperfokaler Stellung (gestrichelte Kurve). Beispiel eines 25-jährigen ($\delta_{\text{akk}} = 10\,\text{dpt}$) und eines 50-jährigen ($\delta_{\text{akk}} = 2\,\text{dpt}$) bei der Tagesbeobachtung ($d' = 3\,\text{mm}$).

gilt sowohl für den Nahpunkt als auch für den Bereich jenseits Unendlich. Der Beobachter kann daher kürzer (hyperfokal) fokussieren, ohne dass ein Gegenstand im Unendlichen unscharf wird. Die hyperfokale Distanz ergibt sich zu

$$E(\text{Hyperfokal}) = 1000 \cdot m^2 \cdot d' \,. \tag{10.37}$$

Wir erhalten dann einen Nahpunkt von

$$E_{\text{min}} = \frac{m^2}{\delta_{\text{akk}} + 2/d'} \,, \tag{10.38}$$

wobei d' in mm eingegeben werden muss, um E_{min} in m zu erhalten. Beide Gleichungen verlangen die Bedingung $d' \geq 2\,\text{mm}$ (Abwesenheit von Beugungseffekten).

Die Abbildung 10.16 zeigt den Schärfebereich, den durchschnittliche Beobachter jungen und mittleren Jahrgangs mit Ferngläsern unterschiedlicher Vergrößerungen in der hyperfokalen Stellung (gestrichelte Kurve) erreichen. Hier wurde eine effektiven Pupille von $d' = 3\,\text{mm}$ (Tagesbeobachtung) angenommen. Man beachte die logarithmische Skala für die Entfernung. Anwendungsbeispiel: Der 25-jährige Beobachter verwendet ein 8x42 Fernglas und fokussiert auf die hyperfokale Distanz von 192 m. Er sieht dann den kompletten Entfernungsbereich zwischen 6 m und Unendlich scharf. Der 50-jährige Beobachter verwendet ein 12x50 Fernglas (hyperfokale Distanz: 432 m) und erhält einen Schärfebereich von 54 m bis Unendlich.

In der Dämmerung ändert sich die Pupillenweite, und beide Beobachter können nun die vollen Austrittspupillen ihrer Ferngläser nutzen. Damit verschiebt sich der Nahpunkt des 25-jährigen Beobachters mit 8x42 Fernglas ($d' = 5.25\,\text{mm}$) auf $E_{\text{min}} = 6.17\,\text{m}$, und der Nahpunkt des 50-jährigen Beobachters mit 12x50 Fernglas ($d' = 4.17\,\text{mm}$) auf $E_{\text{min}} = 58\,\text{m}$.

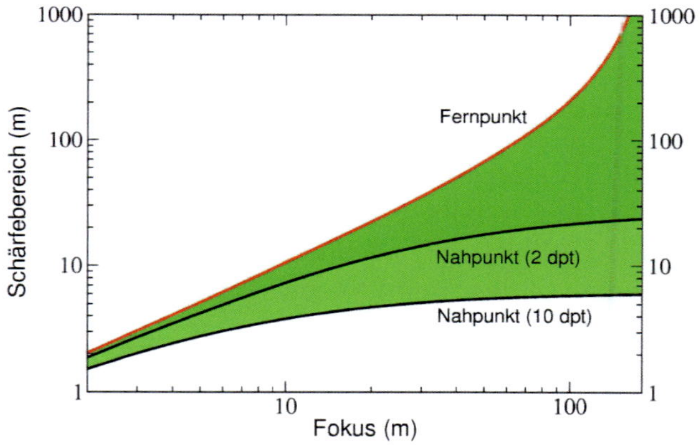

10.17

Schärfebereich eines Fernglases mit 8-facher Vergrößerung als Funktion der Entfernung, auf die fokussiert wurde. Nahpunkte bei einer Akkommodationsbreite von $\delta_{\text{akk}} = 10\,\text{dpt}$ (25-jähriger) und $\delta_{\text{akk}} = 2\,\text{dpt}$ (50-jähriger) bei der Tagesbeobachtung ($d' = 3\,\text{mm}$). Die hyperfokale Distanz (Fernpunkt im Unendlichen) liegt bei 192 m.

Diese Überlegungen lassen sich auf jede beliebige Fokusstellung des Fernglases verallgemeinern: Nehmen wir an, das Fernglas sei auf die endliche Entfernung E_{fok} fokussiert. Das virtuelle Bild dieses Gegenstands liegt jetzt bei 0 dpt anstelle von m^2/E_{fok} dpt, und dieser Versatz liefert Spielraum im Nahbereich. Zusätzlich gibt es im Fernbereich noch die zulässige Unschärfe des Zerstreuungskreises, sodass im Bildraum noch $1/d'$dpt Spielraum jenseits von Unendlich existiert. Damit erhalten wir einen Bereich scharfen Sehens von

$$\frac{m^2}{\delta_{\text{akk}} + \frac{m^2}{E_{\text{fok}}} + \frac{1}{d'}} < E < \frac{m^2}{\frac{m^2}{E_{\text{fok}}} - \frac{1}{d'}} \tag{10.39}$$

Falls $m^2/E_{\text{fok}} < 1/d'$, dann reicht der Fernbereich bis Unendlich. Die Abbildung 10.17 zeigt den Bereich der scharfen Abbildung eines 8x Fernglases als Funktion von E_{fok}. Nehmen wir als Beispiel nochmals den 25-jährigen Beobachter bei der Tagesbeobachtung, der nun auf $E_{\text{fok}} = 10$ m fokussiert, und einen scharfen Entfernungsbereich von $3.8\,\text{m} < E < 10.5\,\text{m}$ erhält. Mit einem 7x Fernglas würde sich dieser Bereich auf $3.2\,\text{m} < E < 10.7\,\text{m}$ erweitern, mit einem 12x Fernglas auf $5.8\,\text{m} < E < 10.2\,\text{m}$ verringern.

Zusammenfassend halten wir fest, dass die Schärfentiefe, die ein Beobachter mit seinem Fernglas erzielt, maßgeblich von seiner Akkommodationsbreite bestimmt wird, ferner von der Vergrößerung des Fernglases, und, in geringerem Maße, von dem Durchmesser der effektiven Austrittspupille.

10.9 Tiefenauflösung und Kulisseneffekt

Die in Abschnitt 9.3 diskutierte stereoskopische Tiefenauflösung der menschlichen Wahrnehmung wird in Kombination mit einem Fernglas erheblich verbessert. Zunächst ist es die Vergrößerung m, die jede Winkeldifferenz und somit auch die Querdisparität beider Einzelbilder auf der Netzhaut um den Faktor m verstärkt. Als zweiter Faktor kommt die veränderte Stereobasis b bei denjenigen Ferngläsern zum Tragen, die keine Geradsichtprismen verwenden: Bei einem Porro I-Prisma existiert ein seitlicher Versatz des Strahlengangs um $\sqrt{2}w$, wobei w für die Prismenweite steht, und im Falle eines Porro II-Umkehrsystems beträgt der Versatz noch w. Das Verhältnis von Objektivabstand zu Okularabstand wird auch als spezifische Plastik bezeichnet. Die totale Plastik ist definiert als das Produkt aus spezifischer Plastik und der Vergrößerung des Fernglases,

$$\text{Totale Plastik} = m\frac{\text{Objektivabstand}}{\text{Okularabstand}} \tag{10.40}$$

die das Leistungsvermögen eines Fernglases in Bezug auf die stereoskopische Tiefenauflösung definiert.

Das Zeiss 10x50 aus Abbildung 5.5 hat bei einem Pupillenabstand von 65 mm einen Objektivabstand von 140 mm, also eine im Vergleich mit dem Augenabstand um den Faktor 2.15 erweiterte Stereobasis (totale Plastik: 21.5), und das Ross 10x50 (Abbildung 5.8) bringt es auf 110 mm Objektivabstand (totale Plastik: 16.9). Noch größer ist die Basisweite des 6x42 SARD (Abbildung 12.15), die mit dem Pupillenabstand von 65 mm beachtliche 163 mm erreicht, wobei dessen totale Plastik aufgrund der geringeren Vergrößerung mit 15.0 kleiner ausfällt. Zum Vergleich ein Hensoldt 10x50 Dialyt, mit einer Variation des Abbe-König-Prismas, das einen geringfügigen seitlichen Versatz aufweist und damit auf eine Basisweite von 75 mm und eine totale Plastik von nur 11.5 kommt.

Die Abbildung 10.18 zeigt die resultierende Tiefenauflösung des Zeiss Porro I-Fernglases, wobei die Formel 9.9 mit folgender Modifikation

$$\Delta E = \frac{E^2(\Delta\alpha')_{\min}}{b' + E(\Delta\alpha')_{\min}} \tag{10.41}$$

verwendet wurde. Hier bedeutet E die größere der beiden Entfernungen der Objekte, ΔE die Tiefenauflösung, $(\Delta\alpha')_{\text{min}} = (\Delta\alpha)_{\text{min}}/m$ die minimale mit dem unbewaffneten Auge identifizierbare Querdisparität, geteilt durch die Vergrößerung m, und b' die Stereobasis des Fernglases bei einem Augenabstand von 65 mm. Für $(\Delta\alpha)_{\text{min}}$ wurden erneut 30 Bogensekunden angenommen (Abschnitt 9.3).

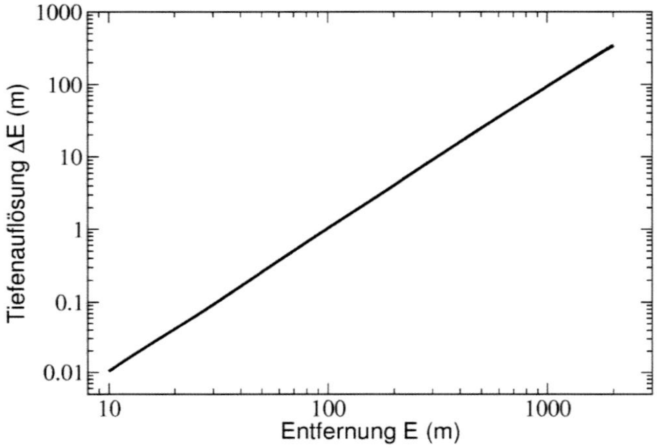

10.18

Tiefenauflösung des Zeiss (Oberkochen) 10x50.

Auf 100 m Entfernung wird eine Tiefenauflösung von 1 m erreicht (beim Ross Porro II-Fernglas läge dieser Wert bei 1.3 m, beim Hensoldt bei 1.9 m). Aufgrund seiner hohen Tiefenauflösung war das Porro I-Prismenfernglas meist die erste Wahl bei militärischen Anwendungen, aber auch bei der Jagd oder auf See kann es diesen systembedingten Vorteil ausspielen.

Für das Militär wurden in der Vergangenheit so genannte Raumbild-Entfernungsmesser entwickelt, die bei der Küstenartillerie Basisweiten von mehreren Metern erreichten und tonnenschwer waren. Doch gab es auch Handferngläser mit eigens erweiterter Stereobasis, so genannte Telestereoskope, mit denen ein überzeichnetes plastisches Sehen angestrebt wurde. Die Abbildung 10.19 zeigt ein japanisches 7x40 RISO-I, das eine spezifische Plastik von 3.9 aufweist und nach Angaben des Verkäufers von der US-amerikanischen Navy während des Korea-Krieges eingesetzt wurde. Über Spiegel, hinter den Objektiven platziert, wurden die Strahlenbündel auf konventionelle Porro I-Prismen gelenkt.

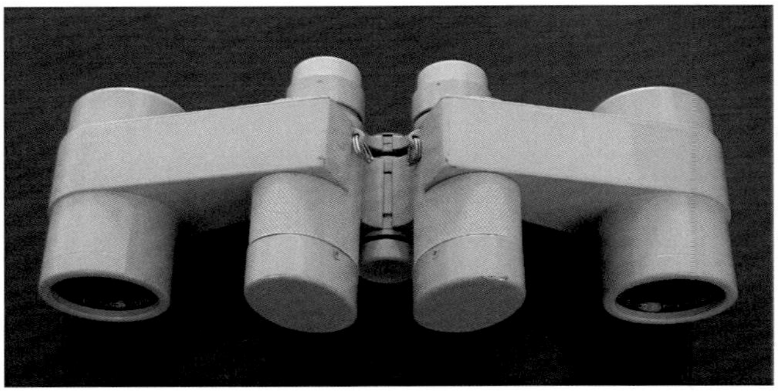

10.19

RISO-I 7x40 stereoskopisches Fernglas mit einer totalen Plastik von etwa 27 (Sehfeld: 133 m/1000 m). Die Okulare befinden sich im oberen mittleren Bereich des Instruments.

Eine totale Plastik, die den Wert 1 des unbewaffneten Auges überschreitet, führt jedoch zu einem weiteren optischen Effekt, der als Kulisseneffekt bekannt ist: Unsere visuelle Wahrnehmung, an Vergrößerung und Stereobasis des unbewaffneten Auges angepasst, interpretiert den unnatürlichen Gewinn an Tiefenauflösung dahingehend, dass die Entfernungen aller Objekte eine Korrektur erfahren, woraufhin der gesamte Motivaufbau scheinbar näher und gleichzeitig verkleinert erscheint. Dieser Umstand lässt sich damit erklären, dass die stereoskopische Tiefenauflösung im Nahbereich ja wesentlich besser funktioniert als im Fernbereich. Mit den auf diese Weise reskalierten Entfernungen der Motive kommt es jedoch zu einem Konflikt: Aufgrund der Perspektive erscheinen bei einer Vergrößerung von m alle Gegenstände in ihrer Tiefenausdehnung um den Faktor m verkürzt (Abschnitt 4.3). Die erhöhte

Plastik lässt die Motive zwar näher an den Beobachter heranrücken, kann jedoch diese perspektivische Verkürzung nicht korrigieren, woraufhin die Objekte in Blickrichtung des Betrachters eigenartig flachgedrückt erscheinen. Man beachte, dass die erwähnte Stauchung der Tiefenausdehnung auch während der einäugigen Beobachtung durch ein Monokular auftritt, sowie bei der Fotografie mit einem Tele-Objektiv, dass jedoch erst die binokulare Beobachtung in Verbindung mit der gesteigerten Tiefenauflösung den Eindruck des Kulisseneffekts hervorrufen kann.

Der Kulisseneffekt ist auch die Ursache dafür, dass gelegentlich die Vergrößerung eines Porro-Fernglases im Vergleich zu einem Geradsicht-Fernglas identischer Vergrößerung unterschätzt wird: Die Objekte erscheinen dem Beobachter zwar näher, aber auch kleiner, als würde er auf eine verkleinerte Modelllandschaft schauen. Da der angesprochene Effekt proportional zur totalen Plastik ausfällt, wirkt er in einem Porro-Fernglas stärker als in einem geradsichtigen Dachkantglas identischer Vergrößerung. Im letzteren Fall fällt die Illusion einer Schrumpfung der Landschaft also geringer aus, wodurch der subjektive Eindruck einer in Relation zum Porro-Fernglas höheren Vergrößerung entstehen kann.

10.10 Verzeichnung und Globuseffekt

Offiziere, die von den Schlachtfeldern der Weltkriege zurückkehrten, berichteten von einer unangenehmen Eigenschaft ihrer Ferngläser: Beim Schwenken des Fernglases erschien das Bild auf irgendeine Weise verzerrt – es schien über eine Art Kugeloberfläche abzurollen. Gleichzeitig war der Bildeindruck durch das statische Fernglas einwandfrei, keinerlei Verzeichnung war zu beklagen. Das »Rollen« des Bildes während des Schwenkens, heutzutage als Globuseffekt bekannt, stellte nicht nur ein ästhetisches, sondern durchaus auch ein praktisches Problem dar: Die unnatürliche Rollbewegung konnte das Erkennen realer Bewegungen auf dem Gefechtsfeld erschweren, und nach intensivem Gebrauch der Ferngläser stellte sich bei einigen Benutzern sogar ein physisches Unwohlsein ein.

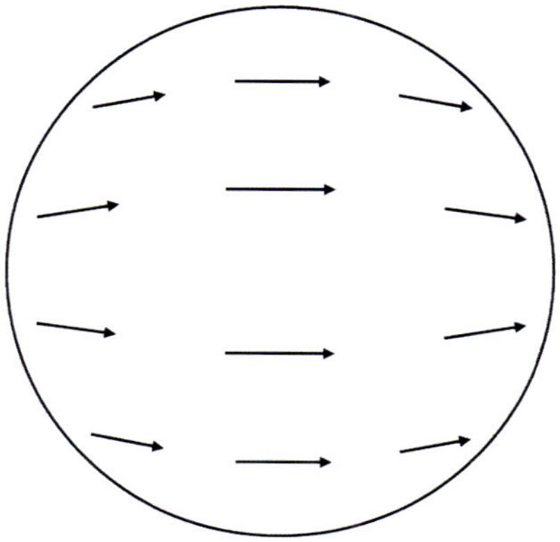

10.20

Optischer Fluss während des horizontalen Schwenks eines Fernglases mit tonnenförmiger Verzeichnung (schematisch).

Die Ursache dieser Rollbewegung blieb über lange Zeit hinweg im Dunkeln. Köhler spekulierte, dass diese »Bildverbiegung«, die ausschließlich beim Schwenken sichtbar war, aus einer unnatürlichen Perspektive beim Schwenk des Fernglases über ein in der Tiefe gegliedertes Objektfeld hervorgehe[18]. Der Globuseffekt tritt jedoch auch dann auf, wenn das Fernglas entlang einer Hauswand oder des Nachts über ein dichtes Sternfeld schwenkt, wobei es zu keinerlei solchen perspektivischen Verzeichnungen kommen kann.

Erst kürzlich hat der Autor dieses Buches im Rahmen eines mathematischen Modells den möglichen Zusammenhang zwischen dem Globuseffekt und der tonnenförmigen Verzeichnung der visuellen Wahrnehmung untersucht[19]. Die Abbildung 10.20 zeigt

[18] H. Köhler, *Grundsätzliches zum Fernrohrsehen*, Deutsche Optische Wochenschrift **35**, S. 41 (1949)

[19] H. Merlitz, *Distortion of binoculars revisited: Does the sweet spot exist?*, J. Opt. Soc. Am. A **27**, p. 50 (2010)

den optischen Fluss der Bildpunkte beim Schwenken eines Fernglases in Gegenwart einer tonnenförmigen Verzeichnung. Selbst wenn das Fernglas selbst keinerlei Verzeichnung aufweist, also nach der Tangensbedingung (Gleichung (4.6)) ausgelegt ist, kann die Verzeichnung des visuellen Raumes (Gleichung (9.12)) einen solchen optischen Fluss erzeugen. Es kommt dabei zu einer leichten Divergenz der Bildpunkte vom Bildrand Richtung Sehfeldmitte, und einer entsprechenden Konvergenz von der Mitte in Richtung des gegenüberliegenden Bildrandes. Zusätzlich bewegen sich die Bildpunkte im Bereich der Bildmitte etwas schneller als in den Randbereichen. Ein solcher optischer Fluss wird durch unsere Wahrnehmung als ein Herannahen der Motive von dem Sehfeldrand, der in Schwenkrichtung liegt, zur Sehfeldmitte hin interpretiert, woraus eine scheinbar konvexe Wölbung des Bildes resultiert: Der Globuseffekt.

Computersimulationen bestätigen, dass dieser Effekt bei Verwendung eines verzeichnungsfreien Fernglases auffällig wird, sobald der Parameter der visuellen Verzeichnung (Gleichung (9.12)) einen Wert von etwa $k_v = 0.8$ unterschreitet – nach Abbildung 9.14 dürfte das auf grob die Hälfte aller Fernglasbenutzer zutreffen[20]. Bei stärkerer visueller Verzeichnung, $k_v < 0.6$, wird der Globuseffekt dominant und möglicherweise als unangenehm empfunden. Dies dürfte auf 10 % bis 20 % der Bevölkerung zutreffen – die Datenlage lässt in diesem Parameterbereich keine präziseren Aussagen mehr zu.

Im statischen Bild bleibt der Globuseffekt ebenso unsichtbar wie die tonnenförmige Verzeichnung des visuellen Raumes (siehe Abschnitt 9.6). Wieso aber wird dieser Effekt nicht bei einem normalen Schwenk des Kopfes mit dem unbewaffneten Auge sichtbar? Der Grund dafür liegt darin, dass sich die Blickrichtung während einer Drehung des Kopfes nicht kontinuierlich ändert. Stattdessen suchen die Augen beständig nach einem Referenzpunkt, auf den sie kurzzeitig fokussieren, um danach auf einen neuen Referenzpunkt zu springen. In Abwesenheit einer kontinuierlichen Bewegung kann der Rolleffekt nicht wahrgenommen werden. Durch ein Fernglas jedoch wird die Geschwindigkeit des Bildes mit dem Faktor der Vergrößerung multipliziert, und es gelingt dem Beobachter eher, das virtuelle Bild vor dem Auge gleichmäßig abrollen zu lassen, während dessen die relativ schwache Verzeichnung des visuellen Raumes auffällig wird.

Unter dem Sternhimmel, betrachtet mit dem unbewaffneten Auge, dominiert die konkave Krümmung des Himmelsgewölbes bei weitem die Verzeichnung des visuellen Raumes. Durch ein Fernglas jedoch wird ein kleiner Raumwinkel um etwa den Faktor der Vergrößerung gespreizt, wobei die Krümmung der Sphäre entsprechend reduziert und der Globuseffekt sichtbar werden kann. Mancher Astronom berichtet von dieser Rollbewegung bei Verwendung orthoskopischer Okulare, die ebenfalls nahezu frei von Verzeichnung sind. Dies ist allerdings nur dann der Fall, wenn das Instrument über ein hinreichend dichtes Sternfeld geschwenkt wird, da andernfalls die für eine Sichtung des Globuseffekts notwendigen Anhaltspunkte fehlen.

10.11 Die Suche nach der optimalen Verzeichnung

Der Globuseffekt kann durch eine kissenförmige Sollverzeichnung eines Fernglases kompensiert werden. Zum Beweis beginnen wir mit der verallgemeinerten Abbildungsgleichung (9.10),

$$\tan(ka) = m \tan(kA) \ , \tag{10.42}$$

und lösen sie nach dem Bildwinkel a auf, worauf wir

$$a = \frac{1}{k} \operatorname{atan}\left[m \cdot \tan\left(kA\right)\right] \tag{10.43}$$

[20] Entsprechende Animationen gibt es auf der Webseite des Autors unter `www.holgermerlitz.de/globe/verzeichnung.html`.

erhalten. Dies ist der Winkel, unter dem der Bildpunkt im virtuellen Bild des Okulars erscheint. Da der Betrachter jedoch eine Verzeichnung seines visuellen Raumes mit einbringt, müssen wir diese durch Einsetzen von a in die Gleichung (9.12) berücksichtigen und erhalten

$$y = \frac{1}{k_v} \tan \left\{ \frac{k_v}{k} \operatorname{atan} \left[m \tan (kA) \right] \right\} . \quad (10.44)$$

Im Spezialfall $k_v = k$, wenn also der Verzeichnungsparameter des Fernglases mit dem der visuellen Verzeichnung übereinstimmt, vereinfacht sich die Beziehung auf

$$y = \frac{m}{k_v} \tan (k_v A) \ , \quad (10.45)$$

und da durch ein Handfernglas der Objektwinkel klein (meist unter 5°) bleibt, können wir gefahrlos von der Näherung

$$y \approx \frac{m}{k_v} (k_v A) = mA \approx m \tan A \quad (10.46)$$

Gebrauch machen. Zur Erinnerung: Die Koordinate y steht für die radiale Distanz des Bildpunktes von der Sehfeldmitte, falls der Beobachter auf das Zentrum des virtuellen Bildes blickt, und A ist der Objektwinkel zur optischen Achse – das Bild ist im visuellen Raum also unverzeichnet, solange der Blick des Auges auf die Sehfeldmitte fällt. Abwesenheit der Verzeichnung im visuellen Raum impliziert einen regulären, gleichmäßigen optischen Fluss aller Bildpunkte beim Schwenken, und somit die Elimination des Globuseffekts.

Es waren vermutlich die Arbeiten von Sonnefeld, die den Ausschlag dafür gaben, dass seit den 1950er Jahren nahezu jedes Fernglas mit einer leichten kissenförmigen Verzeichnung ausgestattet wurde[21].

[21] A. Sonnefeld, *Über die Verzeichnung bei optischen Instrumenten, die in Verbindung mit dem blickenden Auge gebraucht werden*, Deutsche Optische Wochenschrift **13**, S. 97 (1949)

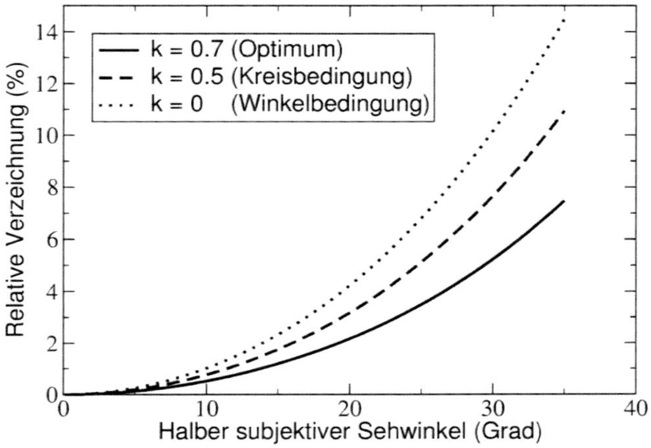

10.21

Relative Verzeichnung als Funktion des halben subjektiven Sehwinkels, bei unterschiedlichen k-Werten.

Erst nach der Jahrtausendwende gingen einige namhafte Hersteller – darunter Nikon und Kowa – dazu über, »verzeichnungsfreie« Ferngläser wieder einzuführen, was dem Globuseffekt zu einer Renaissance verhalf.

Dabei ist bis heute ungeklärt, wie stark die Sollverzeichnung auszufallen hat, um einerseits den Globuseffekt zu verhindern, andererseits aber auch die unästhetischen Verbiegungen von Kanten im Randbereich des Bildes möglichst gering zu halten. Letztere machen sich nämlich durchaus störend bemerkbar, sobald der Beobachter seinen Blick von der Sehfeldmitte weg Richtung Rand wandern lässt. Die Ergebnisse aus Abbildung 9.14 deuten darauf hin, dass es aufgrund der individuellen Unterschiede keine ideale Verzeichnung geben kann, die für jeden Anwender gleichermaßen optimal wäre. Ein guter Kompromiss dürfte bei einer Parameterwahl von $k \approx 0.7$ erreicht sein. Die Relation 10.42 lässt sich nach A lösen und in die Gleichung für die relative Verzeichnung (4.7) einsetzen, um diese als Funktion

10.22

Sowjetisches Militärfernglas BPO 7x30 des Herstellers KOMZ (Sehfeld: 150 m/1000 m), dessen geringe Verzeichnung und eigenwillige Verzeichnungskurve für einen ausgeprägten Globuseffekt sorgen.

des subjektiven Sehwinkels zu erhalten:

$$V_\mathrm{r} = \frac{\tan a}{m \tan\left[\frac{1}{k}\,\mathrm{atan}\left(\frac{\tan(ka)}{m}\right)\right]} - 1\,. \quad (10.47)$$

Diese etwas umständliche Formel lässt sich noch vereinfachen, indem man bemerkt, dass typischerweise die objektiven Halbwinkel, und somit das Argument $\tan(ka)/m$, eher klein sind. Die Winkelfunktionen im Nenner lassen sich dann in erster Ordnung entwickeln und ergeben die approximative relative Verzeichnung

$$\boxed{V_\mathrm{r} \approx \frac{k \tan a}{\tan(ka)} - 1} \quad (10.48)$$

in der auch die Vergrößerung nicht mehr auftritt. In der Nähe der Winkelbedingung geht der Parameter $k \to 0$, und die Formel vereinfacht sich nochmals zu $V_\mathrm{r} \approx (\tan a)/a - 1$. Die Abbildung 10.21 zeigt den Verlauf dieser Verzeichnungskurve für $k = 0.7$, sowie im Falle der Kreisbedingung und der Winkelbedingung. Die Wahl $k = 0.7$ führt zu einer Verzeichnung, die etwa halb so stark ist wie die der Winkelbedingung.

Eine weitere Bedingung zur Elimination des Globuseffekts besteht darin, dass die Verzeichnungskurve hinreichend regulär ist. Sie darf keine lokalen Extrema aufweisen, auch Wendepunkte sind zu vermeiden. Die Begründung dafür ist wiederum im optischen Fluss zu finden: Ändert sich die Steigung der Verzeichnungskurve, so auch die Geschwindigkeiten der Bildpunkte beim Schwenken. Dies kann dazu führen, dass das Bild während des Schwenkens Wellen zu schlagen scheint. Solche Anomalien lassen sich vermeiden, indem der Verzeichnungsverlauf nach geeigneter Wahl des Parameters k möglichst akkurat an die Gleichung (10.47) angepasst wird.

Ferngläser, die vorwiegend statisch verwendet werden, also montiert und meist auf ein feststehendes Ziel gerichtet bleiben, dürfen hingegen auch nach der Tangensbedingung, also frei von jeglicher Verzeichnung, ausgelegt werden.

Interessant ist ferner die Wirkung der Winkelbedingung (Gleichung (4.10)) auf einen Beobachter mit der visuellen Verzeichnung k_v. Dazu bilden wir den Grenzfall der Winkelbedingung, $k \to 0$, von Gleichung (10.44) und erhalten

$$y = \frac{1}{k_v} \tan(k_v a)\,. \quad (10.49)$$

Dies ist beinahe dieselbe Beziehung, die wir für das freie Auge erhalten haben (Gleichung (9.12)), mit dem einzigen Unterschied, dass nun der Objektwinkel durch den subjektiven Winkel ersetzt ist. Man beachte, dass der Winkelraum sphärisch ist – ein Blick auf den Sternhimmel erweckt den Eindruck, all die Lichtpunkte befänden sich auf einer Hemisphäre, in dessen Mittelpunkt sich der Betrachter zu befinden scheint. Die obige Beziehung impliziert, dass der Blick durch ein Fernglas, das nach der Winkelbedingung verzeichnet, denselben Effekt hervorruft: Der Betrachter scheint durch das Okular in eine Hemisphäre zu blicken, deren scheinbare Krümmung exakt dieselbe ist wie im Falle des unbewaffneten Auges, das auf den Sternhimmel gerichtet ist. Aus diesem Grunde ist die Winkelbedingung bei Astro-Okularen, insbesondere solchen mit weiten Sehwinkeln, sehr beliebt: Sie trägt zu dem so genannten Spacewalk-Effekt bei, mit dem u. a. die Nagler-Okulare beworben werden – dem Gefühl, beim Blick durch das Okular im freien Raum zu schweben.

Ferngläser für den Astro-Einsatz dürfen daher durchaus gemäß der Winkelbedingung korrigiert werden. Sternkonstellationen behalten dann ihre relativen Winkelbeziehungen zueinander auch dann bei, wenn sie in Richtung Sehfeldrand geschwenkt und dabei mit dem blickenden Auge verfolgt werden. In diesem Sinne ist auch ein Fernglas, das nach der Winkelbedingung ausgelegt ist, auf seine Weise unverzeichnet – im Winkelraum, weil es ja einen Kugelausschnitt mit seinen korrekten Winkelbeziehungen aller Objekte zueinander abbildet (siehe dazu auch Abschnitt 4.1.4). Im angelsächsischen Sprachraum hat sich dafür – in astronomischen Kreisen – ein eigener Begriff etabliert: Man spricht bei einer Abweichung von der Winkelbedingung von einer angular magnification distortion (AMD), im Gegensatz zur traditionellen rectilinear distortion, der Abweichung von der Tangensbedingung[22].

Bei der Tagesbeobachtung überwiegen jedoch die Nachteile der starken kissenförmigen Verzeichnung, die mit der Winkelbedingung einhergehen. In einer Alltagsszene gelingt es der Wahrnehmung nicht, die konkave Krümmung des virtuellen Bildes zu deuten. Stattdessen wirken die aus dieser Krümmung resultierenden Verbiegungen gerader Kanten, die den Randbereich des Bildes schneiden, unnatürlich und unästhetisch. Beim Schwenken kann die Winkelbedingung sogar zu einem Anti-Globuseffekt führen, wobei das Bild über eine konkave (hohle) Fläche zu rollen scheint. Aus diesen Gründen sollte eine allzu starke kissenförmige Verzeichnung bei Ferngläsern, die für den terrestrischen Einsatz ausgelegt sind, vermieden werden.

Angesichts der hochgradig individuellen Ausprägung der visuellen Verzeichnung sollten sich Fernglashersteller Gedanken darüber machen, ob es sinnvoll wäre, Okulare mit einer variablen Verzeichnungskurve zu konstruieren. Auf diese Weise könnte der Anwender das Fernglas auf seine individuelle Verzeichnung abstimmen, oder auf die konkrete Anwendung, bei der mal eine geringe Verzeichnung (Architektur), eine mittlere Verzeichnung (beim Absuchen einer Landschaft, beim Pferderennen), oder eine hohe Verzeichnung (sprich: Korrektur der AMD durch die Winkelbedingung bei astronomischen Anwendungen) bevorzugt ist.

10.12 Brille und Fernglas

Ein erheblicher Anteil der »Zivilisationsgesellschaft« ist Brillenträger, und da sich die Sehschwächen vieler nicht nur auf Kurz- oder Weitsichtigkeit beschränkt, sondern zusätzlich Astigmatismus infolge einer Hornhautkrümmung ins Spiel kommt, kann diese Fehlsichtigkeit nicht allein durch die Fokussiereinrichtung des Fernglases kompensiert werden. Doch selbst in Abwesenheit des Astigmatismus ist es oft erforderlich, lichtschwache oder schnell bewegliche Objekte unter Verwendung der Sehhilfe zu lokalisieren; ein Abnehmen oder Hochklappen der Brille wäre dann umständlich oder schlicht zu zeitaufwändig. Es ist daher nicht selten notwendig, eine Fernoptik in Kombination mit einer Brille zu

[22] H. Rutten und M. van Venrooij, *Telescope Optics*, Willmann-Bell 2002, S. 169

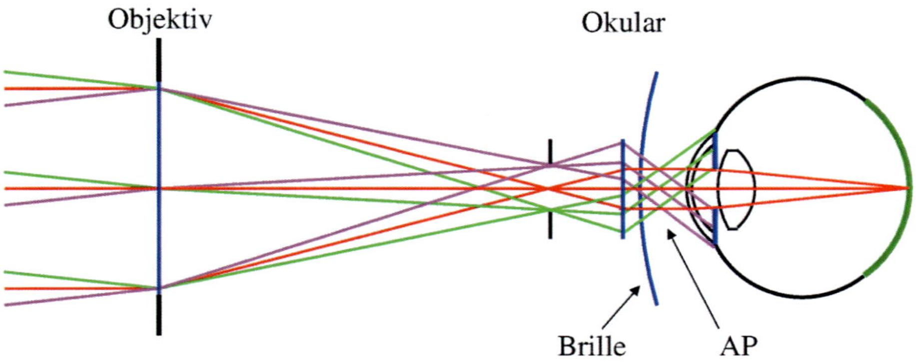

10.23

Das Brillenglas verhindert, dass die Austrittspupille (AP) der Optik auf die Augenpupille fällt, wodurch die Randstrahlen verloren gehen.

verwenden, was zu Komplikationen führt: Seitlich einfallendes Streulicht kann leicht über die Innenseite der Brille ins Auge gelangen – dieses Problem lässt sich durch geeignete Wahl des Brillengestells, der Brillenform und durch hochwertige Antireflex-Vergütungen weitgehend entschärfen.

Problematischer ist die Rolle, die das Brillenglas als Abstandshalter zwischen Okular und Augenlinse übernimmt (Abbildung 10.23): Falls der Austrittspupillen-Längsabstand des Okulars nicht hinreichend weit ausfällt, liegt die Austrittspupille (AP) nicht – wie idealerweise der Fall – auf der Augenpupille, sondern davor. Dies kann, je nach Pupillenweite und Sehwinkel, dazu führen, dass die Randstrahlen des aus der Austrittspupille divergierenden Bündels nicht mehr in das Auge fallen, das Sehfeld also beschnitten wird.

Für Brillenträger sind daher Okulare mit hinreichend weitem AP-Längsabstand, so genannte Brillenträger-Okulare oder kurz B-Okulare notwendig, damit die Austrittspupille auch mit Brille noch auf den Abstand der Augenpupille gebracht werden kann. In Abschnitt 6.2 wurde bereits diskutiert, mit welchen technischen Hilfsmitteln (etwa durch den Einsatz einer Smyth-Linse) sich eine Verlagerung der Austrittspupille erzielen lässt.

B-Okulare sind historisch keine Neuheit – bereits in den 1930er Jahren wurden für den Militäreinsatz Ferngläser mit Okularen konstruiert, die 20 mm oder mehr AP-Längsabstand aufwiesen (»Gasmasken-Okulare«), und seit 1958 hat Zeiss damit begonnen, B-Okulare auch auf dem Markt der Zivilferngläser einzuführen. Die Frage lautet jedoch: Wie viel AP-Längsabstand muss ein Okular aufweisen, um brillentauglich zu sein? Die Antwort: Dies hängt sowohl von den Eigenschaften der Brille als auch von den anatomischen Merkmalen des Anwenders ab.

Zunächst muss berücksichtigt werden, dass ein Brillenglas ja ein optisches Element im Strahlengang darstellt, das aufgrund seiner Brechkraft die Lage der Austrittspupille beeinflusst. Eine Negativlinse, die ein Kurzsichtiger benötigt, verschiebt die Austrittspupille vom Okular weg Richtung Auge, was ein positiver Effekt ist. Umgekehrt verhält es sich mit der Sammellinse einer Brille für Weitsichtige. Der Abstand zwischen Okular und Auge, den die Brille erzwingt, hängt ferner von der technischen Ausführung der Augenmuscheln ab, von der Dicke und Weite des Brillenglases, und davon, inwieweit das Gestell noch ein flexibles Andrücken der Brille zulässt. Die Brillentauglichkeit eines Fernglases wird daher über einen von A. Weyrauch eigens entwickelten Prüfadapter getestet, der zur Prüfung auf das Okular gedrückt wird[23]. Erschwerend kommt hin-

[23] A. Weyrauch, *Fernglasbeobachtung mit Brille*, Deutsche Optikerzeitung **11**, Heidelberg (1981)

zu, dass die Brille am Kopf, nicht jedoch (wie etwa die Kontaktlinse) am Auge befestigt ist, sodass zusätzlich auch individuelle Merkmale wie tiefliegende Augen zu der Gesamtformel beitragen.

Aus diesem Grunde existieren lediglich sehr allgemein gehaltene Erfahrungswerte, die besagen, dass ein AP-Längsabstand von 15 – 16 mm für einen kurzsichtigen Beobachter meist ausreicht, um das Sehfeld eines durchschnittlichen Fernglases überblicken zu können, während ein Weitsichtiger oft 18 mm oder noch etwas mehr benötigt. Hier handelt es sich um grobe Richtwerte – jeder Fernglaskäufer sollte daher seine potenziellen Kandidaten vor dem Kauf in Kombination mit seiner individuellen Brille ausprobieren, und zwar nach Möglichkeit auch im hellen Tageslicht, wenn die Augenpupille eng und ein Beschnitt des Sehfeldes wahrscheinlicher ist (Abbildung 10.23).

Es ist klar, dass Ferngläser mit B-Okularen verstellbare Augenmuscheln benötigen, die eie Variation des Abstands zwischen Okularlinse und Auge erlauben. Hier existieren verschiedene technische Ausführungen: Bereits während der Zeit zwischen den Weltkriegen wurden ausziehbare Augenmuscheln an (gasmaskentauglichen) Militärferngläsern eingesetzt. Die brillentauglichen Ferngläser der Nachkriegszeit wurden später mit Gummistülpmuscheln ausgestattet (siehe Abbildung 13.8), die die Brillengläser nicht mehr so leicht zerkratzten. Diese älteren Varianten hatten jedoch den Nachteil, dass sie lediglich zwei vordefinierte Abstandseinstellungen erlaubten, die angesichts der großen Bandbreite an Brillenmodellen (oder auch an anatomischen Eigenarten der Anwender) selten zu einem optimalen Einblickverhalten führten. Variabler sind federnde Teleskopaugenmuscheln aus Weichgummi (siehe Abbildung 11.7), die die Eigenschaft haben, das Auge effektiv von seitlich einfallendem Streulicht abzuschirmen, was insbesondere bei Beobachtungen am Wasser von Vorteil ist. Ein Nachteil dieser Konstruktion liegt darin, dass sie weich ist und dem Fernglas beim Andrücken an das Gesicht weniger Stabilität verleiht. Solche Teleskopaugenmuscheln sind daher eher für Ferngläser geringer Vergößerungen geeignet, die eine solche Stabilisierung nicht benötigen.

Am weitesten verbreitet sind inzwischen Drehaugenmuscheln, die entweder in mehreren Stufen einrasten oder eine stufenlose Einstellung des Abstands zulassen. Auch hier handelt es sich keineswegs um eine Erfindung jüngerer Zeit, denn bereits in den 1970er-Jahren wurden solche stufenlos verstellbaren Augenmuscheln in Militärferngläsern verwendet (Abbildung 10.22).

Eine präzise, flexible und gleichzeitig andruckstabile Abstandseinstellung der Augenmuschel trägt wesentlich zum Einblickverhalten und Sehkomfort eines Fernglases bei, und sollte daher von Seiten der Hersteller mit größter Sorgfalt optimiert werden. Erfreulicherweise ist diese Erkenntnis in den letzten Jahren zunehmend beherzigt worden, sodass die Augenmuscheln nicht nur unter den Premiummarken einen Komfortstandard erreicht haben, von dem die meisten Ferngläser vergangener Jahrzehnte noch weit entfernt waren.

Ein weiteres Konzept, von dem die Hersteller überraschenderweise kaum Gebrauch machen, ist die austauschbare Augenmuschel: Da Passform und Komfort der Augenmuscheln individuell sehr unterschiedlich bewertet werden, und auch die Zweckmäßigkeit einer Bauform mit dem Einsatzbereich variieren kann, wäre es hilfreich, unterschiedliche Ausführungen als optionales Zubehör kaufen zu können. Dies wäre, neben dem bereits in Abschnitt 10.6 angesprochenen Objektivgewinde, das ein vielseitiges, optionales Zubehör erlaubt, ein weiterer Schritt in Richtung eines modularen, auf Anwender und Anwendungsbereich optimierbaren Fernglases.

Teil III

Ferngläser in der Anwendung

11 Anwendungsprofile für Handferngläser

Der Ornithologe benutzt es, der Jäger braucht es, der Astronom richtet es gen Himmel, der Seefahrer schaut damit in die Ferne – für das Handfernglas existieren zahlreiche Anwendungsgebiete, wobei nicht jedes Fernglas für jeden Anwender gleichermaßen geeignet ist. Das folgende Kapitel diskutiert typische Anwendungsprofile für Ferngläser aus einem weiten Spektrum von Typen und Kennzahlen. Zur Übersicht sei der Leser an die Abbildung 1.1 in der Einleitung dieses Buches verwiesen.

11.1 Die Generalisten

Als Generalisten oder Mehrzweckferngläser betrachtet man im allgemeinen Ferngläser mit 8x bis 10x Vergrößerung und Objektivdurchmesser um die 40 mm. Dies hat natürlich seine Gründe:

11.1

Das Leica 8x42 Noctivid (Sehfeld: 135 m/1000 m) zählt mit seinem herausragenden Kontrast zu den Top-Mehrzweckgläsern.

Zunächst gilt, dass ein solches Fernglas typischerweise 700 – 800 g wiegt und somit noch hinreichend leicht und kompakt ist, um als Handfernglas eine angemessene Mobilität zu gewährleisten. Selbst wenn es über längere Zeit um den Hals getragen werden muss, erfordert das noch keine keine sportlichen Höchstleistungen. Darüber hinaus sind die Objektive bereits groß genug, um bei den üblichen Vergrößerungen ausreichend weite Austrittspupillen zu garantieren – bei den beliebten 8x42 Ferngläsern sind es sogar 5.25 mm, die ein solches Gerät voll dämmerungstauglich machen. Wer stattdessen auf höhere Vergrößerungen setzt, der hat mit einem 10x42 noch immer mehr als 4 mm Austrittspupille – genug, um bei normalem Tageslicht auch Tiere im Wald oder Vögel in einem schattigen Dickicht beobachten zu können. Es ist daher nicht überraschend, dass dieses 40 mm »Kaliber« die beliebtesten Instrumente der Ornithologen stellt, und dass die Hersteller des Premiumsektors sich mit ihren Innovationsanstrengungen primär auf diese Instrumentenklasse konzentrieren. Folglich gibt es eine große Auswahl an hochklassigen Ferngläsern dieser Kategorie, und jeder potenzielle Käufer dürfte hier je nach Vorlieben und Inhalt seiner Brieftasche fündig werden.

In Fernglasforen wird nicht selten davon berichtet, das 40 mm Fernglas sei den Geräten der 30 mm-Klasse aufgrund seiner höheren Auflösung überlegen. Das ist inkorrekt, da das Auge sein maximales Auflösungsvermögen im hellen Tageslicht bei etwa 2 – 2.5 mm Pupillendurchmesser erreicht (Abschnitt 8.5), und in dieser Situation werden sowohl Ferngläser mit 40 mm als auch solche mit 30 mm Objektiven durch die Augenpupille abgeblendet. Die bei voller Öffnung theoretisch vorhandenen Unterschiede in der beugungsbegrenzten Auflösung beider Ferngläser kommen daher nicht zum Tragen. Bei schlechteren Lichtverhältnissen sorgt jedoch der erhöhte Lichtstrom der größeren Austrittspupille für eine überlegene Kontrastnutzleistung, sodass das größere Fernglas in dieser Situation seinen Helligkeitsvorteil ausspielen kann (Abschnitt 10.4).

11.2 Ferngläser für Reise und Wanderung

Bei Ferngläsern der 30 mm Klasse steht die Mobilität im Vordergrund, wobei, anders als bei den Kompaktferngläsern, im Alltagsgebrauch noch keine signifikanten Leistungseinbußen in Kauf zu nehmen sind. Diese Geräte sind daher die idealen Reiseferngläser für den Urlaub oder für ausgedehnte Wanderungen. Der beste Kompromiss für die Vergrößerung findet sich dabei mit der Wahl eines 8x Gerätes, weil auf diese Weise die Vorteile eines weiten Sehfeldes, eines ruhigen, zitterfreien Bildes (auch nach körperlicher Anstrengung) und einer noch relativ weiten Austrittspupille vereint werden. So bieten Ferngläser des 8x30 oder 8x32 Typs nicht selten Sehfelder von 140 m/1000 m, und die Austrittspupillen von 3.75 mm bzw. 4 mm erlauben Beobachtungen auch in schattigen Bereichen oder an trüben Tagen.

11.2

Das 8x30 EII von Nikon (Sehfeld: 154 m/1000 m), ein sehr kompaktes Reisefernglas mit weitem Sehfeld.

Der entscheidende Vorteil dieser Geräteklasse liegt in dem geringen Gewicht, das sich meist im Rahmen von 500 – 600 g bewegt. Neben den Ferngläsern mit 8x Vergrößerung bieten einige Hersteller auch 10x Versionen des Kalibers 30 mm an. Hier ist zu berücksichtigen, dass der erhöhte Vergrößerungsfaktor mit einer kleinen Austrittspupille um die 3 mm erkauft wird, sodass sich der Einsatzbereich eher auf die Tagesbeobachtung beschränkt. Umgekehrt gab es in der Vergangenheit wiederholt Versuche, Ferngläser der Spezifikation 7x30 oder gar 6x30 auf dem Markt zu etablieren. Diese wären aufgrund ihrer verbesserten Dämmerungseigenschaften in der Tat nützliche Alternativen zum 8x30, waren jedoch stets schwer zu verkaufen, da die Kundschaft – in Unkenntnis der Vorteile solcher Optiken, die auch das ruhige Bild inklusive hoher Schärfentiefe umfassen – meist nach Instrumenten mit höheren Vergrößerungen greift.

Ein Beispiel für ein modernes 6x30 Fernglas ist das Kowa YF aus Abbildung 13.9. Mit 5 mm Austrittspupille ist es nicht nur dämmerungstauglich, sondern, aufgrund seiner geringen Vergrößerung, auch ohne Probleme ruhig zu halten. Mit seiner großen Schärfentiefe entfällt ein häufiges Nachstellen an der Fokussierung, insbesondere für junge Anwender, die noch über eine große Akkommodationsbreite verfügen. Dieses Fernglas wird daher auch gern bereits Kindern im Vorschulalter als Einstieg in die Fernglasbeobachtung empfohlen.

Eine interessante Zwischenstufe zwischen den Generalisten und den mobilen Ferngläsern stellt das 7x35 Format dar. Dieses war in den 1960er und 1970er-Jahren weit verbreitet, wurde dann aber zunehmend von den 8x32 und 8x42 Varianten verdrängt. Das 7x35 kombiniert die Vorteile seiner relativen Kompaktheit, selbst bei weiten Sehfeldern, mit einer guten Dämmerungstauglichkeit. Es gibt also gute

11.3

Das Leitz 7x35 Trinovid (Sehfeld: 150 m/1000 m), aus heutiger Sicht ein Hybrid zwischen Generalist und Wanderglas, mit Uppendahl-Prismen.

Argumente, die für diese Kennzahl als ein alternatives Universalformat sprechen, zumindest für denjenigen Anwender, für den eine hohe Vergrößerung nicht immer von Vorteil ist. Dies trifft insbesondere auch auf den älteren Beobachter zu, dessen Akkommodationsbreite (Abschnitt 8.4) bereits eingeschränkt ist und der daher von der großzügigen Schärfentiefe des 7x35 Formats profitiert (Abschnitt 10.8). Legendär war das Leitz Trinovid 7x35 B, das von 1965 bis 1983 gebaut wurde und bei einem Sehfeld von 150 m/1000 m nur 550 g wog, dabei allerdings noch nicht wasserdicht war. Leider hat sich das 7x35 Format inzwischen vollständig aus dem Marktsektor hochwertiger Ferngläser verabschiedet.

11.3 Ferngläser für Nacht und Dämmerung

Wie in Abschnitt 8.3 bereits diskutiert, sollten Ferngläser für die Dämmerung Austrittspupillen von mindestens 5 mm, und Nachtgläser Austrittspupillen von mehr als 6 mm aufweisen. Um unter diesen Randbedingungen dennoch eine ausreichend hohe Vergrößerung erzielen zu können, müssen solche Ferngläser mit Objektiven von mindestens 40 mm ausgestattet werden. So liefert ein Fernglas der Spezifikation 7x40, typisch für ein Militärfernglas des ehemaligen Warschauer Pakts, eine Austrittspupille von 5.7 mm und ist daher auch für den jugendlichen Beobachter mit weiten Pupillen als Dämmerungsfernglas geeignet. Nachtgläser benötigen noch größere Objektive. Als Standardglas für den Jäger auf dem Nachtansitz gilt das 8x56, das mit 7 mm Austrittspupille reichlich Reserven liefert, die manche Beobachter mittleren Alters sogar schon nicht mehr vollständig nutzen können.

11.4

Zeiss 8x54 Victory HT (Sehfeld: 130 m/1000 m), ein Nachtglas mit 6.75 mm Austrittspupille und sehr hoher Transmission um 95 %, dank Abbe-König Prismen aus HT-Glas (abgebildet ist die nahezu baugleiche 10x54 Variante).

Anders als bei Ferngläsern für die Tagesbeobachtung genießt die Transmission bei den Dämmerungs- und Nachtferngläsern eine besondere Bedeutung: Mit zunehmender Dunkelheit kommt es auf jedes einzelne Photon an, das die Netzhaut des Auges erreicht. In der von Köhler und Leinhos entwickelten Theorie zur Fernrohrleistung (Abschnitt 10.2) spielt daher das Transmissionsvermögen der Optik insbesondere in der Dunkelheit eine wichtige Rolle. Grundsätzlich sind hier Ferngläser mit verkitteten Porro- oder Abbe-König-Prismen im Vorteil, weil diese eine verringerte Anzahl an Luft-Glas Übergängen aufweisen. Schmidt-Pechan-Prismen sind auch deshalb im Nachteil, weil sie eine Verspiegelung benötigen, die nur unter erheblichem Aufwand eine hinreichende Effizienz erreicht (Abschnitt 5.2.5). Hochwertige Anti-Reflex Beläge (Abschnitt 4.4.3) und optische Gläser mit hoher Transparenz (Abschnitt 3.4) tragen dazu bei, die Transmissionsverluste gering zu halten.

Weite subjektive Sehwinkel sind ebenfalls – oder gerade – in der Nacht von Bedeutung, weil die rezeptiven Felder in den peripheren Bereichen der Retina wertvolle Beiträge zur Objekterkennung leisten (Abschnitt 8.9). Dazu gehören die Konturerkennung, Bewegungserkennung, sowie die Reduktion von Rauschen durch Bündelung (Konvergenz) der Photorezeptoren. Es ist daher als ein Nachteil zu werten, dass viele Standardnachtgläser der 8x56 (oder auch 7x50) Klasse aus Gewichtsgründen meist mit kleinen subjektiven Sehwinkeln um die 50° ausgestattet sind. Ein traditionelles Jägerglas, das 8x56 Dialyt von Hensoldt, fiel unter diese Kategorie, während das neuere 8x54 Zeiss Victory HT oder das Swarovski 8x56 SLC immerhin 60° bieten und sich damit positiv aus der Masse der engsichtigen Nachtgläser hervorheben.

Beiden Beispielen ist allerdings gemeinsam, dass sie als Dachkantgläser relativ eng zusammenstehende Objektivlinsen aufweisen, was sich nachteilig auf die stereoskopische Tiefenauflösung auswirkt. Hier ist zu beachten, dass unser visuelles System gerade in fortgeschrittener Dunkelheit nur noch eingeschränkt Informationen zur Tiefenwahrnehmung zur Verfügung hat, weil viele Oberflächentexturen, die die plastische Form des Gegenstandes betonen, nicht mehr wahrnehmbar sind. Die einzige zuverlässige Information zur räumlichen Orientierung in der nächtlichen Umgebung stammt dann aus der stereoskopischen Wahrnehmung (Abschnitt 9.3), und hier sind Ferngläser des Porro-Typs von Vorteil. Als historisches Beispiel für ein gutes Dämmerungsglas sei daher das 8x50 Nobilem Super genannt, das in den frühen 1980er-Jahren von Zeiss Jena gebaut wurde (Abbildung 2.2, links), ein weites Sehfeld von 140 m/1000 m aufwies und dabei eine Austrittspupille von 6.25 mm hatte.

11.4 Handferngläser in der Astronomie

Grundsätzlich eignen sich alle Ferngläser auch für den Einsatz am Sternhimmel. So ist es ein besonderes Vergnügen, in perfekter Dunkelheit mit einem niedrig vergrößernden Weitwinkelfernglas die Bereiche der Milchstraße zu durchstöbern. Andere Objekte kommen erst bei mittleren Vergrößerungen zur Geltung, und wieder andere sind so kompakt, dass sie idealerweise durch ein montiertes Großfernglas bei hohen Vergrößerungen betrachtet werden.

Auch bei astronomischen Beobachtungen kommt der Austrittspupille eine besondere Bedeutung zu. Anders als beim Teleskop, das nicht selten für Detailbeobachtungen an Mond oder Planeten im Bereich der Maximalvergrößerung eingesetzt wird, benutzt der Astronom das Handfernglas jedoch meist für Übersichtsbeobachtungen ausgedehnter Sternfelder oder Gasnebel, oder für das Auffinden schwächerer Objekte, die anschließend mit größeren Instrumenten im Detail betrachtet werden. Die Austrittspupille des Handfernglases sollte auf jeden Fall groß genug sein, um das Nachtsehvermögen des Auges ideal zu nutzen. Interessanterweise ist dies nicht unbedingt bei der maximalen Pupillenweite von 7 mm der Fall, denn auch das Auge bildet ja nicht ideal, sondern mit Aberrationen ab, und diese Aberrationen nehmen in den äußeren Bereichen der Augenpupille überproportional zu (Abschnitt 8.5). Beim normalen Nachtsehen spielt das keine Rolle, da es in der Dunkelheit ohnehin an Feinstrukturen mangelt, die aufzulösen man noch in der Lage wäre. Bei astronomischen Beobachtungen ist das anders: Hier gibt es jede Menge feiner Sterne, an denen sich die Aberrationen des Auges, insbesondere die sphärische Aberration und der Astigmatismus, negativ bemerkbar machen. Es ist daher von allzu großen Austrittspupillen im allgemeinen abzuraten, wenn nicht gerade sehr ausgedehnte, lichtschwache und strukturarme Himmelsobjekte, wie etwa der Nordamerikanebel, Cirrusnebel, oder Galaxien wie M33 betrachtet werden sollen. In solchen Fällen darf getrost auch zu einem 7x50 oder gar 10x70 Fernglas gegriffen und die maximale Austrittspupille genutzt werden. In vielen Situationen bietet jedoch eine Austrittspupille von etwa 5 mm einen besseren Kompromiss zwischen maximaler Lichtausbeute und guter Abbildungsleistung des Auges.

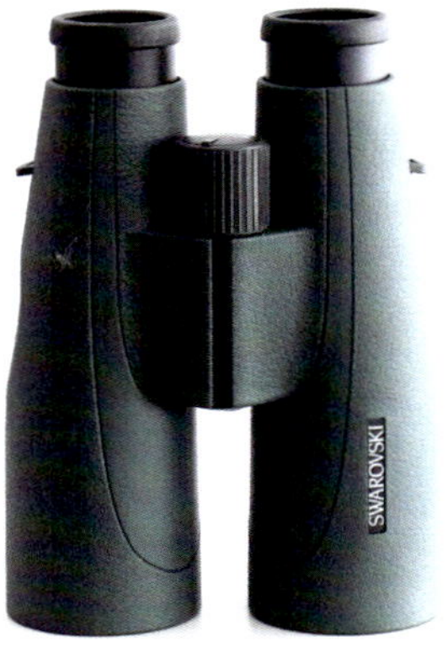

11.5

Swarovski 10x56 SLC WB (neue Variante ab 2013, Sehfeld: 110 m/1000 m), mit Abbe-König Prismen, hoher Transmission und Randschärfe – enorm leistungsstark unter dem Sternhimmel.

Ein weiterer Faktor, der in Astronomenkreisen oft diskutiert wird, hängt mit der Leuchtdichte des Himmelshintergrunds zusammen: In Stadtnähe oder bei Mondlicht ist der Himmel nie perfekt dunkel, sondern zeigt aufgrund einer Restleuchtdichte eine leichte Graufärbung. Das führt dazu, dass die Grenzgröße der gerade noch sichtbaren Sterne bei einer Übervergrößerung solange steigt, bis die Leuchtdichte des Himmelshintergrunds den Bereich der Wahrnehmungsschwelle erreicht. Bei flächigen Objekten führt jedoch eine solche Übervergrößerung zu keiner Kontraststeigung, lediglich zu einem verbesserten Detailsehen, falls die Helligkeit des Objekts dies zulässt. Weitere Details zur Sichtungsschwellen-Nutzleistung an astronomischen Objekten sind in Abschnitt 10.5 diskutiert.

Gerade an kontrastschwachen Objekten ist auch die Güte des Instruments nicht zu vernachlässigen: Minderwertige Vergütungen, unvollständig auspolierte Linsenflächen oder fehlende Streulichtblenden können den Kontrast und damit die Wahrnehmungsschwelle für lichtschwache Objekte entscheidend beeinflussen. Von allzu preisgünstigen Angeboten der bekannten Supermarktketten sollte daher besser Abstand gehalten werden – auch bei der Himmelsbeobachtung führt eine Investition in Qualität zu sichtbaren Leistungssteigerungen.

Welches ist also das ideale Handfernglas für den Astronomen? Das in diesem Abschnitt Gesagte impliziert, dass das ideale Fernglas für einen solch vielfältigen Anwendungsbereich nicht existiert – zu verschieden sind die Anforderungen, die unterschiedliche Beobachtungsobjekte an das optische Instrument stellen. Wer ein gutes Fernglas besitzt, der wird es mit Erfolg auch in der Astronomie verwenden können. Wer sich ein neues zulegen möchte, der wird zuerst zu einem Fernglas der 10x50 Klasse greifen: Eine große Öffnung, gepaart mit der eben noch freihändig nutzbaren Vergrößerung, idealerweise mit einem weiten Sehwinkel und mit hoher Randschärfe. Das 10x50 Fujinon FMT-SX2, das all diese Eigenschaften vereint und darüber hinaus mit einer hochklassigen Vergütung ausgestattet ist, genießt unter den Astronomen bereits einen Kultstatus. Das 10x56 SLC WB von Swarovski liefert

11.6

Fujinon 10x50 FMT-SX2 (Sehfeld: 114 m/1000 m), ein hochwertiges Porro-Fernglas für die freihändige Himmelsbeobachtung.

noch etwas mehr Licht, ist jedoch auch doppelt so teuer.

Noch einmal besser wäre das Nikon IF WX (Abbildung 6.20), das auch als 10x50 IF WX mit 9° Sehwinkel verfügbar ist. Beide werden explizit für die Anwendung in der Astronomie beworben, sind jedoch mit Preisen zwischen 6000 und 7000 Euro kaum bezahlbar und sollten aufgrund des Gewichts für detaillierte Beobachtungen auf ein Stativ montiert werden. Die riesigen Sehfelder, gepaart mit einer hervorragenden Randschärfe, relativieren dann sogar die horrenden Anschaffungskosten dieser Hochleistungsferngläser.

In den vergangenen Jahren wurden zunehmend auch bildstabilisierte Ferngläser für astronomische Beobachtungen eingesetzt, wobei die Erfahrungsberichte durchwachsen sind. Auf der positiven Seite wurde ein Gewinn in der Grenzgröße lichtschwacher Sterne verbucht, und kompakte, hinreichend lichtstarke Objekte wie planetarische Nebel und Kugelsternhaufen profitierten von der ruhigen Sicht bei höheren Vergrösserungen. Auf der anderen Seite existieren auch Berichte über unsaubere Sternabbildungen bei aktivierter Stabilisierung. Der größte Nachteil aller auf dem Markt befindlichen bildstabilisierten Ferngläser besteht in deren kleinen Austrittspupillen, die in der Nacht zu einem recht dunklen Bild führen. Damit wird deutlich, dass ein stabilisiertes Handfernglas in der Astronomie eher als eine Ergänzung anzusehen ist und keinen vollwertigen Ersatz für ein großes, montiertes Fernglas darstellt. Zusätzliche Informationen zu stabilisierten Ferngläsern finden sich in Abschnitt 11.7.

11.5 Militärferngläser

Bis zum Ende des zweiten Weltkrieges (und im Ostblock sogar bis in die späten 1980er-Jahre) war die Fernglasentwicklung maßgeblich auf den Militäreinsatz ausgerichtet, und dieser Umstand spiegelt sich in den besonderen Eigenschaften solcher Geräte wieder: Zuallererst müssen Militärferngläser robust sein, was in den meisten Fällen zu einem hohen Gewicht führt. Ferner sind Soldaten meist junge, gesunde Leute mit weiter Akkommodationsbreite, weshalb solche Optiken nicht übermäßig auf Bildfeldwölbung korrigiert werden müssen, und sich ältere Leute dann über deren schlechte Randschärfe beklagen. Auch waren Soldaten in der Vergangenheit, im Gegensatz zu heute, nur selten Brillenträger, und viele Militärferngläser hatten daher Weitwinkelokulare mit eher kurzem Austrittspupillen-Längsabstand. Ausnahmen galten immer dann, wenn die Optiken gemeinsam mit Gasmasken benutzbar sein sollten. In solchen Fällen gab es reichlich Austrittspupillen-Längsabstand von 20 mm oder mehr.

Es würde hier zu weit führen, eine komplette Auflistung der überaus reichhaltigen Palette an Militäroptiken vorzunehmen, selbst bei einer Beschränkung auf Entwicklungen nach dem Zweiten Weltkrieg. Es sei erwähnt, dass es in der Bundeswehr drei Haupttypen von Handferngläsern gab, mit den Kennwerten 8x30 (als weitaus häufigstes Fernglas des Heeres), 10x50 (auch Artillerieglas genannt) und 7x50 (vornehmlich bei der Marine, jedoch auch in anderen Teilen der Streitkräfte als Nachtglas verwendet). In den Staaten des ehemaligen Warschauer Pakts waren Ferngläser der Spezifikation 7x40 weit verbreitet, die sich hervorragend für den Einsatz in der Dämmerung eigneten. Sie tauchten erst in den frühen 1990er-Jahren in größeren Stückzahlen auf den Flohmärkten der westlichen Staaten auf und waren wegen ihrer zum Teil beeindruckenden optischen Leistung nicht nur unter Sammlern, sondern auch unter Anwendern begehrt. Im Folgenden soll, stellvertretend für die gesamte Klasse militärischer Handferngläser, das EDF im Detail diskutiert werden.

11.7

Zeiss (Jena) 7x40 EDF der NVA (Sehfeld: 131 m/1000 m)

Das Zeiss Jena 7x40 EDF (Einheits-Doppelfernrohr) der Nationalen Volksarmee der ehemaligen DDR erzielt heute auf dem Gebrauchtwarenmarkt Preise deutlich über 500 Euro. Es ist ein gutes Beispiel für den enormen Aufwand, den man in Jena noch in den späten 1970er-Jahren bei der Entwicklung von Militäroptiken betrieben hat. Albrecht Köhler berichtet auf seiner Webseite[1], dass die Entwicklung dieses Fernglases, inklusive diverser Feldtests mit Versuchspersonen, nicht weniger als 10 Jahre in Anspruch genommen hat. Das Resultat war ein recht kompaktes Dachkantfernglas – ungewöhnlich für diesen von Porro-Gläsern dominierten Einsatzbereich. Das EDF zeigt ansonsten die für Militärferngläser typischen Merkmale: Die Einzelokularverstellung, die einerseits unkompliziert und robust ist und andererseits das Fernglas sicher vor eindringender Feuchtigkeit schützt, eine dicke Gummierung zum Schutz gegen mechanische Belastungen, und eine eingebaute Strichplatte zur Entfernungsmessung.

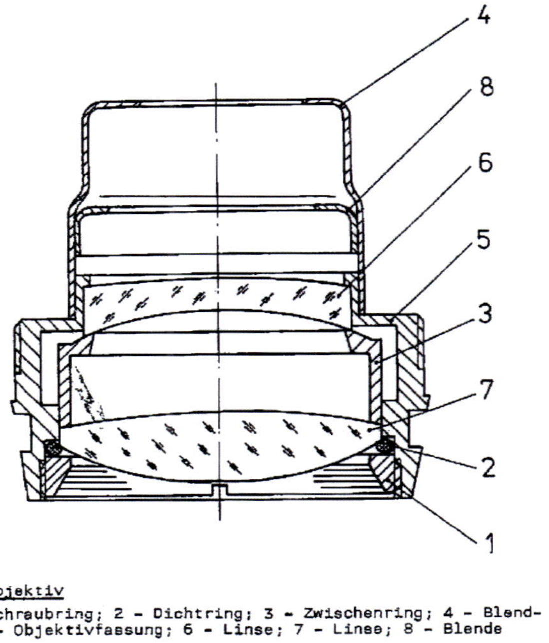

11.8

EDF 7x40 Teleobjektiv mit Luftspalt.

[1] www.akoehler.de: EDF 7x40

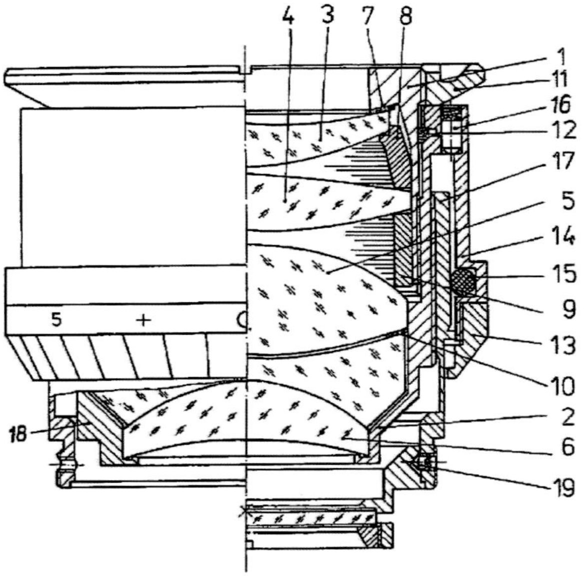

Bild 2 Okular

1 - Fassung; 2 - Fassung, rechts; 3 - Linse; 4 - Linse; 5 - Linse; 6 - Feldlinse; 7 - Dichtring; 8 - Fassungsring; 9 - Abstandsring; 10 - Distanzring; 11 - Ring; 12 - Rundring; 13 - Dioptrienring; 14 - Griffring; 15 - Rundring; 16 - Stift; 17 - Tubus; 18 - Fassung, links; 19 - Gewindestift

11.9

EDF 7x40 Okular: Eine unkonventionelle Bauart.

Die Instandsetzungsvorschrift A050/1/501 der NVA enthält weitere technische Details zum Aufbau des EDF: Die kurze Bauform dieses Fernglases wurde durch ein Teleobjektiv Design mit weitem Luftspalt erreicht (siehe Abschnitt 6.1). Bei dem Okular mit 2-1-1-1 Layout scheint es sich um eine unabhängige Entwicklung zu handeln – man achte insbesondere auf die konkaven Linsenaußenflächen sowohl der Feld- als auch der Augenlinse. Es liefert einen sehr großen Austrittspupillen-Längsabstand von >20 mm bei einem allerdings nur mäßigen scheinbaren Sehwinkel von 53°. Die Abbildungsgüte ist relativ hoch, insbesondere fällt die Randunschärfe deutlich geringer aus als sonst bei Militärgläsern üblich. Das Umkehrsystem ist ein klassisches Schmidt-Pechan (Abschnitt 5.2.1), noch ohne Phasenkorrektur, was bei der geringen Vergrößerung von 7x allerdings noch nicht ins Gewicht fällt.

Die Instandsetzungsvorschrift A050/1/501 der NVA beschreibt die turnusmäßigen Prüfungen, denen das EDF unterzogen wurde:

- **Dichtheit**: Andrücken-Überdruck: Innerer Überdruck 50.7 kPa. Forderung: Druckabfall unzulässig.
- **Tauchwasserprüfung**: Tauchtiefe: 1 m. Wassertemperatur: 10°C bis 15°C niedriger als Gerätetemperatur (dadurch Unterdruck im Gerät). Dauer: 1 h. Forderung: kein Wasser und Beschlag im Innenraum.
- **Fallprüfung**: Fallhöhe: 0.75 m. Richtung: auf Breitseite gestreckt liegend, 1 Fall.
- **Schlagprüfung**[2]: Beschleunigung 15 g. Impulsdauer: 5 – 10 ms. Richtung: 250 Schläge auf Objektiv stehend, 150 Schläge auf Breitseite gestreckt liegend, 150 Schläge auf Schmalseite gestreckt liegend.
- **Schlagprüfung**: Beschleunigung 120 g. Impulsdauer: 1 – 5 ms. Richtung: 2 Schläge auf Objektiv stehend, 4 Schläge auf Breitseite gestreckt liegend, 4 Schläge auf Schmalseite gestreckt liegend.
- **Vibrationsbelastung**: Frequenzbereich: 30-80 Hz. Beschleunigung: 6 g. Dauer: 2 h auf Objektivseite stehend, 1 h auf Breitseite gestreckt liegend, 1 h auf Schmalseite gestreckt liegend.
- **Kältebeständigkeit**: −50°C, Dauer 2 h, nachdem die Geräte die geforderte Temperatur angenommen haben, Gummiteile bis −40°C.
- **Wärmebeständigkeit**: 60°C, Dauer 2 h, nachdem die Geräte die geforderte Temperatur angenommen haben. Forderung: Kein Fettauslaufen.
- **Zyklische Temperaturprüfung**: obere Temperatur: 60°C, untere Temperatur: −50°C.

[2] Die Einheit g steht hier nicht für Gramm, sondern für die Erdbeschleunigung. NASA Astronauten wurden in Belastungstests Maximalbeschleunigungen von bis zu 20 g ausgesetzt.

Dauer: 5 Zyklen je 2 h. Forderung: Kein Fettauslaufen.

- **Lagertemperatur**: 80 °C. Dauer 1 h, nachdem die Geräte die geforderte Temperatur angenommen haben. Forderung: Kein Fettauslaufen.
- **Beständigkeit gegenüber Seenebel**: Temperatur: 27 °C. Dauer: 168 h. Zusammensetzung: Natriumchlorid 27 g/l, Magnesiumchlorid 6 g/l, Kalziumchlorid (wasserfrei) 1 g/l, Kaliumchlorid 1 g/l. Forderung: Keine Korrosion.

Die an Militärferngläser anderer Länder gestellten Anforderungen mögen in Details variieren, bewegen sich aber grundsätzlich in einem ähnlichen Rahmen wie die hier angeführten Prüfbedingungen[3].

Das Bild des EDF zeigt einen deutlichen Gelbstich, bedingt durch spezielle, strahlenresistente Glassorten. Das EDF wurde im Rahmen von Strahlentests mit radioaktiver Strahlung einer Dosis von $0.8 - 1.2 \times 10^4$ Röntgen pro Stunde (über eine Dauer von 10 h) ausgesetzt, wobei die Richtung auf die Objektive parallel zur optischen Achse festgelegt war[4] – für einen Menschen wäre dies das 40-fache einer letalen Dosis. Dabei durfte sich die Transmission um nicht mehr als 50 % reduzieren. Herkömmliche Flintgläser würden unter diesen Bedingungen infolge von Strahlenschäden ihre Transparenz verlieren, während die im EDF verwendeten SF3R-Spezialgläser durch den Zusatz von Ceroxiden strahlenresistent waren. Der Gelbstich ist das Resultat einer hohen Absorption des kurzwelligen Lichts (Abbildung 10.14) und hat in der Anwendung durchaus auch Vorteile: Bei der Verwendung am Wasser oder über Schneeflächen wird ein Blenden durch reflektiertes Sonnenlicht vermindert, und bei trübem Wetter oder bei Beobachtungen im Fernbereich kann der Farbstich eine kontrastverstärkende Wirkung haben (Abschnitt 10.6). Die effektive Gesamttransmission des Fernglases wird wegen der geringen Gewichtung des Violetten in der optischen Wahrnehmung nur unwesentlich beeinträchtigt (Abschnitt 8.6). Eine Vielzahl von Militärferngläsern wird aus diesem Grunde zusammen mit Gelbfiltern ausgeliefert, die bei Bedarf einen analogen, kontraststeigernden Effekt bewirken. Zum EDF gab es zusätzliche Graufilter für den Einsatz unter besonders intensiven Lichtverhältnissen.

Eine weitere Besonderheit stellen die Teleskopaugenmuscheln aus Weichgummi dar, die sich perfekt der Gesichtsform anpassen und somit das seitliche Eindringen von Streulicht verhindern. Brillenträger drücken diese Augenmuscheln zusammen, um den optimalen Abstand zur Austrittspupille zu finden. Der komplette Fernglaskörper ist von einer dicken Gummierung ummantelt, die sich zum Reinigen abnehmen lässt, und die Objektive lassen sich mit am Fernglas befestigten Deckeln aus Hartplastik, die fest einrasten, sicher verschließen.

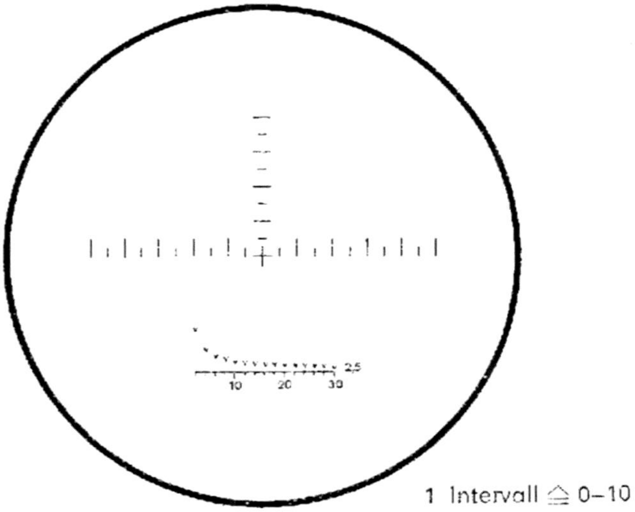

11.10

EDF 7x40 Strichplatte, Scan aus der Bedienungsanleitung.

[3] Siehe dazu auch P.R. Yoder, Jr. and D. Vukobratovich, *Field Guide to Binoculars and Scopes*, SPIE PRESS Bellingham, Washington USA (2011)

[4] `www.akoehler.de`: Gelbstich

Das EDF ist, wie nahezu alle Militärferngläser, mit einer Strichplatte zum Abschätzen von Entfernungen ausgestattet. Das militärische Winkelmaß Strich entspricht einer Distanz von 1 m auf 1000 m Entfernung. Die Strichplatte enthält Markierungen, meist in Abständen von 5 Strich. Ein Soldat hat dann die Längen und Breiten typischer Militärfahrzeuge zu kennen, etwa 2.5 m Breite eines Lastwagens, 3 m Breite oder 8 m Länge eines Kampfpanzers. Die Entfernung des Fahrzeugs wird dann mit der so genannten MKS-Formel berechnet:

$$E = \frac{M \cdot K}{S}, \tag{11.1}$$

wo M die Breite des Zieles in m ist, S die an der Strichplatte abgelesene Breite in Strich, und K der konstante Umrechnungsfaktor 1000 (entsprechend 1000 m). Erstreckt sich also ein Lastwagen der Länge $M = 10$ m über $S = 5$ Strich im Okular, dann ist er etwa 2 km entfernt, bei 20 Strich wären es 500 m. Die Strichplatte des EDF hat als Besonderheit zusätzlich vertikale Markierungen, die die scheinbare Größe eines Zieles der Höhe 2.5 m für unterschiedliche Entfernungen angibt. In der Standardausführung des EDF kann die Strichplatte nach Umlegen eines Hebels auch beleuchtet werden, wobei als Lichtquelle eine integrierte, mit radioaktivem Tritium gefüllte und mit einer fluoreszierenden Leuchtschicht ummantelte Glaskapsel dient.

Das Fernglas hat zusätzlich einen internen Filter zur Infrarotaufklärung, der sich etwas umständlich über das linke Okular einschwenken lässt. Dieser Filter war bei den Militärferngläsern des ehemaligen Wahrschauer Pakts weit verbreitet, in seinem Nutzen allerdings beschränkt: Am Tage lässt er sich über ein Sichtfenster durch das Tageslicht aktivieren. Dabei werden Elektronen in einer Leuchtschicht durch UV-Photonen in einen angeregten Zustand gehoben, der metastabil ist, weil ein direkter Übergang in den Grundzustand verboten ist. Photonen des nahen Infrarot, die das Sichtfenster nicht passieren können, den Filter jedoch im eingeschwenkten Zustand durch den Strahlengang erreichen, heben diese Elektronen dann in einen weiteren Zustand, von dem aus sie unter Abgabe sichtbaren Lichts zurück in den Grundzustand fallen. In der Nacht lassen sich auf diese Weise aktive Infrarotquellen wie etwa IR-Scheinwerfer orten – sie erscheinen als diffuser Lichtfleck durch das ansonsten dunkle Okular (der eingeschwenkte Filter lässt praktisch kein sichtbares Licht passieren). Gemäß der Bedienungsanleitung des EDF war es möglich, einen Infrarotscheinwerfer der Leistung 45 W aus einer Distanz von 1500 m aufzuklären. Inzwischen sind diese Filter überflüssig, weil keine Armee mehr Schussfeldbeleuchtungen mit Infrarotscheinwerfern vornimmt, seitdem während der 1970er-Jahre die alten Bildwandlerröhren durch passive Restlichtverstärker und Wärmebildgeräte ersetzt worden sind[5].

Ein Nachfolger des EDF wird noch heute gebaut, unter dem Namen 7x40 B/GA von der Firma Docter in Eisfeld. Allerdings hat diese Variante keine strahlenresistenten Gläser mehr, Infraroterkennung und Tritiumbeleuchtung sind ebenfalls entfernt, und die Strichplatte ist nur noch optional verfügbar. Eine Version der Kennzahl 10x42 existiert ebenfalls. Diese Geräte gehören sicher zu den robustesten Ferngläsern, die man für Geld kaufen kann, allerdings sind das Gewicht von rund 1 kg und die etwas umständliche Einzelfokussierung nicht nach jedermanns Geschmack.

11.6 Ferngläser zur See

An optische Instrumente, die auf Binnengewässern oder gar auf dem offenen Meer Verwendung finden, werden besondere Anforderungen gestellt. Sonnenlicht wird vielfach an der Wasseroberfläche reflek-

[5] Details zur faszinierenden Geschichte der Nachtsichtgeräte finden sich in dem Aufsatz von R. Leinhos, *Vom Nachtglas zum Wärmebildgerät*, in: H. Seeger, *Militärische Ferngläser und Fernrohre in Heer, Luftwaffe und Marine/Military Binoculars and Telescopes for Land, Air and Sea Service*, (2002).

tiert und findet leicht seinen Weg in den optischen Strahlengang – ausgezeichnete Streulichtresistenz steht daher ganz oben im Lastenheft eines Marinefernglases. Ein solches Gerät hat natürlich wasserdicht zu sein, insbesondere auf dem Meer, wenn die Gischt das aggressive Salzwasser auf dem Instrument verteilt. Bei hohem Seegang geht es auch schon mal ruppig zu, die mechanischen Anforderungen eines Marineglases sind daher ebenso hoch wie die eines Militärfernglases.

Ansonsten sind die gebräuchlichen Spezifikationen abhängig von der Dimension des Schiffes: Auf der lagestabilisierten Plattform eines Kriegsschiffes lassen sich auch montierte Großferngläser mit relativ hohen Vergrößerungen einsetzen. Auf kleineren Schiffen macht der Seegang jedoch jede Beobachtung zu einem schwierigen Balanceakt. Das klassische Bootfernglas ist daher das 7x50, das eine niedrige Vergrößerung mit einer weiten Austrittspupille vereint. Letztere erleichtert das schnelle Ansetzen des Fernglases mit einem instantanen Einblick, der es erlaubt, ohne umständliches Anpassen der Pupillenlage sofort ein brauchbares Bild zu erhalten. Ein Porro-Design erhöht die stereoskopische Tiefenauflösung (Abschnitt 10.9), die jedoch auf dem offenen Meer wegen der z. T. großen Distanzen nur eingeschränkt nutzbar ist. Bei der Aufklärung weit entfernter Objekte kann es zu einer Kontrastminderung durch Rayleigh-Streuung kommen, sodass der Einsatz von Violett-Kantenfiltern (Gelbfiltern) insbesondere auf offener See von Vorteil sein kann (Abschnitt 10.6). Viele Marineferngläser sind zusätzlich mit einem integrierten Kompass ausgestattet, der über ein Sichtfenster die Beobachtungsrichtung anzeigt.

Über der Wasseroberfläche macht sich die bei Handferngläsern übliche kissenförmige Verzeichnung besonders unangenehm bemerkbar, weil sich während der Beobachtung, beim Heben und Senken des Fernglases, die Horizontlinie (Kimm) ständig durchbiegt. Diese Verzeichnung der Horizontlinie wird als besonders unnatürlich und unästhetisch empfunden. Es wurde daher vorgeschlagen, speziell für den Marinegebrauch verzeichnungsfreie Ferngläser einzusetzen[6], da auch der in diesen Instrumenten auftretende Globuseffekt über der flachen Wasseroberfläche praktisch nicht zum Tragen kommt.

11.11

Steiner 7x50 Commander (neue Variante ab 2015 mit erweitertem Sehfeld: 145 m/1000 m). Das Gehäuse ist aus Makrolon, und die Augenmuscheln schirmen seitlich einfallendes Streulicht ab. Auch mit Kompass verfügbar.

Auf keinen Fall sollte bei solchen, auf den Marinebedarf spezialisierten Ferngläsern auf billige Importe aus Fernost zurückgegriffen werden – Probleme mit eindringendem Seewasser, Streulicht und mechanischen Schäden sind unter diesen Umweltbedingungen vorprogrammiert. Ein Beispiel für ein hochwertiges Marineglas ist das Steiner 7x50 Commander, das mit einem Sehfeld von 145 m/1000 m positiv heraussticht. Laut Steiner ist die Optik, die in ei-

[6] Börries von Breitenbuch, persönliche Korrespondenz, und Hans Seeger, *Militärische Ferngläser und Fernrohre in Heer, Luftwaffe und Marine/Military Binoculars and Telescopes for Land, Air and Sea Service*, (2002).

nem Kunststoffgehäuse aus Makrolon steckt, bis zu einer Tiefe von 10 m vor eindringendem Wasser geschützt. Bei dem von Steiner leider noch immer angepriesenen Sports Auto Focus handelt es sich hingegen um Werbelyrik – anstelle eines Autofokus (den es nur bei Digitalferngläsern gibt) verfügt es über eine ordinäre, immerhin wasserdichte Einzelokularverstellung.

Zeiss bietet ebenfalls ein eigens für Marineanwendungen optimiertes Fernglas, das Nautikfernglas 7x50 GA T* an, das ein kleineres Sehfeld von 130 m/1000 m, dafür jedoch eine sehr effektive Vergütung und somit eine besonders helle Abbildung bietet.

Unter Seglern beliebt ist ferner das 7x40 EDF der ehemaligen NVA (Abbildung 11.7), das kompakter ausfällt und daher auch mit nur einer freien Hand ans Auge geführt werden kann. In den vergangenen Jahren wurden zunehmend auch im nichtprofessionellen Bereich bildstabilisierte Handferngläser eingesetzt, die insbesondere auf kleineren Booten ihre Vorteile ausspielen. Diese werden im folgenden Abschnitt separat diskutiert.

11.7 Ferngläser mit Bildstabilisierung

Die Fernglasnutzleistung wird durch die Bildunruhe, die bei der freihändigen Bedienung auftritt, beeinträchtigt (Abschnitt 10.3). Bis zu einer Vergrößerung von etwa 10x lassen sich Ferngläser noch sinnvoll freihändig einsetzen. Von der Fensterbank aus, wenn die Ellenbogen aufgestützt werden können, ist eine Erhöhung auf 12 – 15x noch möglich. Andernfalls sollte bei Vergrößerungen jenseits 10x besser zum Stativ gegriffen werden, um die Leistung des Fernglases voll ausschöpfen zu können. So lautete jedenfalls die klassische Lehre – mit dem Aufkommen der Bildstabilisierung sind jedoch der freihändigen Beobachtung inzwischen neue Bereiche erschlossen worden.

Es klingt wie ein Traum, der endlich in Erfüllung geht: Man kombiniert die Bildruhe eines Stativs mit der Flexibilität und Dynamik der freihändigen Beobachtung. Auf den ersten Blick erscheint es daher seltsam, dass nicht bereits alle hochwertigen Ferngläser mit einer Bildstabilisierung ausgestattet sind. Auch dafür gibt es natürlich Gründe: Die Bildstabilisierung erfordert eine komplexe Mechanik und/oder Elektronik, und es ist nicht einfach, ein solches Fernglas hinreichend robust für den Beobachtungsalltag auszulegen. Ein bildstabilisiertes Fernglas ist daher meist empfindlicher als ein konventionelles Fernglas, dazu noch teurer, schwerer und klobiger, weil ein solches Gerät (mit wenigen Ausnahmen) eine Stromversorgung benötigt, die integrierten Batterien zusätzlichen Platz erfordern und zum Gesamtgewicht beitragen.

Die ersten bildstabilisierten Ferngläser wurden in den späten 1970er Jahren von der US-amerikanischen Firma Fraser-Volpe für das Militär entwickelt [7]. Unabhängige Entwicklungen erfolgten von der weißrussischen (damals sowjetischen) Firma Peleng und von Fujinon, das um 1980 sein Stabiscope vorstellte. Diese erste Generation von Bildstabilisierung beruhte auf Prismen, die von der Bewegung des Gehäuses entkoppelt werden konnten und durch schnell rotierende Kreisel stabilisiert wurden. Aufgrund der Drehimpulserhaltung widersetzt sich ein solcher Kreisel einem äußeren Zwang, und werden mehrere Kreisel, in unterschiedlichen Ebenen rotierend, an das Prisma gekoppelt, so bleibt dieses innerhalb des vorgegebenen mechanischen Spielraums lagestabil. Eine solche Kreiselstabilisierung war teuer und auch schwer, und bis zum Zusammenbruch der Sowjetunion, als die ersten Peleng Modelle auf dem Gebrauchtwarenmarkt auftauchen, kaum auf dem freien Markt zu erwerben.

[7] G. Parker, *The story of stabilized binoculars*, New Scientist, p. 5441, Nov. 1978

11.12

Canon 12x36 IS II (Sehfeld: 87 m/1000 m, inzwischen in der Generation III verfügbar), ein noch handliches, bildstabilisiertes Fernglas mit Porro II-Prismen und einem passablen Gewicht von 700 g (inkl. Batterien).

Im Jahre 1990 stellte Zeiss einen völlig neuen Ansatz zur Bildstabilisierung vor: Beide Prismen sind fest miteinander verbunden und gemeinsam über eine kardanische Aufhängung an das Gehäuse gekoppelt. Bewegt sich das Gehäuse, so reagiert das Prismensystem aufgrund seiner Massenträgheit mit Verzögerung, und die wirbelstromgedämpfte Federung wirkt wie ein Tiefpassfilter, der hochfrequente Schwingungen unterdrückt. Diese Trägheitsstabilisierung benötigt keine Stromquelle und wurde im Zeiss 20x60 S eingesetzt, das mit 1660 g jedoch nicht leicht ausfällt. Eine Variation dieser Bauweise, bei der allerdings das Strahlenbündel durch viel zu kleine Prismen erheblich beschnitten wurde, gab es bald auch aus russischer Herstellung[8].

Erst mit der Integration moderner Mikroelektronik wurden stabilisierte Ferngläser leichter, preisgünstiger und somit interessant für den nicht-professionell orientierten Marktsektor. Auch hier existieren unterschiedliche Ansätze für den Mechanismus der Stabilisierung: Fujinons Techno-Stabi verwendet Piezo- und Gyro- Beschleunigungssensoren, mit deren Hilfe jede Lageänderung des Gehäuses registriert wird. Stellmotoren, an die Umkehrprismen gekoppelt, kompensieren diese Bewegungen in Sekundenbruchteilen und bis hin zu Amplituden von $\pm 5°$.

Beim so genannten Vari-angle Prinzip, das Canon seit Mitte der 1990er-Jahre in seinen IS-Modellen verwendet, befindet sich im Strahlengang eine doppelte Glasscheibe, deren Zwischenraum mit einer ölartigen Flüssigkeit gefüllt ist. Dieser Zwischenraum ist von einem flexiblen Balgen umschlossen, der das Öl am Auslaufen hindert. In der Nullstellung stehen die Platten parallel zueinander, sodass das Bauelement sich wie eine einzige planparallele Platte verhält. Mit Elektromagneten lassen sich die Platten gegeneinander verkippen, wobei sie anstelle einer Glasplatte jetzt eine Art Prisma bilden und den Lichtstrahl beim Passieren seitlich versetzen. Auf diese Weise lassen sich die über elektronische Beschleunigungssensoren registrierten Zitterbewegungen des Gehäuses ausgleichen. Diese Methode der Stabilisierung reagiert sehr schnell, ist allerdings auf kleine Kompensationswinkel von $\pm 0.8°$ (Canon 12x36 IS, siehe Abbildung 11.12) beschränkt. Das Vari-angle Prinzip ist daher ideal für Anwendungen von einem festen Standort aus, während das Techno-Stabi Prinzip, das inzwischen auch von Nikon angeboten wird, durchaus von fahrenden Fahrzeugen oder Schiffen aus verwendbar ist.

Besondere Anforderungen an die Stabilisierung stellt die Beobachtung an Bord eines Hubschraubers, da

[8] Möglicherweise gab es mit dem 7x50 Modell No. 16 von Elgeet Optical in Rochester einen noch früheren Prototypen eines trägheitsstabilisierten Handfernglases, der jedoch nie in Serie gebaut wurde. Ein anderer Prototyp, von Leica konstruiert, steht in der öffentlich zugänglichen Produktesammlung in Wetzlar (Informationen von Hans Weigum).

der Rotor Vibrationen hoher Amplitude und Frequenz erzeugt. Hier wären die Stellmotoren des Techno-Stabi Prinzips aufgrund der Drehzahlbegrenzung überfordert, sodass auf die klassische Kreiselstabilisierung zurückgegriffen werden muss[9]. Das Fujinon Stabiscope oder das Fraser-Volpe Aviator, Beispiele für moderne, kreiselstabilisierte Ferngläser, sind mit 2 kg bei Objektivdurchmessern von 40 mm jedoch noch immer sehr schwer. Zu beachten ist ferner, dass die Kreisel während des Betriebs für eine nicht zu vernachlässigende Geräuschkulisse sorgen. Diese Form der Stabilisierung ist daher für Naturbeobachter und Jäger weniger geeignet.

Die Arbeitsgruppe um Jürgen Nolting von der Fachhochschule Aalen hat Messungen durchgeführt, in denen die Effektivität verschiedener Stabilisierungssysteme verglichen wurde[10]. Dabei wurden die Ferngläser von Versuchspersonen so gehalten, dass nur ein Okular zur Beobachtung genutzt wurde, während eine kleine Videokamera durch das zweite Okular jede Zitterbewegung aufzeichnete. Verglichen wurde das 14x40 Techno-Stabi von Fujinon mit dem 18x50 IS von Canon und dem 20x60 S von Zeiss. Die Vorteile der Stabilisierung wurde bei allen drei Exemplaren klar aufgezeigt. Die elektronische Stabilisierung zeigte sich jedoch der mechanischen insgesamt überlegen: Beim Zeiss existieren Frequenzbereiche, etwa um 4.5 Hz, 11 Hz und 17 Hz, die sehr effektiv unterdrückt werden, während bei 7 Hz, 14 Hz und 21 Hz die Stabilisierung weitgehend wirkungslos bleibt. Dies sind typische Eigenschaften eines mechanisch gedämpften Systems, das unvermeidbare Resonanzen aufweist. Mit den elektronisch stabilisierten Ferngläsern war die Dämpfung bei Frequenzen jenseits von 5 Hz stets nahezu perfekt. Das Fujinon zeigte zusätzliche Vorteile gegenüber dem Canon bei Schwingungen großer Amplituden, während das Canon den Vorteil einer schnelleren Antwort nach Drücken des Stabi-Knopfes für sich verbuchen konnte.

Das letzte Wort zur Bildstabilisierung bei Handferngläsern ist noch lange nicht gesprochen. In den kommenden Jahren ist ein weiterer Fortschritt auf diesem Gebiet der Fernglastechnologie vorprogrammiert, sodass in absehbarer Zeit mit kompakten, leichten und hochklassigen Stabi-Ferngläsern, die den Vergrößerungsbereich zwischen 8x und 20x revolutionieren werden, gerechnet werden darf. Noch höhere Vergrößerungen werden auch in Zukunft von einem Stativ aus genutzt werden, weil die für solche Instrumente erforderlichen Objektivdurchmesser mit einem Gewicht verbunden wären, die eine freihändige Bedienung ausschließen. Zudem würde das freihändige Anpeilen eines Objekts mit zunehmend engeren Sehfeldern schnell an seine Grenzen stoßen.

11.8 Die Kompakten

Kompaktferngläser definieren eine Klasse von Optiken, die, etwas salopp gesprochen, für die Westentasche konzipiert sind. Diese Geräte haben meist Objektivdurchmesser im Bereich von 15 – 25 mm und bringen nicht selten weniger als 300 g auf die Waage. Sie sind auf maximale Mobilität ausgelegt, und es ist nicht verwunderlich, dass dabei Abstriche in der Leistung sowie im Beobachtungskomfort hingenommen werden müssen.

Der geringe Objektivdurchmesser führt zu kleinen Austrittspupillen: Ein 8x24 Fernglas kommt auf 3 mm, ein 10x24 auf nur noch 2.4 mm Pupillendurchmesser. Hier handelt es sich daher um ausgesprochene Tageslicht-Spezialisten: Selbst in der frühen Phase der Dämmerung, im Wald, oder bei trübem Wetter treten Situationen auf, in denen die Austrittspupille die Augenpupille beschneidet, das Fernglas also in Übervergrößerung betrieben wird

9) Stefan Korth, persönliche Mitteilung

10) Jürgen Nolting, Markus Kiesel: *Verwackelt? Bestimmung der Sichtlinienstabilität stabilisierter Ferngläser*, DOZ **7**, S. 34 (2004)

(Abschnitt 10.1) und ein dunkles, detailarmes Bild liefert. Um Gewicht einzusparen, verzichten nahezu alle Hersteller von Kompaktferngläsern auf weite Sehfelder, und scheinbare Sehwinkel von 50° gehören zum Standard – ein Panoramablick ist damit ausgeschlossen. Ferner bleibt in den engen Tuben wenig Platz für Streulichtfallen (Abschnitt 6.6), sodass solche Ferngläser unter Gegenlichtbedingungen nicht selten Probleme mit dem Kontrast bekommen. Die kleinen Objektive implizieren auch kürzere Brennweiten, und die Okulare müssen wegen $m = F/f$ ebenfalls eine kürzere Brennweite aufweisen, um die vorgegebene Vergrößerung zu liefern. Ein kurzbrennweitiges Okular führt jedoch zu einem kurzen Austrittspupillen-Längsabstand (Abschnitt 6.2), wodurch die Kompakten einen schlechten Einblick bekommen, insbesondere für Brillenträger (Abschnitt 10.12).

Schließlich ist auch klar, dass solche Ferngläser nicht besonders robust sein können, da aus Gewichtsgründen auf eine solide Fokussiermechanik oder schwere Gummierung verzichtet werden muss. Das Fokussierrad ist filigran und mit Handschuhen kaum zu bedienen, und es bereitet Mühe, das kleine und leichte Fernglas bei Vergrößerungen von 8x bis 10x ruhig zu halten.

Aus den genannten Gründen sollte das Kompaktfernglas eher als eine Notlösung betrachtet werden. Als solche leistet es gute Dienste, denn es ist immer besser, ein kompaktes Glas mit Abstrichen in der Leistung dabei zu haben als gar kein Fernglas. Man möge keinesfalls in die Falle tappen und glauben, die Defizite dieser Fernglasklasse durch die Wahl eines teuren Premiumglases kompensieren zu können: Zwar unterscheiden sich auch die Kompaktferngläser in der Qualität ihrer technischen Ausführung, doch sind die meisten der oben angesprochenen Einschränkungen physikalischer Natur und somit unmöglich durch Ingenieurskunst zu umgehen. Dabei gab es in der Vergangenheit durchaus Lösungen, bei denen manche dieser Nachteile vermieden wurden:

11.13

Sowjetisches 6x24 der Firma KOMZ (Sehfeld: 200 m/1000 m), eine interessante Variation des Kompaktfernglas-Prinzips.

Der wichtigste Schritt erfolgt dabei mit der Wahl einer Vergrößerung, die dem kleinen Objektivdurchmesser dieses Fernglastyps Rechnung trägt. Als Beispiel sei das sowjetische 6x24 Fernglas der Firma KOMZ genannt: Passend zum Objektivdurchmesser von 24 mm wurde hier eine relativ geringe Vergrößerung von 6x implementiert. Das Fernglas erhält auf diese Weise eine alltagstaugliche Austrittspupille von 4 mm Durchmesser, zudem einen beachtlichen realen Sehwinkel von 11.4° (was einem scheinbaren Sehwinkel von etwa 68° entspricht), ist ruhig und stabil zu halten, und der Austrittspupillen-Längsabstand von 15 mm bewegt sich in Dimensionen, wie man sie von den 8x30 Ferngläsern her kennt. Ein Nachteil dieses Modells ist sein verhältnismäßig hohes Gewicht von knapp 500 g, das zum Teil aber einer nicht mehr zeitgemäßen Materialwahl geschuldet ist.

Eine geniale Lösung war das Leitz 6x24 Amplivid, ein Dachkantglas mit einem kompakten Spiegel-Prismen Umkehrsystem (Abbildung 5.19), das sogar einen 12.1° weiten objektiven Sehwinkel er-

11.14

Leitz 6x24 Amplivid (Sehfeld: 212 m/1000 m, Gewicht nur 350 g), ein kompaktes Fernglas mit exotischem Spiegel-Prismen Umkehrsystem und sehr weitem Sehwinkel.

laubte, bei allerdings kurzem Austrittspupillen-Längsabstand von 11 mm. Dabei brachte es lediglich 350 g auf die Waage. Ein echtes Fliegengewicht war das Zeiss Jena 6x18 Kompaktglas (Abbildung 5.20), das ebenfalls ein Spiegel-Prismen Umkehrsystem verwendete, dessen 170 g allerdings mit einem Tunnelblick und viel Plaste erkauft werden mussten.

Die Erkenntnis, dass eine Reduktion des Objektivdurchmessers auch nach einer Anpassung der Vergrößerung verlangt, um ein ausbalanciertes Gesamtkonzept zu ergeben, hat sich auf dem Markt der Kompaktferngläser selten, im Premiumsektor leider nicht durchgesetzt. Es werden vornehmlich engsichtige Kompaktgläser mit zu hohen Vergrößerungen und entsprechend kleinen Austrittspupillen angeboten. Womöglich handelt es sich hier auch um ein Marketingproblem: Ferngläser mit niedrigen Vergrößerungen lassen sich nicht leicht an den Mann bringen. Hier herrscht Aufklärungsbedarf, denn die Botschaft, dass weniger in manchen Fällen mehr bedeutet, gilt ganz besonders für den Vergrößerungsfaktor der Kompaktferngläser.

Als positiv zu werten ist, dass mehrere Hersteller in den vergangenen Jahren neue Ferngläser mit Objektivdurchmessern um 25 mm herausgegeben haben, mit entsprechend weiteren Austrittspupillen und oft auch größeren Sehfeldern. Der Anwender, für den die Kompaktgläser mit zu vielen Kompromissen behaftet sind, der jedoch aus Gewichtsgründen vor den leistungsfähigeren Geräten der 32 mm Klasse zurückscheut, hat somit eine weitere Alternative zur Hand. Auch hier beschränkt sich allerdings die Auswahl auf Vergrößerungen von entweder 8x oder 10x, während auf geringere Vergrößerungen verzichtet werden muss.

Eine Alternative zum Kompaktfernglas stellt das Monokular dar, meist ein kleines, handliches Fernrohr mit einem Umkehrsystem[11]. Manche Monokulare sind zusätzlich mit einem sehr kurzen Nahfokus ausgestattet und somit auch für die Insektenkunde geeignet. Nicht selten ist einem Monokular anzusehen, dass es sich um einen Einzeltubus eines Kompaktfernglases handelt, das derselbe Hersteller mit identischen Kennzahlen in seinem Programm führt. Damit leiden viele dieser Geräte auch unter denselben Nachteilen – kleine Sehfelder, geringe Lichtstärken, mittelmäßiger Einblick – wie die entsprechenden Kompaktferngläser. Hier gibt es jedoch positive Ausnahmen, wenn auch nicht aus dem Premiumsektor. Als Beispiel sei das Luger 6x30 MD mit einem weiten Sehfeld von 183 m/1000 m bei nur 220 g Gewicht erwähnt (siehe Abbildung 10.4). Mit 5 mm Austrittspupille ist es bis weit in die Dämmerung verwendbar, mit seinem Nahpunkt von 3 m jedoch nicht für die Insektenbeobachtung ausgelegt. Auch sind Helligkeit und Kontrast bei diesem Gerät weit entfernt von Werten, die in Qualitätsferngläsern die Regel sind.

[11] Eine detaillierte Behandlung des Themas findet sich in: Ulrich Zeun, *Monokulare – Entwicklungen und Modelle gestern und heute*, Verlag Monsenstein & Vannerdat, Münster, Erscheinungsdatum: 2014

Ein leistungsfähiges Monokular lässt sich natürlich auch in der Heimwerkstatt bauen, indem die beiden Hälften eines ausgedienten Fernglases separiert werden. Hierzu eignen sich insbesondere ehemalige Militärferngläser mit Okularfokussierung, die anschließend ausgezeichnete wetter- und stoßfeste Monokulare ergeben.

11.9 Operngläser

Eine eigene Sonderkategorie der Kompaktferngläser bilden die Operngläser. Sie dienen dem Zweck, dem Betrachter das Geschehen auf der Bühne heranzuführen, ohne dabei den Sehwinkel allzu sehr zu beschneiden, damit der Überblick nicht verloren geht. Aus diesem Grunde werden die Operngläser mit niedrigen Vergrößerungen im Bereich 2 – 4x ausgestattet. Hier findet die Galileische Bauweise

11.15

2.3x40 Opernglas (Sehfeld: >400 m/1000 m), original aus sowjetischer Herstellung, hier ein chinesisches Fabrikat.

noch ihre Nische (siehe auch Abschnitt 4.2), denn aufgrund der fehlenden Umkehrprismen ist das Gehäuse solch eines Fernglases sehr kurz, wodurch es in feiner Gesellschaft weder indiskret noch aufdringlich wirkt. Wie bereits angesprochen, befindet sich die Austrittspupille bei dieser Konstruktion im Innern des Gerätes, weshalb die scheinbaren Sehfelder kritisch von der Distanz zwischen Auge und Okularlinse abhängen. Der Anwender neigt dazu, möglichst nah an das Okular heranzurücken, und nimmt dennoch stets eine verwaschene, undefinierte Sehfeldbegrenzung wahr. Das Einblickverhalten dieser Operngläser ist daher stets schlecht, und mit Brille zieht sich das Sehfeld zu einem Tunnel zusammen.

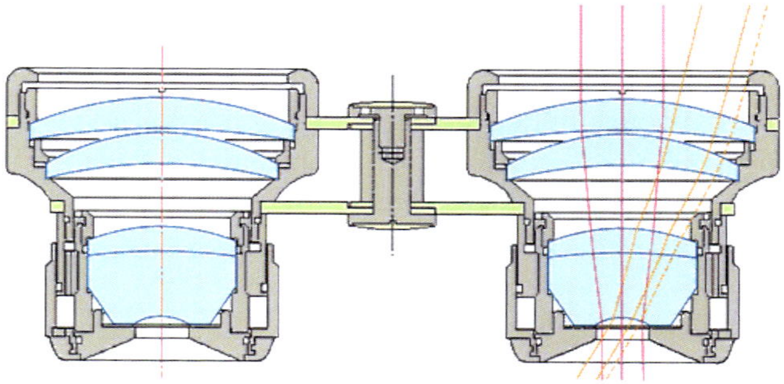

11.16

2.3x40 Opernglas (Schnittbild), mit freundlicher Genehmigung: Beat Kohler, `www.aokswiss.ch`.

Ein Beispiel für ein dennoch recht gelungenes Opernglasdesign ist das von M. Rusinov entworfene 2.3x40, das in den folgenden Jahrzehnten fleißig kopiert wurde[12]. Es liefert einen sehr weiten realen Sehwinkel von etwa 20° – 25°, wobei die Randunschärfe in einem erträglichen Rahmen bleibt. Dieses Opernglas lässt sich durchaus auch in der Astronomie als Übersichtsglas einsetzen, das mit seinem weiten Sehwinkel komplette Sternbilder erfassen kann. Dessen optischer Aufbau ist publiziert und inzwischen noch verbessert worden[13]. Ein Opernglas dieser Bauweise leistet dem Autor hervorragende Dienste

[12] M.M. Rusinov, USSR Patent, LEOP, P81, 83-764333/37, SU-974-321

[13] Kaichang Lu, Yafei Zhu and Songgao Kang, *New type of large-angle binocular microtelescopes*, SPIE Vol. 1527, Current Developments in Optical Design and Optical Engineering, p. 413 (1991)

auf Konferenzen, wann immer die Präsentatoren einen zu kleinen Schriftsatz verwenden oder allzu filigrane Diagramme zeigen.

11.10 Digitalferngläser

Als der Unterhaltungselektronik-Riese Sony im Frühjahr des Jahres 2013 das DEV-50 vorstellte, wähnten manche Fachleute den Beginn einer neuen Ära einläuten zu sehen: Die Ära des Digitalfernglases, das in schneller Folge mit innovativen Modellen die konventionellen Ferngläser in eine Marktnische drängen würde. Passiert ist seither nichts: Das DEV-50 blieb eine Art Versuchsballon, der offenbar nicht wie erwartet stieg und schnell wieder aufgegeben wurde.

Das Sony DEV-50 ist am ehesten als eine Kombination zweier Camcorder zu verstehen: Dessen Bild wird in beiden Tuben separat und in Echtzeit von CMOS Sensoren verarbeitet und auf elektronischen Monitoren ausgegeben, die dann, wie der Sucher eines Camcorders, durch Okulare betrachtet werden. Da es sich um ein binokulares Instrument handelt, ist eine stereoskopische Tiefenwahrnehmung möglich.

11.17

Digitalfernglas DEV-50V von Sony.

Elektronisch verstärkte Nachtsichtgeräte existieren bereits seit Jahrzehnten – neu an diesem digitalen Fernglas ist, dass es auch bei der Tagesbeobachtung eingesetzt werden kann. Ein Beispiel aus der Militärtechnik ist das professionelle Multifunktions-Bildgerät LRTV (»Long Range Thermal Video Imaging System«) der Firma Safran Vectronix, das unter allen Beleuchtungsverhältnissen eingesetzt werden kann. Integriert sind zudem eine Bildstabilisierung, Laser-Entfernungsmesser (Reichweite: 5 km), digitaler Kompass, GPS und Zoom. Diese Geräte sind nicht nur sündhaft teuer – deren Ein- und Ausfuhr unterliegen auch dem Kriegswaffenkontrollgesetz. Eine nennenswerte Verbreitung unter der hiesigen Jägerschaft dürfte in absehbarer Zeit nicht zu erwarten sein.

Der »Doppel-Camcorder« DEV-50V hingegen bietet einige alltagstaugliche Eigenschaften, die zu beachten sich lohnt: Die beiden CMOS-Sensoren liefern 20.4 Megapixel (Mp) – eine Auflösung, die jedoch nur im Foto-Modus genutzt werden kann. Im Video-Modus werden die Bilder mit 5.4 Mp ausgewertet, wenn auch der elektronische Sucher für die visuelle Beobachtung Monitore in lediglich WXGA-Auflösung (1280 × 768 Pixel) bietet. Die deutlich geringere Auflösung der Monitore erlaubt einen kombinierten optischen und digitalen Zoombereich zwischen 0.8-facher und 25-facher Vergrößerung, wobei der optische Zoom über eine Brennweitenvariation der Objektive erfolgt. Elektronische Bildstabilisierung sowie Autofokus sind integriert, und das Gerät ist spritzwasserfest ausgelegt.

Der Vergleich mit den Leistungsdaten eines modernen Prismenfernglases zeigt jedoch, dass die optischen Werte dieses Digitalfernglases noch weit hinter denen seiner analogen Konkurrenz zurückliegen: Der scheinbare Sehwinkel des Monitors (Format: 16x9) umfasst lediglich eine Diagonale von 36.9°, sodass die visuelle Beobachtung eher einer Sitzung vor einem leidlich guten (weil sub-HD) Farbfernseher ähnelt – wenn auch mit dreidimensionalem

Tiefeneffekt. Ein Ornithologe, der die Feinheiten des Gefieders und dessen Farbnuancen studieren möchte, wird hier trotz des beeindruckenden Zoombereichs an seine Grenzen stossen.

Mit einem Preis von etwa 2000 Euro war das DEV-50V zudem eher einem professionellen Anwender vorbehalten und scheint zum Zeitpunkt dieser Edition (August 2018) auch nicht mehr erhältlich zu sein. Vermutlich war es diese Kombination aus hohem Preis, der den neugierigen Erstanwender abschrecken musste, und fehlender Leistung, die einen professionellen Beobachter hätte locken können, die den leisen Sinkflug dieses Versuchsballons einleitete. Aus Kreisen der Hersteller heisst es hinter vorgehaltener Hand, den Entwicklern konventioneller Ferngläser fehle die Kompetenz in Mikroelektronik, den Elektronikriesen dagegen das Interesse an diesen relativ kleinen Marktsektor.

Das Digitalfernglas könnte das Licht der Welt dennoch über eine Hintertür erblicken: Der momentan turbulent wachsende Markt der VR-Brillen (VR steht für virtual reality) könnte, in Kombination mit zukünftigen leistungsfähigen Digitalbildwandlern, die Funktion der »Reality-Brille« in seine Produktpalette aufnehmen und somit Eigenschaften der Fernoptik mit denen der digitalen Bildtechnik kombinieren – das heisst, falls sich die entsprechende Klientel tatsächlich noch für die Realität interessieren sollte. Welchen Weg der Markt des Digitalfernglases schließlich einschlagen wird, scheint jedenfalls ungewisser denn je.

12 Testen von Ferngläsern

Wer vor der Anschaffung eines neuen Fernglases steht, der hat eine enorme Auswahl an Modellen zur Verfügung, unter denen er wählen kann. Selbst wenn Format und Preissektor bereits weitgehend bestimmt sind, bleibt noch immer die Wahl zwischen diversen Marken oder Herstellern. Ein Vergleich muss also her, der die endgültige Entscheidung für ein bestimmtes Modell erleichtert. Im Internet existieren diverse Diskussionsforen mit zahllosen Erfahrungsberichten, geschrieben von Anwendern mit sehr unterschiedlichen Ansprüchen und Erfahrungen. Es finden sich auch Testberichte in den Fachzeitschriften, manchmal mit langen Zahlentabellen, gewonnen in den Labors der einschlägigen Prüfstellen. All diese Informationen sind hilfreich, sollten aber stets mit einer gewissen Skepsis betrachtet werden: Letztlich ist man selbst mit dem Fernglas unterwegs, und was dann zählt, ist einzig und allein die eigene Erfahrung mit dem Instrument. Es gibt daher keinen besseren Test als denjenigen, den man selber durchgeführt hat.

Dieses Kapitel soll einige Hinweise geben, wie ein solches Testen in der Praxis aussehen kann. Die hier vorgestellten Methoden sind keineswegs die einzig möglichen, haben sich in der Praxis jedoch vielfach bewährt. Das Kapitel ist in einzelne Abschnitte unterteilt, in deren Abfolge der Testaufwand sukzessive zunimmt, vom Schnelltest im Laden bis hin zu ausgedehnten Feldtests, denen auch ein seriöser Hersteller seine Prototypen unterziehen sollte, und die mehrere Tage in Anspruch nehmen können. Hier hat jeder selbst zu entscheiden, wie weit er das Spiel treiben möchte. Eine Warnung sei jedenfalls vorweg genommen: Das Testen kann auch zu einem Selbstzweck werden und dabei am eigentlichen Anforderungsprofil des Fernglases vorbeizielen. Schließlich werden im Verlauf der einzelnen Prüfungen extreme Testsituationen angestrebt, in denen die Präsenz subtiler Mängel verdeutlicht werden sollen. Tritt unter diesen Bedingungen in der Tat eine Schwachstelle zutage, so bedeutet das nicht automatisch, dass das Fernglas auch in konventionellen Beobachtungssituationen Probleme bereiten muss. Eine nüchterne und ausgewogene Analyse der Resultate ist daher gefordert – ein Aspekt, den viele Erfahrungsberichte im Internet vermissen lassen.

12.1 Labortests

Labortests werden von den Fernglasherstellern routinemäßig im Rahmen der Qualitätskontrollen durchgeführt. Hier existieren international genormte Prüfmethoden, an denen sich der Tester zu orientieren hat. Ähnliches gilt auch für manche Fachzeitschriften, die die Prüflinge für ihre Produkttests entweder in den Labors der Hersteller oder von unabhängigen Prüfstellen kostenpflichtig untersuchen lassen. Die Prüflinge werden auf optische Eigenschaften und mechanische Robustheit untersucht.

Albrecht Köhler hat auf seiner Internetseite eine Aufstellung der Industrienormen aufgelistet, nach denen die optischen Werte geprüft werden[1]. Dazu gehören die Messung von Vergrößerung, Eintrittspupille, Austrittspupille, Sehfeld, Austrittspupillen-Längsabstand, Eignung für Brillenträger, Fehlsichtigkeitsausgleich und Nullpunkt der Dioptrieneinstellung (jeweils DIN ISO 14490-1), Grenz-Auflösungsvermögen (DIN ISO 14490-7), Bildgüte (DIN ISO 9336-3), Transmission (DIN ISO 14490-5), Streulicht (DIN ISO 14490-6) und binokulare Justierung (DIN ISO 14490-2). Die Bildgüte wird über

[1] `www.akoehler.de`: Prüfen von Fernrohren

die Kontrastübertragungsfunktion bestimmt, deren Messung jedoch aufwendig ist. Das Streulicht misst man mit einer großen Photometerkugel, und zur Prüfung der Brillentauglichkeit gibt es einen eigenen Adapter, der an das Okular angesetzt wird.

Bei der Messung der spektralen Transmission, die mit einem Spektralphotometer erfolgt, ist zu beachten, dass Angaben zum visuellen Transmissionswert zuvor ein Gewichten der Transmissionskurve mit der spektralen Reizantwort des Auges erfordert (Abschnitt 10.7), und dass daher die Resultate für das Nachtsehen anders ausfallen als für das Tagessehen.

D (in mm)	Grenzaufl.	$d \leq 4.5\,\text{mm}$	$d > 4.5\,\text{mm}$
15	8.8	16.0	18.0
20	6.6	12.0	14.0
25	5.3	9.6	11.0
32	4.1	7.5	8.4
42	3.1	5.7	6.4
50	2.6	4.8	5.4
56	2.4	4.3	4.8
60	2.2	4.0	4.5

Tabelle 12.1

Theoretische Grenzauflösung (2. Spalte) und Mindestanforderungen (in Bogensekunden), gemäß DIN ISO 14133-1 und DIN ISO 14133-2, für Hochleistungsferngläser mit Objektivdurchmessern D und Austrittspupillen $d \leq 4.5\,\text{mm}$ (3. Spalte), bzw. $d > 4.5\,\text{mm}$ (4. Spalte).

Die theoretische Grenzauflösung eines Fernglases kann mit dem Rayleigh-Kriterium, definiert in Formel (4.20), bestimmt werden. Üblicherweise wird der Wert mit der Wellenlänge $\lambda = 550\,\text{nm}$, bei der das Auge die höchste Empfindlichkeit aufweist, bestimmt. Nach einer Umrechnung erhält man dann die Grenzauflösung in Bogensekunden als

$$\Theta \approx \frac{132}{D} \tag{12.1}$$

In der Tabelle 12.1 sind Beispiele für Optiken unterschiedlicher Objektivdurchmesser D gegeben. Zum Vergleich dazu die Mindestanforderungen nach Industrienorm, die je nach Austrittspupillendurchmesser gestaffelt sind[2)].

Es ist erkennbar, dass die Mindestanforderungen an hochwertige Ferngläser sich deutlich von den theoretisch erreichbaren Auflösungswerten unterscheiden, was im Beobachtungsalltag selten zu Einschränkungen führen dürfte. Wie jedoch bereits diskutiert (Abschnitt 4.4.2), sollte jedes Fernglas zusätzlich daraufhin geprüft werden, ob es nach dem Abblenden auf Austrittspupillen unterhalb von 2.5 mm eine optimale, nach Möglichkeit sogar beugungsbegrenzte Abbildung liefert. Das ist deshalb so wichtig, weil das gesunde Auge bei Pupillenweiten unterhalb von 2.5 mm ebenfalls nahezu beugungsbegrenzt abbildet und daher im hellen Tageslicht die eventuell vorhandenen Abbildungsfehler einer Optik relevant werden können[3)]. Austrittspupillen von mehr als 4 mm Durchmesser, die die Mehrzahl der Handferngläser aufweisen, werden erst in schlechten Lichtverhältnissen voll genutzt, in denen sich das Auflösungsvermögen des Auges weit unterhalb des Beugungslimits bewegt (Abschnitt 8.5). Messungen an vollen Eintrittspupillen sind daher von geringerer Aussagekraft, weil – abgesehen von Beobachtungen am Stern – die Abbildungsfehler unter solchen Lichtverhältnissen kaum wahrnehmbar wären.

Die Qualität des P-Belags (Abschnitt 5.2.6) wird mithilfe zweier Polarisationsfilter getestet, deren

2) Die Daten sind ein Auszug aus der informativen Internetseite von Albrecht Köhler, `www.akoehler.de/basics/aufloesung/index.htm`.

3) Dank an David W.J. Norton für diesen wichtigen Hinweis.

12.1

Weniger zu empfehlen: Tests auf mechanische Robustheit oder Wasserdichtigkeit laufen nicht immer zerstörungsfrei ab (mit freundlicher Genehmigung: Barry Simon).

Durchlassrichtungen entweder parallel oder gekreuzt zueinander ausgerichtet sind, und zwischen denen sich der Fernglastubus befindet [4]. Dessen Dachkante muss dazu parallel auf eine der beiden Durchlassrichtungen der Polarisatoren ausgerichtet sein. Verwendet wird grün gefiltertes Licht, beurteilt werden die unterschiedlichen Helligkeiten der Fernglaspupillen in den beiden Stellungen der Polarisatoren. Ohne P-Belag ist die Pupille in Kreuzstellung der Polarisatoren heller als in Parallelstellung, mit P-Belag ist es umgekehrt.

Mechanische Robustheit und Wasserdichte werden auf sehr ähnliche Weise geprüft wie an dem Beispiel des EDF gezeigt (Abschnitt 11.5), also durch Rütteln, Schlagen, unter Wasser tauchen, Einfrieren, Rösten und andere Misshandlungen. Die Stiftung Warentest gibt in ihrem Testheft (September 2006) einige weitere Details preis, etwa die Umwelt- und Temperaturprüfungen (DIN ISO 10109-4 und DIN ISO 9022), Stoßprüfungen (DIN 58390) und Abrieb (DIN 58196-4).

[4] A. Weyrauch, B. Dörband, *P-Belag: Verbesserte Abbildung bei Ferngläsern durch phasenkorrigierte Dachprismen*, Deutsche Optikerzeitung Nr. 4, 1988

Keine dieser Prüfmethoden ist dem Fernglasbenutzer unmittelbar zugänglich. Wer plant, sein Fernglas unter besonders tiefen Temperaturen zu verwenden, was i.a. Astronomen betrifft, der wird es sich nicht nehmen lassen, den Prüfling mal für eine Nacht in der Gefriertruhe zu lagern und anschließend zu testen, ob Fokussierung und andere mechanische Teile noch immer funktionsfähig sind. Ist das nicht der Fall, so wurden ungeeignete Schmiermittel verwendet, die in der Kälte gehärtet sind, was zu einem vorübergehenden Totalausfall des Instruments führen kann. Davon abgesehen bleibt dem Käufer jedoch nur die Wahl, den mechanischen Prüfungen der Hersteller zu vertrauen, in Internet-Foren nach Langzeiterfahrungen anderer Besitzer zu suchen und beim Kauf wie auch im Feldeinsatz einen gesunden Menschenverstand an den Tag zu legen. Wer bei seiner Auswahl allzu sehr auf ein minimales Gewicht Wert legt, der kann nicht gleichzeitig die Robustheit eines Militärglases erwarten, und ein Fernglas der 100 Euro Liga ist aller Wahrscheinlichkeit nach nie auf dem Rütteltisch des Herstellers gewesen.

12.2 Der Schnelltest am Ladentisch

In den seltensten Fällen wird ein Käufer die Gelegenheit haben, gleich mehrere Ferngläser, die für den Einkauf infrage kommen, zwecks ausführlicher Tests mit nach Hause zu nehmen. Es ist daher unumgänglich, eine Vorentscheidung bereits im Laden zu treffen. Mit etwas Erfahrung ist es durchaus möglich, innerhalb von zehn Minuten erstaunlich viel über die Eigenschaften eines Fernglases zu erfahren, und dieser Abschnitt soll eine kleine Anleitung für solch einen Laden-Schnelltest bieten.

12.2.1 Der allererste Eindruck: Design, Haptik, Ergonomie

Die Werbepsychologie weiß es seit langem, auch wenn der kritische Käufer es gern bestreiten mag: Entscheidend ist oft der erste Eindruck. Das Bauchgefühl siegt über die rationale Bewertung der technischen Eigenschaften[5]. Es ist nicht zu bestreiten, dass ein Fernglas mit ansprechendem Design und wertigem Äußeren einen bleibenden Eindruck hinterlässt, dessen Glanz auch einzelne technische Schwächen, die in der folgenden Testprozedur aufgedeckt werden, zu überscheinen droht. Eine wichtige Aufgabe des Schnelltests besteht also darin, Funktion vor Schönheit zu setzen, denn letztere wird im späteren Feldeinsatz eine denkbar untergeordnete Rolle spielen.

Schon beim ersten Ansetzen des Fernglases sollten bereits folgende Aspekte Beachtung finden:

- Lässt sich das Gerät mühelos anpassen, das heißt ...
- ... ist die Knickbrücke weder zu leicht- noch zu schwergängig?
- ... lassen sich die Augenmuscheln, falls verstellbar, auf einen vernünftigen Abstand stellen, sodass das Sehfeld des Fernglases bequem überblickt werden kann?
- Entspricht das Sehfeld den Erwartungen, oder hat man es mit einem Tunnelblick zu tun?
- Liegen die Ränder der Augenmuscheln irgendwo unangenehm auf, sodass man bei längerer Anwendung Druckstellen befürchten muss?
- Wie ist die Balance des Fernglases? Liegt es sicher und ruhig in der Hand?
- Ist die Oberfläche griffig, damit das Fernglas auch mit verschwitzten Händen oder mit Handschuhen noch sicher bedient werden kann?

[5] »Konsum schafft Wohlbefinden und muss daher emotional bleiben«. Zitat: Hans Weigum.

Im nächsten Schritt folgt das Fokussieren auf geeignete Testobjekte. Dabei ist, insbesondere bei höheren Vergrößerungen, darauf zu achten, dass ein Fokussieren ohne Umgreifen der Hände möglich ist und das Fernglas zu jedem Zeitpunkt der Manipulation in der optimalen Haltung verbleibt. Der Mitteltrieb (falls vorhanden) sollte leichtgängig, aber präzise und ohne jegliches mechanisches Spiel verstellbar sein. Bei dieser Gelegenheit sollte auch gleich der komplette Fokussierbereich abgefahren werden, um zu verifizieren, dass das Fokussierrad stets mit identischem Kraftaufwand dreht und dabei nirgends hakt oder anderweitig unregelmäßig läuft. Gleiches gilt für die Dioptrieneinstellung, die jedoch schwergängiger drehen oder, alternativ, arretierbar sein sollte, damit sie nicht unabsichtlich verstellt werden kann.

Hat das Fernglas diese ersten Hürden genommen, darf der Tester sich zunächst einem anderen Kandidaten zuwenden, oder gleich in die zweite Phase der Prüfung übergehen.

12.2

Viele Fernglasanwender möchten ihre Geräte auch im Nahbereich einsetzen, daher ist die minimale Naheinstellung zu beachten.

12.2.2 Check auf weitere Ausschluss-Kriterien

Es ist ratsam, sich vor dem Kauf eine Liste von K.-o.-Kriterien zusammenzustellen, die dazu beiträgt, die Liste der möglichen Kandidaten in einer möglichst frühen Phase der Auswahlprozedur zusammenzustreichen. Wer etwa Insekten im Nahbereich beobachten will, der wird ein Fernglas, das eine minimale Fokusdistanz von 5 m bietet, schnell wieder zur Seite legen. Der Nahpunkt lässt sich glücklicherweise auch in dem kleinsten Laden bereits überprüfen. Dabei ist darauf zu achten, dass sich das Testobjekt bequem und ohne allzu anstrengendes Schielen anvisieren lässt. Ferngläser vom Porro-Typ sind hier weniger geeignet, weil deren weite Objektivabstände und die damit verbundene ausgeprägte Parallaxe das Anpeilen von Nahzielen erschwert. So erreicht man bei Dachkantgläsern typischerweise Naheinstellungen von 2 m, bei Porro-Gläsern jedoch nicht unter 3 m. Wer sich an einen bestimmten Drehsinn des Fokussierrades gewöhnt hat, und nicht bereit ist, sich umzustellen, der sollte an dieser Stelle überprüfen, ob in diesem Modell die gewohnte Drehrichtung vom Nahpunkt Richtung Unendlich implementiert ist.

12.3

Der Blick in den Tubus. Links: Imitat eines Militärfernglases mit metallisch spiegelnden Wänden. Rechts: Streulichtblenden im Zeiss Jena 7x40 EDF (die Reflexe stammen vom Blitzlicht, das an den Objektiven reflektiert wurde).

Ein unentbehrliches Hilfsmittel für den Schnelltester ist die handliche Taschenlampe, auch wenn diese nicht selten ein Stirnrunzeln des Verkäufers provoziert. Damit sollten alle sichtbaren Linsenoberflächen auf eventuell vorhandene Schäden abgesucht werden, auch von der Okularseite her in das Instrument geleuchtet und beim gleichzeitigen Blick durch das Objektiv auf Verschmutzungen im Fernglasinneren geachtet werden. Ein paar einzelne Staubkörner oder auch Luftblasen im Glas stellen dabei selten ein Problem dar, weil sie nur dann sichtbar werden, wenn sie sich in unmittelbarer Nähe des Zwischenbildes befinden. Die Feldlinse des Okulars, bei Militärferngläsern insbesondere auch die Strichplatte, müssen daher immer staubfrei sein.

Bei dieser Gelegenheit sollte auch ein Blick auf die Oberflächenvergütung geworfen werden. Die verschiedenen Reflexe, hervorgerufen an den Glasoberflächen, sollten farbig und möglichst schwach, das heißt von geringer Intensität sein. Ein heller, weißer Reflex deutet hingegen auf eine unvergütete Oberfläche hin. Leuchtet man in den vorderen Tubus hinein, so sollten möglichst keine metallisch glänzenden Teile zu sehen sein, die später im Feldeinsatz zu Streulicht führen können. Stattdessen sollte man in matt lackierte Tuben blicken, die idealerweise mit zusätzlichen Streulichtblenden ausgestattet sind (Abbildung 12.3).

Um die Kollimation des Fernglases zu prüfen, sollte ein möglichst weit entferntes Ziel anvisiert werden. Dies ist in einem Geschäftsraum nicht möglich, aber es dürfte in diesem Fall die Möglichkeit bestehen, sich vor die Tür zu begeben und ein markantes Objekt zu finden, sei es eine Kirchturmuhr oder eine Dachantenne. Beim Fokussieren ist darauf zu achten, dass ausreichend Überhub vorhanden ist, das Fokussierrad also nicht bereits nahe am Anschlag der maximalen Entfernungseinstellung angelangt ist, weil andernfalls bei noch größeren Entfernungen oder bei Kurzsichtigkeit des Beobachters keine Reserven mehr vorhanden wären. Das Objekt sollte nach sorgfältigem Einstellen des Fernglases vollständig entspannt zu sehen sein. Ist ein Schielen erforderlich, oder gar ein Doppelbild sichtbar, so ist das Fernglas nicht kollimiert und unbrauchbar.

Besteht der Verdacht auf eine leichte Dekollimation, so ist folgendermaßen vorzugehen: Man schließe ein Auge und beobachte das Objekt für einige Zeit nur monokular. Dann öffne man das zweite Auge. Sieht man für einen kurzen Augenblick doppelt, so stimmt die Kollimation nicht, auch wenn beide Augen kurz darauf wieder eine Superposition beider Bilder erreichen. Ein solches Fernglas würde während einer längeren Beobachtungsphase Kopfschmerzen oder tränende Augen verursachen. Allerdings funktioniert der angesprochene Test nicht bei Menschen, die unter einer Heterophorie (»verdecktes Schielen«) leiden; hier würde der Test auch bei perfekt kollimierten Gläsern den Eindruck eines Fehlers erwecken[6]. Alternativ ist es möglich, das Fernglas nach Anvisieren des Gegenstands vorsichtig um etwa 20 – 30 cm nach vorn zu bewegen, ohne dabei den Blick auf das Objekt zu verlieren. Das Objekt sollte dann in beiden Austrittspupillen, die wegen der Überlagerung beider Bilder als eine einzelne Pupille erscheinen, gleichermaßen zentriert und ohne Doppelbild sichtbar sein. Diese Methode erfordert eine ruhige Hand und etwas Erfahrung – noch besser funktioniert sie, wenn das Fernglas auf einem Stativ fixiert ist und stattdessen der Tester sich langsam zurückbewegt.

Ein kurzer Blick auf die Austrittspupille offenbart auch die Vignettierung des Strahlenbündels, die meist eine Folge unterdimensionierter Prismen ist. Abbildung 12.4 zeigt, wie der Test funktioniert[7]: In frontaler Sicht sollte die Austrittspupille kreisrund sein. Ist sie es nicht, so werden Hauptstrahlen beschnitten und das Fernglas erreicht in der Dämmerung nicht einmal im Sehfeldzentrum seine nominale Helligkeit. Jetzt trete man ein wenig zur Seite, sodass die Austrittspupille gerade den Rand der Okularlinse berührt. Die aus dieser Perspektive sichtbare Pupille wird als Randpupille bezeichnet und ist in den meisten Fällen nicht mehr rund, sondern vignettiert, weil entsprechende Randbereiche des Strahlenbündels abgeschirmt sind. Praktisch jedes Fernglas weist eine solche Vignettierung der Randstrahlen auf, was im normalen Tageseinsatz zu noch akzeptablen Einschränkungen führt. In manchen Fällen wird diese Abschattung womöglich auch nutzbringend eingesetzt: Das Abblenden schräg einfallender Teilstrahlen eliminiert auch deren Aberrationen, etwa Koma und Astigmatismus, wodurch sich die Randschärfe der Optik verbessert. Bei Dämmerungs- und Nachtgläsern sollte diese Vignettierung jedoch möglichst gering ausfallen, da sie bei Dunkelheit (und entsprechend weiten Augenpupillen) zu auffälligen Lichtverlusten in den Randbereichen des Sehfeldes führen kann. Zudem besteht ein begründeter Verdacht, dass eine signifikante Vignettierung der Randpupille einen negativen Einfluss auf das Einblickverhalten eines Fernglases haben kann (mehr dazu in Abschnitt 12.3.6).

12.4

Vignettierung der Randpupille: Die Austrittspupille ist aus frontaler Sicht rund (links). Von einem Winkel aus betrachtet ist die entsprechende Randpupille teilweise vignettiert (rechts).

[6] Dank an Klaus Müscher für diesen Hinweis.
[7] Dank an Heiko Wilkens für diesen Hinweis.

Hat das Fernglas alle K.-o.-Kriterien passiert, so ist es zu einem ernsthaften Anwärter für den Kauf geworden. Es folgen einige Kurztests zur optischen Leistungsfähigkeit. An dieser Stelle wird der Tester womöglich noch weitere potenzielle Kandidaten zur Hand haben, sodass die folgenden Prüfungen idealerweise im direkten Vergleich erfolgen, mit dem Ziel, das am besten geeignete Gerät herauszufinden.

12.2.3 Bewertung der optischen Leistung

Die endgültige Bewertung der optischen Eigenschaften ist nur im Rahmen ausgedehnter Feldtests möglich; eine erste Einschätzung lässt sich jedoch durchaus auch innerhalb von zehn Minuten an einem Messestand, in einem Kaufhaus oder Optikfachgeschäft gewinnen.

Als Testobjekte eignen sich jene selbstleuchtenden Reklameschilder, die es in Kaufhäusern zuhauf gibt. Man fokussiere sorgfältig auf die Mitte des Sehfeldes und überprüfe dann die Randschärfe, indem man einen ausgesuchten Buchstaben langsam durch das Sehfeld schwenkt. Die Kante des Schildes oder des Schriftzeichens wird im Randbereich einen Farbsaum zeigen. Man schwenke diese Kante langsam in Richtung des gegenüberliegenden Sehfeldrandes, währenddessen der Farbsaum in den zentralen Bereichen des Sehfeldes zunächst verschwindet und dann wieder auftaucht. Diese laterale chromatische Aberration (Farbquerfehler) ist unvermeidbar, sollte sich aber in Grenzen halten.

Während dieses Schwenkvorgangs ist meist auch ein Durchbiegen der Kante zu beobachten: Die beiden Enden biegen sich zunehmend von der Sehfeldmitte weg, während die Kante in die Randbereiche des Sehfeldes bewegt wird. Dies ist die Verzeichnung, die in vielen Ferngläsern dazu dient, den den Globuseffekt zu vermeiden. Bleibt die Kante jedoch stets schnurgerade, so ist das Fernglas verzeichnungsfrei. Die Betrachtung von Architektur oder anderen Kunstgegenständen erscheint mit solchen Optiken ästhetischer, das Schwenkverhalten jedoch unruhiger. Eine Verzeichnung ist daher nicht generell als ein Mangel des Fernglases zu werten, solange sie nicht allzu stark ausfällt und das bevorzugte Anwendungsspektrum des Instruments in Betracht gezogen wird. Technische Details zu diesem Thema sind in Abschnitt 10.11 diskutiert.

Befindet sich eine leuchtstarke, möglichst punktförmige Lichtquelle in Sichtweite, so kann auf Geisterbilder (Reflexionen an den Glasoberflächen) getestet werden, indem die Lichtquelle gleichmäßig durch das Sehfeld geschwenkt wird. Es ist auch sinnvoll, die Lampe knapp außerhalb des Sehfeldes zu platzieren und auf diese Weise die Effizienz der Streulichtunterdrückung zu prüfen. Es dürfen dabei keine Reflexe oder Kontrastverluste im Bild sichtbar werden. Weitere Details zu dieser Prüfung an hellen Objekten werden im nächsten Abschnitt im Rahmen der Feldtests behandelt.

Farbtreue und Transmission des Fernglases lassen sich am einfachsten mit dem Papiertest überprüfen, der von Walter E. Schön bereits vor Jahrzehnten an Fotoobjektiven demonstriert wurde: Man nehme ein weißes Blatt Papier und ein Fernglas, das in umgekehrte Richtung derart gehalten wird, dass das Papier aus einigem Abstand durch das Objektiv betrachtet werden kann. Das Umgebungslicht sollte möglichst neutral sein, idealerweise Tageslicht, aber selbst bei künstlichem Licht lassen sich bereits recht genaue Aussagen über Transmission und Farbstich treffen. Hier ist es sinnvoll, zwei Ferngläser, eines in der linken und das andere in der rechten Hand, direkt miteinander zu vergleichen. Ferngläser können dabei unterschiedliche Farbnuancen zeigen, die entweder in Richtung gelb/orange (warme Farbabstimmung) oder Richtung grün/blau (kühle Farbabstimmung) tendieren. Eine solche Farbabstimmung hängt von den charakteristischen Transmissionseigenschaften der Oberflächenvergütungen, den Absorptionseigenschaften der optischen Gläser, und,

12.5

Farbtreue und Helligkeit beim Papiertest: Hier wurde ein weißes Blatt Papier durch die Objektive fotografiert, und die Helligkeiten um fünf Blendenstufen herunterskaliert. Erkennbar ist ein leichter Rotstich bei Leica und Nikon (linke Spalte), sowie ein Grünstich bei Zeiss (oben rechts; mit freundlicher Genehmigung: Tobias Mennle).

falls vorhanden, vom spektralen Reflexionsverhalten der Prismenverspiegelung ab. Ein sehr leichter Farbstich ist nicht als Mangel zu werten, da er aufgrund der Farbadaption des Auges keine nachteiligen Auswirkungen auf die Beobachtung hat.

Bei der Tagesbeobachtung über lange Distanzen kann ein warmer Farbstich – da Folge einer verringerter Transmission im kurzwelligen Bereich – von Vorteil sein, weil er kurzwelliges atmosphärisches Streulicht unterdrückt und somit zu einer Kontraststeigerung beiträgt. Bei Dämmerungs- und Nachtgläsern ist oft eine kühlere Abstimmung – also hohe Transmission im Kurzwelligen – sinnvoller, da sich ja die Empfindlichkeit des skotopischen (Nacht-) Sehens in Richtung dieses Spektralbereichs verschiebt (Abschnitt 8.6).

Hat sich während dieser Testprozeduren ein Kandidat herauskristallisiert, so sollte abschließend noch ein Blick auf das mitgelieferte Zubehör riskiert werden. Der Trageriemen sollte montiert und auch ausprobiert werden. Gleiches gilt für eventuell vorhandene Objektivschutzkappen, die nicht zu lose sein dürfen. Falls eine Tasche mitgeliefert wird, sollte diese nicht zu eng sein, damit das Fernglas schnell und ohne Verstellen der Knickbrücke verstaut werden kann, und gut schließen, sodass sie sich beim Tragen im Feld nicht unbemerkt öffnen kann. Eventuelle Mängel sind hier jedoch nicht unbedingt als K.-o.-Kriterien zu werten, weil ein solches Zubehör notfalls auch in diversen Fachgeschäften nachgekauft werden kann.

12.3 Testen im Feld

Erst im Feldeinsatz in freier Natur offenbaren sich die subtileren Charaktereigenschaften eines Fernglases. Aus diesem Grund gehörten zur Entwicklung eines neuen Fernglases einst auch ausgedehnte Feldtests von Prototypen mit freiwilligen oder professionellen Testern. Die dabei festgestellten Mängel konnten dann noch vor der Markteinführung des Gerätes beseitigt werden. Leider wird heute aus Kostengründen meist auf diese Testphase verzichtet, und die Ingenieure in den Entwicklungsbüros müssen sich weitgehend auf die Ergebnisse von Computersimulationen verlassen, die jedoch nur idealisierte Modelle des real existierenden Fernglases repräsentieren. So ist es praktisch unmöglich, das Streulichtverhalten der Optik allein durch ein Raytracing akkurat zu beurteilen, denn dazu müsste das Programm die Oberflächeneigenschaften eines jeden Schräubchens berücksichtigen und die Reflektivitäten aller Oberflächen als Funktion der Einfallswinkel kennen. Daher ist der Entwickler zusätzlich auf standardisierte Labortests angewiesen, in denen einige der Streulichteigenschaften des Gerätes gemessen werden können – andere nicht. Die Natur bietet Beobachtungssituationen und Beleuchtungsverhältnisse, die vielfältiger sind als jeder genormte Labortest. Der Feldeinsatz stellt daher noch immer die eigentliche Feuerprobe für ein Instrument dar, und es ist immer wieder beeindruckend zu sehen, wie auch hochkarätige Premiumgläser in der freien Wildnis schon mal an ihre Grenzen stoßen.

12.6

Die Natur bietet Lichtverhältnisse, die sich in einem Labortest nur unzureichend simulieren lassen.

12.3.1 Streulichtresistenz

Die Anfälligkeit für Streulicht ist eine sehr charakteristische Eigenschaft jeder einzelnen Optik. Es gibt kein Fernglas, das perfekt gegen Streulicht geschützt ist, das auf solch vielfältige Art und Weise in den Strahlengang gelangen kann. Der Streulichttest sollte daher nicht auf eine einzelne Testsituation beschränkt bleiben, sondern als permanenter Bestandteil der gesamten Testprozedur und unter allen erdenklichen Umständen durchgeführt werden.

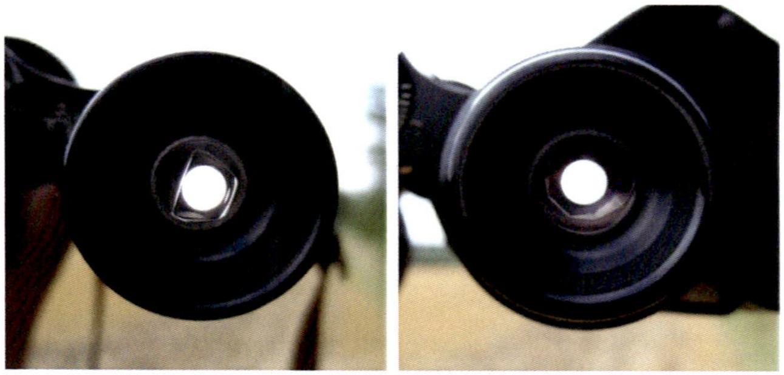

12.7

Austrittspupillen. Links: Hensoldt 10x50 Dialyt mit hell beleuchteten Prismenrändern. Rechts: Zeiss (Oberkochen) 10x50, mit gut abgeschirmten Prismen.

Im Prinzip kann Streulicht an jeder Stelle des Strahlengangs entstehen, und es ist in vielen Fällen sogar möglich, dessen Ursprung näherungsweise zu lokalisieren, ohne das Fernglas zu öffnen. Man nehme als Beispiel die Abbildung 12.7, in der die Austrittspupillen zweier Ferngläser zu sehen sind. Man erkennt links beim Hensoldt, dass die Austrittspupille von hellen Strukturen eingerahmt ist: Hier handelt es sich um die reflektierenden Kanten des Abbe-König-Prismas, die nicht ordnungsgemäß abgeschirmt oder geschwärzt wurden. Zusätzlich gibt es, etwa um 4 Uhr, nahe am Rand der Austrittspupille, eine weitere helle Struktur, Nebenpupille genannt. Diese entsteht, wenn Licht von außerhalb des Sehwinkels in das Prisma eindringt und über einen alternativen Strahlenweg das Okular erreicht. In diesem Falle handelt es sich um ein 10x50 Fernglas, sodass die Austrittspupille 5 mm misst. Am Tage ist die Pupille des Beobachters stets kleiner als 5 mm und das Fernglas zeigt ein einwandfreies Bild. Erst in der Dämmerung, wenn die Augenpupille sich weitet und dabei Licht von der Nebenpupille und den Prismenrändern aufnimmt, fällt der Kontrast des Bildes schlagartig ab. Dies ist ein typischer Fall von Streulicht, das sich nur unter bestimmten Beleuchtungsverhältnissen bemerkbar macht.

Abbildung 12.7 zeigt rechts die Austrittspupille des Zeiss 10x50 Porros mit einer effektiveren Abschirmung des Streulichts. Zwar gibt es auch hier außerhalb der Austrittspupille noch matt leuchtende Bereiche, aber in einem hinreichend weiten Abstand, um harmlos zu bleiben: Erst wenn sich die Augenpupille deutlich über 6 mm weitet, besteht die Gefahr, mit diesen Strukturen in Kontakt zu geraten – zu diesem Zeitpunkt ist es aber bereits so dunkel, dass die hier (bei Tageslicht) fotografierten Aufhellungen nicht mehr wahrnehmbar sind.

In Abbildung 12.8 ist eine Maßnahme zu sehen, mit der die oben angesprochenen Streulichtprobleme auf effektive Weise minimiert werden können: Innerhalb des Objektivtubus existiert ein zweiter, innerer Tubus, der matt schwarz lackiert und eng an den Strahlenverlauf des Lichtkegels angepasst ist. Auf diese Weise wird Licht, das etwa von links unten durch das Objektiv einfällt, daran gehindert, auf direktem Wege in das obere Porro-Prisma einzudringen und somit unter Umständen eine Nebenpupille zu erzeugen. Als weitere Maßnahme könnte hier auch direkt vor dem Prismeneingang noch eine kurze Streulichtblende platziert werden, um die Innenwand des Streulichttubus, an der eventuell Reflexe durch sehr schräg streifendes Licht auftreten können, zu neutralisieren (Abbildung 5.4).

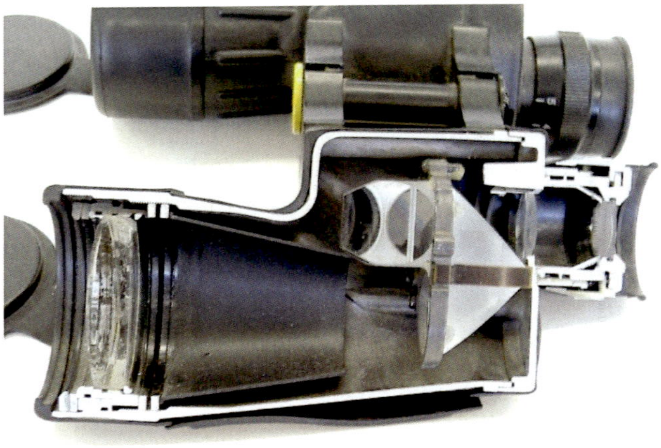

12.8

Aufgeschnittenes Fujinon 7x50 MTR: Ein verkittetes Doublet-Objektiv, Porro-Prisma und ein Kellner-Okular (mit freundlicher Genehmigung: William J. Cook).

Ein solcher Streulichttubus ist sehr effektiv, erhöht jedoch das Gewicht des Fernglases, sodass oft darauf verzichtet wird. Alternativ können stattdessen die matten Seitenwände des oberen Prismas geschwärzt, und die beiden reflektierenden Flanken durch ein Blech abgedeckt werden. Dieses Blech muss dabei so am Prisma befestigt werden, dass es nicht aufliegt, weil andernfalls die Totalreflexion verloren ginge. Porro-Prismen sollten ferner an der Basis eine kleine Kerbung erhalten, um flach streifendes Streulicht abzufangen (Abbildung 6.24). Bei Schmidt-Pechan-Prismen sollte sich in der Lücke zwischen beiden Prismen eine Lochblende befinden, um mögliches Streulicht nochmals zu reduzieren (siehe auch Abschnitt 6.6).

Streulicht kann auch jenseits der Prismen am Okular entstehen. Dies ist sehr häufig zu beobachten, wenn das Fernglas für ein weites Strahlenbündel ausgelegt wurde, dieses aber nicht benötigt und daher hinter dem Zwischenbild nochmals beschnitten wird. Ein klassisches Beispiel wäre ein 10x42, zu

12.9

Test eines Fernglases in der Abenddämmerung auf störende Reflexe durch Streulicht.

dem ein 8x42 der gleichen Baureihe existiert. Aus Kostengründen benutzen beide identische Gehäuse und unterscheiden sich voneinander nur in den Okularen. Da das 8x42 meist ein weiteres Sehfeld hat, sind Blenden und Prismen auf das entsprechend weitere Strahlenbündel ausgelegt. Das große Zwischenbild wird bei der 10x42 Variante erst durch die Feldblende des Okulars beschnitten - die eventuell hinter der hell beleuchteten Feldlinse platziert ist. In diesem Falle werden spezielle Maßnahmen zur Streulichtunterdrückung im oder vor dem Okular benötigt, weil andernfalls Teile des Okulartubus oder Linsenränder noch mitten im Strahlenkegel liegen. Die Linsenränder sollten mit einem Speziallack geschwärzt werden, was jedoch in Handarbeit erfolgen muss und daher aufwendig ist.

Eine effektive Situation zum Testen auf Streulicht findet sich in der Dämmerung, wenn der Himmel noch hell erleuchtet ist und Teile der Landschaft bereits im Dunkeln liegen, etwa ein Waldrand in Richtung des Sonnenuntergangs. In der Dämmerung sind die Augenpupillen bereits geweitet, sodass die notorisch für Streulicht anfälligen Ränder der Austrittspupillen von Relevanz sind. Werden dann Motive im Bereich des Waldrandes betrachtet, so erfolgt nicht selten ein erheblicher Kontrastverlust, hervorgerufen durch schräg von oben (außerhalb des Sehwinkels) einfallendes Licht, das nicht effektiv genug abgeschirmt wurde. Um die Wirkungsweise eines solchen diffusen Streulichts zu verstehen, rufen wir uns die Kontrastfunktion in Erinnerung:

$$K = \frac{L_1 - L_2}{L_2} \,. \tag{12.2}$$

Hier steht L_1 für die Leuchtdichte eines Objekts (etwa ein Reh), das vor dem Hintergrund der Leuchtdichte L_2 (Baumstämme) aufzuklären ist. Jetzt nehmen wir ein über das gesamte Sehfeld hinweg homogenes Streulicht der Leuchtdichte L_s an, das zu den beiden anderen Leuchtdichten addiert werden muss. Auf diese Weise erhalten wir den Kontrast in Anwesenheit von Streulicht zu

$$K = \frac{L_1 - L_2}{L_2 + L_s} \,, \tag{12.3}$$

und dieser kann je nach Intensität L_s erheblich reduziert sein, da ja L_2 meist klein ist und die Summe $L_2 + L_s$ somit L_2 um ein Vielfaches übertrifft.

Streulicht, das nahe am oder innerhalb des Okulars entsteht, erzeugt meist einen diffusen Schleier, der jedoch auf die Randbereiche des Bildes begrenzt bleibt. Tritt das Licht nur von oben in den Tubus ein, wie es beim Waldrand in der Dämmerung der Fall ist, so wird daraus ein diffus leuchtender sichelförmigen Schleier im unteren Randbereich des Sehfeldes. Objektive mit Luftspalt sind ebenfalls anfällig für Streulicht, insbesondere dann, wenn sie nicht perfekt auspoliert sind. In diesem Falle beobachtet man einen nahezu gleichförmigen Kontrastverlust des kompletten Bildes (»whiteout«), der sich jedoch mit selbstgebastelten Gegenlichtblenden, die einfach auf die Objektivfassungen geschoben werden, eliminieren lässt. Die Hersteller sollten die Möglichkeit solch einfacher Maßnahmen zur Streulichtunterdrückung ernst nehmen und aufschraubbare (oder ausziehbare) Gegenlichtblenden, die auch bei Kameraobjektiven eingesetzt werden, in Betracht ziehen.

12.3.2 Geisterbilder

Geisterbilder entstehen durch Reflexe heller Objekte an Luft-Glas Übergängen. Streng genommen handelt es sich bei Geisterbildern ebenfalls um Streulicht, jedoch sollten sie aufgrund ihrer besonderen Entstehungsweise und ihrer diagnostischen Relevanz separat behandelt werden. Die Abbildung 12.10 lässt erahnen, an wie vielen Stellen das einfallende Strahlenbündel auf eine Glasoberfläche trifft, bevor es schließlich die Austrittspupille erreicht. Eine unvergütete Glasoberfläche reflektiert etwa 5 % des einfallenden Lichts, mit Einfachvergütung sind es etwa 1.5 %, mit moderner Mehrfachvergütung weniger als 0.5 % (Abschnitt 4.4.3). Das reflektierte Licht wird in die entgegengesetzte Richtung zurückgeworfen, kann dort abermals auf eine Glasoberfläche treffen und im ungünstigsten Falle wieder in das einfallende Strahlenbündel gelangen. Auf diese Weise entsteht ein zweites, mehr oder weniger unscharfes Abbild eines Gegenstandes.

Die Entstehung eines solchen Geisterbildes erfordert daher eine gerade Anzahl von Reflexionen, wobei man im Falle von zwei Reflexionen von einem Geisterbild erster Ordnung spricht, im Falle von vier Reflexionen von einem Geisterbild zweiter Ordnung, und so fort. Bei modernen Vergütungen sind nur Geisterbilder erster Ordnung von Belang, und diese haben, bei einer Transmissivität von $T = 0.995$ bereits eine um den Faktor $(1 - T)^2 \approx 0.000\,025$ geringere Intensität als das direkte Abbild des Gegenstandes. Damit ist klar, dass solche Geisterbilder nur in der Nacht an hellen Lichtquellen zu beobachten sind. Der Faktor $0.000\,025$ entspricht in der

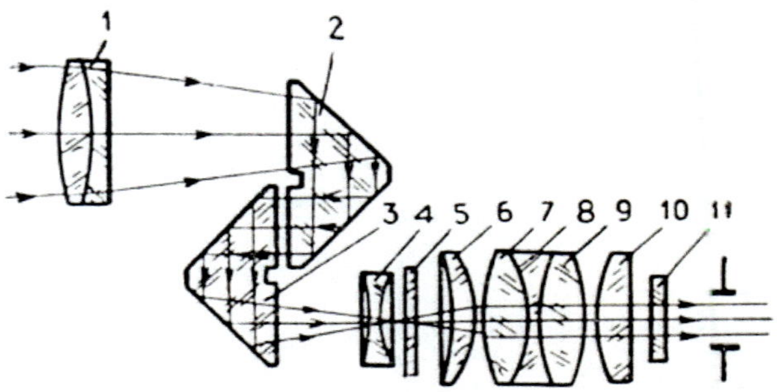

12.10

Schematischer Aufbau des KOMZ BPO 7x30 (aus dem beiliegenden Handbuch). Man erkennt ein orthoskopisches Okular-Design (Elemente 7 – 10) mit vorgelagerter Smyth-Linse (4), Strichplatte (5), einer zusätzlichen Feldlinse (6) und einem optionalen Filter (11). Man beachte auch die Kerbungen in den Prismen, die der Streulichtunterdrückung dienen.

Astronomie einer Verminderung um mehr als elf Größenklassen, sodass der Mond als einziges nächtliches Himmelsobjekt in der Lage ist, sichtbare Geisterbilder zu generieren.

Bei älteren Ferngläsern mit Einfachvergütung liegt die Transmissivität einer Glasoberfläche bei $T = 0.985$ und die Intensität des Geisterbildes um den Faktor $(1 - T)^2 \approx 0.000\,23$ geringer als das primäre Bild, was einer Verminderung um neun Größenklassen entspricht, sodass die Venus unter ungünstigen Umständen bereits sichtbare Geisterbilder erzeugen kann. Schlimmer wird es, wenn das Fernglas nicht vollvergütet ist, sondern aus Kostengründen einzelne Oberflächen unvergütet bleiben. Dies ist bei billigen Ferngläsern nicht selten der Fall – oft verzichtet man hier auf die Vergütung der Prismenflächen. Zwischen nicht-verkitteten Porro-Prismen kann ein Geisterbild entstehen, dessen Intensität sich von der des Originalbildes um den Faktor $(1 - 0.95)^2 \approx 0.0025$ unterscheidet, und das sind nur noch etwas über sechs Größenklassen. Die hellsten Sterne und Planeten können hier bereits störende Reflexe erzeugen, und ein Stadtpanorama erzeugt in der Nacht dann ein Feuerwerk von Irrlichtern.

12.11

Lichter unterschiedlicher Intensitäten dienen dem Test auf Geisterbilder.

Aus dem bisher Gesagten wird deutlich, dass helle, möglichst punktförmige Lichtquellen die idealen Testobjekte für eine Analyse der Geisterbilder darstellen. Bei diesem Laternentest wird die Lichtquelle, etwa eine 300 m entfernte helle Straßenlaterne, durch ein langsames Schwenken des Fernglases durch das Sehfeld gefahren, und dabei Anzahl und Intensität der Geisterbilder begutachtet. Auf diese Weise ist es möglich, Erkenntnisse über die Qualität der Vergütungen zu Gewinnen. Allerdings muss betont werden, dass es noch weitere Faktoren gibt, die ihren Einfluss auf die beobachtbaren Geisterbilder geltend machen. Einzelheiten des optischen Aufbaus des Instruments können Größe, Intensität und Position der Geisterbilder beeinflussen. Befindet sich eine Glasoberfläche sehr nahe an der Fokalebene, so trifft an dieser Stelle das Abbild einer punktförmigen Lichtquelle nahezu perfekt fokussiert und mit einer hohen Leuchtdichte auf das Glas, wobei entsprechend auffällige Reflexe entstehen können. Dies ist nicht selten bei Militärferngläsern zu beobachten, die an ihren Strichplatten besonders störende Geisterbilder erzeugen können. Auch können schlecht auspolierte Linsenflächen infolge von Lichtstreuung Reflexe erzeugen, die nicht zu übersehen sind.

Mit Dachkantgläsern tritt in diesem Experiment ein weiterer Effekt auf, der bei Porro-Gläsern abwesend ist: Die Dachkante durchteilt das Sehfeld wie ein sehr feiner Faden. Dabei entsteht ein Beugungseffekt, der sich in dem Abbild der Straßenlaterne als ein kurzer Lichtbalken bemerkbar macht und diagonal durch die Lichtquelle läuft. Dieser Spike ist senkrecht zur Richtung der Dachkante orientiert, und da beide Dachkanten, die des linken und des rechten Tubus, unterschiedliche Orientierungen haben, erscheint dieser Beugungseffekt beim binokularen Sehen wie ein Lichtkreuz, in dessen Zentrum die Lichtquelle sitzt. Die Intensität dieser sich kreuzenden Lichtbalken scheint eine Funktion der Dachkanten-Dicke zu sein, sodass eine hochgenau geschliffene Dachkante hier geringere Störungen hervorruft als eine weniger aufwendig geformte Dachkante. Zudem kann auch ein ineffektiver P-Belag zu ähnlichen, strahlenartigen Effekten an hellen Lichtquellen führen (Abbildung 5.22).

Abgesehen von diesen Spikes müssen die Positionen der Geisterbilder der Rotationssymmetrie des optischen Systems Rechnung tragen. Alle Geisterbilder sollten daher exakt übereinander liegen, wenn das Abbild der Straßenlaterne sich im Zentrum des Sehfeldes befindet. Ist das nicht der Fall, so deutet dies auf eine dezentrierte Linse hin. Bewegt man das Bild von der Mitte weg, so verschieben sich die Reflexe derart, dass sie stets auf einer Geraden liegen, die durch das Abbild der Lichtquelle verläuft. Aus den relativen Abständen der Reflexe zueinander, sowie deren Ausdehnungen und Intensitäten gelingt es dem erfahrenen Tester sogar, Informationen über den optischen Aufbau der Instruments zu gewinnen.

In manchen Fällen taucht neben dem Bild der Laterne ein zweites, meist unscharfes Abbild auf, dessen Position sich relativ zum Hauptbild nicht ändert, auch wenn dieses innerhalb des Sehfeldes verschoben wird. Dieser Effekt erscheint meist nur in einem der beiden Tuben und verschwindet, sobald monokular durch das andere Okular beobachtet wird. Hier handelt es sich um einen Reflex, der aufgrund eines ungenau geschliffenen Prismas entsteht. Dies ist nicht selten bei billigen Dachkantgläsern zu beobachten, bei denen die sehr geringe Toleranz für den 90° Winkel der beiden Dachflächen zueinander nicht eingehalten wurde.

Der Test auf Geisterbilder liefert folglich eine Fülle von Informationen über den Zustand des optischen Instruments. Einschränkend sollte aber darauf hingewiesen werden, dass es sich hier um einen extrem empfindlichen Test handelt – die Diagnosen betreffen Reflexe, die zum Teil zehntausend mal schwächer sind als das Hauptbild. Das Auffinden einzelner Geisterbilder an einer Straßenlaterne in der Nacht impliziert also nicht unbedingt Qualitätseinbußen im normalen Beobachtungsbetrieb, und ist daher auch nicht automatisch ein Grund zur Beunruhigung. Der Tester sollte nicht der Versuchung erliegen, bei einem Vergleich hochwertiger Ferngläser eventuell beobachtete feinste Unterschiede in den Geisterbildern als testentscheidendes Qualitätskriterium heranzuziehen. Dieser Test dient eher als ein kurzer »Checkup« weniger hochwertiger Ferngläser auf möglicherweise unvergütete Glasoberflächen, schlecht geschliffene Dachkanten oder unvollständig auspolierte optische Flächen.

12.3.3 Randschärfe

Ein Stern ist eine mathematisch perfekte Punktlichtquelle, und daher ein ideales Testobjekt für die Güte der Abbildung. Zudem sind in der Nacht, anders als am Tage, die Augenpupillen geweitet, sodass das komplette Strahlenbündel des Fernglases zur Abbildung beiträgt. Tests der Abbildungsgüte können am Stern somit aussagekräftiger sein als entsprechende Tests im hellen Tageslicht. Dabei ist jedoch zu beachten, dass Abbildungsfehler sowohl im Fernglas als auch im Auge auftreten, und dass daher bei der Interpretation der Beobachtungen mit Bedacht vorgegangen werden muss. Ein heller Stern erscheint den meisten Beobachtern aufgrund der sphärischen Aberration des Auges nicht punktförmig, sondern »strahlig« (Abschnitt 8.5). Dass es sich hierbei nicht um einen Fehler des Instruments handelt, verifiziert man durch seitliches Neigen des Kopfes, wobei die Strahlen jeder Drehbewegung folgen. Dieser Effekt verschwindet jedoch bei lichtschwächeren Sternen, sodass Sterne zweiter bis dritter Größenklasse als Testobjekte ideal sind. Selbstverständlich sollte hier ein Beobachter, der unter Astigmatismus leidet, nur mit seiner individuell abgestimmten Sehhilfe beobachten.

Jedes brauchbare Fernglas sollte einen Stern in seiner Sehfeldmitte perfekt punktförmig abbilden. Sollte das einmal nicht der Fall sein, dann hat man es mit einer fehlerhaften Optik zu tun, bei der auf ein weiteres Testen bereits verzichtet werden kann. Wird der Stern langsam Richtung Sehfeldrand geschwenkt, so wird eine zunehmend unscharfe Abbildung erkennbar sein. Die Entscheidung, bis zu welchem Abstand vom Sehfeldzentrum ein Stern noch perfekt erscheint und ab wann er als »unscharf« zu deklarieren ist, hängt von individuellen Ansprüchen ab, ist jedoch konsistent innerhalb von Messreihen, die von einem einzelnen Beobachter stammen. Geht es also darum, mehrere Ferngläser anhand ihrer Randschärfen miteinander zu vergleichen, dann sollten verschiedene Testpersonen zu weitgehend konsistenten Ergebnissen gelangen.

Man stelle sich eine imaginäre radiale Linie vor, die vom Zentrum bis zum Rand des Sehfeldes verläuft, und versehe sie in Gedanken mit einer Skala, im Zentrum bei Null beginnend und am Rand bei 100 % endend. Ein durchschnittliches Fernglas zeigt meist punktförmige Sterne innerhalb eines Bereiches der 60 % Markierung. Eine gute Randschärfe ist geboten, falls sich dieser Bereich bis hin zu 80 % erstreckt, und in seltenen Fällen, die dann als »randscharf« bezeichnet werden dürfen, sind Sterne bis mindestens 90 % zum Sehfeldrand perfekte Punkte. Selbstverständlich schneiden hier Ferngläser mit kleinen subjektiven Sehwinkeln meist besser ab als Weitwinkelgläser. Es kann daher bei einem Vergleich mehrerer Ferngläser identischer Vergrößerungen auch sinnvoll sein, anstelle des prozentualen Bereichs den absoluten Bereich der perfekten Abbildung (in Grad) anzugeben.

Die beobachtbare Randunschärfe ist nahezu immer ein Resultat mehrerer Aberrationen, die gleichzeitig zum Tragen kommen. Die Bildfeldwölbung ist nicht selten der dominante Faktor, sehr leicht daran zu identifizieren, dass sich der Stern durch erneutes Nachfokussieren auch fernab der Sehfeldmitte wieder scharfstellen lässt (Abschnitt 3.7.3). Das Verwenden einer Bildebnungslinse im Okular wird somit zu einer erheblich verbesserten Randschärfe führen. Es sei jedoch daran erinnert, dass eine Bildfeldwölbung bei der Landschaftsbeobachtung auch einen positiven Effekt haben kann, weil sie zu einer (scheinbar) erhöhten Schärfentiefe führt (Abschnitt 4.3). Auch der Astigmatismus, der in Fernglasoptiken meist nur teilweise korrigiert werden kann (Abschnitt 3.7.4), liefert im Randbereich einen zunehmenden Beitrag zur Bildunschärfe. Im Gegensatz zur Bildfeldwölbung ist die aus dem Astigmatismus resultierende Unschärfe nicht durch ein Nachfokussieren eliminierbar. Auffällig, besonders an hellen Kanten (etwa: Rand des Mondes, der sich weit außerhalb der Sehfeldmitte befindet), sind auch die Farbsäume – eine Folge der lateralen chromatischen Aberration (Abschnitt 3.7.6) – die selbst in hochwertigen Premiumgläsern ihr Unwesen treiben. Helle Sterne und Planeten (insbesondere: Vega und Venus) sind ebenfalls hervorragende Testobjekte für solche Farbquerfehler.

Die Randunschärfe sollte, ausgehend von der Sehfeldmitte, auch in mehreren Richtungen geprüft werden, da es in der Praxis durchaus vorkommt, dass sie sich nicht vollständig isotrop verhält. Da das optische System an sich zentralsymmetrisch ist, kann es sich in einem solchen Fall um einen Justagefehler handeln. Man beobachtet jedoch gelegentlich, dass die besagte Asymmetrie in beiden optischen Tuben genau gleich ausfällt, und zwar derart, dass die untere Sehfeldhälfte schärfer erscheint als die obere. Hier liegt der Verdacht nahe, dass der Hersteller durch eine absichtliche Manipulation (d. h. durch ein leichtes Verkippen der Prismen gegen die Hauptachsen) versucht, die Randunschärfe seines Fernglases zu kaschieren, denn bei der Tagesbeobachtung liegen detailreiche Objekte – meist Objekte in einer Landschaft – in der unteren Sehfeldhälfte, während in den oberen Bereich der relativ strukturlose Himmel fällt. Bei der Astronomie ist das natürlich nicht der Fall, und eine unsymmetrische Unschärfeverteilung eines Sternfeldes wirkt in hohem Maße unästhetisch.

Sternbilder lassen sich auch zur Abschätzung des objektiven Sehwinkels heranziehen. Dazu sucht man sich ein bekanntes Sternbild und wählt ein Sternenpaar derart, dass es gerade noch in das Sehfeld passt, um anschließend unter Verwendung eines Sternkatalogs den entsprechenden Winkelabstand zu bestimmen. Dies geschieht am einfachsten mit den im einschlägigen Fachhandel angebotenen Computerprogrammen. Es kursieren auch Sternkarten im Internet, die mit solchen Programmen erstellt wurden und Winkelabstände zwischen ausgesuchten Sternenpaaren explizit angeben.

12.3.4 Dämmerungsleistung

Die Leistungsfähigkeit eines Fernglases sollte unter möglichst variablen Lichtverhältnissen beurteilt werden. Die Dämmerung ist daher eine für den Tester besonders ergiebige Phase, bei der innerhalb von 1 – 2 Stunden der Übergang von der Tages-

zur Nachtbeobachtung stattfindet. Während dieser Übergangsphase findet nicht nur eine kontinuierliche Änderung der Beleuchtung statt, sondern auch ein hoch komplizierter Transformationsprozess in der optischen Wahrnehmung: Die Augenpupillen weiten sich und erreichen die peripheren Bereiche der Austrittspupillen – welchen Einfluss dieser Sachverhalt auf das Streulichtverhalten haben kann, wurde in Abschnitt 12.3.1 diskutiert. Die Eigenschaften unseres »Sensors«, der Netzhaut, ändern sich auf dramatische Weise: Zunächst steigt lediglich dessen Empfindlichkeit, dann treten Verschiebungen der Farbwahrnehmung auf, und das photopische Zapfensehen wird allmählich durch das skotopische Stäbchensehen ersetzt, wobei Farbunterscheidungen komplett verloren gehen (Abschnitt 8.7). Gleichzeitig nimmt das Auflösungsvermögen im zentralen Bereich des Sehfeldes ab, während das Sehen in den peripheren Bereichen des Sehfeldes an Bedeutung gewinnt. Das Erkennen von Objektdetails weicht dabei der Identifikation von Konturen, wobei in der Retina eine zunehmend komplexe Datenverarbeitung stattfindet (Abschnitt 8.9).

12.12

In zunehmender Dämmerung gehen Oberflächendetails verloren, und das Erkennen von Konturen und Bewegungen gewinnt an Bedeutung.

Ein Fernglas, das keine vollständig flache Transmissionskurve aufweist, ändert die spektrale Zusammensetzung des einfallenden Lichts, und dieser Umstand kann in der Dämmerung von Belang werden. Optiken, die speziell für die Dämmerung optimiert sind, weisen gerade im kurzwelligen Bereich eine besonders hohe Transmission auf. Andererseits verlieren diejenigen Ferngläser, die am Tage mit einer herausragenden Korrektur der chromatischen Aberration glänzen, weitgehend ihren Vorteil, wenn mit zunehmender Dunkelheit die starken Kontraste verblassen. Dafür wird jede Streulichtanfälligkeit jetzt zu einem echten Problem, weil sie die ohnehin bereits geringe Kontrastfunktion noch zusätzlich abschwächt. Eine hohe Gesamttransmission, am Tage von geringer Bedeutung, wird in der Dunkelheit, wenn jedes zusätzliche Photon das Signal-zu-Rauschverhältnis positiv beeinflusst, zu einem Vorteil.

Beim Dämmerungstest wird der Beobachter zunächst darauf achten, wie lange das Fernglas noch eine möglichst akkurate Farbwiedergabe gewährleistet, und anschließend die Wiedergabe von Details (Baumrinde, einzelne Blätter in Sträuchern) beurteilen. Eine sinnvolle Bewertung ist hier allerdings nur im direkten Vergleich verschiedener Ferngläser möglich. Schließlich, in fortgeschrittener Dunkelheit, sollte beurteilt werden, inwieweit eine allgemeine Orientierung beim Blick durch das Fernglas noch möglich ist. Dazu gehört es, den Standort des Beobachters in Relation zu den umliegenden Objekten definieren und deren Entfernungen und Eigenschaften möglichst genau bestimmen zu können. Unter solchen Beobachtungsbedingungen sind weite Sehfelder von Vorteil, die es erlauben, jedes einzelne Motiv in Bezug zu sein Umfeld zu setzen, und ferner eine weite stereoskopische Basis, die es erleichtert, die räumliche Anordnung der Objekte zueinander festzulegen (Abschnitt 10.9). Es ist höchst lehrreich, hier mit Ferngläsern unterschiedlicher Formate und Bauweisen zu experimentieren. Entscheidend ist jedoch, dass das Auge in jeder Phase der Beobachtung vollständig an die entsprechenden Lichtverhältnisse adaptiert ist, was voraussetzt, dass die Testperson sich dem Einfluss künstlicher Lichtquellen entzieht. Der Einsatz einer Taschenlampe mit Rotfilter ist jedoch gestattet, da die Stäbchen lange Wellenlängen nicht wahrnehmen und somit nicht geblendet werden. Unter Rotlicht benutzt man somit ausschließlich die rotempfindlichen Zapfen, die anschließend während des Dunkelsehens nicht gebraucht werden.

12.3.5 Chromatische Aberration

Die longitudinale chromatische Aberration (Farbquerfehler) fällt insbesondere dann ins Auge, wenn das Bild starke Kontrastübergänge aufweist. Hochspannungsmasten sind ideale Testobjekte, da deren Gitterstrukturen, von einem geeigneten Abstand aus betrachtet, zahlreiche solcher Übergänge in allen Bereichen des Sehfeldes liefern. Zunächst sollte das Zentrum des Sehfeldes überprüft werden, in dem keinerlei Farbsäume zu sehen sein dürfen: Eine chromatische Aberration sollte paraxial nur in Form eines Farblängsfehlers auftreten, der aber bei den für Handferngläser üblichen geringen Vergrößerungen unterhalb der Sichtungsschwelle bleiben sollte. Mit anderen Worten: Bei Handferngläsern sollte das Sehfeldzentrum stets frei von Farbsäumen sein. Ist das nicht der Fall, dann liegt das in den meisten Fällen daran, dass die Augenpupille nicht konzentrisch auf der Austrittspupille liegt, weil etwa der Augenabstand an der Knickbrücke nicht stimmt, oder das Fernglas ungenau angesetzt wurde. Dies kann leicht vorkommen, insbesondere dann, wenn die Austrittspupille des Fernglases groß ist. Auch kann die Augenpupille von der Austrittspupille teilweise beschnitten sein, was zu Farbsäumen führt, die nicht im Instrument, sondern im Auge entstehen (Abschnitt 8.5). Hier sollte man daher pingelig sein, um nicht zu falschen Ergebnissen zu kommen. Existieren auch nach dem sorgfältigsten Ansetzen der Optik noch Farbsäume in der Sehfeldmitte, dann ist das Fernglas höchstwahrscheinlich dejustiert und sollte repariert werden. In einem solchen Falle ist es wahrscheinlich, dass beide Tuben unterschiedliche Resultate zeigen.

12.13

Hochspannungsmasten: Ideal für den Test auf Farbsäume.

Nachdem die Sehfeldmitte überprüft ist, wird der Randbereich inzpiziert. Hier wird man durch jedes Fernglas mehr oder weniger starke Farbsäume erkennen – die laterale chromatische Aberration ist in der Praxis nicht vollständig zu vermeiden (Abschnitt 3.7.6). Selbst wenn es dem Hersteller gelänge, diese Abbildungsfehler zu eliminieren, wäre noch immer nicht garantiert, dass die Farbsäume verschwinden: Beim Blick in den Randbereich rückt die Augenpupille zur Seite und liegt somit nicht mehr konzentrisch auf der Austrittspupille. Der Versatz der Augenpupille zur optischen Achse, verbunden mit einem leichten Verkippen, nicht selten auch einem partiellen Beschnitt des Strahlenbündels, sind dann die Hauptursachen für die Farbsäume. Es dürfte technisch ein Ding der Unmöglichkeit sein, diese Effekte vollständig zu eliminieren, aber sie lassen sich zumindest reduzieren, und dieser Test dient dazu, herauszufinden, wie erfolgreich der Hersteller mit seinen Bemühungen gewesen ist.

12.3.6 Einblickverhalten und Seherlebnis

»Das Sehen wird neu erlebt und mit einer Intensität erfahren, die sich der Beschreibung entzieht. Alle anderen Empfindungen sind ausgelöscht. Auge und Fernglas – das Nahe und das Ferne – verschmelzen zu einer vollkommenen und harmonischen Einheit.«

12.14

Historisches blc (Zeiss Jena) 8x60 Fernglas der Kriegsmarine (links; Sehfeld: 158 m/1000 m, Gewicht: 2.3 kg; Leihgabe von Hans Seeger), im Größenvergleich mit einem Nikon 7x50 IF WX (Sehfeld: 187 m/1000 m, Gewicht: 2.4 kg).

So beschreibt Hans Seeger seine Erfahrung mit einem 80 Jahre alten Zeiss 8x60 Fernglas[8]. »Auge und Fernglas ... verschmelzen« ist die plastische Beschreibung eines Sehvorgangs, bei dem es zu keinerlei störenden Faktoren kommt, die von einer natürlichen Beobachtungserfahrung ablenken könnten. Bezeichnen wir somit das Vermögen, über die Schnittstelle Okular nahtlos an das Fernglasbild zu koppeln, als das Qualitätsmerkmal des Einblickverhaltens. Dieses lässt sich dann aufschlüsseln als die Eigenschaft, das komplette Sehfeld nach Ansetzen des Fernglases instantan überblicken zu können, verbunden mit der Abwesenheit von irritierenden Schatten oder Reflexen beim Betrachten der Motivauswahl mittels des blickenden Auges oder beim Schwenken des Fernglases.

Die genannten Kriterien haben etwas mit der Toleranz gegenüber Abweichungen der Pupillenlage von ihrem Sollwert zu tun. Sie sind leichter zu erfüllen, wenn entweder die Augenpupille, die Austrittspupille oder beide Pupillen möglichst große Durchmesser aufweisen, da in diesem Falle ein seitlicher Versatz nicht sofort zu einem Beschnitt führt. Viele Ferngläser zeigen daher in der Dämmerung oder in der Nacht, aber ebenso in der künstlichen Beleuchtung einer Messehalle oder eines Kaufhauses ein angenehmeres Einblickverhalten als im hellen Tageslicht. Ferner ist ein hinreichend weiter, jedoch nicht zu weiter Austrittspupillen-Längsabstand nötig, um das komplette Sehfeld erfassen zu können.

Abschattungen können entstehen, wenn die Augenpupille beim Blick in Richtung Sehfeldrand oder bei unwillkürlichen Sprüngen der Blickrichtung, die während des Schwenkens auftreten, von der Normposition abweicht, und dabei Teile des Strahlbündels kurzzeitig durch die Iris abgeblendet werden. Um diese Effekte zu minimieren, sollte das Fernglas eine möglichst geringe Vignettierung der Randpupille (Abbildung 12.4) aufweisen[9]. Nebenpupillen (Abbildung 12.7, links) müssen vermieden werden, um störende Reflexe während der Augenbewegungen zu verhindern. Ferner ist die Korrektur der sogenannten

[8] In: *Militärische Ferngläser und Fernrohre in Heer, Luftwaffe und Marine*, Verlag Dr. Hans Seeger, Hamburg, 2. Auflage, S. 380 (2002)

[9] Nach Aussage von Dale Forbes auf `birdforum.net`

sphärischen Aberration der Austrittspupille – ein Abbildungsfehler des Okulars, der die Eintrittspupille in eine »verbogene« Austrittspupille (Kaustik) überführt – als Kriterium bekannt, das irritierende Abschattungen zu vermeiden hilft. Eine besondere Herausforderung für den Konstrukteur besteht bei der Gewährleistung eines guten Einblickverhaltens für Brillenträger. Die konstruktiven Schwierigkeiten, die mit dem Bau von Brillenträgerokularen und geeigneten Augenmuscheln verbunden sind, werden in Abschnitt 10.12 angesprochen.

Neben einem guten Einblickverhalten tragen weitere Eigenschaften eines guten Fernglases zu dem von Seeger beschriebenen, eindrücklichen Seherlebnis bei. Dazu gehören eine einwandfreie Kollimation, ein weiter subjektiver Sehwinkel, ein Bild, das von einer scharf begrenzten Sehfeldblende eingerahmt ist, jedoch auch der gezielte Einsatz von Aberrationen in der optischen Rechnung. Zu diesen Aberrationen zählen die Bildfeldwölbung, die den Eindruck einer vergrößerten Schärfentiefe vermitteln kann (Abschnitt 4.3), sowie die kissenförmige Sollverzeichnung, die sich positiv auf das Schwenkverhalten des Fernglases auswirkt (Abschnitt 10.11). Gleichzeitig stehen diese Aberrationen im Widerspruch zur Exaktheit der optischen Abbildung, sodass eine geeignete Balance dieser Parameter zu einer anspruchsvollen Aufgabe wird. Da sich die Fernglasindustrie momentan einer Phase der Sättigung nähert, was die Abbildungsgüte der Optiken angeht, dürften solche »weichen« Konstruktionsparameter im Wettbewerb um die Gunst des Kunden eine zunehmend wichtige Rolle spielen.

Das im Eingangszitat beschriebene Zeiss 8x60 hatte einen großen Austrittspupillendurchmesser von 7.5 mm, einen weiten Austrittspupillen-Längsabstand von 24 mm, sowie einen weiten scheinbaren Sehwinkel von etwas über 70°, sodass es gute Voraussetzungen mitbrachte, um zumindest einige der genannten Kriterien zum Einblickverhalten erfüllen zu können. Ähnlich großzügig ausgestattet

12.15

SARD 6x42 Mark 43 (Sehfeld: 193 m/1000 m) der US-amerikanischen Navi, mit einem stattlichen Gewicht von 1720 g.

war das amerikanische SARD 6x42 Mark 43, das u. a. von Flugzeugen aus bei der U-Boot-Jagd eingesetzt wurde. Dessen sehr weites Sehfeld war bei einem Austrittspupillen-Längsabstand von knappen 20 mm bequem zu überblicken. Nach Einschätzung mancher Fernglasexperten repräsentieren einzelne Geräte der 1940er Jahre sogar einen historischen Höhepunkt der Fernglastechnik, weil seitdem kein Handfernglas jemals wieder ähnlich hohe Standards in Bezug auf Einblickverhalten und Beobachtungskomfort erreichen konnte.

Es ist allerdings unvermeidbar, dass ein gutes Einblickverhalten Okulare großen Kalibers voraussetzt, sowie hinreichend dimensionierte Prismen, um die Vignettierung zu minimieren, und dass daher moderne Ferngläser angesichts des allgegenwärtigen Drucks in Richtung Gewichtsminimierung mit einem nicht zu vernachlässigenden Handicap ins Rennen gehen müssen: Das SARD wog immerhin 1.7 kg, das Zeiss 8x60 gar 2.3 kg, ähnlich wie das Nikon WX (Abbildung 12.14 und 6.20), das unter den modernen Ferngläsern am ehesten als würdiger Nachfolger des Zeiss 8x60 taugen dürfte.

12.16

Blick auf die Okulare des Zeiss 8x60 DF: Die groß dimensionierten Augenlinsen und die gering vignettierten Randpupillen tragen zu dem guten Einblickverhalten dieses Fernglases bei.

Unter Ferngläsern jüngeren Datums sind weitere Beispiele bekannt, die mit einem sehr gutem Einblickverhalten glänzen. An prominenter Stelle sei hier das Zeiss 7x42 Dialyt genannt (dargestellt in Abbildung 13.7, links), das bis nach der Jahrtausendwende gebaut wurde. Ähnlich beeindruckend war das 8.5x42 EL von Swarovski, hergestellt im Zeitraum von 1999 – 2009. Die Tatsache, dass nicht alle modernen Premiumgläser ein vergleichbar gutes Einblickverhalten zeigen, deutet jedoch darauf hin, dass entweder die Prioritäten beim Design unterschiedlich gesetzt werden, oder aber, dass noch immer nicht alle Geheimnisse, die sich hinter diesem Begriff verbergen, gelüftet sind. In diesem Fall dürfte der Konstrukteur, der sich um ein optimales Einblickverhalten bemüht, zu einem gewissen Grad auch von einer guten Fügung des Schicksals abhängig sein.

12.3.7 Ergonomie und Haptik

Nachdem der erste Eindruck zur Haptik des Gerätes bereits beim Kauf im Laden gewonnen wurde, kann es draußen im Feld noch einmal zu Überraschungen kommen: Das Fernglas, mit einem üppigen Vergrößerungsfaktor versehen, lässt sich nach einer mehrstündigen Tour auf einmal nicht mehr so entspannt und ruhig halten wie noch am Ladentisch. Die Fokussierung läuft in der Kälte plötzlich viel schwergängiger als zuvor, und der Trageriemen, eben noch als unwichtige Beigabe betrachtet, übernimmt auf einmal eine tragende Rolle, aber in einem anderen Sinne als erhofft, indem er nämlich fleißig drückt und scheuert.

Es kann nicht oft genug betont werden: Eine abschließende Bewertung von Ergonomie und Haptik eines Fernglases lässt sich nicht durch flüchtiges Herumfingern im Laden gewinnen, und erst recht nicht bei endlosen Diskussionen in Internetforen. Da jeder sein Fernglas auf individuelle Art und Weise einzusetzen gedenkt, ist es auch kaum möglich, hier allgemein gültige Hinweise zu geben, abgesehen von der Binsenweisheit, dass jeder sein Fernglas erst beim Einsatz im Feld finden kann. Offensichtlich hängen die Ansprüche, die ein Beobachter an Haptik und Ergonomie stellen, wesentlich von dem Einsatzort des Gerätes ab: Wird es stationär verwendet, auf dem Ansitz, der Brücke eines Schiffes, oder der Fensterbank, dann wird weniger auf Gewicht und Ergonomie geachtet als bei einem mobilen Einsatz, wenn das Fernglas stundenlang am Körper verbleibt.

Die Testprozedur ist also denkbar trivial: Man benutze es in einer Umgebung, und in einer Art und Weise, in der man es auch in Zukunft zu verwenden gedenkt, und achte auf Probleme, die während der Bedienung auftreten, und die voraussichtlich nicht auf mittlere Sicht durch Gewöhnung und Erfahrung eliminierbar sind. Manche Unannehmlichkeiten rücken erst nach mehrfachem Gebrauch in den Vordergrund, und dann ist es nicht selten zu spät, um das Fernglas noch einmal umzutauschen. Dies sollte, ohne Groll, als Lehrgeld verbucht werden, das unvermeidbar ist für jeden, der sich schrittweise zu einen erfahrenen Fernglasanwender entwickelt.

Kein noch so gut durchdachtes Fernglaskonzept kann dem Anwender diesen Entwicklungs- und Lernprozess abnehmen: Ein optisches Instrument muss beherrscht werden, und nur die unablässige und ausdauernde Anwendung des Geräts in der Praxis führt schließlich zu einer perfekten Symbiose von Mensch und Maschine, bei der dann so mancher Leistungsparameter aus dem Datenblatt des Instruments, der mit viel Rauschen in diversion Foren auf- und abgewertet wird, nur noch eine Nebenrolle spielt.

13 Kleine Kaufberatung

Wer sich ein Fernglas zulegen möchte, der wird sich idealerweise eine Kaufstrategie zurechtlegen, auf die er bei seiner Produktwahl zurückgreifen kann. Eine sorgfältig vorbereitete Kaufentscheidung könnte man in drei Phasen einteilen:

- **Phase I:** Welchen Fernglastyp sollte ich ins Auge fassen? Hier kommt es auf eine möglichst genaue Definition des geplanten Anwendungsprofiles an, mit dessen Hilfe die Spezifikation des zukünftigen Fernglases einzugrenzen ist.
- **Phase II:** Wie viel Geld bin ich bereit zu investieren? Für mehr Geld kann man mehr Leistung erwarten. Aber ist das immer so? Gibt es Einschränkungen, eventuell auch Alternativen, mit denen ich das Optimale für meinen Zweck herausholen kann, ohne gleich das Bankkonto zu plündern?
- **Phase III:** Nach Festlegen von Spezifikation und Preisbereich – für welches konkrete Modell soll ich mich entscheiden, und warum? Hier ist es wichtig zu wissen, in welchen Parametern man Kompromisse bei den Eigenschaften und Leistungsdaten des Gerätes akzeptieren kann.

Das Kapitel 11 sollte dazu dienen, Hilfestellungen für Phase I zu liefern. Im folgenden Abschnitt wollen wir einige Details zu Phase II aufgreifen. Bei Phase III ist der Leser dann auf sich allein gestellt – niemand kann ihm die endgültige Entscheidung für ein konkretes Modell abnehmen. Das Hintergrundwissen, das die Lektüre dieses Buches vermittelt, sollte ihm jedoch ein systematisches und effizientes Eingrenzen der zur Auswahl stehenden Modelle ermöglichen und dazu beitragen, das optimal auf seine individuellen Bedürfnisse abgestimmte Fernglas zu identifizieren und einen möglichen Fehlkauf zu vermeiden.

Es sollte damit auch klar sein, dass es sich bei diesem Kapitel um eine Kaufberatung, nicht um eine Kaufempfehlung handeln kann. Auch wenn in den folgenden Abschnitten einzelne Modelle als wohl ausgesuchte Beispiele vorgestellt werden, so ist diese Auswahl alles andere als vollständig und auch nicht als exklusiver Geheimtipp zu verstehen. Es gibt schließlich noch weit mehr empfehlenswerte Modelle auf dem Markt, und jedes Jahr kommen weitere hinzu. Die hier aufgeführten, möglichst allgemein gehaltenen Auswahlkriterien für den Kauf eines geeigneten Fernglases sind jedoch zeitlos und sollten auch in vielen Jahren noch ihre Gültigkeit behalten.

13.1 Was die Premiumklasse bietet

Ein Top-Fernglas kostet inzwischen deutlich über 2000 Euro. Ist es das eigentlich wert? Die Antwort auf diese recht simple Frage ist von überraschender Komplexität. Zuallererst muss man sich im Klaren darüber sein, an welchen Stellen des Produktionsablaufs diese Kosten überhaupt auftreten.

Es besteht dabei kein Zweifel, dass die Ferngläser der Premiumklasse auch die Leistungsspitze auf dem Markt repräsentieren – zahllose Vergleichstests der letzten Jahrzehnte, durchgeführt von Experten aus unterschiedlichsten Anwendungsbereichen, haben das wiederholt und mit konsistenten Ergebnissen demonstriert. Der Fernglasmarkt verhält sich also nicht wie etwa der Markt der Luxusuhren, auf dem sich hohe Preise eher durch Markennamen und Exklusivität als durch Leistung definieren. Es steckt eine aufwendige Technologie in den Top-Ferngläsern, mit der sich die in diesem Marktsegment vorherr-

13.1

Blaues Logo: Das Zeiss 10x42 Victory SF bei seiner Vorstellung im August 2014. Der Nachfolger des Victory FL, mit erweitertem Sehfeld (120 m/1000 m) und verbesserter Randschärfe ist allerdings weniger kompakt als sein Vorgänger.

schenden hohen Preise zumindest teilweise rechtfertigen lassen.

Zusätzliche Kosten entstehen bereits bei der Auswahl des Materials: Ein ehrgeiziges optisches Design erfordert nicht selten die Verwendung teurer Spezialgläser, die einen erhöhten Aufwand sowohl bei der Herstellung als auch bei der Bearbeitung implizieren. So benötigen exotische Glassorten Zusätze, die perfekt in die Schmelze eingebracht werden müssen, wobei Schwierigkeiten bei der Homogenisierung auftreten können (Schlierenbildung). Gläser mit besonders hoher Transmission stammen aus ausgesuchten Schmelzen und sind nicht jederzeit in beliebigen Mengen verfügbar.

Die Bearbeitung präziser Linsenoberflächen erfordern einen langsamen Schleif- und Polierprozess, um mechanische Verformung durch Wärmebildung zu vermeiden, und eine lange Bearbeitungszeit, um hinreichend glatte Oberflächen zu garantieren. Es folgen die Oberflächenvergütungen, die bei billigsten Ferngläsern aus einer einzelnen Schicht, bei hochwertigen Gläsern aus zahlreichen, aufeinander abgestimmten Lagen bestehen, welche die Reflexionsverluste pro Oberfläche auf Werte unterhalb von 0.3 % senken. Die Dachkantprismen erfordern den Phasenkorrekturbelag, der aufwendig zu fertigen und zu prüfen ist. Prismen vom Schmidt-Pechan-Typ erfordern die Verspiegelung einer Seitenfläche, und bei hochwertigen Ferngläsern handelt es sich dabei um eine dielektrische Verspiegelung, die 30 oder mehr einzelne Lagen verlangt, um eine Reflektivität von 99 % zu erreichen. Eine lückenlose Prozesskontrolle ist notwendig, um zu vermeiden, dass auch nur eine der Lagen von der vorgeschriebenen Stärke abweicht.

13.2

Rotes Logo: Leica 7x42 Ultravid HD Plus (Sehfeld: 140 m/1000 m), eines der wenigen noch angebotenen Premiumgläser mit 7-facher Vergrößerung. Ein angenehm ruhiges Bild – auch während des Schwenkens – und satte Farben zeichnen das Fernglas aus.

Abgesehen von der Fertigung der optischen Bauelemente ist auch eine präzise Justage dieser Elemente im Fernglaskörper notwendig. Hier ist zu beachten, dass gerade ein anspruchsvolles optisches Design oft auch sehr niedrige Toleranzen mit sich führt, sodass jedes einzelne Bauteil, jeder Distanzring und jede Fassung hochgenau gefertigt werden muss. Diese Toleranzen müssen auch unter erheblichen mechanischen und thermischen Belastungen eingehalten werden, und dabei einen möglichst gleich bleibenden Bedienungskomfort liefern – ein kältestarrer Fokussierknopf wird bei einem Premiumglas genausowenig toleriert wie ausgelaufenes Fett, nachdem das Fernglas einige Stunden in einem sommerheißen Auto verbracht hat. Druckwasserdichte ist inzwischen eine Selbstverständlichkeit bei Ferngläsern in diesem Marktsektor. Erschwerend kommt hinzu, dass unter den Top-Herstellern auch ein Konkurrenzkampf um die leichtesten Geräte geführt wird. Das Gehäuse sollte daher nicht nur robust, sondern auch noch möglichst leicht sein, was besonders hochwertige Materialien erfordert, die zum Teil dünnwandig und sehr präzise geformt werden müssen. Für den Fall, dass dennoch etwas schief geht, bietet der Hersteller eine langjährige Garantieleistung, und für diesen Zweck müssen die Werkstätten über viele Jahre hinweg Ersatzteile auf Lager halten.

Die Premiumgläser haben also einiges an Aufwand hinter sich und womöglich einiges an Belastung vor sich, wenn sie fabrikneu ihren Besitzer finden. Doch zahlt sich all der Aufwand auch aus, bieten diese Ferngläser dann auch wirklich einen sichtbaren Mehrwert an optischer Leistung? Dies ist eine ausgesprochen subjektive Fragestellung. Von einem markttechnischen Standpunkt aus gilt hier, wie immer, das Gesetz vom abnehmenden Ertragszuwachs: Je mehr zusätzlicher Aufwand in die Produktion gesteckt wird, desto geringer wird die zusätzliche Ausbeute. Das bedeutet, dass die Ferngläser mit erhöhtem Aufwand zwar immer besser werden, aber eben immer langsamer besser.

Leider sind in den letzten Jahren im Premiumsektor auch Indizien für eine zunehmende »Featuritis« zu finden, d. h. für ein unnötiges, aber teures Überfrachten der Instrumente mit Funktionen, die in der Beobachtungspraxis nicht nur von zweitrangiger Bedeutung, sondern unter Umständen sogar kontraproduktiv sind: Das Streben nach den letzten noch erreichbaren Prozenten in der Transmission, nach einem Nahpunkt möglichst noch unterhalb von 2 m, nach einem perfekt scharfen Bild bis hin zur Sehfeldblende, immer noch schnellere Übersetzungen des Mitteltriebs, und dazu nach Möglichkeit noch eine Gewichtsreduktion – manche dieser Maßnahmen stellen nur auf den ersten Blick einen Fortschritt dar. Als Konsequenz dieses Wettrüstens der Datenblätter sind nämlich die Preise der Top-Ferngläser in den vergangenen Jahren nach oben geschnellt, seitens der Kundschaft wird in zunehmendem Maße eine nachlassende Präzision der Fokussierung, wenn nicht gar der gesamten mechanischen Ausführung bemängelt, und seitens der Hersteller wurden teilweise die Garantiezeiten reduziert.

13.3

Mit Habicht: Das Swarovski 8x32 EL WB (Sehfeld: 141 m/1000 m), ein recht großes Fernglas mit einem weiten, ebenen Bild, hoher Randschärfe und geringer Verzeichnung, gilt vielen Beobachtern als das momentan beste 8x32 Fernglas.

Diese nicht unbedenkliche Entwicklung, die seit vielen Jahren auch auf dem Kameramarkt zu beobachten ist, ist nicht in erster Linie darauf ausgerichtet, dem Kunden ein schlankes[1], praxisorientiertes und bezahlbares Produkt zu bieten, sondern darauf, Konkurrenzprodukte in ihrer Papierform zu überflügeln, einen Vorteil im Marketing zu erhaschen und den kurzfristigen Profit zu optimieren. Wie bei den Digitalkameras sind es inzwischen die Marketing-Experten, weniger die Ingenieure, die die Richtung des Fortschritts und den Funktionsumfang der Produkte vorgeben, mit teilweise zweifelhaftem Nutzen für den Anwender (und dessen Brieftasche).

Nichtsdestoweniger stellt der Kauf eines Premiumglases noch immer die sicherste Methode dar, um an ein sehr gutes Fernglas zu kommen. Man kann im Prinzip nicht viel falsch machen, denn technisch gesehen sind diese Ferngläser stets auf dem neuesten Stand und somit das beste, das man für Geld kaufen kann. Dazu kommt, dass die Hersteller einen Namen haben und deren Produkte somit einen hohen Wiederverkaufswert, der positiv zu Buche schlägt, wenn nach Jahren des Gebrauchs auf ein neueres Modell gewechselt werden soll.

Entscheidend für die erfolgreiche Suche nach einem Fernglas ist jedoch, dass der Käufer seine Auswahl keineswegs ausschließlich anhand der technischen Daten oder anhand von Erfahrungsberichten trifft. Gerade in der Premiumklasse sind die Ferngläser bereits so ausgereift und liegen so eng beieinander, dass die wichtigsten Entscheidungskriterien oft subjektiver Natur sind: Gefällt mir der Einblick? Auch durch meine Brille noch? Wie ist die Haptik und die Balance – liegt es ruhig in der Hand, kann ich schnell und akkurat fokussieren, ohne dabei die optimale Haltung aufgeben zu müssen? Sagt mir das Zuberhör zu, oder muss ich gegebenenfalls bei einem anderen Anbieter nachkaufen? Schließlich noch eine kritische Frage, die im Einzelfall sehr viel Geld sparen kann: Brauche ich wirklich all die Leistung und all die Vorteile, ob offensichtlich oder scheinbar, oder könnte ich eventuell auch mit einem weniger exklusiven Fernglas glücklich werden? Diese letztere Frage bringt uns zu den Ferngläsern der Mittelklasse.

13.2 Die Mittelklasse: Suche nach dem Kompromiss

Auf die Frage, welche Eigenschaften ein Mittelklassefernglas definieren, gibt es keine eindeutige Antwort. Ein solches Fernglas sollte deutlich preisgünstiger sein als ein durchschnittliches Gerät der entsprechenden Premiumklasse, dabei aber bereits den grundlegenden Qualitätsstandards genügen. Insbesondere sollte ein solches Gerät keine ausufernde Serienstreuung, die unter Billiggläsern zum Alltag gehört, aufweisen, also ein wohl definiertes Leistungsniveau repräsentieren. Erfahrungsgemäß ist das momentan bei Ferngläsern ab etwa 400 Euro recht durchgängig der Fall, sodass man die Mittelklasse zwischen 400 Euro und vielleicht zwei Drittel des in der Premiumklasse üblichen Preisniveaus ansiedeln könnte.

Was unterscheidet ein solches Fernglas von einem Top-Fernglas? Das komplette optische Design ist weniger anspruchsvoll und etwas kompromissbehaftet, um den technischen Aufwand in einem angemessenen Rahmen zu halten. Nicht selten weisen diese Ferngläser etwas weniger Sehfeld auf, als man es vom Premiumsegment her gewohnt ist, womit eine kompetitive Randschärfe erreicht wird, ohne auf hochgradig komplexe Okularkonstruktionen zurückgreifen zu müssen. Gleichzeitig verringert dies auch Größe und Gewicht der Prismen – eine Rücklage, die dazu verwendet wird, um das zusätzliche Gewicht teilweise zu kompensieren, das mit weniger hochwertigen Gehäusematerialien einhergeht. Der Nahpunkt liegt einen halben Meter weiter weg, wodurch sich Fokussierhub und Brechkraft der Fokussierlinse verringern lassen; letztere Maßnahme verringert auch

[1] »Schlank« im Sinne eines auf den Einsatzzweck zugeschnittenen Designs, im Gegensatz zu einem überzüchteten Funktionsumfang.

13.4

Das neue Nikon 8x42 Monarch HG kombiniert ein helles Bild mit einem weitem Sehfeld (145 m/1000 m) und einem erstaunlich kompakten und leichten Gehäuse (665 g). Solche leistungsfähigen Ferngläser der zweiten Reihe sind als Alternativen zur Premiumklasse ernsthaft in Betracht zu ziehen.

13.5

Gehobene Mittelklasse: Zeiss 8x32 Conquest HD (Sehfeld: 140 m/1000 m), mit hellem Bild und hohem Kontrast, ist mit 640 g jedoch schwerer als seine Konkurrenz aus der Premiumliga.

die Aberrationen dieser Linse, die dann im Okular mit weniger Aufwand korrigiert werden können. Antireflex-Vergütungen, Prismenverspiegelung und P-Belag sind nicht auf dem allerletzten, sondern nur auf dem vorletzten Stand der Technik, der eine Dekade zuvor in der Premiumklasse Standard war, wodurch die Transmission nicht 93 %, sondern vielleicht nur 88 % erreicht.

In der Mittelklasse sind inzwischen Ferngläser mit dem ED Siegel, ED-Glas das eine Reduktion der chromatischen Aberration durch Verwendung von Spezialgläsern bewirbt, weit verbreitet. In der Praxis finden sich jedoch, ob mit oder ohne ED, beträchtliche Unterschiede in der Intensität der noch vorhandenen Farbsäume. Hier ist es unerlässlich, im Detail zu prüfen, ob das Fernglas sein Prädikat auch wirklich verdient. Allerdings benötigt auch nicht jeder Nutzer eine besonders aufwendige Korrektur dieses Abbildungsfehlers, die ihren Vorteil erst dann voll ausspielt, wenn in der Beobachtungspraxis häufig mit starken Kontrastübergängen zu rechnen ist: Schwarzer Vogel vor hellem Himmelshintergrund wäre ein klassisches Beispiel. Zwar beobachtet man allgemein, dass eine gute Korrektur der chromatischen Aberration den Mikrokontrast abseits der Sehfeldmitte verbessert, wobei Oberflächentexturen schärfer herausgestellt werden (Stichwort: Mikrokontrast). Wer jedoch vornehmlich im Wald, in der Dämmerung oder gar in der Nacht beobachtet, für den stellen Optiken mit konventionellen Gläsern keine nennenswerte Einschränkung dar. Ferngläser für das Militär oder für die Jagd benötigen daher keine Spezialgläser zur Reduktion von Farbsäumen, und wer sein Fernglas zur Landschaftsbeobachtung meist im Fernbereich verwendet, kann ebenfalls mit chromatischer Aberration leben, weil die atmosphärische Extinktion die stärksten Kontrastübergänge bereits weichgewaschen hat.

Wie bereits erwähnt, sind die Vergütungen der Linsen und Verspiegelung der Schmidt-Pechan-Prismen in der Mittelklasse auf einem niedrigeren Niveau als

13.6

Aus Tschechien: Meopta 8x32 Meostar B1 (Sehfeld: 138 m/1000 m), kompaktes Gehäuse und moderates Gewicht von 580 g. Es hat einen guten Einblick, erreicht jedoch nicht ganz die Transmissionswerte eines Premiumglases.

man es von der Premiumklasse her gewohnt ist, und hier lässt sich meist ein direkter Zusammenhang mit dem Preis feststellen: Bei Ferngläsern der gehobenen Mittelklasse haben diese Unterschiede lediglich einen marginalen Einfluss auf die Gesamtleistung des Fernglases. An dieser Stelle sei auch daran erinnert, dass Ferngläser mit Porro-Prismen weder Verspiegelungen benötigen noch Phasenkorrekturen, und dabei weit höhere Fertigungstoleranzen ohne Einschränkungen in der optischen Leistung erlauben. Porro-Ferngläser bieten daher preisgünstige Alternativen zu Dachkantgläser für denjenigen, der mit den Nachteilen dieses Fernglastyps – der weitere Nahpunkt, der breitere Formfaktor und die bei zentraler Fokussierung meist eingeschränkte Wasserdichtigkeit – leben kann. Leider hat sich der seit langem bestehende Trend zum Rückzug des Porro-Fernglases, der zunächst den Premiumsektor betraf, auch auf die Mittelklasse ausgedehnt. Sehr gute Porro-Gläser sind zu einer seltenen Spezies geworden, und es ist abzusehen, dass sich diese Instrumente trotz ihrer konstruktiven Vorteile (u.a. bessere Abbildung bei verringertem Herstellungsaufwand, besseres 3D-Sehen) ganz auf den Marktsektor der Billigklasse zurückziehen werden, mit wenigen Ausnahmen unter den Astro- und Marineferngläsern.

Anders als im Premiumsegment stößt man in der Mittelklasse auch auf »schwarze Schafe«. Hier handelt es sich um Ferngläser, die sehr billig produziert, jedoch – mit vollmundigen Werbesprüchen versehen – für viel Geld angeboten werden. Meist sind solche Tricks sehr schnell anhand der mangelhaften Qualität der Vergütung, die an hellen Lichtquellen starke Geisterbilder erzeugt, anhand der unzureichenden Streulichtunterdrückung, oder der mangelhaften Mechanik, wie etwa unpräzisem Mitteltrieb oder wackeligen Drehaugenmuscheln, zu entlarven. Vorsicht ist geboten bei hochpreisigen Angeboten von Geräten mit wenig bekannten, oft deutsch klingenden Markennamen, die sich auf den zweiten Blick dann als China-Importe einer Briefkastenfirma entpuppen.

Abschließend sei daran erinnert, dass auf dem Gebrauchtwarenmarkt auch ehemalige Premiumgläser zu finden sind. Viele davon erreichen auch heute noch das Leistungsniveau der gehobenen Mittelklasse und sind daher als ernstzunehmende Alternativen anzusehen. Entscheidend bei der Auswahl eines Gebrauchten ist, abgesehen von der notwendigen Vorsicht vor eventuell vorhandenen, erst auf den zweiten Blick erkennbaren Schäden, das Baujahr des Veteranen. Hier ist zu beachten, dass die Mehrfachvergütung Ende der 1970er-Jahre flächendeckend in der Premiumklasse etabliert war, und der P-Belag Ende der 1980er-Jahre zum Standard wurde. Um ein Gebrauchtfernglas hoher Leistungsfähigkeit zu erhalten, sollte man auf das Vorhandensein einer solchen Mehrfachvergütung Wert legen, und im Falle eines Dachkantglases auch auf einen P-Belag bestehen.

13.7

Klassiker: Zeiss 7x42 Dialyt (links, Sehfeld: 150 m/1000 m), und Leica 10x50 Trinovid BA (rechts, Sehfeld: 115 m/1000 m), leistungsstarke Spitzenferngläser aus den 1990er Jahren. Heute sind sie in gutem Zustand für weniger als 1000 Euro zu bekommen und der zukünftige Preisverfall dürfte gering sein.

Gerade für den Fernglasfreund, der mehr als nur eine spezielle Anwendung im Auge hat, bietet die Mittelklasse oft interessante Alternativen. Anstatt 2400 Euro für die »eierlegende Wollmilchsau« aus dem Premiumsegment auszugeben, mag es vorteilhaft sein, auf Diversifizierung zu setzen und zwei bis drei Ferngläser der Mittelklasse im Schrank zu haben, von denen je nach Bedarf das am besten geeignete Gerät mit auf Tour geht. Bei der Tagesbeobachtung ist ein leichtes 8x30 dabei, in der Dämmerung lieber ein 7x42, für den Sternhimmel ein 10x50. Diese drei Geräte mögen zusammen genauso viel kosten wie ein einzelnes Premiumglas, dabei jedoch weit besser auf ihren jeweiligen Anwendungsbereich zugeschnitten sein.

13.3 Schnäppchenjagd

Die Jagd nach dem billigen, aber dennoch hinreichend leistungsfähigen Fernglas wird von einer Vielzahl von Fernglasfreunden mit großer Leidenschaft betrieben. Dabei erfordert sie ein hohes Maß an Erfahrung und Intuition, weil andernfalls mit hoher Zielsicherheit Fehlkäufe erfolgen und dabei mehr Geld in den Sand gesetzt wird als beim einmaligen Kauf eines guten Mittelklassefernglases.

13.8

Hart im Nehmen: Das Hensoldt 8x30 Fero-D 16 der Bundeswehr (Sehfeld: 122 m/1000 m), wasserdicht und robust, dabei fast brillentauglich – ein preisgünstiges Gebrauchtglas für die Reise.

Im Preisbereich unter 400 Euro sind bei der Leistung des Fernglases immer erhebliche Kompromisse in Kauf zu nehmen. Es kommt also darauf an, sich auf diejenigen Eigenschaften des Gerätes zu konzentrieren, die einem besonders wichtig erscheinen, wohl wissend, dass manch anderer Anspruch nicht erfüllt werden kann. Wenn es um optische Leistung geht, sind in diesem Preissektor die Porro-Gläser fast immer im Vorteil, weil es praktisch unmöglich ist, hinreichend präzise Dachkantprismen mit halbwegs anspruchsvollen Beschichtungen für so wenig Geld herzustellen.

Vorsicht ist bei Erfahrungsberichten geboten. In diesem Preissektor ist mit einer erheblichen Serienstreuung zu rechnen, denn eine Endkontrolle des fertigen Produkts durch den Hersteller findet hier aus Kostengründen oft nicht mehr statt. Wenn also ein Fernglastester von bestimmten Mängeln seines Fernglases berichtet, so mag das nächste Exemplar schon wieder an anderen Stellen Probleme aufweisen. Die Endkontrolle findet beim Kunden statt, und der sollte seine Aufgabe ernst nehmen, um sich später im Feldeinsatz Enttäuschungen zu ersparen.

Es ist keine Überraschung, dass die Schnäppchenjagd zu einem wesentlichen Anteil auf den Online-Auktionsplattformen ausgelebt wird. Hier kann man mit etwas Glück für wenig Geld ein anspruchsvolles Fernglas vergangener Tage erwerben. Es sei aber dringend geraten, sich vor dem Bieten beim Verkäufer ein Rückgaberecht garantieren zu lassen. Lehnt er dies kategorisch ab, so ist daraus zu schließen, dass er von der Qualität seines Gerätes nicht überzeugt ist, und in diesem Falle sollten Alternativen ins Auge gefasst werden.

Ferngläser der unteren Preisklassen sind meist weder robust noch wasserdicht – auch wenn das nicht selten vollmundig versprochen wird. Ausnahmen sind gebrauchte Militärferngläser, die oft in großen Stückzahlen auftauchen und für relativ wenig Geld zu erwerben sind. Solche Geräte garantieren eine ordentliche Optik und sind gleichzeitig anspruchslos in Umgang und Pflege. Nachteilig sind meist das relativ hohe Gewicht, eine unbequeme Einzelokularverstellung und gelegentlich auch integrierte Laserfilter, die einen störenden Grünstich erzeugen können. Dafür erhält man ein robustes Reiseglas, das, anders als ein teures Premiumglas, ruhig auch mal im Hotelzimmer allein gelassen werden kann.

Von allzu preisgünstigen Angeboten sollte auf jeden Fall Abstand gehalten werden. Ein Fernglas ist grundsätzlich ein Präzisionsinstrument, dessen Funktion nicht nur von hochgenau geformten Linsen abhängt, sondern auch von einer akkuraten mechanischen Konstruktion, die dafür zu sorgen hat, dass optische Baugruppen mit der Genauigkeit eines Hundertstel Millimeters aufeinander abgestimmt sind. Das ist für wenige Euro nicht zu machen, auch in China nicht, und wer sich an solch einem Billigimport versucht, der hat anschließend ein Gerät in der

13.9

Das preisgünstige Kowa 6x30 YF (Sehfeld: 140 m/1000 m) ist mit seiner geringen Vergrößerung und der großen Fokussierwalze spielend leicht zu bedienen und daher auch für Kinder im Vorschulalter geeignet.

13.10

Unendliche Weiten: Bushnell 7x35 Rangemaster (Sehfeld: 175 m/1000 m) von 1955. Ein Relikt aus Zeiten, in denen gute »Superweitwinkel«-Ferngläser noch markttauglich waren, heutzutage nur noch als Schnäppchen zu finden.

13.11

Das 10x50 Jenoptem von Zeiss Jena (Sehfeld: 128 m/1000 m, nicht brillentauglich) ist wie das baugleiche Dekarem noch immer in nennenswerten Stückzahlen zu finden und aufgrund seiner hohen Mittenschärfe ein beliebtes Astroglas. Seriennummern über 4.8 Millionen waren mehrfachvergütet.

Hand, mit dem Kopfschmerzen wegen unzulänglicher Kollimation vorprogrammiert sind. Letztlich trägt ein solcher Kauf daher nur zur globalen Umweltverschmutzung bei. Wer mit Bedacht investiert, indem er vor dem Einkauf sein Anwendungsprofil analysiert, der kauft nur einmal und verbringt stattdessen wertvolle Sunden bei der Beobachtung.

13.4 Zehn Gebote zur Fernglaswahl

Zum Abschluss sollen die Erkenntnisse der vorangegangenen Kapitel in einer kurzen Liste von Merkregeln zum Fernglaskauf konzentriert werden:

1. **Selber ausprobieren.** Kein Internet-Erfahrungsbericht kann den individuellen Eindruck beim Blick durch ein Fernglas ersetzen.
2. **Geiz ist ungeil.** Wer Qualität kauft, der kauft nur einmal. Wer sein Anwendungsprofil kennt, der spart Geld, aber nicht an der Leistung.
3. **Diversifizierung.** Drei Mittelklasse-Ferngläser können oft mehr leisten als ein einzelnes Hochleistungsfernglas.
4. **Vorsicht Vergrößerung.** Weniger bedeutet mehr Sehfeld, Schärfentiefe und einen ruhigen, entspannten Einblick.
5. **Vorsicht Austrittspupille.** Am Tage 3–4 mm, in der Dämmerung mindestens 5 mm, bei Nacht mindestens 6 mm. Zuviel bedeutet unnötig hohes Gewicht, zuwenig ein Verlust an Licht und Detail.
6. **Vorsicht Transmission.** Eine hohe (und entsprechend teure) Transmission macht sich erst bei Dämmerungs- oder Nachtgläsern voll bezahlt.
7. **Vorsicht Leichtgewicht.** Gespart wird oft am Sehfeld und an der Robustheit/Präzision der Mechanik.
8. **Vorsicht Dachkante.** Gerade im unteren Preisbereich bietet ein Porro meist das bessere Preis-Leistungsverhältnis.
9. **Vorsicht Zubehör.** Zu enge Taschen, lose Objektivdeckel oder unbequeme Trageriemen sind häufig übersehene Ärgernisse.
10. **Vorsicht Gebrauchtwaren:** Ein leistungsfähiges Gebrauchtglas benötigt Mehrfachvergütung (ab etwa 1980), und, falls Dachkantglas, auch einen P-Belag (ab etwa 1990).

Teil IV

Anhang

14 Zum Weiterlesen

14.1 Optik

- The Bureau of Naval Personnel, *Basic Optics and Optical Instruments*, Dover Publications Inc., New York, (1969)
- Alexander E. Conrady and Rudolf Kingslake, *Applied optics and optical design*, Vol. 1&2, Dover Publications, 2011 (reprint)
- B.K. Johnson, *Optics and Optical Instruments*, Dover Publications Inc., New York, (1960)
- Albert König und Horst Köhler, *Die Fernrohre und Entfernungsmesser*, Springer-Verlag, Berlin, (1959); Nachdruck: ISBN 978-3-642-49124-5, ISBN 978-3-642-86260-1 (eBook)
- Masud Mansuripur, *Classical Optics and its Applications*, Cambridge University Press, 2. Auflage (2009)
- Gottfried Schröder und Hanskarl Treiber, *Technische Optik*, Vogel Communications Group GmbH & Co. KG, 11. Auflage (2014)
- George Smith and David A. Atchison, *The eye and visual optical instruments*, Cambridge University Press, (1997)
- Gregory H. Smith, Roger Ceragioli and Richard Berry, *Telescopes, Eyepieces and Astrographs: Design, Analysis and Performance of Modern Astronomical Optics*, Willmann-Bell, (2012)
- Bruce H. Walker, *Optical Design for Visual Systems*, SPIE PRESS, Bellingham, Washington, (2000)
- Paul R. Yoder, Jr., *Mounting Optics in Optical Instruments*, SPIE PRESS, Bellingham, Washington, 2. Auflage (2008)

14.2 Wahrnehmung

- Peter G.J. Barten, *Contrast Sensitivity of the Human Eye and its Effects on Image Quality*, SPIE PRESS, Bellingham, Washington, (1999)
- Michael Bass (chief editor), *Handbook of Optics, Volume III: Vision and Vision Optics*, McGraw-Hill Companies Inc., 3. Auflage (2010)
- K.R. Boff, L. Kaufman and J.P. Thomas (editors), *Handbook of Perception and Human Performance*, Vol. I, Wiley & Sons Inc., (1986)
- E. Bruce Goldstein, *Wahrnehmungspsychologie*, Springer-Verlag Berlin Heidelberg, 9. Auflage (2015)
- Mark Wagner, *The Geometries of Visual Space*, Lawrence Erlbaum Associates Inc., USA, (2006)

14.3 Ferngläser in der Praxis

- Rudolf Brandt, Bernd Müller und Eberhard Splittgerber, *Himmelsbeobachtungen mit dem Fernglas*, Johann Ambrosius Barth, Leipzig, (1983)
- William J. Cook, *Binoculars: Fallacy & Fact*, ISBN-13: 978-1548932190 (2017)
- J.W. Seyfried, *Choosing, Using & Repairing Binoculars*, University Optics Inc, Ann Arbor, 2. Auflage (1995)
- Lambert Spix, *Fern-Seher; Ferngläser für Astronomie und Naturbeobachtung*, Oculum-Verlag GmbH, Erlangen, (2009)
- Stephen Tonkin, *Binocular Astronomy*, Springer-Verlag London Limited, 2. Auflage (2014)

- Paul R. Yoder, Jr. and Daniel Vukobratovich, *Field Guide to Binoculars and Scopes*, SPIE PRESS Bellingham, Washington, (2011)

14.4 Ferngläser, Historisches

- Brin Best, *Binoculars and people*, Biosphere Publications, West Yorkshire, (2008)
- William Reid, *'We're Certainly not afraid of Zeiss': Barr & Stroud binoculars and the Royal Navy*, National Museums of Scotland, (2001)
- Rolf Rieker, *Fernrohre und ihre Meister*, Verlag Technik Berlin, 2. Auflage (1990)
- Hans T. Seeger, *Feldstecher, Ferngläser im Wandel der Zeit*, Verlag Dr. Hans Seeger, Hamburg, (1987)
- Hans T. Seeger, *Militärische Ferngläser und Fernrohre in Heer, Luftwaffe und Marine / Military Binoculars and Telescopes for Land, Air and Sea Service*, Verlag Dr. Hans Seeger, Hamburg, 2. Auflage (2002)
- Hans T. Seeger, *Zeiss-Feldstecher. Handferngläser von 1894 – 1919*, Verlag Dr. Hans Seeger, Hamburg, (2010)
- Hans T. Seeger, *Zeiss-Feldstecher. Handferngläser von 1919 – 1946*, Verlag Dr. Hans Seeger, Hamburg, (2015)

Sachwortverzeichnis

B

C

D

E

F

H

I

J

K

L

T

U

V

Abbildungsnachweis

- 2.2 (rechts): Copyright (©) Leica Camera AG;
- 3.1: Wikipedia: Fraunhoferlinien, Public Domain;
- 3.4: Copyright (©) SCHOTT AG, Advanced Optics;
- 4.6, (links): Wikipedia: Airy disk, Public Domain, (rechts): Wikipedia: Rayleigh-Kriterium, Geek3 / CC-BY-SA-3.0;
- 5.22: (©) DOZ-Verlag Optische Fachveröffentlichung GmbH, Reproduktion aus A. Weyrauch, B. Dörband, Deutsche Optikerzeitung Nr. 4, 1988;
- 5.19: Copyright (©) Leica Camera AG;
- 6.13: Copyright (©) Carl Zeiss Sports Optics GmbH;
- 6.14: Copyright (©) Carl Zeiss Sports Optics GmbH;
- 6.15: Copyright (©) Leica Camera AG;
- 6.16: Copyright (©) RICOH IMAGING DEUTSCHLAND GmbH;
- 6.26: Copyright (©) Carl Zeiss Sports Optics GmbH;
- 11.1: Copyright (©) Leica Camera AG;
- 11.11: Copyright (©) Steiner-Optic GmbH;
- 11.17: Copyright (©) Sony-Europe limited;
- 13.2: Copyright (©) Leica Camera AG;
- 13.4: Copyright (©) Nikon GmbH.

Die Milchstrasse
Sterne sehen wie niemals zuvor
APM Großferngläser
Bis zu 150mm Öffnung ermöglichen eine neue Dimension der Beobachtung, mit variabler Vergrößerung – eine Klasse für sich
APM TELESCOPES
Ferngläser von APM Telescopes stehen für eine sehr gute Abbildung und eine robuste Mechanik.
Die Geräte sind ideal für intensive Naturbeobachtung und die nächtliche Beobachtung des Sternhimmels. Durch das ED-Glas überzeugen die Ferngläser auch unter schwierigen Lichtverhältnissen mit einem scharfen, klaren Bild und mit exzellenten Farben.